多面体编译理论与深度学习实践

赵 捷 李宝亮 编著

POLYHEDRAL
COMPILATION THEORY AND
ITS PRACTICE IN DEEP
LEARNING

清華大学出版社
北京

内 容 简 介

编译技术是计算机科学领域的一个重要分支,经过长时间的发展,当前编译技术的重点是中间过程的程序优化和后端代码的生成。本书主要内容分为 8 章。第 1 章从体系结构发展对编译技术的影响,引出多面体模型及其研究意义。第 2 章介绍了多面体模型的数学基础,包括相关的定义、定理和所需要的数学方法。第 3 章介绍了多面体模型对程序进行优化和代码生成的基本前提,即依赖关系的定义、性质及其测试和分析方法。第 4 章详解了多面体模型中最经典的 Pluto 调度算法,以及循环变换。第 5 章就多面体模型面向程序并行性的研究进行了梳理和归纳,对各种不同的循环分块形状实现原理进行了阐述。第 6 章针对如何利用局部性原理在多面体模型中进行优化进行了介绍。第 7 章介绍了根据多面体模型的数学抽象描述生成抽象语法树表示的方法。第 8 章介绍了多面体模型及其相关理论的最新进展。

本书是计算机科学与技术专业课程的教学参考书,适用于计算机和软件工程专业的大学生、研究生,也可供数学领域和人工智能芯片领域的相关人员参考。

图书在版编目(CIP)数据

多面体编译理论与深度学习实践 / 赵捷,李宝亮编著. —北京:清华大学出版社,2022.10
ISBN 978-7-302-61646-7

Ⅰ.①多… Ⅱ.①赵… ②李… Ⅲ.①编译程序-程序设计 ②机器学习 Ⅳ.①TP314 ②TP181

中国版本图书馆 CIP 数据核字(2022)第 145472 号

责任编辑:杨迪娜
封面设计:徐 超
责任校对:申晓焕
责任印制:沈 露

出版发行:清华大学出版社
    网 址:http://www.tup.com.cn, http://www.wqbook.com
    地 址:北京清华大学学研大厦 A 座   邮 编:100084
    社 总 机:010-83470000   邮 购:010-62786544
    投稿与读者服务:010-62776969, c-service@tup.tsinghua.edu.cn
    质量反馈:010-62772015, zhiliang@tup.tsinghua.edu.cn
    课件下载:http://www.tup.com.cn,010-83470236
印 装 者:小森印刷(北京)有限公司
经 销:全国新华书店
开 本:185mm×260mm   印 张:19   字 数:439 千字
版 次:2022 年 11 月第 1 版   印 次:2022 年 11 月第 1 次印刷
定 价:138.00 元

产品编号:088908-01

前　言

　　编译技术是计算机科学领域的一个重要分支，其发展历史可追溯至 20 世纪中叶。作为编译技术的载体，编译器的功能是将一种语言转换成另外一种语言，这种过程可以是从高级语言到低级语言的转换，也可以是从一种高级语言到另外一种高级语言的翻译。为了实现语言之间的转换，编译器需要完成的任务包括前端词法、语法、语义的分析，中间过程的程序优化以及后端代码的生成。经过长时间的发展，当前编译技术的重点是在中间过程的程序优化和后端代码的生成。无论是中间过程的优化还是后端代码的生成，都与计算机体系结构的发展息息相关。随着异构计算体系结构的出现和日趋完善，尤其是当前面向人工智能、大数据和图像处理等领域专用体系结构的大量涌现，过程优化和代码生成的重要性显得更加突出。

　　为了更好地实现过程优化和代码生成，学术界提出了一种被称作多面体模型（polyhedral model）的数学概念，该模型主要面向循环嵌套实现过程优化和代码生成。经过 30 多年的发展，该数学模型有效地解决了编译技术中的依赖分析、并行性和局部性发掘等一系列关键问题，成为许多现代优化编译器的重要组成部分。近年来，随着人工智能、大数据和图像处理等领域专用体系结构的迅猛发展，多面体模型也受到学术界和工业界的广泛关注，不仅理论本身日趋完善，实际应用也取得了巨大的成功。在这样的背景下，作者受清华大学出版社的邀请，就多面体模型理论本身及其在相关领域中的应用进行归纳总结，编写了本书。

　　本书主要内容分为 8 章。第 1 章从体系结构发展对编译技术的影响，引出多面体模型及其研究意义。第 2 章介绍了多面体模型的数学基础，包括相关的定义、定理和所需要的数学方法。其中，在本书中提出的定理，给出了具体的证明过程，在其他参考文献中已经证明的定理，我们只给出了相关结论。第 3 章介绍了多面体模型对程序进行优化和代码生成的基本前提，即依赖关系的定义、性质及其测试和分析方法。我们从传统的依赖测试到多面体模型中基于整数线性规划的依赖分析方法都进行了详细的阐述，这为在不同计算能力的机器上实现依赖分析提供了基础。第 4 章描述了多面体模型中能够实现的各种循环变换方法，我们对这些循环变换方法进行了分类，依次介绍了这些循环变换方法在多面体模型中的表示及实现方式。第 4 章还将介绍多面体模型中最经典的Pluto 调度算法。第 5 章就多面体模型面向程序并行性的研究进行了梳理和归纳，对各种不同的循环分块形状实现原理进行了阐述。在这一章中，我们介绍了多面体模型中更早实现的 Feautrier 调度算法。第 6 章针对如何利用局部性原理在多面体模型中进行优化进行了介绍，其中，如何在多面体模型中实现循环合并是这章的重点内容。在这一章中，我们还对多面体模型的基本工具——isl 中的调度算法进行了详细描述。在第 7 章中，我们介绍了根据多面体模型的数学抽象描述生成抽象语法树表示的方法，这种抽象语法树表示可以转换成各种其他中间表示或高级语言。我们还在这一章中介绍了如何在代码生成阶段实现一些特定的循环变换。第 8 章介绍了多面体模型及其相关理论的最新进展。通过分析多面体模型在当前面向深度神经网络应用和领域专用架构的编译技术中发挥的作用，我们罗列并简单分析了六个采用多面体模型的编译框架和代码生成工具。

本书由赵捷和李宝亮两位作者共同撰写完成。其中，赵捷负责第 3 章至第 7 章内容的编写，李宝亮完成了第 1 章和第 8 章内容的编写，第 2 章内容由两位作者共同完成。虽然本书是由两位作者编写的，但这些内容是两位作者通过在编译技术领域长时间的学习和工程实践中对先辈和同行知识及经验的总结所提炼形成的。没有这些先辈和同行知识的积累，这本书将无法呈现在尊敬的读者面前。作者赵捷要特别感谢 Albert Cohen 教授，在他的指导下，该作者完成了多面体模型研究的博士学位论文。两位作者还要感谢 Sven Verdoolaege，他一直维护着介绍这本书内容时所依赖的重要数学工具——isl，我们在撰写相关内容时参考了 Sven Verdoolaege 编写的大量相关资料。在本书的撰写过程中，作者还与许多科研单位及科技公司进行合作，这为本书的编写提供了非常宝贵的科学研究和工程实践基础。作者在此向这些科研单位和科技公司表示感谢。此外，作者还要感谢清华大学出版社的杨迪娜编辑在本书编写过程中给予的帮助。

本书的结构和内容是作者在 2020 年初与清华大学出版社协商确定的，原计划在 2021 年 4 月提交初稿，但是由于作者时间和水平有限，推迟了近一年才完成初稿，在这里向清华大学出版社致歉，也对之前了解到此书正在撰写并催促我们尽快完成编写的读者深表歉意。在这期间，我们对本书内容结构进行了多次调整，也对相关内容进行了深入的思考。我们的目的是通过本书内容的介绍，让读者对多面体模型这一数学概念和相关编译技术有一个初步的了解，但限于作者的水平和经验，本书难免有错误和纰漏。如读者发现这些错误和纰漏，我们将虚心接受读者的批评，并非常愿意与读者进行深入的交流，以提高作者的知识水平并完善本书的内容。

作 者

2022 年 11 月

目　　录

第1章

体系结构发展对编译技术的影响

在过去的数十年里，摩尔定律一直支配着半导体行业的发展路线，随着晶体管尺寸的不断变小，单个芯片上集成的晶体管数量越来越多。最新的 Nvidia H100 GPU 单个芯片集成了 800 亿个晶体管，而苹果公司的 M1 Ultra 片上系统（System on Chip，SoC）中的晶体管数量更是达到了惊人的 1140 亿个。晶体管数量的增加允许芯片设计厂商可以在单个芯片上实现更多的功能和更高的计算能力。也正是日益丰富的功能和日渐增强的处理能力，使得软件开发人员可以不断地开发新的应用，从而驱动着整个信息技术产业不断向前发展。

在现代计算机系统中，编译器已经成为一个必不可少的基础软件工具。程序员通过高级语言对底层硬件进行编程，而编译器则负责将高级语言描述转换为底层硬件可以执行的机器指令。编译器在将应用程序翻译到机器指令的过程中，还需要对程序进行等价变换，从而让程序能够更加高效地在硬件上执行。在特定硬件平台和编程语言的双重约束条件下，应用程序的性能主要依赖于程序员编写并行代码的能力和编译器的优化能力。编译器还需要充分弥合上层编程模型与底层硬件的巨大鸿沟，尽可能地降低程序员的编程难度。也正因如此，编译技术的发展始终紧随着硬件架构的演化，并且扮演着越来越重要的角色。

1.1 面向经典体系结构的性能优化

从经典体系结构的角度，提升硬件性能主要有三类方法：第一类方法是将更多的精力用于发掘各种并行性；第二类方法是引入新的存储层次来缓解访存速度和存储容量之间的矛盾；第三类方法则是通过定制化的方法来提升硬件处理领域相关应用的性能。

1.1.1 并行性发掘

应用程序中的并行性可以分为数据级并行（data level parallelism）和任务级并行（task level parallelism）。其中，数据级并行是指同时操作多个数据，任务级并行则是通过多个并行而且独立的任务处理多个数据。在此基础上，计算机硬件可以通过指令级并行（instruction level parallelism）、单指令多数据并行（single instruction multiple data parallelism）、线程级并行（thread level parallelism）和请求级并行（request level parallelism）四种方式来实现数据级并行和任务级并行。

1. 指令级并行

一个处理器核心通常是指能够独立地从至少一个指令流获取和执行指令的处理单元，通常包含取指单元、译码单元、执行单元、访存单元和程序计数器和寄存器文件等逻辑单元。指令级并行是指在单个处理器核心中，通过同时执行多条指令的方式来提高处理速度。通过巧妙地设计流水线结构，可以大幅度地提升单个处理器核心的指令级并行度。然而，受限于硬件复杂度，处理器中正在执行的指令总数与流水线的深度和个数成正比。处理器中正在运行的指令总数决定了处理器的复杂度。

指令级并行是传统系统结构领域中较为成熟的一种并行方式，代表性的技术包括流水线（pipeline）、多发射（multiple issue）、同时多线程（simultaneous multithreading）和超长指令字（very long instruction word）等。其中，流水线并行是将每个功能单元通过分时复用的方式在不同的指令之间共享，是一种时间上的并行；而多发射则是在每个时钟周期发射多条指令到多个流水线中并行执行，是一种空间上的并行；将时间和空间维度的并行组合起来就形成了同时多线程技术和超长指令字技术。

2. 单指令多数据并行

单指令多数据并行是一种空间维度上的并行处理模式，典型的实现方式是在硬件中集成向量运算部件，用单条向量指令同时处理多个数据，例如 Intel 的 SSE/AVX、ARM 的 NEON/SVE 等。这种并行方式不仅可以充分挖掘程序中潜在的并行性，还可以精简指令序列。向量化不需要对硬件结构特别是流水线结构做大量的修改，通常只需要修改数据通路的位宽。对于图 1.1 所示的代码，如果运行在普通的标量处理器上，编译器需要生成一个循环，通过 16 次迭代来完成整个计算任务，一次迭代完成一个元素的自增运算。如果运行在向量宽度为 4 的向量处理器上，编译器只需要生成 4 条向量加法指令即可完成计算，不需要插入任何分支跳转指令。

```
1  for (i = 0; i < 16; i++)
2    x[i] = x[i] +1;
```

图 1.1　循环级并行的基本模式

3. 线程级并行

线程级并行既可以在单处理器核心内实现，也可以在多处理器核心内实现。在支持硬件多线程技术的单处理器中，可以通过硬件多线程或者同时多线程等技术来提高资源利用率和计算效率。但是，在设计复杂度和功耗墙问题的共同约束下，提升单处理器的性能已经非常困难。一个自然的想法就是在单个芯片上集成多个处理器核心，通过挖掘多个处理器核心之间的线程级并行能力来提升总体的计算能力。

在线程级并行模式中，不同执行单元的指令流相互独立，可以以同步或者异步执行的方式处理各自的数据。主要的实现方式有对称多处理器（Symmetric Multi-Processing，SMP）结构、分布式共享存储（Distributed Shared Memory, DSM）结构、大规模并行处理器（Massively Parallel Processing, MPP）结构、集群（cluster）。与线程级并行紧密相关的是被 GPU 架构普遍采用的单指令多线程技术，即多个线程以锁步的形式执行相同的指令，但是每个线程处理不同的数据。

4. 请求级并行

线程级并行要求多个线程或进程在紧耦合的硬件系统中通过协作的方式完成一个计算任务，而请求级并行则是让多个独立并且可以并行工作的线程或进程完成各自的计算任务。请求级并行在 Flynn 分类法[32] 中属于多指令多数据（Multiple Instructions Multiple Data，MIMD）并行。与指令级并行、单指令多数据并行和线程级并行相比，请求级并行的粒度更粗，而且通常需要程序员和操作系统的密切配合才能实现，而前面三种并行方式则更多地依赖编译器和底层硬件的支持。

1.1.2　存储层次结构

随着体系结构技术的飞速发展，处理器执行指令的速度远远超过了主存的访问速度。这种日益拉大的速度差异对计算机体系结构的发展产生了巨大的影响。为了弥合这种巨大的鸿沟，处理器中必须要设置由不同容量和不同访问速度的存储器构成的存储层次。存储层次可以提高程序性能的原因是保证了 CPU 大部分数据的访问时延都比较低。随着处理器计算速度和访存速度的差距越来越大，存储层次结构的设计显得越来越重要。

在典型的现代处理器中，每个 CPU 核有私有的 L1 Cache，一组 CPU 核有一个共享的 L2 Cache，而 L3 Cache 通常会被所有的处理器核共享，Cache 的访问速度往往与容量成反比。容量越大，访问速度越低。由于程序中的时间局部性和空间局部性，Cache 可以作为一个有效的硬件结构将经常使用的数据保持在离处理器较近的位置。为此，Cache 需要尽可能多地保留最近使用的数据，在容量有限的前提下尽可能地替换出最近很少使用的数据。现代体系结构中的 Cache 通常是由硬件自动管理的，但是为了极致优化性能，程序员和编译器仍需要知道存储层次的相关信息。除了硬件自动管理的 Cache 以外，现代体系结构往往还有软件自主管理的便签式存储器（scratchpad memory）。

存储层次设计一个非常重要的方面是对数据一致性的维护。便签式存储器的管理和一致性维护通常由软件完成，而对 Cache 的管理和一致性维护则由硬件完成。为了降低硬件成本，简化存储管理和数据一致性的维护，经典体系结构的存储层次通常设计成金字塔形。在金字塔形存储层次中，越靠近运算部件的存储器，容量越小，速度越快，成本越高；位于金字塔不同层次的存储器，只和它相邻的上下层存储器交换数据；存储层次之间的数据一致性由 Cache 一致性协议来保证。

然而，在一些领域专用架构中，金字塔形存储层次往往无法满足具体应用的访存需求。例如，对于大规模流式计算来说，因为数据的空间局部性和时间局部性较差，Cache 的访存加速效果也会大打折扣。另外，对于同时存在多条具有不同特征的数据流的应用场景，对于流不敏感的金字塔形存储层次也不能很好地满足不同数据流的访存需求。例如，在深度神经网络的前向计算过程中，卷积层和全连接层的权值为常量而且数据量较小，而不同的输入和输出神经元则是变量，而且数据量通常很大，本层的输出神经元又会成为下一层的输入神经元。从宏观上看，领域专用架构的存储层次仍然是金字塔形结构，由片外的低速、大容量存储器和片上的高速、小容量存储器组成；但是，在微观结构上，通常还会设计一些非金字塔形的存储结构来更好地适应具体领域的计算和访存模式。

1.1.3　领域专用架构

领域专用架构（domain-specific architecture）专用性强，反而可以使得逻辑设计更加趋于简单，在设计思路上也更加开放，不用受到传统指令集和生态因素的制约，已经在大数据处理、数字信号处理、密码学、高性能计算、图形学、图像处理和人工智能等领域获得了广泛的应用。领域专用处理器一般会根据应用的具体特点，定制运算单元，简化控制逻辑，设计与领域计算特征相适应的存储结构和数据通路，虽然牺牲了通用性和灵活性，却获得了较高的性能和能效比。特别是在第三次人工智能浪潮中，涌现出大量的面向人工智能应用的领域专用处理器，这些人工智能处理器在功耗、性能和集成度等方面较传统的 CPU、GPU 和 FPGA 都有很大的优势。

领域专用架构体现出领域的专注性。以引爆第三次人工智能浪潮的深度学习算法为例，其主要特点是计算量和输入与输出（Input and Output, IO）数据量都比较大，而且并行度较高。这要求面向人工智能应用的领域专用处理器（简称人工智能处理器）在存储结构、带宽和算力配置以及互连结构上做大量的定制化设计。为了满足海量数据在计算单元和存储单元之间的高速传输需求，人工智能处理器不仅要具备与计算模式匹配的存储结构，还要在计算单元和存储单元之间具有高速的通信链路。为了满足深度学习的算力需求和计算模式需求，人工智能处理器不仅要集成大规模的并行计算单元，还要能够高效地处理深度学习算法中常见的卷积、全连接和池化等操作。为了适应深度学习算法的典型计算模式，人工智能处理器在结构设计时还要考虑将不同的计算单元和存储模块有机地结合在一起，尽量降低相关操作之间的数据共享开销。

可以说深度学习算法既是计算密集的，又是访存密集的。其中计算密集的代表是卷积运算，而访存密集的代表则是全连接运算。

卷积神经网络（Convolutional Neural Network, CNN）的主要计算量也都来自卷积层。以 GoogleNet 为例，卷积计算量会占到总计算量的 90% 左右。因此，加速卷积运算是提升深度学习应用性能的核心任务。卷积层的输入是神经元和权值，经过图 1.2 所示的 N 重循环处理后，得到输出神经元。

```
1    //HO 表示输出神经元的行数
2    for (row=0;row<HO;row++){
3      //WO 表示输出神经元的列数
4      for (col=0;col<WO;col++){
5        //CO 表示输出神经元的通道数
6        for (co=0;co<CO;co++){
7          //CI 表示输入神经元的通道数
8          for (ci=0;ci<CI;ci++){
9            //KH 表示卷积核的行数
10           for (i=0;i<KH;i++){
11             //KW 表示卷积核的列数
12             for (j=0;j<KW;j++){
13               Out[co][row][col]+=
14                   W[co][ci][i][j]*In[ci][stride*row+i][stride*col+j];
15             }
16           }
17         }
18       }
19     }
20   }
```

图 1.2　卷积运算的循环表示 (1)

一个卷积层包含 CO 个 CI×KH×KW 的卷积核，共计 CO×CI×KH×KW 个权值，每个卷积核对应输出神经元的一个通道。每个输出神经元涉及 CI×KH×KW 次乘累加运算，每个卷积层总的乘累加运算次数为 HO×WO×CO×CI×KH×KW。

卷积运算是一种典型的 Stencil 运算，Stencil 运算的特点是输入输出数据组织成一个多维网格，一个输出数据点的值只与邻近点的输入点有关，虽然每个输出点都可以独立计算，但是运算密度较低，依赖关系复杂。Stencil 计算模式在流体力学、元胞自动机、天气预报、粒子模拟仿真、电磁学等领域的数值计算中都有广泛的应用。为了在领域专用处理架构上优化这类程序的性能，需要合理地组织计算次序和数据布局，充分发掘数据局部性和计算并行性。

作为访存密集型的代表运算，全连接运算本质上是矩阵向量运算，可以用图 1.3 所示的两层嵌套循环来表示。全连接运算的特点是，R 和 C 比较大，因而权值的 IO 数据量比较大；二维权值中的每个元素都只参与一次乘累加运算，权值局部性比较差，整个算法的计算密度较低。

1. 领域专用架构的存储层次

卷积和全连接运算本质上都是在执行乘累加运算，而且都可以转换为矩阵运算。对于全连接运算，可以将 N 维向量看成是 $N \times 1$ 的矩阵；对于卷积运算，可以利用

```
1    for (row=0;row<R;row++){
2      Out[row] = 0; /*S1*/
3      for (col=0;col<C;col++){
4        Out[row] += w[row][col]*In[col]; /*S2*/
5      }
6    }
```

图 1.3　卷积运算的循环表示 (2)

Img2Col 操作[23] 转换为矩阵运算。除了乘累加运算，深度学习中还有大量的向量对位运算，例如，偏置运算和激活运算。面向人工智能应用的领域专用架构为了能够高效地处理矩阵乘累加运算和向量对位运算，通常会集成专用的矩阵运算单元和向量运算单元，例如华为的达芬奇架构[54] 和 Google 的 TPU[41]。

为了能够高效地处理深度神经网络中的典型运算，面向深度学习应用的领域专用架构还需要设计适应运算特点的存储层次。图 1.4 给出了 Google TPU 的组织结构，作为 TPU 的核心功能部件的矩阵乘单元（matrix multiply unit），分别从权值队列（weight FIFO）和神经元缓冲区（unified buffer）读取参与矩阵运算的只读权值和输入神经元数据，矩阵运算的结果首先被保存在片上的累加器缓冲区（accumulators）中，经过激活和池化等操作后再写回神经元缓冲区，这样就完成了一轮卷积运算。权值队列从片外的权值存储器（weight memory）读取只读的权值数据，神经元缓冲区则从主机侧读取参与运算的神经元数据。显然，TPU 的存储层次已经不再是经典体系结构中的金字塔形结构，而是根据权值和神经元的运算特点，分别设计了专门的数据通路和专属的存储器。类似的设计在其他面向人工智能应用的领域专用架构中也普遍存在，而对于这类非金字塔形存储层次的管理通常由程序员或者编译器完成。

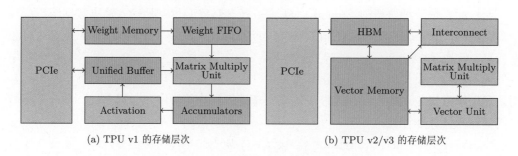

(a) TPU v1 的存储层次　　　　　　　　　(b) TPU v2/v3 的存储层次

图 1.4　Google TPU 的组织结构

2. 领域专用的计算功能部件

除了像 Google TPU 这样的领域专用芯片，在具有传统金字塔形存储层次结构的 GPU 上也为深度学习提供了专用的计算功能部件。Nvidia 最先在 V100 GPU 上集成了用于实现矩阵乘累加运算功能的 Tensor Core，可以用于实现形如 $D = A \times B + C$ 的矩阵乘累加操作。在 CUDA 编程模型中可以使用 wmma（warp-level matrix multiply and accumulate）系列接口来操纵 Tensor Core，每个 wmma 接口的内部则是通过调用一系列基础的 mma（matrix multiply and accumulate）操作来实现矩阵块的乘累加运算。为了将 Tensor Core 融合到 SIMT 的编程模型中，CUDA 将一个 Warp 中的 32 个线程分成 8 组，每组称为一个线程组（thread group），每两个线程组称为一个线程组对（thread group pair），每个线程组对中的 8 个线程协作完成一次 Tensor Core 上的 mma 操作。一次 mma 所需要的线程和对应矩阵元素的分布示意如图 1.5 所示。其中，带颜色的方块表示矩阵的一个元素，带颜色的圆圈表示一个线程；一个方块上的数字表示该矩阵元素由哪个线程执行，圆圈内的数字表示该线程的编号。

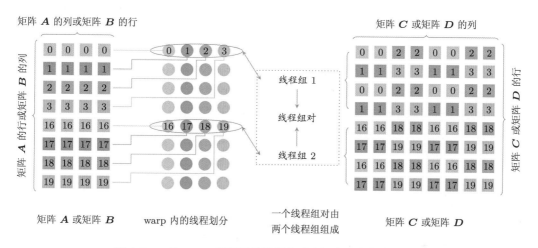

图 1.5　一次 mma 所需要的线程和对应矩阵元素的分布示意

操作矩阵 **A** 或矩阵 **B** 的一行或一列内相邻的数据元素（在图中用相同的颜色表示）会被批量载入同一个线程的寄存器中，类似地，矩阵块 **C** 或矩阵 **D** 中的相邻元素也会被保存在同一个线程的寄存器中。对于任意规模的矩阵乘加操作，由编译器完成从任意规模的输入矩阵到 wmma 和 mma 操作支持的矩阵规模的分解和变换。

1.2　编译器面临的挑战

前面从体系结构的角度介绍了提升硬件性能的三类主要方法，即发掘并行性、优化存储层次和设计领域专用架构。但是，体系结构设计仅仅是确定了软件的执行平台，而在确定的执行平台上如何优化程序，则是程序员和编译器的职责。为了充分利用硬件的处理能力，软件开发人员和编译器都需要充分了解底层体系结构的特点。对于程序员来说，编写正确而且高效的串行程序是非常困难的，编写正确而且高效的并行程序则更加困难，其难度会随着并行粒度的降低而增长。为了减轻程序员的工作，编译器需要担起性能优化的重担。特别地，随着非金字塔形存储结构在各个领域专用架构（例如，人工智能芯片、网络处理器和数据处理器）的普遍应用，以及各种定制化加速器部件的持续集成，程序员手工编写高性能程序变得越来越困难，而编译器则成为上层应用与体系结构之间一个至关重要的工具。

狭义的程序优化是指尽可能地发掘程序的并行性和硬件的计算能力，使得代码在具体硬件上的执行速度达到最高。而广义上的程序优化是指，编译器为了改进应用程序的某项技术指标（例如，执行时间、代码尺寸和内存占用），在不改变程序语义的前提下，修改其内部数据结构或所生成代码的过程。优化可以是架构无关的，也可以是架构相关的。为了把程序员使用高级语言编写的与架构无关的程序转换为可以在具体硬件上高效执行的机器指令，编译器需要在程序分析、代码优化和代码生成这三个核心步骤持续引入各种新的技术和方法。常规的标量优化技术包括循环不变量外提、常量传播、公共表达式删除、运算强度削弱、循环展开、软件流水、指令调度等。

并行性、局部性和领域专用设计为编译优化带来了巨大的挑战，这些挑战在以深度学习为优化目标的背景下同样适用，并且如何在这些优化目标之间进行权衡取舍的问题也显得日益尖锐。而这三个问题都与循环有着紧密的联系，因为大多数的计算机程序几乎将所有运行时间都花费在循环内，因此为循环优化付出的努力往往能得到最高的回报。但是，对应用程序的优化往往需要程序员和编译器的共同努力。例如，程序员需要对循环嵌套结构进行拆分和重写等操作，来帮助编译器更好地识别和优化循环。

1.2.1　并行性发掘

并行性发掘可以通过软件静态完成，也可以通过硬件动态地进行。完全依赖硬件管理其并行性的机器称为超标量处理器，而完全依赖编译器来管理其并发性的机器称为超长指令字。在一些成本或者功耗敏感的嵌入式应用场景（例如物联网）中，通常依赖编译器来发掘并行性，而在桌面计算、服务器和云计算场景中，虽然硬件实现了强大的调度机制，也需要在编译器的配合下才能充分发挥硬件的指令级并行性能力。

编译器开发指令级并行性的基本思路是结合硬件的结构特点，通过指令调度的方法来提高硬件资源的利用率，常用的提高指令级并行性的方法如表 1.1 所示。

表 1.1　编译器常用的提高指令级并行性的方法

技　术	目　标
静态分支预测	减少控制依赖造成的流水线停顿
延迟槽调度	避免流水线空泡
静态指令调度	解决数据依赖造成的流水线停顿
循环展开	解决控制依赖造成的流水线停顿
软件流水	用计算时间隐藏访存时间

流水线的结构冲突、数据依赖和控制依赖会在处理器流水线中引入空泡。为了避免因流水线空泡导致的性能损失，通常需要编译器对指令序列进行静态调度。例如，静态

分析预测可以结合硬件的推测执行功能减少因控制流引入的流水线空泡，延迟槽调度则是用一些与控制流无关的指令来填充分支跳转指令的延迟槽，常规的静态指令调度则是将一些没有数据依赖的指令安排在一起，以避免因数据依赖引入的流水线空泡。

指令级并行在过去数十年中已经被深度发掘，并成为 LLVM、GCC 等传统编译器的基础功能。编译器支持指令级并行的基本方法是在基本块内实现简单的指令调度。然而，在一个基本块级别开发并行性的收益并不大。为了进一步发掘并行性，必须着力于开发更高层级的并行。

本书中重点介绍的多面体模型主要用于开发单指令多数据并行性和线程级并行性，而对请求级并行的开发则不在本书的讨论范围。对单指令多数据并行和线程级并行的优化通常是以循环为研究对象的，因此也称为循环级优化。循环级优化技术尝试从多个循环迭代中寻找并行性，通过重复执行多个循环体中的代码来提高程序的并行性。循环级并行优化可以显著提升程序的整体性能，因为程序中运行时间较长的代码片段通常是具有很多次迭代的循环。

循环级优化的首要目标是充分发挥硬件提供的计算能力，以减少延迟（尽可能快地完成计算任务）或者提高吞吐率（在相同的时间内完成更多的任务）。循环级优化的基础方法包括循环展开、软流水、并行化和向量化。其中，循环展开是通过复制循环指令的方式来避免循环的控制开销；软流水主要是对原始循环进行重新组合，将无依赖的访存和计算指令组合在一次循环迭代中；向量化和并行化的目的是要对处理大量数据或者可划分后能并行执行的程序改善性能。

循环向量化是编译器将循环中的标量运算转换为向量运算的过程，最终生成的向量运算指令会在同一个硬件单元上执行。并行化则是把循环拆分成多个可以并行执行的子任务，在不同的硬件单元上并行执行每个子任务。循环并行化需要将循环进行划分，并让多个处理器分别执行其中的一部分。但是为了保证性能，还必须把处理器之间的通信量减少到最小。通信量实际上与数据局部性紧密相关，对于处理器经常访问的数据，在任务或数据划分时应当让它离处理器更近，否则会引入大量的通信和同步操作。

然而，循环向量化和循环并行化通常是两个互相冲突的优化目标，因为循环并行化通常在外层循环进行，而循环向量化则必须在内层循环进行。自动并行化和自动向量化是现代编译器面临的主要困难，原因是编译器很难有效地收集和分析向量化或者并行化所需要的数据相关性和控制相关性等信息。由于编译器在自动向量化和自动并行化方面遇到了困难，软件开发人员不得不自己发掘应用的并行性，并且处理共享资源的访问冲突，这就要求编译器和编译语言能够提供一种易于描述并行性的编程模型。

与此同时，在以大量的矩阵乘法和卷积运算为中心的深度神经网络中，循环嵌套的维度也随着增加，不同运算循环嵌套结构之间可能存在较大差异。在开发外层循环的并行化和内层循环的向量化时，优化编译器的任务不再是简单地识别某一个或多个循环维度上的并行性，而是要在一个循环嵌套内多个循环维度上的不同并行性内寻找到能够最大限度地提升程序性能的并行执行方式，这就需要优化编译器在原有的识别并行性的基础上，还要具备同时组合多种循环变换的能力。

1.2.2 局部性发掘

存储器的容量越大，则访问速度越慢。幸好程序访问的数据通常具有空间局部性和时间局部性。时间局部性通常是指某个数据被访问后，常常会在较近的时间再次被访问；空间局部性则是指某个数据被访问以后，常常会在较近的时间再访问与其相邻的数据。可以在内存之上设置多个存储层级来利用数据的局部性改进程序性能。性能调优一个非常重要的前提就是理解计算机系统的存储层次，并且结合硬件的存储层次和计算特征，进行特定的访存优化从而平衡访存和计算。

图 1.2 所示的卷积过程可以通过循环变换转换成不同的实现方式和数据、时间和空间局部性特征，而不同的实现在不同的硬件上性能差异也非常大。我们以图 1.3 所示的矩阵与向量乘法运算 $b = A_{M \times N}^{\mathrm{T}} x$ 为例，当 $M << N$（M 远小于 N）时，每计算一个值 $b[\mathrm{col}]$，会导致列向量 x 和矩阵 A 被不断地换入和换出，严重影响性能。经过分析可以发现，在整个计算过程中，矩阵 A 中的每个元素只会被使用一次。因此，最理想的情况下，A 的数据元素只需要被加载到 Cache 一次，而列向量 x 则会被反复使用 M 次。Cache 优化的最终目标就是确保矩阵 A 的数据元素只被加载到 Cache 一次，x 的元素只被加载一次。因此，可以将图 1.3 所示的源代码转换为图 1.6 所示的形式。

```
1    for (n=0; n < N/K; n++){
2      for (row=0; row<M; row++){
3        for (k=0; k < K; k++) {
4          int col = n*K + k;
5          if (row==0)
6            b[col]=A[row][col]*x[col];
7          else
8            b[col] += A[row][col]*x[col];
9        }
10     }
11   }
```

图 1.6　在 CPU 上实现矩阵与向量乘的优化方法

访存局部性优化比较成熟的手段是循环分块（loop tiling）和循环融合（loop fusion）。循环分块的基本思想是通过将大块的循环迭代拆解成若干较小的循环迭代块，减少一个内存单元的数据重用周期，这种重用周期既可以是时间上的也可以是空间上的。循环融合则是将多个具有"生产-消费"关系的循环合并在一起，从而缩短了每个中间数据的重用周期，避免中间结果被换出高速缓存。循环分块和循环融合都可以确保某个内存地址单元被加载到 Cache 以后，该内存地址单元会尽量保留在 Cache 中，这样就可以达到减少片外访存开销的目的。然而，循环分块和循环融合也是两个相互冲突的优化目标，因为循环融合会导致循环分块的约束增加，灵活性变差。

特别地，循环分块和循环融合在当前的领域专用架构上扮演着至关重要的作用。与传统多核处理器的线程级并行方式不同，基于领域专用架构的加速部件往往以类似协处理器的方式与 CPU 进行协同工作，这就要求在加速器上完成的计算任务所需的数据在计算任务执行之前都已经在加速器的缓存上准备就绪。而且，为了减少因加速部件和CPU 之间的数据传递导致的访存开销，优化编译器应该尽可能地减少启动加速部件上计算任务的频次。除此之外，以 Google TPU 为代表的领域专用芯片上的存储层次结构打破了金字塔形存储结构的特征，使得这些加速部件上的数据流管理更加复杂，优化编译器在将数据传输到加速部件的缓存上之后，还需要通过综合循环分块和循环融合，更系统地管理特定计算功能部件之间的数据流向。

1.2.3　编程模型和抽象层次

计算机程序的一个重要特征是通过编程模型构建体系结构和应用算法之间的接口和桥梁。编程模型的设计需要考虑具体的硬件机器模型，在可编程性和程序性能之间找到平衡点。编程模型使得体系结构与硬件无关，应用也独立于体系结构。但是，编程模型也隐藏了具体的硬件细节。如何向程序员展示领域相关的硬件特性，如何暴露并行性和局部性，如何实现跨平台的兼容性，如何简化领域相关的编程，是编译器需要重点解决的问题。

传统系统结构的并行性通常包括超结点之间的并行性、超结点内多个处理器之间的并行性、处理器内多个处理器核心之间的并行性、处理器核心内多个并行功能单元之间的并行性。超结点、多核处理器、处理器核心、功能单元构成现在计算系统的层次化组织结构。在不同的层次，往往对应不同的开发并行性的方法和编程模型。例如，在多个超结点之间可以利用消息传递的并行编程模型（例如 Message Passing Interface，即MPI）来发掘超结点之间的并行性，在超结点内的多个处理器之间往往通常共享内存的多进程编程方式发掘并行性，在单个处理器核心内则是通过共享内存编程模型（例如OpenMP）实现多线程之间的并行性，在单个处理器核心内则可以利用 SIMD/SIMT 编程模型来发掘多个并行功能单元之间的并行性。

领域相关设计通常是在传统体系结构的基础上，增加领域相关的硬件特性，在复用现有软硬件生态的基础上实现对特定应用的高效处理。而编译器则需要与硬件密切配合，向程序员暴露更多能够充分利用体系结构的特点进行程序性能优化的机会。在编程模型设计时需要平衡通用性和领域专用性之间的关系，通用性可以方便程序的功能和性能的自由迁移，而专用性则可以确保特定应用在特定硬件上的性能。通常情况下，编程模型的抽象层次越高，对底层体系结构信息的隐藏就会越多，但是对特定领域的性能就越不易保证。

随着编程模型和体系结构抽象层次的鸿沟越来越大，采用一层编译抽象的方式很难充分提升程序的性能。以深度学习的应用为例，一个深度神经网络表示成计算图的形式，计算图结点之间的并行性和局部性需要在一种编译抽象层次上进行优化；在将计算图划分成小的区间或子图后，又需要在另外一种编译抽象层次上进行优化。这种编译阶段的多级抽象[50] 也逐渐替代了传统单一编译抽象的方式。在这种多级编译抽象层次上，如何设计和实现通用的编译技术路线也是当前优化编译器面临的重要挑战。

1.3　循环优化的数学抽象

科学计算和深度学习领域中大多数的应用程序的核心部分都是 N ($N \geqslant 1$) 重嵌套循环，循环体内基本都会涉及对数组的规则访问，对标量的访问也可以看成对长度为 1 的数组的访问。循环作为程序中耗时最多的程序段，始终是编译优化的核心研究对象。在过去数十年的研究和实践过程中，学术界对循环优化的研究取得了巨大的成功，并逐渐形成了依赖判断、循环变换、任务划分、任务映射、并行性和局部性优化和代码生成等几个基础的研究方向。

这些研究方向之间存在着紧密的联系。例如，依赖判断是循环变换的基础，只有无依赖的循环迭代之间可以改变执行顺序；循环变换的目的是在不破坏并行性和局部性的基础上实现任务划分和任务映射；循环变换决定了任务划分和任务映射的粒度以及程序性能；任务划分和任务映射又会反过来影响程序的并行性和局部性，进而限制了循环变换的顺序和种类；代码生成是循环优化的最后一个步骤，可以实现源到源翻译，也可生成低级语言的等价表示。

在研究中人们发现，N ($N \geqslant 1$) 重循环嵌套的上界和下界表达式通常是仿射表达式①，而且在循环体内的多维数组下标也通常是循环变量的仿射表达式。在循环约束及数组下标均为仿射表达式的前提下，依赖判断退化为线性表达式之间的判等问题，最终可以用线性规划理论解决；而循环变换以及基于循环变换进行的任务划分、任务映射、并行性和局部性优化，也可以用仿射表达式进行描述。也就是说，在假设循环约束及数组下标均为仿射表达式的前提下，依赖判断、循环变换、任务划分、任务映射、并行性和局部性优化这些研究方向可以统一使用仿射关系来描述，形成了一个完备和自恰的理论体系，也就是本书将要介绍的多面体理论。

1.3.1　多面体模型的基本概念

多面体理论是一种在线性代数、线性规划、集合论、数理逻辑和最优化理论的基础上逐步形成和发展起来的抽象数学模型，它用迭代空间、语句实例、访问关系、依赖关系和调度来描述一个程序，并基于调度变换实现一系列并行性和局部性相关的优化。多面体理论已经在学术界和工业界成熟的编译器系统中获得了巨大的成功，GCC 的 Graphite 框架[68] 和 LLVM 的 Polly 框架[37] 都是基于多面体理论实现的，不仅如此，Open64[27] 和 IBM XL[18] 等编译器也提供了基于多面体理论的循环优化功能。

---

① 从 N 维实数域 $\mathbb{R}^N$ 到 M 维实数域 $\mathbb{R}^M$ 的映射 $\boldsymbol{x} \to \boldsymbol{A}\boldsymbol{x} + \boldsymbol{b}$ 称为仿射变换，如果 $\boldsymbol{A}$ 是一个 $M \times N$ 的矩阵，$\boldsymbol{x}$ 是一个 N 维向量，$\boldsymbol{b}$ 是一个 M 维向量。仿射变换可以看成在线性变换 $\boldsymbol{A}\boldsymbol{x}$ 的基础上增加了一个常数项 $\boldsymbol{b}$。

多面体理论对于这类循环约束和数组下标均为仿射表达式的循环优化问题做了如下抽象：

(1) 迭代空间抽象：将一个 N 重嵌套循环抽象为一个 N 维迭代空间，每层循环的循环上界和循环下界的线性约束构成整个迭代空间的约束集合。这个 N 维迭代空间对应 N 重循环中各个循环索引变量的取值集合，只有满足约束的 N 维向量才是一个合法的迭代向量。

(2) 语句实例抽象：将 N 重嵌套循环中的每个静态语句及其对应的循环迭代向量的组合抽象成一个动态语句实例。静态语句 S 的一个动态访问实例可以写成 $S(\boldsymbol{i})$，其中，$\boldsymbol{i}$ 表示一个 N 重嵌套循环的迭代向量。

(3) 数据空间抽象：将一个 M 维数组抽象为一个 M 维的数据空间，数据空间的维度可以与迭代空间不同。迭代空间中的任意一个迭代向量可以通过数据访问关系映射到数据空间中的某一个具体的位置。

(4) 处理器空间抽象：将一个系统中的可以并行工作的计算单元抽象为 K 维的处理器空间，处理器空间中的每个处理器都有唯一的整数标识。

(5) 依赖关系抽象：对数据空间的访问关系可以细分为读访问和写访问，动态语句实例之间的依赖关系就是程序中对数据空间的读写顺序约束。

(6) 调度抽象：将任意一个动态语句实例映射到一个多维的执行时间，相当于给每个动态语句实例指定了一个执行顺序，这个执行顺序是由多维时间的字典顺序描述的。

基本上述抽象模型的编译优化方法也称为多面体优化（polyhedral optimization）。多面体模型把循环优化问题转换成多维空间和这些空间之间的仿射映射，使得我们可以使用标准的数学技术 (特别是线性规划) 来解决循环并行性和局部性优化问题。

首先考虑循环迭代空间。由于 N 重循环的迭代空间是一个满足循环约束的 N 维子空间，因此构造循环迭代空间的核心是确定每一重循环的上界和下界。而在这个过程中通常需要对循环做一些等价变换，同时对一些无法在编译时确定的情况保守处理。经过等价变换的循环只有一个循环索引变量，而且循环索引变量的步长为 1。对于下界为 l、步长为 d（$d > 1$）的循环索引变量 i，可以引入一个新的循环索引变量 i'，将循环中对 i 的引用代数替换为 $d \times i' + l$，从而实现循环索引变量的代数替换。

对于循环上界无法在编译时确定的情况，可以保守地认为循环上界为 $+\infty$；同理，对于循环下界无法在编译时确定的情况，可以保守地认为循环下界为 $-\infty$。但是，需要注意的是，当循环上界或下界是基于某个全局不变的符号的表达式时，是不需要做保守处理的。迭代空间是一个整数集，整数集描述的迭代域并不隐含语句的实际执行顺序，因为实际的执行顺序由调度来表示。

对于经过前述等价变换后的 N 重循环，由循环迭代变量和循环上下界构成的线性不等式组构成整个 N 维迭代空间的约束集合。在多面体优化中，为了方便利用整数线性规划的数学模型实现相应的优化，通常将约束写成以下形式：

$$S = \{\boldsymbol{i} \in \mathbb{Z}^N : \boldsymbol{B}\boldsymbol{i} + \boldsymbol{d} \geqslant \boldsymbol{0}\} \tag{1-1}$$

其中，$\mathbb{Z}^N$ 表示 N 维整数空间，$\boldsymbol{B}$ 是一个 $N \times N$ 的整数矩阵，$\boldsymbol{d}$ 是一个长度为 N 的整数向量，$\boldsymbol{0}$ 为 N 维零向量。

根据线性代数的基础知识可知，N 维仿射空间中的一个超平面是一个 $N-1$ 维的仿射子空间，可以用仿射方程组 $\boldsymbol{M}\boldsymbol{x} + \boldsymbol{c} = \boldsymbol{0}$ 来表示。N 维空间的一个超平面将 N 维仿射空间划分为两部分，每一部分称与该超平面一起都被称为一个半空间，半空间可以用 $\boldsymbol{M}\boldsymbol{x} + \boldsymbol{c} \geqslant \boldsymbol{0}$ 来表示。由多个半空间的交集构成的子空间称为多面体。

式(1-1)定义了 N 维空间中的一个凸多面体（convex polyhedron）。满足上述约束的任意两点的连线一定位于一个多面体内部。凸多面体中任意一个整数点都是一个合法的循环迭代向量。凸多面体在任意维度的投影最终对应该维度的循环上界和下界。

在多面体模型中，式(1-1)中的矩阵表示还可以用整数多面体[55] 和 Presburger 表示[62]。我们将在第 2 章给出整数集和 Presburger 表示的准确定义。图 1.3 中的二重循环对应的迭代空间可以用 Presburger 表示

$$S = \{(i, j) : 0 \leqslant i < R \wedge 0 \leqslant j < C\} \tag{1-2}$$

来描述。

采用 Presburger 表示有利于实现自动推导，还可以在描述线性约束时使用整数取余 (rem)、向下取整除法（floordiv）、向上取整除法（ceildiv）、整数取最大值 (max)、整数取最小值 (min) 等特殊运算符。在仿射约束的基础上增加 rem、floordiv、ceildiv、max 和 min 等特殊运算符后得到的表达式称为近似仿射表达式。多面体模型要求循环索引变量的上界和下界表达式必须是由符号常量或者外层循环索引变量构成的近似仿射表达式。

接下来介绍数据空间对应的访问函数。多面体模型要求对数据空间的访问函数必须是由符号常量或外层循环索引变量构成的近似仿射表达式。在多面体模型中，动态语句实例 $S(\boldsymbol{i})$ 中对数组 A 的读访问和写访问可以分别用 $R_{S,A}(\boldsymbol{i})$ 和 $W_{S,A}(\boldsymbol{i})$ 来表示，其中，$\boldsymbol{i}$ 表示多面体中的一个迭代向量。对于一个语句中有多次对 A 的访问的情况，可以拆成多个基本访问操作。图 1.3 中的语句 S2 对 Out 数组的访问函数为

$$R_{\text{S2,Out}}(i, j) = \{\text{S2}(i, j) \rightarrow \text{Out}(i) : 0 \leqslant i < R \wedge 0 \leqslant j < C\}$$
$$W_{\text{S2,Out}}(i, j) = \{\text{S2}(i, j) \rightarrow \text{Out}(i) : 0 \leqslant i < R \wedge 0 \leqslant j < C\}. \tag{1-3}$$

在假定所有的循环迭代都遵循同样的仿射表达式约束的前提下，可以将 N 维迭代向量对 M 维数据空间的仿射访问函数表示为矩阵形式

$$\boldsymbol{F}\boldsymbol{i} + \boldsymbol{f} \tag{1-4}$$

式中，$\boldsymbol{i}$ 是满足迭代空间约束的 N 维循环迭代向量；$\boldsymbol{F}$ 是 $M \times N$ 维整数矩阵，用于表示仿射访问函数中每个循环索引变量的系数；$\boldsymbol{f}$ 为 M 维整数向量，用于表示 M 维数据空间的索引表达式中的常量部分。

访问数据空间的每个操作都对应唯一的 F 和 f，不同的数据访问操作的 F 和 f 可以不同。仿射访问函数提供了从迭代空间到数据空间的一个映射关系，基于仿射访问函数可以确定某些迭代是否会访问同一个数据或相邻的数据，或者访问数据的局部性特征等。对于更加一般的情况，即不同的循环迭代遵循不同的访问规则的时候，可以使用多个仿射访问关系的并集来描述完整的访问函数。

接下来考虑调度抽象。式(1-1)所示的迭代空间并没有规定每个迭代向量之间的遍历顺序，实际的遍历顺序（即动态语句实例的执行顺序）是由调度抽象来描述的。每种可行的执行顺序都可以称为一种调度，而初始调度即是原始程序对应的串行执行顺序，就是按照从外到内的方式排列循环下标变量取值的顺序。

在确定了一个合法的调度之后，就相当于确定了循环迭代的执行顺序，即按照迭代向量的字典顺序执行每个循环迭代。一个向量 $i = (i_0, i_1, \cdots, i_n)$ 按照词典排序小于另一个向量 $i' = (i'_0, i'_1, \cdots, i'_n)$，记为 $i < i'$，当且仅当存在一个 $m < \min(n, n')$ 使得 $(i_0, i_1, \cdots, i_m) = (i'_0, i'_1, \cdots, i'_m)$，并且 $i_{m+1} < i'_{m+1}$。

对循环并行性和局部性的优化是通过对调度进行一系列的变换来实现的。任意不破坏原有程序语义中的数据依赖的调度变换都是合法的，但是不同的执行顺序的性能是不同的，特别是考虑到现代体系结构中复杂的存储层次关系的前提下。如何从所有可行的执行顺序中选择一个最优的顺序，是循环优化算法需要考虑和解决的问题，我们将在第 4 章进行深入介绍。

为了简化处理，初始阶段可以忽略处理器空间，即假设处理器空间的维度与迭代空间相同，而且处理器空间的每个维度都有无限多个处理器。不存在依赖关系的循环迭代可以在虚拟处理器空间中实现完全并行。这样可以实现循环划分和循环调度之间的解耦。在完成依赖分析和循环调度之后，再通过一个简单的处理器分配算法将虚拟处理器映射到物理处理器，同时赋予原来在虚拟处理器空间中完全并行的循环迭代一个确定的执行顺序即可。

基于上述抽象数学模型，可以将循环变换问题转换为一个最优化问题。即选择一个合适的映射关系，把一个迭代空间中的每个语句映射到特定的执行时间或者处理单元上，使整个程序在维持原始循环串行语义的前提下尽可能高效地执行。为了实现最优的任务映射，多面体理念还必须解决依赖分析、并行性优化、局部性优化、任务映射等一系列的基础问题。

1.3.2　多面体模型在编译器中的应用

在复杂场景下，为了降低编译优化的难度和工作量，通常需要采用多层抽象的形式，在不同的抽象层次实施不同级别的优化。以深度学习领域的编译优化为例，通常分为计算图级别的优化（例如计算图融合和调度）、算子级别的优化（例如并行性和局部性的开发）以及指令级别的传统优化。

多面体模型的编译抽象层次是高于那些以指令级并行为优化目标的传统编译器的，

同时，又是低于以划分计算图为目标的高层编译器的。当然，随着多面体模型的不断发展，更多基于多面体模型的编译优化技术将不断向上和向下渗透到底层和上层的编译抽象层次，为优化编译器的整体设计带来更多新的技术路线。本书将多面体模型的编译抽象层次定位在张量计算的循环优化上，即在充分考虑底层体系结构特征的基础上，实现张量级别的循环变换、任务映射和代码生成。

更具体地，多面体模型的任务是将循环嵌套内的张量计算通过循环变换，转换成适于在底层体系结构上高效执行的代码。这要求多面体模型要充分考虑程序的并行性和局部性等特征。对于程序的并行性，多面体模型要解决的是通过线程级并行、向量化等方式来充分挖掘程序的数据并行，程序的任务并行并不是多面体模型要解决的目标。对于局部性，多面体模型通过循环变换来尽量减少程序在目标体系结构上执行时所需的数据传输开销。为了实现这个目标，多面体模型还需要自动实现将任务映射到目标体系结构的特定硬件抽象上，同时还要自动实现数据在存储层次结构之间以及特定计算功能部件之间的数据流管理。此外，多面体模型还需要在代码生成阶段，充分考虑与其他基础编译工具的兼容，因此在代码生成阶段，多面体模型还要兼顾能够便于实现指令级并行等其他程序变换的相关优化。

1.3.3　基于多面体模型的编译流程

多面体模型经过三十几年的发展，已经形成了一套完整的理论体系和编译流程。本节简要阐述多面体模型在现代优化编译器中实现的几个步骤，即依赖分析、循环变换、并行性优化、任务映射、局部性优化和代码生成，更具体的内容在本书的后面章节详细介绍。

1. 依赖分析

原始串行程序的执行语义定义了不同循环迭代之间的依赖关系，在循环优化中必须保持的依赖关系包括读后写依赖、写后写依赖和写后读依赖。对于不存在这三类依赖关系的循环迭代，可以以任意的顺序执行；而存在上述三种依赖关系的循环迭代既不能并行也不能改变执行顺序。

确定两个地址访问是否存在依赖属于别名分析的范畴。准确有效的相关性测试对并行编译器的性能能否很好发挥十分重要，计算机程序中所有数据相关性的这一过程就称为依赖分析。在过去数十年中，对数据依赖和控制依赖关系已经进行了深入的研究。

相关性测试是用来确定循环嵌套中对同一个数组的两个或多个下标引用之间是否存在相关性的一种方法。为了便于解释，除循环本身以外，我们将任何控制流都忽略掉。假定想要测试如图 1.7 所示的用 n 个整数 $i_1, i_2, \cdots, i_n$ 表示的 N 层循环嵌套中从语句 S_1 到 S_2 是不是存在相关性。

对于任意形式的访问函数，准确判断两个循环迭代是否访问相同的地址是非常困难的。好在科学计算和深度学习领域的大多数应用程序对数组的访问都是有规律的，数组

```
1  for (i1 = L1; i1 < U1; il++) {
2    for (i2 = L2; i2 < U2; i2++) {
3      ···
4      for (in = Ln; in < Un; in++) {
5  S1: A(f1(i1, ···, in), ···, fm(i1, ···, in)) = ···
6  S2: ··· = A(g1(i1, ···, in), ···, gm(i1, ···, in))
7      }
8    }
9  }
```

图 1.7　N 重循环实例

下标一般可以表示为仿射函数。在限定访问函数为仿射函数的前提下，就可以利用整数线性规划（特别是整数规划）的相关方法来确定两个迭代是否存在依赖关系。

设 α 和 β 是在 n 层循环上界和下界范围内的 n 维索引向量，当且仅当存在 α 和 β，并且 α 按照字典顺序小于或等于 β 以及满足

$$f_i(\boldsymbol{\alpha}) = g_i(\boldsymbol{\beta}), \forall i, 1 \leqslant i \leqslant m$$

时，S_1 和 S_2 存在依赖。

在多面体的理论框架中，数据依赖判断问题可以转换为一个整数线性规划问题，即在满足约束条件式(1-1)的情况下，是否有整数解的问题。

对于任意两个循环迭代，只要在满足迭代空间约束的前提下，不存在读后写、写后读和写后写依赖，就可以以任意的顺序执行。而且编译器还可以通过对循环迭代进行重排序来大幅提高数据局部性，也可以将无依赖的语句映射到不同的处理单元并行执行。或者通过合理安排不同循环迭代的执行顺序，来实现并行性和数据局部性的折中，从而在特定的处理器上高效地执行程序 [1]。

式(1-4)表示一个 N 维迭代空间中的索引向量 i 与一个 M 维数据空间中数据位置之间的映射关系。对于任意两个仿射访问关系 $\boldsymbol{F}_1\boldsymbol{i}_1 + \boldsymbol{f}_1$ 和 $\boldsymbol{F}_2\boldsymbol{i}_2 + \boldsymbol{f}_2$，而且在已知至少有一个是写操作时，在分析这两个仿射访问是否存在数据复用和数据依赖时，需要区分以下几种情况：

(1) $\boldsymbol{i}_1 = \boldsymbol{i}_2$，$\boldsymbol{F}_1 = \boldsymbol{F}_2$ 且 $\boldsymbol{f}_1 = \boldsymbol{f}_2$：同一个迭代向量对应同一个访存操作时一定存在依赖。

(2) $\boldsymbol{i}_1 = \boldsymbol{i}_2$，$\boldsymbol{F}_1 \neq \boldsymbol{F}_2$ 且 $\boldsymbol{f}_1 = \boldsymbol{f}_2$：一轮循环迭代中不同的访存操作之间存在依赖的必要条件是

$$(\boldsymbol{F}_1 - \boldsymbol{F}_2)\boldsymbol{i}_1 = \boldsymbol{0} \tag{1-5}$$

(3) $\boldsymbol{i}_1 = \boldsymbol{i}_2$，$\boldsymbol{F}_1 = \boldsymbol{F}_2$ 且 $\boldsymbol{f}_1 \neq \boldsymbol{f}_2$：同一轮循环迭代中不同的访存操作之间，在这种情况下一定不存在依赖。

---

[1] 在编译领域，通常将没有依赖的嵌套循环称为 doall 循环，而将有依赖的循环称为 doacross 循环。

(4) $i_1 \neq i_2$，$F_1 = F_2$ 且 $f_1 = f_2$：如果循环迭代向量 i_1 和 i_2 存在数据依赖，那么一定有 $F_1 i_1 + f_1 = F_2 i_2 + f_2$。因此，可以得出不同迭代向量和同一个访问操作之间存在数据依赖的必要条件是

$$F_1(i_1 - i_2) = 0 \tag{1-6}$$

需要注意的是，式(1-6)中的 N 维向量 i_1 和 i_2 都必须是满足迭代空间约束的循环变量。根据线性代数的基本理论可知，对于 $M \times N$ 维的系数矩阵 F，如果 F 的秩为 N，那么说明 $M \geqslant N$ 而且只有 N 维零向量 x 满足 $Fx = 0$。因此一定不存在数据复用，也就是说迭代空间中所有循环迭代向量都访问不同的数据位置。

(5) $i_1 \neq i_2$，$F_1 \neq F_2$ 且 $f_1 = f_2$：不同迭代向量和不同的访问操作之间存在依赖的必要条件是

$$F_1 i_1 = F_2 i_2 \tag{1-7}$$

(6) $i_1 \neq i_2$，$F_1 = F_2$ 且 $f_1 \neq f_2$，不同迭代向量和不同的访问操作之间存在依赖的必要条件是

$$F_1(i_1 - i_2) = f_2 - f_1 \tag{1-8}$$

(7) $i_1 \neq i_2$，$F_1 \neq F_2$ 且 $f_1 \neq f_2$，不同迭代向量和不同的访问操作之间存在依赖的必要条件是

$$F_1 i_1 + f_1 = F_2 i_2 + f_2 \tag{1-9}$$

所有读操作之间都是没有依赖的，由于只有涉及写操作的访问之间才有可能存在依赖关系。两个操作之间存在数据依赖的充要条件是两个操作访问同一个存储位置而且至少有一个是写操作。因此，为了确保数据依赖不被破坏，对数据的所有写操作都必须维持原始的顺序，但是对同一个位置的两次写操作之间的读操作是可以以任意顺序执行的。

需要注意的是，只有当式(1-5)~式(1-9)在满足迭代空间约束的前提下有整数解时，两个操作才存在数据依赖。在满足迭代空间约束的前提下，寻找上述几个等式整数解的问题是一个典型的整数规划问题。而整数规划问题是一个已知的非多项式 NP（non-polynomial）完全问题。由于精确的依赖分析代价非常大，因而编译器只好去寻求一些能够有效实现的保守分析办法。传统编译器通常依靠两种依赖测试方法来检查数组引用之间的相关性，即 Banerjee 测试 [①] 和 GCD 测试。我们将在第 3 章详细介绍依赖分析的基本方法。

2. 循环变换

循环变换是多面体优化的核心，也是实现并行性和局部性发掘的核心手段。如果一个 N 层循环嵌套结构有 $K(K \leqslant N)$ 个可以并行化的循环，即这 K 个循环的所有迭代

---

① Banerjee 测试是以 Utpal Banerjee 博士的名字命名的。Utpal Banerjee 于 1979 年获得伊利诺伊大学香槟分校博士学位，曾任职于英特尔公司，是 ACM 和 IEEE 会士和加州大学欧文分校的客座教授。他为程序并行化领域做出了巨大的贡献，除了提出 Banerjee 测试以外，还提出了基于幺模变换的程序自动并行化理论。

之间都没有依赖关系，就说这个循环的并行度为 K。对于并行度为 K 的 N 层嵌套循环，可以在一个计算单元上以任意的顺序遍历这个 K 维的子迭代空间，在 K 维子迭代空间中的每一个循环迭代，都需要执行另外的 $N-K$ 层循环；也可以将 K 维子迭代空间映射到一个处理器阵列上并行处理，而且在处理器之间不需要同步。

在过去数十年中，基于仿射变换的循环优化已经得到了深入的研究。通过将仿射变换分解为一系列基本的变换，可以相对容易地理解仿射变换对源程序的修改。构成整个仿射变换的每一种基本变换，都对应源代码层次上的一个简单的改变。常见的几种基础仿射变换如下：

(1) 循环交换 (loop permutation)：交换内层循环和外层循环的次序。

(2) 循环反转 (loop reversal)：按照相反的顺序执行一个循环中的所有迭代。

(3) 循环倾斜 (loop skewing)：对原始循环的迭代空间进行坐标变换。

(4) 循环延展 (loop scaling)：将循环索引变量和循环步长做等比例缩放。

(5) 循环合并 (loop fusion)：把原程序中的多个循环下标映射到同一个循环下标上。

(6) 循环分布 (loop fission)：把不同语句的同一个循环下标映射到不同的循环下标。

(7) 循环偏移 (loop shifting)：把一个动态语句实例偏移固定多个循环迭代。

在上述 7 种变换中，前 3 种都是幺模变换。一个幺模变换可以用一个幺模系数矩阵来表示。幺模矩阵是一个方阵，其行列式为 ± 1。用于循环变换的幺模矩阵还有一个额外的特性就是它的所有元素均为整数。幺模矩阵的另一个重要性质是，幺模矩阵的乘积和逆矩阵仍然是幺模矩阵。幺模变换的重要性在于它把一个 N 维迭代空间映射到另一个 N 维的多面体，并且两个空间的迭代之间具有一一对应关系。

以幺模变换为基础实施循环的工作在 21 世纪初就有比较成熟的研究[80]，这个理论把循环的互换、反转和倾斜都使用变换矩阵来表示，其目的是使循环嵌套中并行化的程度或者数据局部性的程度达到最高，这些变换对并行机器上的存储层次结构也能有效支持。

幺模变换可以描述任何基于循环交换、循环倾斜和循环反转构成的复杂变换。最终的变换矩阵可以将各种基本的循环变换矩阵相乘即可。而基于幺模变换矩阵的循环优化，本质上是在给定一组调度约束的条件下，求出最大的目标函数。

可以用一个 $N \times N$ 的方阵来表示将一个原始 N 层循环 $(i_1, i_2, \cdots, i_N)$ 转换为 $(i_{\delta_1}, i_{\delta_2}, \cdots, i_{\delta_N})$ 的循环交换，方阵的每个行向量代表一个循环，对于第 i 层循环来说，只有第 i 个元素为 1，其余元素均为 0。因此，原始循环对应 $N \times N$ 的单位矩阵，而变换后的循环对应变换矩阵。一个合法的循环交换必须维持原始循环的依赖关系。要实现第 i 层循环和第 j 层循环的循环交换，只需要交换原始矩阵的第 i 行和第 j 行即可。图 1.8 所示为 $N=2$ 时的循环交换示例，在这个循环中，每个循环迭代之间都不存在依赖关系，所有循环迭代都可以并行执行。

对于图 1.8 所示的循环交换示例，循环迭代之间并不存在依赖关系，图中箭头仅用于表示不同迭代之间的执行顺序。图中每个坐标轴表示一层循环，每个圆点都代表一次循环迭代，对应的各层循环的循环变量的坐标构成迭代向量。

```
1    for (int i=0;i<4;i++) {
2      for (int j=0;j<4;j++) {
3  /*S*/ A[j] = A[j] + C[i][j];
4      }
5    }
6
```

```
1    for (int j=0;j<4;j++) {
2      for (int i=0;i<4;i++) {
3  /*S*/ A[j] = A[j] + C[i][j];
4      }
5    }
6
```

(a) 原始循环　　　　　　　　　　　　　　　　　　　　　(b) 变换后循环

$$\begin{bmatrix} 0 & 1 \\ 1 & 0 \end{bmatrix}\begin{bmatrix} i \\ j \end{bmatrix} = \begin{bmatrix} j \\ i \end{bmatrix}$$

(c) 原始迭代空间　　　　　　　(d) 循环变换方程　　　　　　(e) 循环交换后的迭代空间

图 1.8　循环交换

与循环交换类似，可以用一个 $N \times N$ 的方阵来表示循环反转。将一个原始 N 层循环 $(i_1, i_2, \cdots, i_N)$ 的第 i 层循环做循环反转，只需要将原始循环对应的 $N \times N$ 单位矩阵的第 i 行的对角元素取相反数即可。同样，一个合法的循环反转必须维持原始循环的依赖关系。在完成循环反转之后，动态语句实例中对循环变量的引用也需要同步更新。图 1.9 所示为 $N = 2$ 时的循环反转示例。

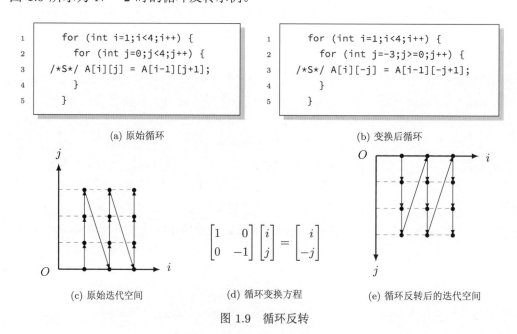

```
1    for (int i=1;i<4;i++) {
2      for (int j=0;j<4;j++) {
3  /*S*/ A[i][j] = A[i-1][j+1];
4      }
5    }
```

```
1    for (int i=1;i<4;i++) {
2      for (int j=-3;j>=0;j++) {
3  /*S*/ A[i][-j] = A[i-1][-j+1];
4      }
5    }
```

(a) 原始循环　　　　　　　　　　　　　　　　　　　　　(b) 变换后循环

$$\begin{bmatrix} 1 & 0 \\ 0 & -1 \end{bmatrix}\begin{bmatrix} i \\ j \end{bmatrix} = \begin{bmatrix} i \\ -j \end{bmatrix}$$

(c) 原始迭代空间　　　　　　　(d) 循环变换方程　　　　　　(e) 循环反转后的迭代空间

图 1.9　循环反转

对于第 j 层循环相对于第 $i\,(j > i)$ 层循环的循环倾斜变换，实际上是在对迭代空间进行坐标变换。为了得到基础循环倾斜变换的变换矩阵，只需要将 $N \times N$ 的单位矩阵的第 j 行的第 i 列置成 1 即可，最终得到的变换矩阵实际上是一个下三角矩阵。对于倾斜因子为 f 的通用循环倾斜变换，只需要将 $N \times N$ 的单位矩阵的第 j 行的第 i 列置成 f 即可。通用的循环倾斜变换也可以看成循环延展变换和基础循环倾斜变换的组合。图 1.10 所示为 $N = 2$ 时的循环倾斜示例。

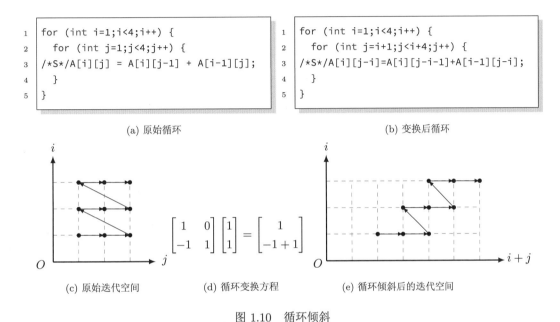

```
1  for (int i=1;i<4;i++) {
2    for (int j=1;j<4;j++) {
3  /*S*/A[i][j] = A[i][j-1] + A[i-1][j];
4    }
5  }
```

(a) 原始循环

```
1  for (int i=1;i<4;i++) {
2    for (int j=i+1;j<i+4;j++) {
3  /*S*/A[i][j-i]=A[i][j-i-1]+A[i-1][j-i];
4    }
5  }
```

(b) 变换后循环

(c) 原始迭代空间

$$\begin{bmatrix} 1 & 0 \\ -1 & 1 \end{bmatrix} \begin{bmatrix} 1 \\ 1 \end{bmatrix} = \begin{bmatrix} 1 \\ -1+1 \end{bmatrix}$$

(d) 循环变换方程

(e) 循环倾斜后的迭代空间

图 1.10　循环倾斜

幺模变换只能用于完美嵌套循环，而且只能对循环嵌套中的所有语句和所有循环迭代做同样的变换，因此无法实现诸如循环延展、循环合并、循环分布以及循环偏移等重要的基础仿射变换，也无法实现诸如循环分块、循环分段 (loop strip-mining) 和循环展开压紧等近似仿射变换。这种局限性主要源自其基于矩阵的变换表示。

与之相比，基于多面体模型的循环变换更加一般化。它基于更加一般化的关系运算（矩阵运算只是各种关系运算中的一种），可以表示各种各样的变换形式，使用约束也更少。它不仅可以用于描述任意的循环嵌套，而且每个语句都可以有自己独立的映射关系，因而可以做的转换更加丰富。表 1.2 给出了上述 7 种基础仿射变换对应的多面体调度表示。其中，循环分布和循环合并变换中的常数 0 和 1 是为了维持原始循环的语义顺序而引入的常量维度。我们将在第 4 章详细介绍多面体模型中如何实现这些基础循环变换。

3. 并行性优化

多面体中的调度是近似仿射调度，它是由循环迭代向量与全局符号的近似仿射表达式构成的映射关系。而调度生成的过程就是任务映射、任务划分、数据局部性和任务

表 1.2　7 种常见的仿射变换及其对应的多面体调度表示

循 环 变 换	多面体调度表示
循环交换	$S(i, j) \rightarrow (j, i)$
循环反转	$S(i) \rightarrow (-i)$
循环倾斜	$S(i, j) \rightarrow (i, f \times i + j)$
循环分布	$S1(i) \rightarrow (0, i); S2(i) \rightarrow (1, i)$
循环合并	$S1(i) \rightarrow (i, 0); S2(i) \rightarrow (i, 1)$
循环延展	$S(i) \rightarrow (s \times i)$
循环偏移	$S(i) \rightarrow (i + c)$

并行性优化的时机。调度的生成本质上可以看成对原始迭代空间和数据空间进行坐标变换。

并行性粒度与具体的应用程序和硬件紧密相关。一般情况下，在超标量硬件上可以开发指令级并行性，在向量处理器上可以开发指令级并行性和数据级并行性，而在多核处理器上则可以同时开发指令级并行性、数据级并行性和线程级并行性。实现循环并行化的目的是使可以并行化的循环迭代数量达到最大。对于相关性可以用相关距离来表示的深度为 N 的循环来说，不论是细粒度或粗粒度计算，可以开发的并行度至少为 $N - 1$。

为了优化循环的并行性，多面体模型可以把无依赖的循环交换到内层循环以便于实现循环向量化，也可以把无依赖的循环交换到最外层循环以便于实现循环并行化。从这个角度来看，循环向量化和循环并行化是两个互相冲突的优化目标。将便于实现向量化的循环交换到内层循环，可以保证程序中对数组元素的连续访问能够命中高速缓存；而将便于实现并行化的循环交换到外层循环，可以降低映射到不同处理器上的并行任务之间的同步和通信开销。

确定仿射调度，使得数据局部性、并行度等指标中的一个或多个达到最优，这也是多面体模型需要重点解决的问题。我们将在第 5 章介绍循环并行化的主要方法。

4. 任务映射

任务映射反映了循环和处理器空间之间的映射关系，在多面体的世界中也可以使用映射关系来表示。计算划分 π_s 是一个将语句 S 的动态实例映射到一个整数向量的仿射函数，这个整数向量表示虚拟处理器编号。π_s 必须满足循环约束和数据依赖关系。类似地，数据映射 ϕ_A 将每个数组元素映射到一个虚拟处理器编号。而计算 π_S 和 ϕ_A 的过程实际上是一个优化问题。类似地，还可以定义一个仿射时间变换 θ_S 表示语句 S 到执行时间的映射。

线性规划方法主要用于求解线性函数在线性等式或不等式约束下最大值或最小值。具体到循环优化问题，整个算法的输出是一系列仿射函数，这些仿射函数定义了每个处理器在哪个时刻执行哪个循环迭代。算法利用仿射函数来描述原始迭代空间中的循环迭代实例与处理器迭代空间之间的映射关系，还利用仿射函数来描述原始迭代空间中不同迭代的执行顺序。

任务映射还需要考虑数据局部性和同步开销的影响，我们将在第 5 章介绍基于多面体模型的任务映射方法。

5. 局部性优化

可以结合式(1-1)和式(1-4)进行访存依赖分析和数据局部性优化。数据依赖和数据局部性具有紧密的关联，但又不完全相同。考虑两个读取同一位置的循环迭代，二者存在数据局部性，但是并不存在数据依赖。迭代空间相当于仿射访问函数的定义域，对依赖的分析相当于在定义域中找出所有的访问同一个位置的循环迭代。如果两个访问同一位置的循环迭代，其中至少有一个是写操作，那么这两个循环迭代之间就是有数据依赖的。最终可以实现对于没有依赖的循环迭代和数据访问调整访问顺序，对于存在数据局部性的情况调整访问顺序从而达到利用数据局部性的目的。

循环分块可以降低同步开销并改进循环的数据局部性，它将一个深度为 N 的循环嵌套映射到深度为 $2N$ 的循环嵌套，其中 N 个内层循环只有少量的固定迭代。循环分段和循环分块类似，它只把一个循环嵌套结构中的一部分循环分解开，每个循环分解成两个循环，这么做的好处是一个多维数组被分段访问，从而获得较好的缓存利用率。

如前所述，局部性优化与并行性开发以及任务映射是紧密相关而且互相影响的，我们将在第 6 章介绍局部性优化的详细内容。

6. 代码生成

通过对多面体进行变换可以实现并行性和局部性的挖掘，而在确定了调度策略之后，就可以按照调度确定的顺序生成代码了。代码生成通常涉及从一种描述到另一种称之为中间形式描述的转换。转换的另一种情况是源到源变换（有时称为预编译器），实现程序从一种高级语言转换为另一种高级语言的转换，在这之后再利用目标机器的第二语言编译器进行编译。

根据变换后的迭代空间和调度生成代码，只需要在确定了循环的嵌套层次关系后，从最内层循环开始，不断利用 Fourier-Motzkin 消去法[65] 得到每个循环维度的上界和下界。Fourier-Motzkin 消去法是一种求解线性规划问题的常用方法，我们将在 2.3 节介绍 Fourier-Motzkin 消去法的基本原理。每运用一次 Fourier-Motzkin 消去法，多面体就会减少一个维度。而循环体代码可以利用仿射函数变换矩阵确定下标表达式。

我们还要常常对控制流命令连接的基本程序块进行优化以获得较高的并行性。不同类型计算硬件的并行代码生成策略也存在较大的差异，具体内容可以参考第 7 章。

第2章

程序抽象表示基础

使用编译技术将程序自动部署在特定平台上，并对程序进行适当的优化，实际上是一种对程序表示和架构细节不断抽象的过程。编译器中使用了大量的抽象技术，这使得一些规则的程序变换能够利用数学模型来求解和计算。如何对程序中的循环结构进行优化是提升程序性能的关键，因为循环占据了程序绝大部分的执行时间，并且循环的一些复杂控制结构和由此导致的依赖关系也很难用手工的方法进行处理。

2.1 抽象表示在编译器中发挥的作用

对于循环优化，一个经典的优化模型是幺模变换（unimodular transformation）[7]。"幺模"一词取自线性代数中的幺模矩阵，该矩阵是指一个所有元素均为整数且行列式的绝对值为 1 的方阵。幺模矩阵能够表示的变换包括循环交换、循环倾斜和循环反转。根据幺模矩阵的定义，多个幺模矩阵的乘积也是幺模矩阵，所以幺模变换允许上述这几种变换的组合，但也仅局限于上述三种循环变换。

幺模变换虽然没有被广泛地使用在优化编译器中，但是该模型为多面体模型（polyhedral model）的发展奠定了良好的基础。多面体模型是对满足一定约束的循环嵌套进行分析和优化的数学抽象模型。多面体模型能够处理的循环变换比幺模变换的范围要广，并且不受限于矩阵行列式的绝对值必须为 1 的约束，在典型的优化编译器和面向深度学习的编译器中占据着一席之地。

多面体模型的抽象是基于程序语句实例的。换句话说，程序中的每个语句实例和内存单元都需要分别进行表示，一条语句的每次执行都对应不同的实例，一个数组元素的每次访问都对应一次内存单元的访问。多面体模型通过一些不同的表示组合来对程序进行抽象，一个典型的组合是用一个集合和多种映射的组合，即将程序表示成一个迭代空间（集合）、语句实例和内存单元之间的访存关系（映射）、语句实例之间的依赖关系（映射）和程序语句实例执行顺序的先后关系（映射）。当然，在多面体模型的发展过程中，还存在过一些其他的组合方式，这些组合方式可能在采用集合和映射的个数上与上述组合方式不完全一致，但其基本原理与这种组合方式并无差别。

为了对多面体模型有一个直观的理解，我们以一个具体的实例说明多面体优化问题的数学建模过程。以图 2.1 所示代码为例，其中 N 为编译阶段未知的符号常量。

```
1    for (int i=3; i<10; i+=2){
2      for (int j=i; j<N; j++){
3        A[j][i] = 0;   /* S1 */
4      }
5    }
```

图 2.1　带符号常量的循环嵌套

为了构造形如式(1-1)所示的迭代空间的约束集合，我们首先列出上述循环嵌套的所有上界和下界约束，并将其转换为

$$\left\{\begin{array}{l} i \geqslant 3 \\ i < 10 \\ j \geqslant i \\ j < N \end{array}\right\} \Rightarrow \left\{\begin{array}{l} i-3 \geqslant 0 \\ -i+9 \geqslant 0 \\ j-i \geqslant 0 \\ -j+N-1 \geqslant 0 \end{array}\right\} \tag{2-1}$$

即多面体模型将所有的不等式都统一转换成 $\geqslant 0$ 的形式。在该转换过程中，多面体模型总是假设所有的变量是满足整数约束的，即所有的循环索引变量在整个可行解空间上只取整数值，这样的约束是满足程序实际应用需求的。所以，在上述转换过程中，$i < 10$ 和 $-i+9 \geqslant 0$ 总是等价的。

将上述不等式组写成矩阵形式，可以得到

$$\begin{pmatrix} 1 & 0 \\ -1 & 0 \\ -1 & 1 \\ 0 & -1 \end{pmatrix} \begin{pmatrix} i \\ j \end{pmatrix} + \begin{pmatrix} 0 \\ 0 \\ 0 \\ 1 \end{pmatrix} \begin{pmatrix} N \end{pmatrix} + \begin{pmatrix} -3 \\ 9 \\ 0 \\ -1 \end{pmatrix} \geqslant \begin{pmatrix} 0 \\ 0 \\ 0 \\ 0 \end{pmatrix} \tag{2-2}$$

将约束不等式组写成矩阵的形式，是为了方便后续利用整数线性规划或其他的数学模型来提取一些特定的信息并实现相关的优化，相关细节将会在后面的内容中具体介绍。显然，只表示循环的边界是不够精确的，因为循环的步长限定外层循环变量 i 只取奇数，这意味着外层循环还要满足 $(i+1)\%2 = 0$ 的条件，$\%$ 表示整除操作。我们也可以将这个约束表示成

$$\exists e : i+1 = 2e \tag{2-3}$$

的形式。更进一步地，式(2-3)也可以表示成

$$\exists e : (i+1) - 2e \geqslant 0 \wedge -(i+1) + 2e \geqslant 0 \tag{2-4}$$

的形式。因此，所有的循环约束都可以表示成不等式的形式。

此外，多面体模型用一个映射关系表示语句实例和数组表示的内存地址单元之间的访存关系。对于图 2.1 所示的访存关系，语句实例只对内存地址单元进行写访存操作，那么这个访存关系可以表示成

$$\{S_1(i,j) \to A(j,i) : 3 \leqslant i < 9 \land i \leqslant j < N \land (i+1)\%2 = 0\} \tag{2-5}$$

的形式，其中 $\to$ 可以解读成从语句 $S_1(i,j)$ 到 $A(j,i)$ 的（读/写访存）关系，上述表示也是这种关系构成的一个集合，即该集合中的每个元素都是一个读/写访存关系。

在上述约束的限定条件下，编译器或相关的抽象模型需要对图 2.1 中循环的并行性、可切分性及数据访存的局部性进行分析与优化。根据循环约束式(2-4)，可以将图2.1所示的原始代码的语句实例按照访问顺序展开如

$$
\begin{array}{llllllll}
S_1(3,3) & S_1(3,4) & S_1(3,5) & S_1(3,6) & S_1(3,7) & S_1(3,8) & S_1(3,9) & \cdots & S_1(3,N-1) \\
& S_1(5,5) & S_1(5,6) & S_1(5,7) & S_1(5,8) & S_1(5,9) & \cdots & S_1(5,N-1) \\
& & S_1(7,7) & S_1(7,8) & S_1(7,9) & \cdots & S_1(7,N-1) \\
& & & S_1(9,9) & \cdots & S_1(9,N-1)
\end{array}
$$
$$\tag{2-6}$$

的形式。

根据访存关系式(2-5)与语句实例的执行顺序式(2-6)，可以推断出数组 $A(j,i)$ 的访问顺序为

$$
\begin{array}{llllllll}
A(3,3) & A(4,3) & A(5,3) & A(6,3) & A(7,3) & A(8,3) & A(9,3) & \cdots & A(N-1,3) \\
& & A(5,5) & A(6,5) & A(7,5) & A(8,5) & A(9,5) & \cdots & A(N-1,5) \\
& & & & A(7,7) & A(8,7) & A(9,7) & \cdots & A(N-1,7) \\
& & & & & & A(9,9) & \cdots & A(N-1,9)
\end{array}
$$
$$\tag{2-7}$$

如果数组在内存中是按照行优先的方式存储的，那么上述数组访问顺序显然无法利用数组 A 在内存空间存储的局部性。但是，如果编译器能将上述代码进行变换，得到如

$$
\begin{array}{llll}
A(3,3) \\
A(4,3) \\
A(5,3) & A(5,5) \\
A(6,3) & A(6,5) \\
A(7,3) & A(7,5) & A(7,7) \\
A(8,3) & A(8,5) & A(8,7) \\
A(9,3) & A(9,5) & A(9,7) & A(9,9) \\
\vdots & \vdots & \vdots & \vdots \\
A(N-1,3) & A(N-1,5) & A(N-1,7) & A(N-1,9)
\end{array}
$$
$$\tag{2-8}$$

所示的访问顺序，那么数组被访问的顺序就与该数组在内存中的存储顺序一致，程序的执行性能就有可能因此提高。编译器通过对这种性质的建模，利用语句实例和数组存储

的内存地址单元之间的关系，可以推断出程序应该实现一个循环交换的变换，那么这种变换之后对应的程序应该是如图 2.2 所示的代码。

```
1    for (int j=3; j<=min(N-1,9); j++){
2      for (int i=3; i<=j; i+=2){
3        A[j][i] = 0;  /* S1 */
4      }
5    }
```

图 2.2   变换后的循环嵌套

此时，语句 S_1 的执行顺序与数组在内存中的排列顺序一致。此外，从图 2.2 中的代码不难看出，在计算循环交换的同时，编译器还需要精确计算交换后循环的边界。由于 N 是编译阶段未知的符号常量，编译器并不知道 N 与另外的已知循环上界 10 之间的关系，那么为了获得正确的代码，在循环交换后循环边界上必须引入一个 min 操作来获取这两个边界之间较小的那个值。如果是两个下界之间的比较，那么就需要引入一个 max 操作来获取较大的那个下界，这样经过变换之后的程序总是正确的。

虽然上述循环交换的变换是比较直观的，但是让编译器自动实现这样的程序变换仍然是一个非常复杂的过程，需要用到包括集合与映射的运算、矩阵变换以及对整除等操作的建模和相应表示的代码生成等一系列中间抽象过程。本章将针对当前优化编译器中的多面体模型中所使用的抽象进行介绍。

2.2   整数集合与仿射函数

优化编译器的目的是通过模型的构建来实现对程序的变换，但在对程序进行变换之前，一个更重要的问题是如何对程序进行有效的表示。从上面的描述中可以看出，程序语句实例的执行顺序是语句实例之间的先后关系，而循环边界和循环步长限定的范围是语句实例构成的集合。在这些集合和关系的基础上，编译器的优化模型可以借助集合和映射关系的基本操作实现对程序执行顺序的调整，从而达到提升程序性能的目的。

2.2.1   静态仿射约束

整数集合 (integer set) 和仿射函数 (affine function) 或仿射关系 (affine relation) 是多面体模型对程序进行表示的数学基础。多面体模型要求表示的程序满足整数集合的约束显然是合理的，因为在实际应用中，循环索引变量的取值范围都是整数。在此基础上，多面体模型用仿射函数或仿射关系来表示程序中语句和语句之间或语句与内存地址单元之间的关系，这在一定程度上限定了多面体模型的适用范围。尽管如此，多面体模型还是能够满足绝大部分程序或循环嵌套的表示和优化，尤其是以深度神经网络为代表的应用。

多面体模型要求待分析和变换的循环嵌套满足静态仿射约束（Static Control Parts，即 SCoP）。一个 SCoP 是指一段满足特定条件的程序语句的最大集合，该条件要求封装这些程序语句的循环的边界、步长和控制流语句的条件只能是外层循环索引变量和符号常量的仿射函数。这样的约束允许多面体模型利用仿射函数或仿射关系来实现程序的表示和优化。显然，一些复杂的程序表示形式，如形如 $A[i \times j]$ 的数组下标表达式是无法利用多面体模型进行建模的，因为这样的表达式并不满足仿射函数的要求。此外，一些只有在程序运行时才能够确定的控制流信息也不利于用多面体模型进行抽象，例如 break、continue 等动态控制循环提前结束或循环运行状态的指令，都不在多面体模型的处理能力范围内。当然，随着多面体模型技术的不断发展，这些问题的处理也有了一定的改进，但是本章不会涉及这些扩展技术的细节。

对于满足静态仿射约束的程序片段或循环嵌套而言，优化编译器可以利用多面体模型构造相应的中间表示抽象，这种中间表示的基础就是整数集合和仿射函数。下面分别介绍整数集合和仿射函数，然后再介绍由此得到的更高层次的中间表示。

2.2.2　整数集合

对循环嵌套内的语句进行实例化的过程是根据循环嵌套的维度进行展开并进行排列的。对于一个 d 层循环而言，可以用一个整数 d 元组表示语句实例的维度，如果再用一个标识符对每个语句进行命名，那么该标识符以及 d 元组就可以表示循环嵌套内的一个语句。如2.1节中的例子，循环嵌套内的语句可以用 $S_1(i, j)$ 来表示，其中 S_1 为该语句的标识符，(i, j) 为循环索引变量构成的二元组。我们用一个标识符加上一个整数 d 元组标识一个命名的整数空间。

在整数空间上添加上各个循环维度的约束，即循环边界和循环的步长带来的约束后，就可以得到对应的整数集合。我们用一个带有约束的命名整数空间标识一个命名的整数集合，每个约束用于标识循环边界和其他程序语义导致限定的边界，约束之间用";"隔开。对于有限元素的整数集合，也可以通过枚举集合元素的方式进行描述。

在满足静态仿射约束的前提下，循环的边界等程序语义限定的约束通常是一个仿射表达式，而循环步长则有可能会引入一些复杂的约束，如前文提到的带有整除的约束信息，这些约束都可以用 Presburger 公式表示，而 Presburger 公式则是 Presburger 语言的一个一阶谓词公式。

定义 2.1　Presburger 语言

Presburger 语言是一种以

(1) 函数符号 $+/2$；

(2) 函数符号 $-/2$；

(3) 一个针对整数 d 的常数符号 $d/0$；

(4) 一个针对正整数 d 的单目函数符号 $\lfloor \cdot /d \rfloor$；

(5) 一组常数符号 $c_i/0$;

(6) 谓词符号 $\leqslant/2$;

为公式符号的一阶谓词语言。 ♣

其中，函数符号和谓词符号的 $/2$ 表示该符号需要以两个参数作为输入，常数符号 $/0$ 表示不需要参数。由于 Presburger 语言是一种一阶谓词语言，为了判断其中的公式是否能够被满足，必须对语言中的每个函数符号和谓词符号进行解释，并且必须限定每个公式中变量的范围。考虑到编译器是对循环嵌套的范围进行建模，所以多面体模型对 Presburger 语言的变量限定的范围是全体整数空间 $\mathbb{Z}$。对于 Presburger 语言中的符号，解释如下。

定义 2.2 Presburger 符号的解释

(1) 函数符号 $+/2$ 被解释成两个整数的加法;

(2) 函数 $-/2$ 被解释成两个整数的减法，输入的两个参数前者为被减数，后者为减数;

(3) 常数符号 $d/0$ 被解释成对应的整数值;

(4) 单目函数符号 $\lfloor \cdot /d \rfloor$ 被解释成对 d 进行整型除法的结果;

(5) 谓词符号 $\leqslant/2$ 被解释成两个整数之间的小于或等于关系。 ♣

常数符号 c_i 并没有对应的特定解释，在编译阶段被当作符号常量处理。在给出 Presburger 公式的定义前，我们还需要定义 Presburger 语言中的项。

定义 2.3 Presburger 语言的项

Presburger 语言的一个项由

(1) Presburger 语言的一个变量 v;

(2) $f_i(t_1, \cdots, t_{r_i})$，其中 f_i 为 Presburger 语言的一个函数符号，$t_j\ (1 \leqslant j \leqslant r_i)$ 为 Presburger 语言的项;

递归定义。 ♣

在上述定义中，当 $r_i = 0$ 时，$f_i()$ 也是 Presburger 语言的一个项。在编译优化的过程中，$f_i()$ 可用于表示标量。

定义 2.4 Presburger 公式

Presburger 语言的一个公式是由

(1) 布尔型值 true;

(2) 由谓词符号 P_i 和 s_i 个项 $t_j\ (1 \leqslant j \leqslant s_i)$ 组成的公式 $P_i(t_1, \cdots, t_{s_i})$;

(3) $t_1 = t_2$，其中 t_1 和 t_2 均为 Presburger 语言的项；

(4) 公式 F_1 和公式 F_1 的合取公式 $F_1 \wedge F_2$；

(5) 公式 F_1 和公式 F_1 的析取公式 $F_1 \vee F_2$；

(6) 公式 F 的逆 $\neg F$；

(7) 带有存在量词的公式 $\exists v : F$ 的 $\neg F$；

(8) 带有全称量词的公式 $\forall v : F$ 的 $\neg F$；

递归定义的一阶谓词公式。　　　　　　　　　　　　　　　　　　　　　　　♣

在多面体模型的表示中，一个整数集合是指如式(2-6)所示的元素构成的集合。当我们需要用一种更简洁的方式表示这个集合时，可以用 Presburger 公式表示这些元素的边界和取值范围。更具体地，图 2.1 中的语句实例集合可以用

$$\{S_1(i,j) : 3 \leqslant i < 10 \wedge i \leqslant j < N \wedge (i+1)\%2 = 0\} \tag{2-9}$$

表示，":" 后是该命名整数空间的约束，每个约束由一个 Presburger 公式定义，循环索引变量 i 和 j 为该公式的自由变元 (free variable)。当一个 Presburger 公式 F 是由另外一个公式 $\exists v : F_1$ 或全称量词 $\forall v\ F_2$ 递归定义，并且变量 v 在公式 F_1 或 F_2 中出现时，该变量 v 被称为公式 F 的自由变元，该变量在公式 F 中的出现被称为自由出现（free occurrence）。不难看出，式(2-9)中的约束实际上就是定义 2.4 中各种情况根据真实应用的实例化过程。

利用 Presburger 公式对整数集合的约束进行表示，能够帮助优化编译器利用 Presburger 算术（Presburger arithmetic）进行建模，并在此模型系统内进行演绎。Presburger 算术是一个只有加法运算、没有乘法运算的算术体系，是一个相容并且完备的公理体系。Presburger 算术只允许加法运算，但循环嵌套仿射表达式中可能会存在减法、乘法、除法和取模等复杂的运算。另一方面，Presburger 语言中也允许减法、取模等运算的出现。因此，在 Presburger 公式的基础上，我们还定义了一些**语法糖**（syntactic sugar），说明其他几种运算和加法运算之间的等价性。

定义 2.5　Presburger 公式的语法糖

(1) false $\Leftrightarrow \neg$ true；

(2) $a \Rightarrow b \Leftrightarrow \neg a \vee b$；

(3) $a < b \Leftrightarrow a \leqslant b$，$a \geqslant b \Leftrightarrow b \leqslant a$，$a > b \Leftrightarrow a \geqslant b+1$；

(4) $a, b \oplus c \Leftrightarrow a \oplus c \wedge b \oplus c$，$a \oplus_1 b \oplus_2 c \Leftrightarrow a \oplus_1 b \wedge b \oplus_2 c$，其中 $\oplus, \oplus_1, \oplus_2 \in \{<, >, =, \leqslant, \geqslant\}$；

(5) $-e \Leftrightarrow 0-e$，$n \times e \Leftrightarrow e+e+\cdots+e$（$n$ 个 e 相加），$a\%n \Leftrightarrow a-n\lfloor a/n \rfloor$；

(6) $n \Leftrightarrow n()$。

其中，a、b 为循环索引变量，e 为符号常量，n 为整数，$\Leftrightarrow$ 表示等价关系。　　♣

根据语法糖的定义，优化编译器可以将程序中可能存在的各种操作转换为加法操作或者其他 Presburger 公式归纳定义中的项来完成计算。例如，根据语法糖定义的规则 (3)，可以看出图 2.2 中外层循环的上界和图 2.1 中内层循环的下界是等价的。此外，在进行一些关键的循环优化，如循环分块时，规则 (5) 可以用于表示循环分块后带有取模操作的运算。

语法糖的其他规则给整数集合的表示提供了便利。例如，当我们想获取一个多维整数空间上的所有元素时，可以用布尔型值 true 表示对应的约束，相应的整数集合也被称为该整数集合的全集 (universal set 或 universe)；当我们想表示一个标量值时，其对应的整数空间是一个零维空间，那么此时就可以用语法糖定义的规则 (6) 来表示。

当一个循环嵌套内有多个语句，并且不同语句外层的循环嵌套层数不相同时，这些语句所在的整数空间的维度不同。例如，当我们用一个三层循环嵌套实现一个矩阵乘法运算时，初始化语句的整数集合所在的空间是一个二维整数空间，而归约语句的整数集合所在的空间是一个三维整数空间。优化编译器可以将这个二维整数集合和三维整数集合合并在一起，用于表示整个矩阵运算的整数集合。当两个整数集合所在空间的维度不一致时，这两个整数集合之间无法进行基本的集合运算，例如，集合的交集运算。

2.2.3　仿射函数

虽然两个不同维度的整数集合进行基本运算是不允许的，但不同维度的整数集合之间可以构造一个相关的函数或映射进行关联。如果把一个整数集合作为定义域，另外一个整数空间作为值域，那么任意两个集合之间都可以构造一个二元映射关系（binary relation）。两个集合之间的二元映射关系可以是

(1) 单射，即定义域中的每个元素被映射到值域的不同元素上；

(2) 满射，即值域中的每个元素至少对应定义域中的一个元素；

(3) 双射或一一映射，既是单射又是满射的映射，即定义域中的元素和值域中的元素一一对应。

整数集合的映射关系可以用于表述语句实例和内存地址单元之间的访存关系。例如式(2-5)中每个元素表示语句实例和被访问数组之间的写访存关系。构成映射关系的整数集合之间不必一定满足维度相同的约束。程序语句实例和内存地址单元之间的映射关系可以是单射、满射或双射。整数集合的映射关系也可以表示语句实例的执行顺序，如当一个命名的整数空间映射到未命名的整数空间时，可以表示该语句实例的执行顺序，即程序语句的调度（schedule）。例如，图 2.1 中语句的执行顺序可以用

$$[S_1(i,j) \to (i,j)] \tag{2-10}$$

表示，该映射表示将一个命名的整数集合 $S_1(i,j)$ 中的所有元素映射到一个未命名的整数集合 (i,j) 上，可以理解为将语句 $S_1(i,j)$ 按照 (i,j) 的调度顺序执行。表示程序语句实例执行顺序的映射一般都是双射。但是在一些特殊的情况下，优化编译器也需要用满

射来表示程序语句实例的执行顺序，这种情况往往是在实现复杂的循环变换，例如第 5 章将会介绍的交叉分块就需要利用满射来实现将同一个语句实例执行多次。

　　基于多面体模型的优化编译器将程序的表示限定在静态仿射约束的范围内，所以多面体模型关注的是仿射函数，根据仿射函数实现的程序变换也被称为仿射变换（affine transformation）。在继续介绍仿射变换之前，我们给出仿射函数的定义。

定义 2.6　仿射函数

一个形如

$$f(i) = Mi + c \qquad (2\text{-}11)$$

的二元映射关系被称为一个仿射函数，其中 i 是一个 d 维向量，$M \in \mathbb{R}^{k \times d}$ 是一个 $k \times d$ 大小的矩阵，$c \in \mathbb{R}^k$ 是一个 k 维向量。♣

　　上述定义中 i 可以看作定义域，函数的结果 $f(i)$ 是值域。在实际应用中，多面体模型常将上述定义中的实数空间 $\mathbb{R}$ 局限在整数空间 $\mathbb{Z}$ 上，这样能够使计算结果更符合程序的实际语义。如果上述定义中 c 向量是一个零向量，那么式(2-11)退化成一个线性函数。所以，仿射函数可以看作线性函数加上一个偏移。我们用 $\rightarrow$ 表示两个整数集合之间的二元映射关系。

　　与整数集合类似，多面体模型也可以以一个仿射函数作为一个元素构造由仿射函数构成的集合，如式(2-5)所示就是一个仿射函数的集合。类似地，我们也用 ":" 将仿射函数与仿射函数的约束分开。仿射函数集合的约束也由一个 Presburger 公式指定。与整数集合不同的是，仿射函数集合的约束需要同时考虑定义域和值域中所有自由变元。与此同时，在比较多维整数集合之间的大小时，需要用到字典序比较，字典序的定义将在第 3 章中进行介绍，这里我们先给出关于字典序比较的语法糖。

定义 2.7　Presburger 公式字典序比较的语法糖

(1) $a_1, a_2, \cdots, a_n \prec b_1, b_2, \cdots, b_n \Leftrightarrow \bigvee_{i=1}^{n}((\bigwedge_{j=1}^{i-1} a_j = b_j) \wedge (a_i < b_i))$;

(2) $a_1, a_2, \cdots, a_n \preccurlyeq b_1, b_2, \cdots, b_n \Leftrightarrow (a_1, a_2, \cdots, a_n \prec b_1, b_2, \cdots, b_n) \wedge (a_1, a_2, \cdots, a_n = b_1, b_2, \cdots, b_n)$;

(3) $a_1, a_2, \cdots, a_n \succ b_1, b_2, \cdots, b_n \Leftrightarrow b_1, b_2, \cdots, b_n \prec a_1, a_2, \cdots, a_n$;

(4) $a_1, a_2, \cdots, a_n \succcurlyeq b_1, b_2, \cdots, b_n \Leftrightarrow b_1, b_2, \cdots, b_n \preccurlyeq a_1, a_2, \cdots, a_n$。♣

　　根据上述语法糖的规则，多面体模型可以构造由仿射函数为元素构成的集合，即可得到如式(2-5)所示的访存关系集合，并在此基础上计算语句实例之间的依赖关系。多面体模型也可以根据这些语法糖来计算语句实例的执行顺序，并结合依赖关系计算新的执行顺序，在此过程中实现的变换都是仿射变换。

　　Presburger 公式只允许加法操作，根据语法糖的定义，可以通过加法操作实现减法和乘法操作，但是除法操作却无法直接用加法操作来实现。除法操作是优化编译器实现循环分块的一个重要基础。利用 Presburger 公式实现通用的除法运算比较困难，但结合循环嵌套和实际应用只取整数值的特点，能够表达整数除法就足以实现满足程序变换的目的。以定义 2.5 规则 (5) 中取模操作为例，取模操作可以看作减法和整数除法的组合操作，而整数除法可以用乘法来表示。更具体地，如果优化编译器需要对图 2.2 中的循环嵌套实现循环分块，那么可以用

$$[S_1(j,i) \to (j/32, i/32)] \tag{2-12}$$

表示循环分块的调度，其中 32 表示该维度上循环分块的大小。那么这个仿射函数中的除法就可以用

$$[S_1(j,i) \to (o0, o1) : 32o0 = j \wedge 32o1 = i] \tag{2-13}$$

的乘法形式来表示。在程序变换的过程中，基于多面体模型的优化编译器仍然允许形如式(2-12)的仿射函数，这种带有整数除法的表达式被称为近似仿射表达式（quasi-affine expression），相应的变换也被称为近似仿射变换（quasi-affine transformation）。

整数除法操作能够支持循环分块之间的调度，但是式(2-12)表示的循环分块并不完整。对于图 2.2 中的两层循环嵌套 (j,i)，循环分块后应该是一个四层的循环嵌套，所以，循环分块的一个更精确的仿射函数应该用

$$[S_1(j,i) \to (j/32, i/32, j, i)] \tag{2-14}$$

来表示，其中 $(j/32, i/32)$ 表示分块之间的循环维度，(j,i) 表示分块内的循环维度。

在利用仿射或近似仿射函数表示程序变换的同时，优化编译器也不得不考虑函数与硬件之间的对应关系。例如，在经过循环分块之后，优化编译器需要将式(2-14)中的不同维度映射到不同的并行硬件维度上，这就需要将式(2-14)表示成一种分段（piecewise）的形式。仿射函数或近似仿射函数的分段表示是一种变换形式，例如，式(2-14)也可以表示成

$$[\{S_1(j,i) \to (j/32, i/32)\}, \{S_1(j,i) \to (j,i)\}] \tag{2-15}$$

的形式，即将式(2-14)的值域进行分段，每一段用一对"{}"表示，如式(2-15)所示，这种表示形式被称为分段近似仿射函数（piecewise quasi-affine function）。此时，优化编译器可以根据分段表示形式将仿射函数进行分裂，不同的分段可以映射到不同的并行硬件维度。关于仿射函数的分裂将在下面的内容中进行介绍。

2.2.4   集合与映射的运算

整数集合和仿射函数为程序的表示提供了数学基础，但如果需要对程序进行变换，多面体模型还需要支持基于这些表示的运算。即使是程序的表示，仅利用整数集合和仿射函数也是不够的。

一个整数集合可以表示一个语句的所有实例，正如图 2.1 中的例子所示。考虑一个稍微复杂点的例子，如矩阵乘法，循环嵌套内包含两个语句，分别是二维整数空间上的

初始化语句和三维整数空间上的归约语句，根据整数集合，假设这两个语句分别可以用整数集合

$$\{S_1(i,j) : 0 \leqslant i \leqslant M \land 0 \leqslant j \leqslant N\} \tag{2-16}$$

和

$$\{S_2(i,j,k) : 0 \leqslant i \leqslant M \land 0 \leqslant j \leqslant N \land 0 \leqslant k \leqslant K\} \tag{2-17}$$

表示。当我们需要表示整个矩阵乘法的语句实例时，需要计算这两个整数集合的并集，其结果为

$$\{S_1(i,j) : 0 \leqslant i \leqslant M \land 0 \leqslant j \leqslant N; S_2(i,j,k) : 0 \leqslant i \leqslant M \land 0 \leqslant j \leqslant N \land 0 \leqslant k \leqslant K\}$$
$$\tag{2-18}$$

　　计算集合的并集这个运算看起来是一个非常直观的事情，但是在具体实现的过程中，需要考虑到各种复杂的应用场景。在上面集合并集的计算过程中，虽然我们知道式(2-16)和式(2-17)表示两个不同的语句，但在工程实现中却需要一系列复杂的准备工作来确定这两个整数集合表示的是不同的语句。如果程序中存在另外一个语句，其对应的整数集合可以用

$$\{S_1(i,j) : M \leqslant i \leqslant 2M \land N \leqslant j \leqslant 2N\} \tag{2-19}$$

表示，那么当对式(2-16)和式(2-19)进行并集计算时，可以得到：

$$\{S_1(i,j) : 0 \leqslant i \leqslant M \land 0 \leqslant j \leqslant N; S_1(i,j) : M \leqslant i \leqslant 2M \land N \leqslant j \leqslant 2N\} \tag{2-20}$$

更进一步地，我们可以将其化简成

$$\{S_1(i,j) : 0 \leqslant i \leqslant 2M \land 0 \leqslant j \leqslant 2N\} \tag{2-21}$$

的形式。这种化简过程的前提条件是这两个整数集合代表的是相同的语句，并且这种情况在实际应用中也会发生，例如第 4 章中将会介绍的迭代空间分裂或其逆过程就需要使用这样的运算。所以，在进行整数集合和仿射函数的运算时，一个重要的步骤就是要判定当前运算中的整数集合是否表示相同的语句，或者称两个整数空间是否同构。

> **定义 2.8　同构整数空间**
>
> 两个整数空间 $S_1(i)$ 和 $T_2(j)$ 同构，当且仅当
> (1) 这两个整数空间的命名相同，即 $S_1 = T_2$；
> (2) 这两个整数空间的空间维度一致，即 $i = j$。　　　　　♣

　　当两个整数集合的空间是同构空间时，对两个整数集合实现并集运算就可以转换为两个整数集合的约束 Presburger 公式之间的析取操作。类似地，由于仿射函数的定义域和值域都是整数集合，所以判定整数集合的空间是否相等的方法也可以用于判定仿射函数所在的空间是否同构，即两个仿射函数集合定义域所在的整数空间和值域所在的整数空间分别同构时，这两个仿射函数集合就被认为是同构的。

在实际应用中，一个循环嵌套内往往包含多个语句，所以优化编译器通常需要对整数集合的并集进行各种操作。如果我们把整数集合或仿射函数集合的并集看作集合的集合，那么这些集合的并集运算可以被定义为以元素为单位执行的运算。对于一个整数集合或仿射函数而言，其运算可以分为单目运算（unary operation）和双目运算（binary operation）。

> **定义 2.9 单目运算和双目运算**
>
> 假设有两个整数集合或仿射函数集合的并集 $\cup_i R_i$ 和 $\cup_j S_j$，单目运算符（unary operator）$\odot$ 和双目运算符（binary operator）$\oplus$ 被分别定义为
>
> $$\odot \cup_i R_i := \cup_i \odot R_i \tag{2-22}$$
>
> 和
>
> $$(\cup_i R_i) \oplus (\cup_j S_j) := \cup_i \cup_j (R_i \oplus S_j) \tag{2-23}$$ ♣

多目运算可以是单目运算和双目运算的组合。单目运算和双目运算也涵盖了多面体模型中整数集合或仿射函数集合并集的几乎全部运算。对于整数集合的并集，一个典型的单目运算是对每个整数集合取样（sampling），一个典型的双目运算可以是两个集合之间求交运算。对于仿射函数集合的并集，一个典型的单目运算可以是对每个仿射函数进行求逆操作，双目运算的例子包括计算两个仿射函数的复合函数（composition function）等。

所以我们可以将问题聚焦在一个语句的整数集合或一个仿射函数的集合上。整数集合和仿射函数的单目运算可以通过 Presburger 公式的定义和语法糖的规则来实现。对于双目运算，假设有整数集合 $S_1 = \{A(i) : p_1(i)\}$ 和 $S_2 = \{B(j) : p_2(j)\}$，仿射函数集合 $R_1 = \{C(i_1) \to D(j_1) : q_1(i_1, j_1)\}$ 和 $R_2 = \{E(i_2) \to F(j_2) : q_2(i_2, j_2)\}$，那么整数集合和仿射函数的一些双目运算可按照如下方式计算。

(1) 整数集合的并集为

$$S_1 \cup S_2 := \begin{cases} \{A(i) : p_1(i) \vee p_2(j)\}, & A(i) = B(j) \\ \{A(i) : p_1(i); B(j) : p_2(j)\}, & \text{其他} \end{cases} \tag{2-24}$$

(2) 仿射函数集合的并集为

$$R_1 \cup R_2 := \begin{cases} \{C(i_1) \to D(j_1) : q_1(i_1, j_1) \vee q_2(i_2, j_2)\}, & \\ \qquad\qquad\qquad C(i_1) = E(i_2) \wedge D(j_1) = F(j_2) \\ \{C(i_1) \to D(j_1) : q_1(i_1, j_1); E(i_2) \to F(j_2) : q_2(i_2, j_2)\}, & \text{其他} \end{cases} \tag{2-25}$$

(3) 整数集合的交集为

$$S_1 \cap S_2 := \begin{cases} \{A(i) : p_1(i) \wedge p_2(j)\}, & A(i) = B(j) \\ \varnothing, & \text{其他} \end{cases} \tag{2-26}$$

(4) 仿射函数集合的交集为

$$
R_1 \cap R_2 := \begin{cases} \{C(i_1) \to D(j_1) : q_1(i_1, j_1) \wedge q_2(i_2, j_2)\}, \\ \qquad\qquad\qquad\qquad C(i_1) = E(i_2) \wedge D(j_1) = F(j_2) \\ \varnothing, \qquad\qquad\qquad\qquad\qquad \text{其他} \end{cases} \tag{2-27}
$$

(5) 整数集合的差集为

$$
S_1 \setminus S_2 := \begin{cases} \{A(i) : p_1(i) \wedge \neg p_2(j)\}, & A(i) = B(j) \\ \{A(i) : p_1(i)\}, & \text{其他} \end{cases} \tag{2-28}
$$

(6) 仿射函数集合的差集为

$$
R_1 \setminus R_2 := \begin{cases} \{C(i_1) \to D(j_1) : q_1(i_1, j_1) \wedge \neg q_2(i_2, j_2)\}, \\ \qquad\qquad\qquad\qquad C(i_1) = E(i_2) \wedge D(j_1) = F(j_2) \\ \{C(i_1) \to D(j_1) : q_1(i_1, j_1)\}, \qquad \text{其他} \end{cases} \tag{2-29}
$$

这些基本的双目运算可以用于计算更复杂的运算。例如，集合的包含关系可以用

(1) $A \subseteq B \Leftrightarrow A \setminus B = \varnothing$；

(2) $A \supseteq B \Leftrightarrow B \subseteq A$；

(3) $A = B \Leftrightarrow A \subseteq B \wedge B \subseteq A$；

(4) $A \subset B \Leftrightarrow A \subseteq B \wedge \neg(A = B)$；

(5) $A \supset B \Leftrightarrow A \subset B$。

计算。其中，A 和 B 既可以是一个整数集合，也可以是一个仿射函数的集合。

整数集合和仿射函数集合的绝大部分运算的定义或计算规则是相同的，但也存在某一种运算对这两种不同的集合定义不同的情况，这个运算就是计算集合的基数（cardinality），它被定义如下。

定义 2.10　基数

当一个集合 S 是整数集合，即 S 可以表示成 $\{S(i) : p(i)\}$ 时，它的基数 card S 被定义为所有满足约束条件的自由变元的个数，即

$$
\text{card } S := \{\#i : p(i)\} \tag{2-30}
$$

当一个集合 S 是仿射函数的集合，即 S 可以表示成 $\{S(i) \to T(j) : p(i, j)\}$ 时，它的基数 card S 被定义为每个仿射函数定义域 $S(i)$ 在该仿射函数下对应像的个数，即

$$
\text{card } S := \{S(i) \to \#j : p(i, j)\} \tag{2-31}
$$

其中，$\#i$ 表示 i 的个数。

整数集合基数的定义比较直观，即计算当前集合内所有满足条件的元素个数。仿射函数集合的基数则是代表了每个仿射函数不同的定义域在该函数关系下对应的值域上的元素个数，它可以用于判定当前仿射函数是否对每个元素定义了单射、满射还是双射。在实际应用中，仿射函数集合的基数还可以用于判定语句依赖关系的源点、汇点个数，或某个语句实例是否会被执行多次等现实问题。当计算整数集合并集或仿射函数集合并集时，由于计算基数的运算是单目运算，可以按照式(2-22)的方式得到最终的结果。

例 2.1 考虑图 2.3 所示循环嵌套的例子，要手工计算这个循环嵌套内语句 S_1 的实例个数显然并不是那么直观的。此时可以用整数集合的基数来计算，这段循环嵌套的迭代空间可以用

$$S := \{S_1(i,j) : 0 \leqslant i < N - M + 4 \wedge i \geqslant N - M \wedge 0 \leqslant j \leqslant N - 2i\}$$

表示，那么语句 S_1 的实例个数为 $\mathrm{card}\,\{S_1(i,j) : 0 \leqslant i < N - M + 4 \wedge i \geqslant N - M \wedge 0 \leqslant j \leqslant N - 2i\}$，即

$$\mathrm{card}\,S = \begin{cases} -4N + 8M - 8, & \text{如果} M \leqslant N \leqslant 2M - 6 \\[2mm] MN - 2N - M^2 + 6M - 8, & \text{如果} N \leqslant M \leqslant N + 3 \wedge N \leqslant 2M \\[2mm] \dfrac{N^2}{4} + \dfrac{3}{4}N + \dfrac{1}{2}\left\lfloor \dfrac{N}{2} \right\rfloor + 1, & \text{如果} 0 \leqslant N \leqslant M \wedge 2M \leqslant N + 6 \\[2mm] \dfrac{N^2}{4} - MN - \dfrac{5}{4}N + M^2 + 2M + \dfrac{1}{2}\left\lfloor \dfrac{N}{2} \right\rfloor + 1, & \text{如果} M \leqslant N \leqslant 2M \leqslant N + 6 \end{cases}$$

可以看出，整数集合内元素的个数依赖于编译符号常量 M 和 N 的不同取值，而后者的约束也在计算过程中被考虑到。

```
1    for(i=max(0,N-M); i<N-M+4; i++)
2      for(j=0; j<=N-2*i; j++)
3        S1(i,j);
```

图 2.3 一个用于计算基数的例子

2.3 Fourier-Motzkin 消去法

本节将要介绍的 Fourier-Motzkin 消去法[62] 是一种用来求解线性规划问题的常用方法，它是由 Joseph Fourier 和 Theodore Motzkin 分别于 1827 年和 1936 年独立发明的。William 等人将 Fourier-Motzkin 消去法扩展到了整数规划领域[76]。我们在这里先介绍该消去法的原因是后面整数集合和仿射函数的操作会用到该消去法进行消元。

Fourier-Motzkin 消去法的基本思想与求解线性方程组的高斯消去法类似。对于矩阵形式描述的不等式组

$$\boldsymbol{A}_{m \times n} \boldsymbol{x} \leqslant \boldsymbol{b} \tag{2-32}$$

其中，$\boldsymbol{x}$ 和 $\boldsymbol{b}$ 分别为 n 维和 m 维向量，$\boldsymbol{A}_{m \times n}$ 的 m 个 n 维行向量分别记为 $\boldsymbol{a}_1, \boldsymbol{a}_2, \cdots, \boldsymbol{a}_m$。为了方便描述，可以将上述不等式组改写成等价形式

$$
\begin{aligned}
\boldsymbol{a}_1^{\mathrm{T}} \boldsymbol{x} &\leqslant b_1 \\
\boldsymbol{a}_2^{\mathrm{T}} \boldsymbol{x} &\leqslant b_2 \\
&\vdots \\
\boldsymbol{a}_m^{\mathrm{T}} \boldsymbol{x} &\leqslant b_m
\end{aligned}
\tag{2-33}
$$

对于式(2-33)所示的不等式组和一系列非负系数 $\lambda_1, \lambda_2, \cdots, \lambda_m$，有

$$\left(\sum_{i=0}^{m} \lambda_i \boldsymbol{a}_i^{\mathrm{T}} \right) \boldsymbol{x} \leqslant \sum_{i=0}^{m} \lambda_i b_i \tag{2-34}$$

总成立。因此，可以通过选择合适的非负数 $\lambda_1, \lambda_2, \cdots, \lambda_m$，让式(2-34)中某个自变量 x_i $(1 \leqslant i \leqslant n)$ 的系数为零，从而达到消去 x_i 的目的。需要注意的是，由于我们假设 $\lambda_i \geqslant 0$，因此要想将 x_i 彻底消去的前提是不等式组(2-34)中所有 x_i 的系数的符号不完全相同。

我们以式(2-35)所示的一个简单的不等式组为例来展示它的基本方法。假设有

$$
\begin{aligned}
-x_1 + 2x_2 &\leqslant -4 \\
6x_1 - 2x_2 &\leqslant 17
\end{aligned}
\tag{2-35}
$$

对于上述的不等式组，只需要令 $\lambda_1 = \lambda_2 = 1$，即可将 x_2 消去，从而得到一个只包含 x_1 的不等式

$$5x_1 \leqslant 13 \tag{2-36}$$

同理，只需要令 $\lambda_1 = 6, \lambda_2 = 1$，即可得到

$$6(-x_1 + 2x_2) + (6x_1 - 2x_2) \leqslant 6(-4) + 17 \tag{2-37}$$

从而得到 $-2x_2 \leqslant 1$。

在具体操作过程中，令 S 为不等式组(2-33)的所有约束的集合，C_i 为不等式组(2-33)中所有涉及 x_i 的约束的集合。集合 C_i 中的约束可以进一步分为两个子类：

(1) 下界约束集合 L_i：形如 $l_j \leqslant c_1 x_i$ 的约束集合；

(2) 上界约束集合 U_i：形如 $c_2 x_i \leqslant u_k$ 的约束集合。

因此有 $C_i = U_i \cup L_i$。

Fourier-Motzkin 消去法每次从 U_i 和 L_i 中分别选择以下约束 $l \in L_i$ 和 $u \in U_i$：

$$l \leqslant c_1 x_i$$

$$c_2 x_i \leqslant u \tag{2-38}$$

记 c_1 和 c_2 的最小公倍数为 v，构造以下不等式：

$$\frac{v}{c_2} l \leqslant \frac{v}{c_1} u \tag{2-39}$$

其中，U_i 中元素个数记为 $|U_i|$，L_i 中元素个数记为 $|L_i|$，那么上述步骤至多会构造出 $|U_i| \times |L_i|$ 个新的不等式。记新构造的不包含 x_i 的约束集合为 C'_i，那么消去 x_i 后得到的不等式的集合为

$$S' = (S \setminus C_i) \cup C'_i \tag{2-40}$$

式中虽然不包含变量 x_m，但是却隐含了与 x_m 相关的所有约束。因此，如果式(2-40)是无解的，或者 S' 是无解的，那么 S 一定也是无解的。

对于复杂的不等式组，可以借助一些现成的工具来求解。Racket[41] 和 Matlab[32] 都提供了 Fourier-Motzkin 消去的工具包。此外，第 3 章将要介绍的 Omega 测试[63] 也实现了一种改进的 Fourier-Motzkin 消去法。

从解析几何的角度来看，消去不等式组中某个变量 x_m $(1 \leqslant m \leqslant n)$ 的过程，相当于计算多面体

$$S = \{ \boldsymbol{x} \in \mathbb{R}^n : \boldsymbol{A}\boldsymbol{x} \leqslant \boldsymbol{b} \} \tag{2-41}$$

在 n 维空间中的平面

$$S_m = \{ x_m \in \mathbb{R}^n : x_m = 0 \} \tag{2-42}$$

上的投影 $P_m(S)$。我们以三维空间 (x, y, z) 上的多面体为例，消去变量 z，相当于将整个三维多面体沿着 z 轴方向投影到由 x 轴和 y 轴构成的二维平面上。或者说，将三维多面体投影到 $z = 0$ 所对应的二维平面上。

结合多面体的基本性质，即多面体上任意两点的连线一定位于多面体内部。$P_m(S)$ 仍然是一个多面体，而且 $P_m(S)$ 的每个面都对应 S 的一个面，而 $P_m(S)$ 的每个顶点都是 S 的某些顶点在投影平面 S_m 的投影。如果 S 有 m 个面，那么 $P_m(S)$ 至多有 $\left\lfloor \frac{m^2}{4} \right\rfloor$ 个面。

$P_m(S)$ 描述的是 x_m 在取满足 S 约束的任意合法值的前提下，$n-1$ 的变量之间的约束。因此，$P_m(S)$ 存在可行解的充分必要条件是 S 至少存在一个可行解。从而可以推出，如果 $P_m(S)$ 不是多面体，那么 S 也一定不是多面体。

经过 Fourier-Motzkin 消去法处理过的不等式组中可能存在冗余的不等式，因为他们的约束不是最紧致的，将这些冗余的不等式组消去后得到的 $P'_m(S)$ 仍然是一个合法的不等式组，或者说 $P'_m(S)$ 还是一个多面体。

可以利用 Fourier-Motzkin 消去法计算 N 重循环的循环变量 $[x_1, x_2, \cdots, x_N]$ 的循环上界和循环下界，其过程如图 2.4 所示。

```
1     //第一步：从最内层循环开始逐层计算循环上界和循环下界约束
2     SN = S;
3     for (i = N; i >= 1; i--) {
4       从Si中提取出所有涉及xi的上界约束集合Ui；
5       消去Ui中冗余的约束，得到循环变量xi的上界约束集合U'i；
6       从Si中提取出所有涉及xi的下界约束集合Li；
7       消去Li中冗余的约束，得到循环变量xi的下界约束集合L'i；
8       利用Fourier-Motzkin消去法将xi从Si中消去，得到Si-1；
9     }
10
11    //第二步：从最外层约束开始逐层精简循环的上界和循环下界约束
12    for (i = 1; i <= N; i++) {
13      消去U'i中冗余的约束，并更新U'i+1,···,U'N；
14      消去L'i中冗余的约束，并更新L'i+1,···,L'N；
15    }
```

图 2.4　利用 Fourier-Motzkin 消去法计算 N 重循环的循环上界和循环下界

2.4　调 度 树

整数集合和仿射函数构成了多面体模型表示程序的基础。利用整数集合，多面体模型可以表示循环嵌套的迭代空间；利用仿射函数，可以表示程序语句实例和被访问的内存地址单元之间的访存关系。通过定义整数集合和仿射函数的操作，优化编译器也可以很方便地计算出语句实例之间的依赖关系，以及语句实例的执行顺序关系，即语句实例的调度（schedule）。关于依赖关系，我们将在第 3 章进行更具体和详细的介绍。对于语句实例的执行顺序，任意一个程序至少有一个执行顺序关系，这个顺序就是根据程序在文本中出现的顺序定义的，我们将其称为原始调度。

优化编译器利用抽象模型对程序进行表示，并在这些抽象表示的基础上进行各种运算，就是为了要计算一个新的调度，这个新的调度是以提升某种程序特征为目的而执行的运算。在多面体模型的发展过程中，有过许多表示调度的方式，一个比较直观的表示方法就是采用调度树（schedule tree），这种表示方式也被目前大量的深度学习编译器和相关项目所采用或改进。

2.4.1　调度的表示方式

如果只考虑一个循环嵌套，并且该循环嵌套内只有一个语句，那么显然如式(2-10)所示的仿射函数可以用来表示一段代码的执行顺序，但当程序中存在多个循环嵌套，并且循环嵌套内有多个语句的时候，利用仿射函数来表示调度并没有那么简单。考虑图 2.5 中的例子，这段代码由两个循环嵌套构成，并且第二个循环嵌套包含多个语句。显然，直接用仿射函数表示这段代码内语句的执行顺序并不那么容易。

```
1    for(i=0; i<M; i++)
2      a[i]=i; /* S1 */
3    for(i=0; i<M; i++){
4      for(j=0; j<=N; j++)
5        c[i]+=b[i][j]*a[i]; /* S2 */
6      d[i]=c[i];  /* S3 */
7    }
```

图 2.5　一个用于说明不同调度表示的例子

用仿射函数来表示这段代码内语句的执行顺序主要面临两个问题。首先，如果用 $S_1(i) \rightarrow (i)$ 和 $S_3(i) \rightarrow (i)$ 表示语句 S_1 和 S_3 所有语句实例的先后顺序，那么这两个语句之间的先后顺序无法确定，即仿射函数没有体现出这两个语句属于不同循环嵌套的信息。其次，在相同循环嵌套内的语句 S_2 和 S_3，其仿射函数分别可以用 $S_2(i,j) \rightarrow (i,j)$ 和 $S_3(i) \rightarrow (i)$ 表示，但这两个语句在同一个循环嵌套的先后顺序也不明确。

多面体模型解决这个问题的方法是在仿射函数的值域中引入标量维度，用于表示不同语句之间的先后执行顺序。对于图 2.5 中的代码，优化编译器可以用

$$[\{(i) \rightarrow (0,i)\}; \{(i,j) \rightarrow (1,i,0,j)\}; \{(i) \rightarrow (1,i,1)\}] \tag{2-43}$$

依次表示三个语句的调度。其中，每个仿射函数值域第一个维度上的标量 0 或 1 表示 S_1 所在的循环嵌套和 S_2、S_3 所在循环嵌套之间的先后顺序，S_1 对应的仿射函数第一个维度为 0，而 S_2 和 S_3 的仿射函数第一个维度均为 1，表示 S_1 属于一个循环嵌套，而 S_2 和 S_3 属于另外一个循环嵌套。根据程序语句的先后顺序，假设总是从 0 开始对循环嵌套进行编号。当然，也可以从任意其他整数开始编号。我们也可以假设在该例两个循环嵌套外层还有一个虚拟的外层循环，该循环被展开，第一次迭代执行的是 S_1 所在的循环嵌套，第二次迭代执行的是 S_2 和 S_3 所在的循环嵌套。以此类推，就可以将标量维度和当前的仿射函数的定义统一起来。

S_2 和 S_3 的仿射函数第三个维度上的标量 0 和 1 则表示这两个语句在相同循环嵌套内的先后顺序，这两个语句仿射函数值域的前两个维度上的值完全一致，表明这两个语句被嵌套在相同的循环层内，即 i 循环。然而，这两个语句在第三维上是不同的标量，表明这两个语句在 i 循环内的执行顺序不同。与此同时，S_2 仿射函数的值域是一个四元组表示的时间序列，S_3 仿射函数的值域是一个三元组时间序列，这表明即使在相同循环嵌套内，不同语句的仿射函数值域的维度也可以不同。更进一步地，S_2 语句的执行顺序还会由内层 j 循环决定，而 S_3 则不会。

上述表示调度的方式是由 Kelly 提出的，因此也被称为 Kelly 表示（Kelly's abstraction）[40]。在 Kelly 表示中，每个语句对应的仿射函数的值域维度并不完全相同，在比较不同语句实例之间的执行顺序时很不方便。Kelly 表示比较时间先后顺序采用的

是非严格的字典序比较方式 ①。对于式(2-43)中所示调度，Kelly 表示总是认为 $(0, i)$ 的时间字典序小于 $(1, i, 0, j)$ 和 $(1, i, 1)$，而 $(1, i, 0, j)$ 的时间字典序小于 $(1, i, 1)$。换句话说，这三个时间节点的先后顺序依次是 $(0, i)$、$(1, i, 0, j)$ 和 $(1, i, 1)$。

与 Kelly 表示类似的是一种被称为 **$2d+1$ 表示**（$2d+1$ representation）[33] 的调度表示方式，这种表示方式可以看作 Kelly 表示的一种特殊形式。既然 Kelly 表示是一种带有标量维度的仿射函数，那么对一个 d 维语句 $S(i)$ 的 d 元组，可以构造一个 $d+1$ 维的向量，该向量的前 d 个分量构成 i，最后一个分量代表标量 1。对于图 2.5 中的语句，三个语句对应的向量分别为 $(i, 1)$、$(i, j, 1)$ 和 $(i, 1)$。针对每个 $d+1$ 维的向量，$2d+1$ 表示构造一个 $(2d+1) \times (d+1)$ 的矩阵，用该矩阵表示每个语句的调度。仍然考虑图 2.5 中的三个语句，优化编译器可以用

$$\boldsymbol{\Theta}^{S_1} = \begin{pmatrix} 0 & 0 \\ 1 & 0 \\ 0 & 0 \end{pmatrix} \quad \boldsymbol{\Theta}^{S_2} = \begin{pmatrix} 0 & 0 & 1 \\ 1 & 0 & 0 \\ 0 & 0 & 0 \\ 0 & 1 & 0 \\ 0 & 0 & 0 \end{pmatrix} \quad \boldsymbol{\Theta}^{S_3} = \begin{pmatrix} 0 & 1 \\ 1 & 0 \\ 0 & 1 \end{pmatrix} \tag{2-44}$$

表示这三个语句的调度，将这些矩阵与其对应的 $d+1$ 维向量分别相乘，可以得到与 Kelly 表示类似的 $2d+1$ 维的仿射函数，即可以用

$$[\{(i) \to (0, i, 0)\}; \{(i, j) \to (1, i, 0, j, 0)\}; \{(i) \to (1, i, 1)\}] \tag{2-45}$$

表示与式(2-44)等价的调度。注意式(2-45)中每个仿射函数的值域都是一个 $2d+1$ 元组整数，这也是该表示方式名称的由来。与 Kelly 表示相比，$2d+1$ 表示由每个语句外层循环索引变量和标量相间的向量组成，一共有 d 个循环索引变量和 $d+1$ 个标量，除最左端的标量外，每个标量表示前一个循环索引变量对应循环内该语句的执行顺序。最左端的标量代表所有循环嵌套的执行顺序。如果我们把最外层看作一个虚拟的循环，那么所有的标量代表的含义一致。由于 $2d+1$ 表示中的矩阵的维度是固定的，所以该表示方法无法直接表达如循环分块等改变循环嵌套维度的变换，必须借助其他辅助手段，如修改每个语句在迭代空间中表示的维度等。

Kelly 表示中可能存在维度不同的仿射函数。将维度较小的仿射函数进行零填充（zero padding），使 Kelly 表示中所有的仿射函数维度都与维度最大的那个函数的维度一致，就可以得到 **union map 表示**（union map representation）[69]。例如，式(2-43)中的调度可以表示成

$$[S_1(i) \to (0, i, 0, 0); S_2(i, j) \to (1, i, 0, j); S_3(i) \to (1, i, 1, 0)] \tag{2-46}$$

的形式，S_1 和 S_3 的仿射函数都需要进行零填充，以将其值域扩展成为四元组整数。由于所有语句的仿射函数值域维度相同，union map 表示允许不同语句的仿射函数之间进

---

① 关于字典序比较的操作将会在第 3 章介绍。

行严格的字典序比较，这可以简化工程实现所需的工作量。此外，与式(2-43)和式(2-44)不同的是，union map 表示对每个仿射函数进行了命名，这使得调度的表示在本质上与访存关系、依赖关系的表示一样，都可以用命名的仿射函数进行表示，使程序表示的抽象程度进一步提升。

还有一种表示调度的方式，也是本节将要重点介绍的调度树（schedule tree）表示[37]。这种表示方式与前面几个方式最大的不同在于，调度树将语句的执行顺序表示成一种树状结构，如图 2.6 所示是图 2.5 所示代码的调度树表示，这种表示与 Kelly 表示式(2-43)、$2d+1$ 表示式(2-44)以及 union map 表示式(2-46)的表达能力相同，但比前面几种方式的表达更直观。调度树表示引入了一系列具有不同功能的结点，这些结点可以表示和改变程序的不同特征。例如，调度树表示并不直接表示调度的标量维度，而是通过一种被称为 sequence 的结点来表示仿射函数中的标量维度。下面我们来具体地介绍调度树中的结点。

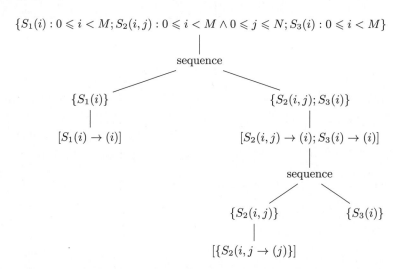

图 2.6   图 2.5 所示代码的调度树表示

2.4.2   调度树的结点

调度树是一种不同类型的结点相互连接而成的树状结构表示，在多面体模型中用于表示程序语句的调度。调度树表示沿用了传统编译器中常用的中间表示抽象——抽象语法树，来表示语句之间和语句实例之间的执行顺序。调度树表示不仅比上述几种表示方式更加直观，而且通过对不同类型结点的支持，能够同时封装程序不同的属性，便于后端更底层的变换和代码生成等任务的实现。此外，调度树表示也支持一些特殊功能的实现，这在 Kelly 表示、$2d+1$ 表示等抽象上实现起来并不是一件简单的事情。多面体模型既要支持对原始程序语句调度的表示，又要能够表示经过调度变换之后的语句执行顺序。对一种调度的表示方法而言，这意味着需要能够同时支持调度变换前后的输入和输

出。为了便于读者对本章内容的理解，我们先简单介绍一下调度变换的过程，更详细的
实现调度变换的算法将在第 4 章中介绍。

绝大多数的调度算法都是基于程序的依赖关系计算新的调度。在构造新的调度之
前，优化编译器都会将依赖关系表示成依赖图的形式，用以表示每个语句实例之间的依
赖关系。依赖图的一个结点表示一个语句，每个边表示语句之间的依赖关系。如果某个
语句 S_2 依赖于语句 S_1，意味着在调度变换前语句 S_1 需要在 S_2 之前执行，这种先后
顺序在新的调度中也必须被满足。

一个调度算法可以递归地分解依赖图，在每次递归时都将依赖子图分解为若干个强
连通分量，然后分别计算每个强连通分量的内语句之间的部分或局部调度，并用偏序关
系（partial relation）表示。这种局部调度一般都可以用一个仿射函数表示，调度算法
将所有的局部调度联结在一起，最终形成整个程序内所有语句的全局调度。这种调度算
法的计算过程本身就蕴含了一种内在的树状结构关系，从而促成了调度树表示的设计。
调度树的结点类型包括以下几种。

（1）domain 结点：domain 结点通常是一个调度树的根结点，代表由该调度树表示
的程序语句实例的集合，即这段程序的迭代空间。因此，一个 domain 结点可以用一个
命名整数集合的并集表示，每个整数集合代表一个独立的语句。如图 2.6 中的根结点是
一个 domain 结点，表示图 2.5 代码的迭代空间。

（2）context 结点：context 结点用于定义编译符号常量及其约束。一个编译符号常
量可以是与当前调度树对应程序的范围内的全局符号常量，也可以是一个子树范围内
的局部符号常量。当前 context 结点内引入的符号常量只能在其后继子树上使用。当
context 结点是 domain 结点的子结点，并且当前 context 结点内只包含全局符号常量
时，该 context 结点可以不必显式地表示在调度树中。如图 2.6 中 context 结点就被省
略了。如果在 domain 结点后插入一个根结点，那么该 context 结点内是一个关于编译
符号常量 M 和 N 的整数集合的并集。

（3）band 结点：band 结点用一个仿射函数集合的并集表示，它总是作为一个 domain
结点或 filter 结点或 extension 结点或 expansion 结点的子结点出现在调度树中，表示
其父结点内语句实例的调度。band 一词源自 Pluto 算法[19]，用于指代寻找满足 Pluto
算法代价模型的"循环带"或多重循环，因此 band 结点可以对应为代码中的循环嵌套。
band 结点可以有多个成员（member），每个成员对应循环嵌套中的一个循环维度。一
个 band 结点有两个属性 permutable 和 coincident，前者为一个布尔型变量，当取值为
1 时表示由该 band 结点表示的循环嵌套每个循环维度相互交换是合法的；后者为一个
维度与循环嵌套层数相同的向量，向量的每个分量为一个布尔型变量，当该分量取值为
1 时表示该分量对应的循环维度可以被并行执行。此外，band 结点中还包含许多控制代
码生成过程的选项，包括指导代码生成实现分块分离、循环展开等程序变换，这些变换
都将在第 4 章介绍。如图 2.6 所示，所有以 [] 封装的仿射函数都是 band 结点。

（4）sequence 结点：sequence 结点是调度树用来显示表达传统调度表示中标量维

度的结点，如图 2.6 中 domain 结点的子结点是一个 sequence 结点。与其他结点类型不同，sequence 结点既不是整数集合，也不是仿射函数。sequence 结点可以有多个子结点，其子结点从左到右依次按序执行，并且 sequence 结点的子结点只能是 filter 结点。

(5) set 结点：set 结点与 sequence 结点的语义类似，总是有多个 filter 结点作为其子结点。与 sequence 结点的不同点在于 set 结点的子结点之间可以按照任意顺序执行。换句话说，set 结点并不对其子结点的先后执行顺序有所限制，但是代码生成还是会按照其子结点从左到右的顺序生成代码。由于子结点之间并没有先后顺序关系，在生成的代码中将两个子结点对应的代码顺序交换并不会违反程序的语义。

(6) filter 结点：一个 filter 结点往往作为 sequence 或 set 结点的子结点出现在调度树中，如图 2.6 中 sequence 结点的两个子结点都是 filter 结点，每个 filter 结点由一个整数集合的并集表示。filter 结点与 domain 结点都是用整数集合的并集表示，不同之处在于 domain 结点可以是一个调度树的根结点，但 filter 结点不能作为一个调度树的根结点出现。filter 结点的作用是用于"过滤"由 domain 结点封装的不同整数集合。当两个不同的整数集合对应的语句需要采用不同的调度时，调度树内引入一个 sequence 或 set 结点来将其过滤到不同的子树中。另外，filter 结点也可以用于"过滤"expansion 结点、extension 结点以及另外一个 filter 结点。

(7) mark 结点：mark 结点用于向调度树插入任意信息，这些信息可以被后面的代码生成工具解析，按照特定的模式来生成代码。例如，当面向 GPU 生成代码时，代码生成工具需要确定哪些 band 结点需要被映射到 GPU 的哪些硬件上，此时就可以借助 mark 结点指导代码生成工具进行特定的代码生成。mark 结点中存储的是一个字符串信息。

(8) extension 结点：extension 结点用于在调度树内添加一些没有被 domain 结点涵盖的语句，使基于调度树的代码生成工具自动生成一些特殊指令。调度树和2.4.1节中介绍的几种调度表示方式都是对原始程序中包含的语句寻找一个执行先后顺序的关系，但在一些特定的应用场景中，需要优化编译器生成一些在原始程序中不存在的语句。extension 结点的语义需要使用仿射函数集合的并集表示，一个最典型的应用场景就是生成显式的数据传输语句。在一些特殊的情况下，extension 结点也可以作为调度树的根结点出现。

(9) expansion 结点：与 extension 结点类似，expansion 结点的语义也是由仿射函数集合的并集表示。expansion 结点每个仿射函数的定义域是被"过滤"到当前结点的一个或多个语句实例的集合，该仿射函数将其映射到一个或多个新的语句实例集合上。expansion 结点可以用于将一个循环嵌套内的语句进行组合（grouping），使得这些语句在整个调度过程中总是按照相同的方式进行调度。expansion 结点也可以用于实现满射函数，这在一些特定的循环变换中发挥着重要作用。从名称上来讲，expansion 结点和 extension 结点很容易混淆，但它们的作用完全不同。

(10) guard 结点：guard 结点与 context 结点的作用类似，用于描述编译符号常量和外层 band 结点对应循环索引变量对当前子树的约束。例如，图 2.1 所示循环嵌套内，当考虑内层 j 循环的代码生成时，外层 i 循环的循环索引变量可以被看作内层 j 循环对应子树的一个编译符号常量，内层循环必须要满足 i 的范围约束，而且在内层循环的执行过程中 i 的值不会发生改变。

(11) leaf 结点：leaf 结点是一个不包含任何信息的结点，其作用是表示一个调度树的分支终点，因此，leaf 结点并不会被显式地出现在一个调度树的表示当中。在实际应用中，leaf 结点的设计是为了遍历整个调度树，方便工程设计与实现。

上述多种不同类型的结点构成了调度树表示的基础，为调度树表示的实际应用提供了许多便利。这些不同类型的结点中，只有 set 和 sequence 结点可以有多个子结点，只有 leaf 结点没有子结点，其他所有类型的结点都只有一个子结点。一个调度树可以通过合并多个不同的子树来生成，也可以通过在其结点上的操作来改变表示的含义，从而实现程序变换。

2.4.3　调度树的操作

经过变换之后，优化编译器需要根据编译阶段实现的优化生成代码。代码生成将在第 7 章进行介绍。在多面体模型中，代码生成是以迭代空间和变换后的调度为输入生成代码，多面体模型中的代码生成也被称为多面体扫描（polyhedra scanning）。调度树表示将迭代空间和调度封装在一起，使得代码生成可以通过扫描调度树表示来完成。因此，调度树的操作不仅应该支持各种程序变换，还应该为代码生成提供便利。下面列举几种调度树上的基本操作。

(1) 在调度树的某个位置上插入 context、filter 或 mark 结点。插入 context 结点允许编译器向子树引入额外的局部符号常量，这个符号常量可以只局限在当前子树上；插入 filter 结点允许一个整数集合并集内的不同集合被独自处理；插入 mark 结点则允许编译器向调度树嵌入任何额外信息，支持定制化代码生成。值得注意的是，不能向 sequence 或 set 结点与其子结点之间插入新的结点。

(2) 通过修改 band 结点的内容可以实现包括所有幺模变换和循环分块以及循环分段等在内的循环变换。第 4 章将详细介绍各种循环变换，其中大部分的循环变换可以通过修改 band 结点的仿射函数来完成。在 band 结点上的操作还可能与第 4 章介绍的迭代空间分裂（index set splitting）一起来实现一些更复杂的变换。此外，通过修改 band 结点的选项、成员的属性等还可以实现循环展开、分块分离等变换。

(3) 将一个 band 结点分裂（split）成嵌套的两个或多个 band 结点，每个 band 结点维护分裂前 band 结点的部分信息。注意分裂后的 band 结点之前是父子关系。band 结点的分裂往往发生在将软件循环映射到硬件的过程中。当软件循环嵌套的层数比硬件并行的维度大时，band 结点需要分裂，以适配并行硬件维度。band 结点的分裂并不会导致 permutable 属性的变换，coincident 的向量维度会变小，但是每个向量分量的值维持不变。

(4) 将两个或多个嵌套的 band 结点进行组合（combine），即 band 结点分裂的逆过程。对应地，这种操作可以是在软件循环的维度小于并行硬件的维度时采用的一种适配硬件的操作。组合后 band 结点的 permutable 属性由组合前每个 band 结点对应的属性决定，coincident 向量是组合前每个 band 结点的组合。

(5) 将两个或多个并列的 band 结点进行合并（fuse）。注意并列 band 结点的合并和嵌套 band 结点的组合之间的区别。并列 band 结点的合并过程一般发生在调度算法的计算过程中。一些特定的调度算法对依赖图的强连通分量分别构造 band 结点，并试图合并不同强连通分量的 band 结点，以期构成循环嵌套层数更多的 band 结点，这样既可以挖掘更多循环维度上的分块可能性，也实现了循环合并。对并列 band 结点进行合并的过程还有可能会改变原来 band 结点的 permutable 和 coincident 等属性，并且合并后可能还需要引入一个新的 sequence 结点作为其子结点。

(6) 将一个 band 结点分布（distribute）成两个或多个并列 band 结点，即 band 结点合并的逆过程。该操作用于实现循环分布，实现过程也有可能会改变原来 band 结点的 permutable 和 coincident 等属性。

(7) 对 band 结点进行分块操作。band 结点的分块变换可以通过修改 band 结点的仿射函数实现，这与传统的调度表示方式的操作一致。此外，也可以对 band 结点进行分块之后，将 band 结点的近似仿射函数进行分段，并对 band 结点进行分裂，将 band 结点分裂成用于迭代循环分块之前的维度和用于迭代循环分块内的维度，并在此基础上将 band 结点的不同维度映射到不同的并行硬件上。

(8) 将 band 结点的位置下沉（sink）到其子结点的后继位置。这种操作可以和 band 结点的分裂一起使用。当一个 band 结点的子结点是一个 sequence 结点，并且 sequence 结点后有多个 filter 子结点时，这种操作用于修改 band 结点的位置。当面向 GPU 生成时，优化编译器可以首先将一个 band 结点进行分裂，得到两个嵌套的 band 结点，分裂后外层 band 结点映射到相同的 block 组内，然后将分裂后得到的内层 band 结点下沉到每个 filter 结点后，将不同的 filter 结点对应的计算映射到不同的 thread 组内。

(9) 对 sequence 结点的子结点进行重排序，以获得满足调度算法优化目标的执行顺序。

上面几种是调度树表示上的一些基本操作，这些操作都是在调度树的一个结点上实现的。在工程实现上，还允许将一个子树嫁接到另外一个调度树上，将其作为新的子树与整个调度树一起执行，这种操作可以看作多个结点操作的组合。另外，调度树上的操作也不仅局限于上述几种操作，在工程实践的过程中可以根据每个结点的语义灵活运用。

2.4.4　调度表示的比较

调度树表示已经成功应用于许多基于多面体模型的优化编译器和工具中。与传统的调度表示方法相比，调度树并没有在表示能力上有所提升，但在许多方面为程序变换和代码生成提供了更好的灵活性。我们从以下几方面对比当前几种调度表示的特征。

调度对象的粒度。对于一段给定的程序片段，调度表示的粒度可以是一个程序语句，也可以对整个程序片段构建一个统一的表示。从上面的介绍和讨论中不难看出，调度树表示是面向被分析的整个程序的，因为被分析的程序片段所有的语句都被统一地表示在调度树中。相反，Kelly 表示和 $2d + 1$ 表示则是以程序的每个语句为基本单元来构建调度的。调度树和传统的几种调度表示之间可以相互转换，但树状结构的设计使调度树表示比传统表示更为直观。

局部调度的表示。在利用好仿射函数的同时，几种调度表示对局部调度的表示能力也存在差异，这体现在调度表示对仿射函数的约束。$2d + 1$ 表示要求调度的每个维度是一个仿射函数，而其他几种调度表示支持分段近似仿射函数，这使得循环分块这一非常重要的循环变换在 $2d + 1$ 表示中的实现并不那么简单，但包括调度树在内的其他几种表示中，这种循环变换的实现就相对容易得多。

标量维度的表示。在实现循环合并和循环分布时，标量维度是调度表示不可或缺的一个重要因素。由于调度对象的粒度是程序的一个语句，Kelly 表示和 $2d + 1$ 表示引入了标量维度，来表示循环嵌套之间的相对顺序。union map 表示将标量维度扩展到仿射函数集合的并集中，而调度树中则用 sequence 结点来显式地表示这一特征。

支持多语句的组合调度。调度变换的过程对程序进行了抽象的同时，往往忽略了程序自身携带的一些领域特定信息。程序员在编写程序时，往往期望在一个循环嵌套内的多个语句总是能够被“绑定”在一起。由于一些调度算法的计算过程以语句为对象计算新的调度，导致这种基于语句计算调度的过程不仅可能会使编译时间复杂度过高，也可能导致这些语句在新的调度下分散在不同的循环嵌套中。调度树通过 expansion 结点支持将这些语句进行组合调度，这种功能在其他调度表示中是不具备的。

对单射函数的支持。当表示语句调度的一个仿射函数是单射函数时，意味着不同的语句实例在该函数的作用下会在同一时刻被执行，即语句之间的并行。这种能力是当前几种调度表示都支持的，因为自动识别和表示并行是对调度表示的一个基本要求。

对满射函数的支持。当表示语句调度的一个仿射函数是满射函数时，意味着相同的语句实例在该函数的作用下会在不同的时刻被执行，即一个语句实例可能被执行多次。Kelly 表示和 $2d + 1$ 表示并不支持满射函数，而调度树表示中可以通过 expansion 结点的使用来实现满射函数的构建。

偏序关系的比较。在比较由调度表示定义的偏序关系时，更严格的定义是两个被比较的偏序关系需要具备相同的维度。union map 表示仅支持严格的偏序关系比较，而其他几种调度表示对这种操作进行了扩展，允许不同维度的偏序关系之间进行比较，我们将这种比较称作一种非严格的偏序关系的比较。显然，非严格的偏序关系的比较在工程实践上更灵活一些。

2.5　抽象语法树

在经过一系列的调度变换之后，优化编译器的最终任务是要生成代码。为了能够支持面向不同体系结构的代码生成，优化编译器应该生成一个与上下文无关的代码，并基于此面向不同的编程模型生成代码。显然，抽象语法树（abstract syntax tree）满足这一特定需求。抽象语法树是编译器中使用的一种经典的语法抽象，它将程序的语义表示成树状结构，并基于此带来一些上下文无关的优化机遇。如图 2.7 所示是图 2.5 所示代码的抽象语法树。

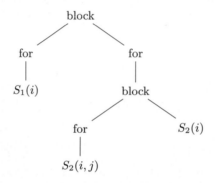

图 2.7　图 2.5 所示代码的抽象语法树

抽象语法树的相关内容在经典的编译原理教材中都能够找到，本节说明抽象语法树在基于多面体模型的代码生成过程中发挥的作用。根据前面的介绍，多面体模型采用整数集合和仿射函数集合或者这些集合的并集来实现程序的优化。优化编译器中的代码生成就是在这些优化策略的基础上生成更高效的代码。多面体模型的代码生成过程是在给定表示迭代空间的整数集合并集和实现了程序变换的仿射函数集合并集的前提下，生成抽象语法树的过程。如前文所述，在多面体模型中，抽象语法树的代码生成通常也被称为多面体扫描。

根据整数集合和仿射函数等数学抽象生成抽象语法树需要在抽象层次之间构建非常细致的对应关系。在实现这样的对应关系时，优化编译器需要借助一些数据结构来辅助代码生成，这些数据结构形成了一种代码生成过程中的抽象。

2.5.1　被执行关系

无论是以何种调度表示方式来表示调度，多面体模型表示循环嵌套的方式都依赖于仿射函数。在表示语句实例的执行顺序时，仿射函数将一个语句实例映射到一个表述语

句执行顺序的多维逻辑时间节点上。关于一维和多维逻辑时间节点的概念，我们将在第
4 章中进行介绍。抽象语法树的生成过程根据调度表示的仿射函数依次生成循环的边界
信息，从抽象语法树的结构上看，应该是一个循环内包含一个或多个语句。因此，在调
度变换完成后，一个从多维逻辑时间节点映射到语句的仿射函数或近似仿射函数应该更
适合于生成代码，这种变换可以基于仿射函数的求逆操作。

例如，对于式(2-46)所示的 union map 表示的仿射函数进行求逆操作可得

$$[(0,i,0,0) \rightarrow S_1(i); (1,i,0,i) \rightarrow S_2(i,j); (1,i,1,0) \rightarrow S_3(i)] \tag{2-47}$$

这种从多维逻辑时间节点映射到语句的映射称为被执行关系（executed relation）。被执
行关系也是一个仿射函数集合的并集，在式(2-47)中我们并没有标注出该被执行关系的
约束。给定一个被执行关系，代码生成过程可以从中提取出每个仿射函数，并根据每个
仿射函数的定义域从左到右依次生成循环的边界信息。

更具体地，以式(2-47)中的第一个仿射函数 $(0,i,0,0) \rightarrow S_1(i)$ 表示一个从一层 i 循
环映射到语句 $S_1(i)$ 的函数，代码生成时获取该仿射函数的定义域 $(0,i,0,0)$，然后从左
到右依次尝试生成循环。当获取第一个维度时得到了一个标量 0，代码生成器并不会生
成循环，而是会给当前的语句记录一个相对位置；当获取到第二个维度时得到了一个变
量 i，代码生成器就会尝试生成 i 循环。

2.5.2　上下文信息

在根据给定的仿射函数定义域从左至右遍历生成代码的过程中，抽象语法树的树状
结构也以从上至下的过程按深度遍历的方式被逐渐构建出来。对于代表仿射函数定义域
的一个整数集合，一个维度对应一层循环。在一些情况下，外层循环的循环索引变量会
被当作内层循环的编译符号常量来使用和生成。例如，图 2.1 和图 2.3 所示的两个例子，
在生成内层循环时，外层循环索引变量 i 会被当作编译符号常量，并在生成内层循环的
边界时使用。

这些上下文信息对于抽象语法树的生成是必不可少的，优化编译器可以将这些信息
存储起来，以便在抽象语法树以深度遍历的方式生成代码时使用。优化编译器需要存储
的上下文信息包括两方面：一是当前代码生成结点所必须的编译符号常量的约束，既包
括整个程序的符号常量，如图 2.1 和图 2.3 原始程序循环边界中的符号常量 M 和 N，
也包括外层循环的循环索引变量上的约束；二是2.5.1节中介绍的被执行关系。在以深度
优先的方式生成抽象语法树的过程中，优化编译器在每个维度上都需要维护一个上下文
信息，该上下文信息可以用上一个维度的上下文信息进行初始化，并结合当前维度进行
扩展。

另外，代码生成过程中还要维护循环索引变量和调度维度之间的关系，这是因为
一些复杂的循环变换可能会导致循环索引变量在生成代码时与原始程序中的关系不一
致。例如，式(2-14)定义了图 2.2 两层循环的循环分块变换。在原始程序中，调度的维
度 (j,i) 和循环索引变量 (j,i) 之间是一一对应的，但是经过循环变换之后，循环索引变

量 (j, i) 和调度维度 $(j/32, i/32, j, i)$ 之间却不再是一一对应的关系了，用于调度分块之间的循环维度和循环索引变量之间需要由整数除法运算关联起来。

2.5.3 结点和表达式

在具备生成当前循环对应抽象语法树的信息之后，代码生成工具可以创建抽象语法树。与调度树类似，抽象语法树也是由各种不同类型的结点构成的树状结构，这些结点可以是另外一个或多个结点的组合，也可以包含抽象语法树上的表达式。更具体地，抽象语法树上的结点包括：

(1) for 结点：抽象语法树上的一个 for 结点是一个 for 循环的抽象，它由四个表达式和另外一个结点构成，分别如下。

– 循环索引（iterator）：循环索引是一个仿射表达式，用于表示循环索引变量。一个循环索引通常用一个字符串表示，如前文描述的 i、j 等变量，编译器也可以自定义新的字符串，以区分生成代码前后的循环索引。

– 循环迭代的起始表达式（init）：循环迭代的起始表达式通常是一个常量或外层循环索引变量的仿射表达式。另外，在循环索引变量存在多个下界时，起始表达式也可以是一个 max 函数定义的表达式。

– 循环迭代的上界表达式（cond）：循环迭代的上界表达式是一个关于循环索引变量与外层循环索引变量和/或编译符号常量的仿射表达式。循环索引变量有多个上界时，可以用 min 函数表示。

– 循环步长（inc）：循环步长是一个整型常数，一个常数也可以用一个仿射表达式表示。循环步长在大多数情况下是 1，也可以是其他整型常数。当循环步长是负数时，循环是一个递减型循环。

– 循环体（body）：循环体可以是抽象语法树上的任意一种类型的结点。当循环体仍然是一个 for 结点时，该循环体与当前循环构成循环嵌套。当循环体是一个 block 结点时，代表该循环内有多个语句。

如图 2.7 中第 2 层和第 4 层上都有 for 结点。以 $S_1(i)$ 结点上面的 for 结点为例，该 for 结点可以表示成 {iterator:i; init:0; cond: $i < M$; inc: 1; body: for} 的形式，其中循环迭代上界表达式 cond 还可以嵌套地用另外一个抽象语法树表示，如图 2.8 所示是图 2.5 所示代码 i 循环上界表达式的抽象语法树。

图 2.8 一个循环上界表达式的抽象语法树

(2) if 结点：if 结点是条件控制流语句的抽象，它由一个谓词条件表达式和两个结点组成，分别如下。

－谓词条件表达式（guard）：if 结点的谓词条件表达式可以是一个循环索引变量的仿射表达式，也可以是多个仿射表达式的合取范式或析取范式；if 结点的谓词条件表达式也可以是非仿射表达式，或者是可以修改外层循环迭代次数的表达式。谓词条件表达式的抽象语法树与图 2.8 类似。

－then 语句结点（then）：then 语句结点可以是任意一种类型的结点。当 then 语句结点是一个 block 结点时，表示该 if 语句内有多个语句。

－else 语句结点（else）：else 语句结点也可以是任意一种类型的结点。与 then 语句不同，else 语句不是必须存在的，这取决于程序的语义和代码生成阶段根据整数集合和仿射函数计算出来的边界和其他约束条件。

在实际应用中，一个 if 结点可以用 {guard: ast_expr; then: ast_node; else: ast_node} 的形式表示，其中 ast_expr 表示一个表达式，ast_node 表示一个抽象语法树的结点。

(3) block 结点：block 结点是一组抽象语法树结点的列表，该列表中的每个结点可以是任意类型的结点。如图 2.7 最上面的结点为一个 block 结点，该结点可以用 {ast_node, ast_node, · · · } 的形式表示。

(4) mark 结点：mark 结点是根据调度树表示创建的一种特殊类型的结点，该结点由标识符和被标记的结点构成。其中，标识符用于存储调度树表示中用于指定特殊信息的字符串相关信息，被标记的结点可以是任意其他类型的结点，该结点根据 mark 结点的字符串信息按照定制化的方式生成抽象语法树。例如，在面向 GPU 生成代码时，需要将循环索引变量和硬件循环索引变量进行映射和替换。当一个 for 结点被 mark 结点标记后，相应的循环索引变量可以被替换成硬件循环索引变量。mark 结点可以用 {id: id; node: ast_node} 的形式表示，其中 id 为该结点的标识符，node 为被该结点标记的结点。

(5) user 结点：user 结点是从调度树中继承过来的结点，用于表示多面体模型抽象成的语句。如图 2.7 中的叶结点都是 user 结点。当 user 结点代表一个语句时，对应的语句可以被递归地表示成传统表达式抽象语法树的形式。在实际应用中，多面体模型可能会将多个语句抽象成一个宏语句，此时抽象语法树可以递归地构建每个语句的表达式。user 结点内可以有 while 循环，也可以有 break、continue 等语句。

通过构造抽象语法树，多面体模型能够面向不同体系结构自动生成代码。在面向一种特定体系结构上的编程模型生成代码时，优化编译器的后端可以按照目标编程模型的规范打印程序语句。与传统的抽象语法树相比，多面体模型中的抽象语法树还提供了调度树与抽象语法树之间的信息交互，使调度变换能够更好地传递到抽象语法树中。

2.6　各种抽象的工程实现

在经过各层次的抽象后，优化编译器可以对一段满足静态仿射约束的代码片段进行变换并最终生成代码。各种抽象表示为程序优化和代码生成提供方便的同时，也增加了系统工程师和程序员理解这些抽象表示的难度。此外，这些抽象表示方法在理论上相对完善，但如何在系统软件中实现这些抽象及各种操作，也是一个非常具有挑战的任务。isl（integer set library）[71] 是一个集成了整数集合、仿射函数、调度树和抽象语法树等各种抽象表示的工具库。本节将介绍 isl 中关于各种抽象表示的实现，结合实际代码来帮助读者加深对这些抽象表示的理解。

2.6.1 整数集合和仿射函数的实现

在进行整数集合和仿射函数集合的操作时，需要先判定整数集合和仿射函数集合是否同构。以整数集合的并集为例，当两个整数集合同构时，其并集可以合并成一个整数集合；否则，并集运算的结果需要以两个整数集合并集的形式描述。为了在工程实现上对这些操作进行区分，isl 定义了 6 种不同的数据类型，并根据这 6 种不同的数据类型来实现前文介绍的运算。

首先，isl 中定义了基本整数集合和基本映射集合。

定义 2.11　基本整数集合

一个基本整数集合 S 被定义为一组仿射不等式约束

$$\mathbb{Z}^n \to 2^{\mathbb{Z}^d} : s \mapsto S(s) = \{x \in \mathbb{Z}^d | \exists z \in \mathbb{Z}^e : Ax + Bs + Dz + c \geqslant 0\} \quad (2\text{-}48)$$

其中 $A \in \mathbb{Z}^{m \times d}$，$B \in \mathbb{Z}^{m \times n}$，$D \in \mathbb{Z}^{m \times e}$，$c \in \mathbb{Z}^m$。　　　♣

定义 2.12　基本映射集合

一个基本映射集合 R 被定义为由仿射不等式约束限定的映射 $x_1 \to x_2$ 的集合，即

$$s \mapsto R(s) = \{x_1 \to x_2 \in \mathbb{Z}_1^d \times \mathbb{Z}_2^d | \exists z \in \mathbb{Z}^e : A_1 x_1 + A_2 x_2 + Bs + Dz + c \geqslant 0\} \quad (2\text{-}49)$$

其中 $A_1 \in \mathbb{Z}^{m \times d_1}$，$A_2 \in \mathbb{Z}^{m \times d_2}$，$B \in \mathbb{Z}^{m \times n}$，$D \in \mathbb{Z}^{m \times e}$，$c \in \mathbb{Z}^m$。　　　♣

上面两个定义在 isl 中分别用 isl_basic_set 和 isl_basic_map 这两个数据结构表示。在本章开始部分，我们介绍过如果循环嵌套边界和步长的约束可以用式(2-2)和式(2-4)表示。也就是说，循环的边界和步长约束都可以表示成不等式的形式，并且每个不等式都可以用 $\geqslant 0$ 表示。所以，式(2-48)和式(2-49)中的仿射约束都可以用 $\geqslant 0$ 表示。

式(2-48)的仿射约束代表一个形如式(2-9)的整数集合中的仿射约束，在该例中，$s = (N)^{\mathrm{T}}$ 表示由图 2.1 的编译符号常量构成的一个向量，$x = (i, j)^{\mathrm{T}}$ 是该程序循环索引变量构成的向量，$z = (2)^{\mathrm{T}}$ 是外层循环步长构成的整数向量，$c = (-3, 9, 0, -1)^{\mathrm{T}}$ 是式(2-2)中的常数列向量。将式(2-48)进行实例化之后，不难看出式(2-48)中其他变量的含

义。$A \in \mathbb{Z}^{m \times d}$ 是一个 $m \times d$ 维的矩阵，m 为仿射不等式约束的个数，d 为循环嵌套的层数，A 代表形如式(2-48)中 $(i,j)^{\mathrm{T}}$ 的系数矩阵。$B \in \mathbb{Z}^{m \times n}$ 是一个 $m \times n$ 维的矩阵，n 为符号常量构成的向量 s 的维度。$D \in \mathbb{Z}^{m \times e}$ 是一个 $m \times e$ 维的矩阵，e 是 z 的维度。这里，z 的每个分量会形成一个具有存在量词 $\exists$ 的仿射不等式约束。当 $e = 0$ 时，意味着不存在一个具有存在量词 $\exists$ 的约束。例如，当循环嵌套内每个循环的步长都为 1 时，$e = 0$ 成立。

式(2-49)中各变量的含义与式(2-48)的含义基本一致，区别在于式(2-49)涉及一个映射 $x_1 \to x_2$ 两个集合之间的关系，因此在仿约束中需要同时体现 x_1 和 x_2 的约束。利用整数集合和基本映射集合，我们可以定义 isl 中的其他几个数据结构的定义。

定义 2.13　整数集合

一个整数集合 S 被定义为一组同构基本整数集合 S_i 的并集，即

$$S = \bigcup_i S_i \tag{2-50}$$

定义 2.14　仿射函数集合

一个仿射函数集合 R 被定义为一组同构基本映射集合 R_i 的并集，即

$$R = \bigcup_i R_i \tag{2-51}$$

---

isl 中用 isl_set 和 isl_map 表示整数集合和仿射函数集合。在此基础上，isl 又分别用 isl_union_set 和 isl_union_map 表示整数集合的并集和仿射函数集合的并集，其定义分别如下。

定义 2.15　整数集合的并集

一个整数集合的并集 S 被定义为一组整数集合 S_i 的并集，即

$$S = \bigcup_i S_i \tag{2-52}$$

定义 2.16　仿射函数集合的并集

一个仿射函数集合的并集 R 被定义为一组仿射函数集合 R_i 的并集，即

$$R = \bigcup_i R_i \tag{2-53}$$

整数集合的并集 isl_union_set、整数集合 isl_set 和基本整数集合 isl_basic_set 之间是逐层"嵌套"的关系。通过 isl_union_set_empty 可以构造一个空的整数集合的

并集，通过 isl_union_set_intersect、isl_union_set_union 和 isl_union_set_subtract 可以获得两个整数集合并集的交集、并集和差集。通过 isl_union_set_is_empty 可以判断一个整数集合的并集是否为空集，通过 isl_union_set_is_equal、isl_union_set_is_subset、isl_union_map_is_strict_subset 可以判断两个整数集合的并集之间的包含关系。

通过整数集合构造整数集合的并集，isl 提供了对多个语句建模的支持。通过基本整数集合构造整数集合，isl 能够将同一个语句的不同约束集成到一个整数集合内。在 isl 的实现中，一个基本整数集合 isl_basic_set 可以直接转换成一个整数集合 isl_set，一个整数集合 isl_set 可以直接转换成一个 isl_union_set，但反过来的转换并不一定总是正确的。

仿射函数集合的并集 isl_union_map、仿射函数集合 isl_map 和基本仿射函数集合 isl_basic_map 之间也是逐层"嵌套"关系。通过 isl_union_map_empty 可以构造一个空的仿射函数集合的并集，通过 isl_union_map_intersect、isl_union_map_union 和 isl_union_map_subtract 可以获得两个仿射函数集合并集的交集、并集和差集。通过调用 isl_union_map_is_empty 可以判断一个仿射函数集合的并集是否为空集，并且可以通过调用 isl_union_map_is_equal、isl_union_map_is_subset、isl_union_map_is_strict_subset 判断两个仿射函数集合的并集之间的包含关系。

另外，通过调用 isl_union_map_reverse 可以获得仿射函数集合的并集的逆映射，所谓逆映射是将每个仿射函数替换为对应的反函数。

定义 2.17   整数集合的参数范围

一个整数集合 S 的参数范围（parameter domain）dom_p 可以表示为

$$\mathrm{dom}_p\, S := \{\boldsymbol{s} \in \mathbb{Z}^n | S(\boldsymbol{s}) \neq \varnothing\} \tag{2-54}$$ ♣

定义 2.18   仿射函数集合的参数范围

一个仿射函数集合 R 的参数范围（parameter domain）dom_p 可以表示为

$$\mathrm{dom}_p\, R := \{\boldsymbol{s} \in \mathbb{Z}^n | R(\boldsymbol{s}) \neq \varnothing\} \tag{2-55}$$ ♣

整数集合的参数范围可以用于计算整数集合的基数。以例 2.1 为例，一个整数集合的基数与其参数 M 和 N 的取值相关。也就是说，如果要计算一个整数集合的基数，编译器需要计算出一个整数集合的参数范围，根据不同的参数范围，整数集合的基数也会有所不同。此外，当利用带有符号常量的整数集合生成代码时，为了保证程序的正确性，编译器必须分析所有符号常量的可能取值。此时，生成的代码可能就会有以符号常量的取值范围为条件的 if 分支。

对于仿射函数集合的每个元素，isl 可以计算该映射关系的定义域和值域，那么每个元素的定义域构成的集合就被称为这个仿射函数集合的定义域，每个元素的值域构成的集合被称为这个仿射函数集合的值域。

定义 2.19　仿射函数集合的定义域

一个仿射函数集合 R 的定义域（domain）dom 是一个整数集合，可以表示为

$$\text{dom } R := s \mapsto \{\boldsymbol{x_1} \in \mathbb{Z}^{d_1} | \exists \boldsymbol{x_2} \in \mathbb{Z}^{d_2} : (\boldsymbol{x_1}, \boldsymbol{x_2}) \in R(s)\} \tag{2-56}$$ ♣

定义 2.20　仿射函数集合的值域

一个仿射函数集合 R 的值域（range）ran 是一个整数集合，可以表示为

$$\text{ran } R := s \mapsto \{\boldsymbol{x_2} \in \mathbb{Z}^{d_2} | \exists \boldsymbol{x_1} \in \mathbb{Z}^{d_1} : (\boldsymbol{x_1}, \boldsymbol{x_2}) \in R(s)\} \tag{2-57}$$ ♣

在 isl 中，可以通过 isl_union_map_domain 和 isl_union_map_range 获得仿射函数集合并集的定义域和值域。

仿射函数集合的定义域和值域在代码生成阶段发挥着重要作用。以调度树表示为例，当利用 filter 结点下的一个 band 结点生成代码时，isl 可以计算该 band 结点中的一个仿射函数集合的定义域，并与该 filter 结点内的整数集合进行求交运算，以消除 band 结点中与该 filter 结点无关的仿射函数集合。

类似地，两个仿射函数集合的复合被定义为这两个集合元素的复合的集合。仿射函数集合的复合可用于计算依赖关系。在 isl 中对应的操作是 isl_union_map_apply_range。

定义 2.21　两个仿射函数集合的复合

两个仿射函数集合 $R \in \mathbb{Z}^n \to 2^{\mathbb{Z}^{d_1+d_2}}$ 和 $S \in \mathbb{Z}^n \to 2^{\mathbb{Z}^{d_2+d_3}}$ 的复合 $S \circ R$ 被定义为一个仿射函数的集合，可以表示为

$$S \circ R := s \mapsto \{\boldsymbol{x_1} \to \boldsymbol{x_3} \in \mathbb{Z}^{d_1} \times \mathbb{Z}^{d_3} | \exists \boldsymbol{x_2} \in \mathbb{Z}^{d_2} : \boldsymbol{x_1} \to \boldsymbol{x_2} \in R(s) \wedge \boldsymbol{x_2} \to \boldsymbol{x_3} \in S(s)\} \tag{2-58}$$ ♣

基于复合和逆映射的概念可以定义仿射函数集合的幂。

定义 2.22　仿射函数集合的幂

$$R^n := \begin{cases} R, & n = 1 \\ R^{n-1} \circ R, & n > 1 \\ R^{-1}, & n = -1 \\ R^{n+1} \circ R^{-1}, & n < -1 \end{cases} \tag{2-59}$$ ♣

在 isl 中调用 isl_union_map_fixed_power_val 可计算仿射函数集合的幂。

定义 2.23　两个集合的全域关系

两个集合 R 和 S 的全域关系 $R \to S$ 被定义为定义域为 R、值域为 S 的映射关系，可以表示为

$$R \to S := \{i \to j | i \in R \land j \in S\} \qquad (2\text{-}60)\clubsuit$$

在 isl 中调用 isl_union_map_from_domain_and_range 可计算两个集合的全域关系。

定义 2.24　集合的恒等关系

集合 S 的恒等关系定义如下：

$$I_S := \{i \to i | i \in S\} \qquad (2\text{-}61)\clubsuit$$

在 isl 中调用 isl_union_set_identity 可获得一个集合的恒等关系。

定义 2.25　两个集合的笛卡儿积

集合 S 和 R 的笛卡儿积定义如下：

$$S \times R := \{i \to j | i \in S \land j \in R\} \qquad (2\text{-}62)\clubsuit$$

在 isl 中调用 isl_union_set_product 可获得两个集合的笛卡儿积。

定义 2.26　两个二元关系的笛卡儿积

两个二元关系 S 和 R 的笛卡儿积定义如下：

$$S \times R := \{[i \to m] \to [j \to n] | [i \in j] \in S \land [m \to m] \in R\} \qquad (2\text{-}63)\clubsuit$$

在 isl 中调用 isl_union_map_product 可获得两个二元关系的笛卡儿积。

除了上面介绍的在整数集合和映射集合上的基本操作，isl 中还定义了许多其他关于整数集合和仿射函数集合的运算，包括 2.2.4 节中介绍的单目运算和双目运算，这些都可以通过调用相应的函数接口即可使用。此外，isl 中也实现了对三目运算符/条件运算符的支持。具体可参考 isl 的最新用户手册，这里我们就不再赘述了。这些基本操作的组合可以实现许多在程序优化过程中可能会用到的常用操作。

2.6.2　调度树的实现

isl 也支持调度树表示。调度树表示被封装在 isl_schedule 数据结构中，每个结点由不同的结点数据结构 isl_schedule_node_x 定义，x 表示 2.4.2 节中一种结点的类型。例如，domain 结点对应的数据结构为 isl_schedule_node_domain。一个调度树一般以

domain 结点为根结点，但在一些特殊的情况下，extension 结点也可以作为调度树的根结点。

调度树的构造过程在 isl 中也有许多对应的函数接口。例如，当优化编译器已经从程序中提取了表示迭代空间的整数集合后，isl 可以构造一个 domain 结点，并通过 isl_schedule_from_domain 生成一个只有根结点的调度树。在此基础上，编译器可以添加其他结点，以构成原始程序未优化之前的调度。经过调度算法变换之后，优化编译器可以通过修改调度树 band 结点的仿射函数来修改调度树，并形成优化后的调度。

2.6.3　抽象语法树的实现

与调度树类似，抽象语法树的各种不同类型的结点也被封装在 isl 内，由 isl_ast_node_x 定义一种结点类型。isl_ast_buid 表示生成抽象语法树的上下文信息，该数据结构封装了编译符号常量和外层循环索引变量的约束。根据不同的抽象语法树结点类型，用户也可以根据需求获取该结点的成员信息。例如，当结点类型为 for 结点时，可以通过 isl_ast_node_for_get_cond 来获取当前 for 结点循环索引的上界条件，该函数的返回类型为 isl_ast_expr，是一个表达式。

一个 isl_ast_expr 可以是任意一种表达式，可以是一个操作 isl_ast_expr_op，也可以是一个结点的标识符 isl_ast_expr_id，或者是一个常数 isl_ast_expr_int。抽象语法树由这些不同类型的表达式和结点递归构造生成。

此外，isl 中的抽象语法树和调度树表示之间衔接得非常紧密。在根据调度结果生成优化后的抽象语法树时，isl 既可以以一个调度树为输入，也可以以一个 isl_union_map 为输入，支持 union map 表示的代码生成。

第**3**章

依赖关系分析

3.1 依赖关系分析在编译优化中的作用

高级程序设计语言作为程序员与计算机之间信息交互的界面，隐藏了底层软件和硬件的细节，为程序员在计算机上实现特定的计算任务提供了便捷的编程接口。高级程序设计语言在向程序员提供友好的编程体验的同时，也将应用程序在目标计算机上优化和部署的任务转移到了编译器上。程序员在利用程序设计语言实现算法时所采用的基本结构包括顺序结构、分支结构和循环结构。其中，顺序结构表示程序中各个操作按照它们在程序中描述的依赖顺序执行，程序员也总是期望计算机能够按照预先设定的依赖顺序执行各个操作，优化编译器不会改变顺序结构中操作之间的依赖，但是可以改变无依赖的操作之间的执行顺序。分支结构和循环结构则是通过条件判定选择或反复执行一段代码来完成算法设计的步骤，优化编译器可以在确保证依赖关系不被破坏的前提下，通过改变这些控制结构中操作的执行顺序来优化性能。

现代优化编译器在将程序员编写的应用程序转换为可执行的机器代码或者其他编程语言的代码时，不仅要充分利用目标计算机体系结构的存储层次结构，还要考虑多核/众核等并行硬件的特征，这种优化过程需要改变原始程序中操作之间的顺序。确保转换后的程序与原始程序的等价性，是编译器在实现自动优化时面临的一个重要挑战。传统的底层或细粒度编译优化技术往往集中在寄存器分配、指令调度和冗余消除等优化目标上，这些经典的编译优化技术已经被系统开发工程师熟练掌握。随着领域专用加速芯片的日益普及，现代优化编译器的优化重心已经逐渐从过去的底层或细粒度优化转向以循环嵌套为核心的上层或高级优化。

根据 Flynn 分类法[31]，计算机体系结构可以分为单指令流单数据流 (SISD)、单指令流多数据流 (SIMD)、多指令流单数据流 (MISD) 和多指令流多数据流 (MIMD) 四种类型。其中，SISD 为串行计算机体系结构，MISD 类型的并行计算机比较少见。现代计算机体系结构大多采用 SIMD 和 MIMD 的多数据流并行的方式来达到并行加速的目的。因此，要实现并行计算机体系结构上的自动优化，一个优化编译器必须能够寻找到有效的数据分解策略，以充分利用并行计算机体系结构上多数据流并行的特性。循环内的数组下标表达式通常是循环索引变量的函数，因此，优化编译器必须具备正确判断不同数组下标表达式是否相等的能力，并基于此判定循环的不同迭代之间是否能够进行数据分解。当循环的不同迭代引用相同的地址单元时，称这些迭代之间存在依赖。在优化编译器的静态分析阶段，判定不同循环迭代之间不存在依赖，是实现多数据流并行优化的基本前提。

本章的目的是详尽阐述数据依赖关系的定义和性质，以及如何判定数据依赖关系的方法。本章还将介绍依赖关系的几种分类方式，以及它们在优化编译器实现面向并行性和局部性的自动变换时发挥的作用，这些基本概念和分析方法为优化编译器的循环变换奠定了坚实的基础。最后，本章还将介绍数据流分析方法，以及数据流分析在循环嵌套优化过程中产生的影响和发挥的作用。

3.2　依赖及其性质

循环的一次迭代通过数组下标的形式引用内存地址单元，这种引用方式可以分为读引用和写引用两种情况。前者从引用的内存地址单元获取数据，后者向引用的内存地址单元写入数据。在串行程序中，循环的不同迭代之间是顺序执行的。当循环的各个迭代访问各自独立的内存地址单元时，这些循环迭代之间将不会产生依赖关系，意味着循环不同迭代之间的顺序可以被优化编译器重新调整，以充分利用并行计算机体系结构上多数据流并行的特性。判定一个循环的不同迭代是否能够安全地并行执行需要分析不同的引用方式。早在 1966 年，Bernstein 就指出了一种如何确定一个循环两个不同迭代 I_0 和 I_1 能够安全地并行执行的条件：如果

(1) 迭代 I_0 不会向迭代 I_1 读引用的内存地址单元内写入数据；

(2) 迭代 I_1 不会向迭代 I_0 读引用的内存地址单元内写入数据；

(3) 迭代 I_0 和 I_1 不产生对相同内存地址单元的写引用；

那么编译器就可以通过调整原始程序中循环不同迭代之间的执行顺序，使迭代 I_0 和 I_1 能够被并行执行。这种判定方式被称为 Bernstein 条件，它保证了调整计算顺序之后的程序仍然维持（preserve）原始程序的计算语义。一个先进的优化编译器必须具备判定不同循环迭代之间是否满足 Bernstein 条件的能力。有些书籍和论文中也将维持翻译为保留，指不破坏原始程序的计算语义，可理解为变换前后的程序对相同的输入产生相同的输出。

当两个不同的循环迭代不满足 Bernstein 条件时，就称这两个循环迭代之间是相关的，这种相关性被称为依赖。依赖代表了优化编译器在对程序实施变换时必须遵循的约束。首先，优化编译器对程序实施的变换必须保证数据按原始程序的语义被生产和使用，这种约束导致的依赖称为数据依赖。其次，由原始程序中使用控制结构引起的依赖称为控制依赖。本章所涉及的内容主要是数据依赖，在一些特殊的情况下，我们会考虑控制结构对数据依赖产生的影响，关于如何处理控制依赖，请参考文献 [3]，本书将不再过多介绍控制依赖的具体内容。

如图 3.1 所示的 n 层循环嵌套代码，假设语句 S_0 通过循环索引 $(i_1, i_2, \cdots, i_n)$ 的某种函数形式作为 m 维数组 A 的下标引用内存地址单元，那么语句 S_1 和 S_2 之间的数据依赖定义如下。

```
1    for (i1 = L1; i1 <= U1; i1 += 1)
2      for (i2 = L2; i1 <= U2; i2 += 1) {
3        …
4        for (in = Ln; in <= Un; in += 1){
5          A [h1 (i1, i2, …, in)]…[hm (i1, i2, …, in)] = …;   // S1
6          … = A [g1 (i1, i2, …, in)]…[gm (i1, i2, …, in)];   // S2
7        }
8        …
9      }
10   }
```

图 3.1　循环嵌套语句之间的依赖关系代码示例

定义 3.1　数据依赖

　　从语句 S_1 到语句 S_2 存在数据依赖或称语句 S_2 依赖于语句 S_1，当且仅当 (1) 语句 S_1 和 S_2 引用相同的内存地址单元，并且其中至少有一个语句的引用类型为写引用，(2) 存在一条从语句 S_1 到 S_2 的可能的运行时执行路径。　♣

　　不难发现，数据依赖定义中的第一个条件对应上文所述的 Bernstein 条件，第二个条件则限定了语句 S_1 和 S_2 在运行时可能的执行顺序，这将有助于消除那些不满足 Bernstein 条件同时又不可能存在运行时可执行路径的语句之间的依赖。例如，当语句 S_1 和 S_2 分别位于某个 if 控制语句的不同分支并且不满足 Bernstein 条件时，优化编译器可以判定这两个语句之间不存在数据依赖关系。虽然这里的数据依赖关系以循环结构为背景提出，但同样适用于顺序结构和分支结构下语句之间数据依赖的情况。

　　优化编译器能够正确分析依赖关系的意义在于依赖关系可以用于指导和选择优化编译器对循环嵌套实施的变换，这些变换将改变原始程序中循环不同迭代之间的执行顺序，但前提条件是不能破坏依赖关系，这样才能够保证在相同的输入下，变换后的程序将会产生与原始程序相同的执行结果。在优化编译器中，语句之间的数据依赖关系往往用依赖图的方式表示。

定义 3.2　依赖图

　　语句的依赖图是一个有向环图，用有序二元组 $G = (V, E)$ 表示。其中 V 为结点或顶点集合，每个结点或顶点代表一个语句，E 为边集合，每个边代表两个语句之间的依赖。　♣

对于图 3.1 所示的 n 层循环嵌套，语句 S_1 和 S_2 之间存在依赖关系时，优化编译器可以描述为语句 S_2 依赖于 S_1。但对于图 3.2 所示情况，如果用语句 S_1 依赖于自身这样的描述显然是不够精确的，因为这种语句自身的依赖关系是由循环的不同迭代导致的。

```
1    for (i = 0; i <= N; i += 1)
2      A[i + 1] = A[i] + B[i];     // S1
```

图 3.2 语句自身的依赖关系代码示例

精确描述循环嵌套内语句之间的依赖关系需要在描述过程中体现循环迭代。由于优化编译器需要维持变换前后有依赖关系的操作之间的"生产–消费"关系，这种关系可以描述成一个逻辑上的时间先后顺序关系。对于 n 层循环嵌套内的某个语句，我们可以对它指定一个 n 元组来表示其对应的逻辑时间节点，称为字典序。

定义 3.3 字典序

给定一个 n 层循环嵌套，该循环嵌套内的语句 S 的字典序可以表示成一个 n 元组 $(i_1, i_2, \cdots, i_n)$，其中 $i_k\ (1 \leqslant i \leqslant n)$ 表示语句 S 在第 k 层循环上的字典序。 ♣

利用字典序，我们可以将语句进行实例化。所谓实例化是指根据字典序计算出某个语句在一次循环迭代中的执行实例。对于图 3.1 中的两个语句 S_1 和 S_2，其语句实例的集合可以表示成

$$\{S_1(i_1, i_2, \cdots, i_n) : L_k \leqslant i_k \leqslant U_k \wedge 1 \leqslant k \leqslant n\} \tag{3-1}$$

和

$$\{S_2(i_1, i_2, \cdots, i_n) : L_k \leqslant i_k \leqslant U_k \wedge 1 \leqslant k \leqslant n\} \tag{3-2}$$

类似地，图 3.2 中语句 S_1 的实例集合可以表示成

$$\{S_1(i) : 0 \leqslant i \leqslant N\} \tag{3-3}$$

其中，N 为编译阶段的符号常量。

字典序也可以用于精确描述如图 3.2 所示的自身依赖关系。我们可以称语句 S_1 的所有实例集合

$$\{S_1(i) : 1 \leqslant i \leqslant N\} \tag{3-4}$$

依赖于其自身的另外一个实例集合

$$\{S_1(i) : 0 \leqslant i \leqslant N - 1\} \tag{3-5}$$

字典序还提供了一种能够比较不同语句实例之间执行先后顺序的机制，我们称这种逻辑上的执行先后顺序关系为顺序关系 (order relation)。当某个语句实例在另外一个语句实例之前执行时，我们称这种关系为字典序小于（lexicographically smaller）。

> **定义 3.4　字典序小于**
>
> 给定两个字典序 $(i_1, i_2, \cdots, i_n)$ 和 $(j_1, j_2, \cdots, j_n)$，$(i_1, i_2, \cdots, i_n) \prec (j_1, j_2, \cdots, j_n)$ 表示 $(i_1, i_2, \cdots, i_n)$ 按字典序小于 $(j_1, j_2, \cdots, j_n)$，当且仅当
>
> (1) $(i_1, i_2, \cdots, i_{n-1}) \prec (j_1, j_2, \cdots, j_{n-1})$；或者
>
> (2) $(i_1, i_2, \cdots, i_{n-1}) = (j_1, j_2, \cdots, j_{n-1})$ 和 $i_n < j_n$ 同时成立。 ♣

由于逻辑运行时间节点是由循环迭代来定义的，因此我们也用字典序来表示某一个循环迭代。同时，当给字典序的 n 元组指定一个语句的名字时，这种命名的字典序可以用于表示某个语句实例的逻辑运行时间节点。仿照字典序小于的定义，可以很方便地定义字典序小于或等于 $\preccurlyeq$、字典序大于 $\succ$ 和字典序大于或等于 $\succcurlyeq$ 等符号。

下面我们来讨论依赖的分类。

3.2.1　依赖的分类

根据数据依赖的定义，产生依赖的两个语句至少有一个会向内存地址单元写入数据，这导致程序中可能发生的依赖有 3 种，分别是：

(1) 流依赖：语句 S_1 向内存地址单元写入数据之后，语句 S_2 从相同的内存地址单元读出数据；

(2) 反依赖：语句 S_1 从内存地址单元读出数据之后，语句 S_2 向相同的内存地址单元写入数据；

(3) 输出依赖：语句 S_1 和 S_2 对相同的内存地址单元写入数据。

其中，流依赖也称为真依赖，对应计算机程序中不同操作之间的"生产–消费"关系，通常为程序数据流关系的一个超集。反依赖和输出依赖也统称为伪依赖或假依赖，这是因为这两种类型的依赖关系并不是因算法设计而产生的依赖关系，而是由于计算机上有限的内存地址空间而导致的假的依赖关系。当计算机上有足够的内存地址空间来存放程序引用的所有数据时，这种依赖关系可以通过标量扩展 (scalar expansion)、数组私有化 (array privatization) 等优化方式来消除。在以指令级流水并行为目标的底层编译优化阶段，依赖也被称为数据冲突或数据相关。其中，流依赖对应"写后读"数据冲突，反依赖对应"读后写"数据冲突，输出依赖对应"写后写"数据冲突。

当两个语句都从相同内存地址单元读取数据时，根据依赖的定义，这两个语句之间不存在依赖关系。但是在有些优化编译器中，将这种关系称为输入依赖，并且在实施循环变换时将这种关系也作为优化的目标来决定需要实现的循环变换，这是因为考虑输入依赖的循环变换会提升程序数据的时间局部性。

3.2.2 距离向量与方向向量

在定义数据依赖时，我们用从语句 S_1 到 S_2 存在数据依赖或称语句 S_2 依赖于 S_1 来描述依赖关系。在依赖图中，依赖关系对应两个结点之间的一条有向边，该有向边从依赖图中对应语句 S_1 的结点（称为依赖的源点）出发，指向依赖图中的另外一个语句 S_2 对应的结点（称为当前依赖的汇点）。对于循环嵌套内的依赖关系，可以用距离向量来描述。

> **定义 3.5　距离向量**
>
> 假设从 n 层循环嵌套一次迭代 $(i_1, i_2, \cdots, i_n)$ 中的语句 S_1 到迭代 $(j_1, j_2, \cdots, j_n)$ 中的语句 S_2 有依赖，则依赖距离向量 d 定义为长度为 n 的向量，即
>
> $$d = (j_1 - i_1, j_2 - i_2, \cdots, j_n - i_n) \tag{3-6} \clubsuit$$

距离向量 d 描述的是产生依赖关系的两个语句实例对应字典序的差。这意味着 $(i_1, i_2, \cdots, i_n) \prec (j_1, j_2, \cdots, j_n)$ 当且仅当 d 的最左非 0 分量大于 0。也就是说，依赖是由距离向量的最左边大于 0 的分量决定的。我们说字典序代表一个逻辑时间节点，如果将一个字典序 $(i_1, i_2, \cdots, i_n)$ 从左至右的分量分别看作年、月、日等时间单位，那么一个字典序定义了一个日期。时间单位越大，意味着其对应的分量在字典序中的位置越靠左。当比较两个日期的先后关系时，比较结果由时间单位最大的分量决定。例如，2022 年 1 月 5 日和 2022 年 3 月 1 日这两个日期可以分别用字典序 $(2022, 1, 5)$ 和 $(2022, 3, 1)$ 表示，前者在时间顺序上早于后者，这种顺序关系是由第二个分量决定的。

距离向量可以衍生出依赖满足的定义。

> **定义 3.6　依赖满足**
>
> 依赖在 $i_k (1 \leqslant k \leqslant n)$ 循环上得到满足，或称在第 $k (1 \leqslant k \leqslant n)$ 层上得到满足，当且仅当 i_k 是距离向量 d 的最左非 0 分量。　　　　　　　　　 $\clubsuit$

可以得出的一个结论是：一个正确的依赖距离向量 d 的最左非 0 分量一定是大于 0 的，否则在原始程序中一定存在一个语句实例，它的依赖源点在其后执行，这显然不符合算法设计的逻辑。

并不是所有的循环依赖都可以用距离向量描述，例如图 3.3 所示的循环嵌套，因无法确定距离向量的最低维度的分量，就不能用距离向量来描述。

```
1  for (int i=0;i<10;i++) {
2    for (int j=0;j<100;j++) {
3      A[i][j] = A[i][B[j]];
4    }
5  }
```

图 3.3　无法使用距离向量描述的循环依赖

与距离向量对应的还有方向向量，定义如下。

定义 3.7　方向向量

假设从 n 层循环嵌套一次迭代 $(i_1, i_2, \cdots, i_n)$ 中的语句 S_1 到迭代 $(j_1, j_2, \cdots, j_n)$ 中的语句 S_2 有依赖，那么依赖方向向量 $\boldsymbol{D}$ 定义为长度为 n 的向量，其第 $k\,(1 \leqslant k \leqslant n)$ 个向量为

$$D_k = \begin{cases} \text{``}<\text{''}, & \text{如果}\ j_k - i_k > 0 \\ \text{``}=\text{''}, & \text{如果}\ j_k - i_k = 0 \\ \text{``}>\text{''}, & \text{如果}\ j_k - i_k < 0 \end{cases} \tag{3-7}$$

方向向量的符号可以看作箭头，箭头的方向指向依赖的源点，或被解释成"依赖于"。有些书籍用方向向量作为高级优化的基础，因为方向向量代表了依赖源点和汇点之间的字顺序关系。本书将同时使用依赖距离向量和依赖满足来说明高级优化。

一个可能发生的情况是：距离向量的所有分量都为 0，也就是说产生依赖的两个语句的字典序完全相同。如图 3.1 所示，语句 S_1 和 S_2 的字典序完全相同，也就是说依赖和循环迭代不相关，此时用字典序无法精确描述这种依赖关系，因此在优化编译器中有循环无关依赖和循环携带依赖之分。

并不是所有的循环都可以通过方向向量来描述依赖关系，例如图 3.4 所示的嵌套循环，由于每一次循环迭代都依赖于前一次的计算结果，因此整个循环是无法并行的。

```
1  for (int i=0;i<10;i++) {
2    for (int j=0;j<100;j++) {
3      b = g(b);
4    }
5  }
```

图 3.4　无法使用依赖向量和方向向量

3.2.3　循环无关依赖和循环携带依赖

语句 S_2 依赖于 S_1，要求存在一条可能的执行路径使 S_1 和 S_2 两者引用相同的内存地址单元，同时 S_1 的逻辑时间节点早于 S_2 的逻辑时间节点。可能满足上述条件的情况有两种：

(1) 语句 S_1 和 S_2 在不同循环迭代内引用相同的内存地址单元，并且 S_1 对应的循环迭代按字典序小于 S_2 对应的循环迭代；

(2) 语句 S_1 和 S_2 在相同循环迭代内引用相同的内存地址单元，但在循环内 S_1 的位置在 S_2 之前。

第一种情况属于循环携带依赖，第二种情况属于循环无关依赖，所以，我们有如下定义。

> **定义 3.8   循环携带依赖**
>
> 从语句 S_1 到语句 S_2 有一个循环携带依赖，当且仅当 S_1 在迭代 $(i_1, i_2, \cdots, i_n)$ 中引用内存地址单元 M，而 S_2 也在其迭代 $(j_1, j_2, \cdots, j_n)$ 中引用相同的内存地址单元 M，并且依赖在 $i_k\,(1 \leqslant k \leqslant n)$ 循环上得到满足。

对于循环无关依赖，我们需要在字典序的基础上再引入一个常数分量 d，用于区分不同语句在相同循环迭代内的不同位置。假设 n 层循环内有 s 个语句，这 s 个语句在原始程序中有先后顺序，那么可以令 $1 \leqslant d \leqslant s$ 用以区分这 s 个语句在原始程序中的先后顺序。当把这 s 个语句想象成同一个语句的不同实例时，这 s 个语句可以看作一个 i_n 循环完全展开之后的语句实例顺序排列，这样就可以将常数分量 d 理解成 i_n 循环的字典序，两者的字典序关系也可以按照字典序大于或小于的关系来区分。所以，我们有如下定义。

> **定义 3.9   循环无关依赖**
>
> 从语句 S_1 对语句 S_2 有一个循环无关依赖，当且仅当存在 S_1 和 S_2 在相同循环迭代 $(i_1, i_2, \cdots, i_n)$ 内，并且引用相同的内存地址单元，但两者的常数分量满足 $d_{s1} < d_{s2}$。

循环无关依赖和循环携带依赖对并行化产生的影响不同，原因在于不同并行化的粒度不一样，影响并行化的约束就会有所不同。例如，循环无关依赖不影响循环交换，这种变换将有利于开发外层循环的并行性，但循环交换必须考虑循环携带依赖。另一方面，循环无关依赖在实现最内层循环的向量化时是必须考虑的因素。此外，循环携带依赖还引申出其他书籍上常用的概念，即依赖的层，它表示依赖在循环嵌套的第几层上得到满足。

3.2.4　依赖与变换

研究依赖的原因在于依赖是优化编译器实现程序变换的约束，即只要满足原始程序的依赖，我们就认为这个变换是合法的。一个程序变换是合法的，通常是指变换后的程序不改变原始程序的语义，但语句的执行顺序和/或程序的控制结构可以发生改变，即变换后的程序只需要保证在相同的输入下产生与原始程序相同的计算结果，而程序运行的时间可以发生改变，这也是我们利用优化编译器实现程序自动变换的依据。我们对等价计算的定义如下。

> **定义 3.10   等价计算**
>
> 两个计算是等价的，如果对相同的输入，它们按相同的顺序执行输出语句时，输出变量产生相同的值。

我们将等价计算的定义局限在程序的输入和输出上，因为这是用户最关心的指标。这里给出的等价计算的定义对优化编译器的要求并不严格。对于一个程序而言，每一个执行任务的语句都是通过从内存地址单元读取数据或写入数据来改变程序的状态的，所以在程序执行过程中的某一时刻，程序的状态应该是指当前内存地址单元中所有数据值的集合，内存地址单元中数据值的变化意味着程序状态的变化。如果从更严格的角度来定义等价计算，那么只有两个完全以相同状态序列执行的计算任务才能够被认为是等价的。显然，这种定义对优化编译器实施循环变换的限制太过严格，因为这将会使那些改变程序语句顺序的变换无法保证变换后的程序与原始程序等价。

等价计算的定义允许用不同的语句序列计算相同的输出，不同的语句序列可能会导致程序在特定目标体系结构上所需的时间不同。优化编译器的目标就是找到一个在特定目标体系结构上执行时间最短或接近最短的语句执行顺序，从而达到在目标体系结构上提升程序性能的目的。这种为了寻求最短执行时间的语句序列变换的过程被称为重排序变换。

> **定义 3.11　重排序变换**
>
> 　　重排序变换是任何这样的程序变换，它仅改变程序语句的执行序列，但不增加或减少任意语句在循环迭代中的任何实例。

重排序变换不会增加或删减原始程序的任何语句实例，这意味着重排序变换后原始程序中的所有依赖都仍存在。但值得注意的是，重排序变换可能导致原始程序某个依赖的源点和汇点之间的顺序关系发生逆转。此时，该重排序变换将破坏原始程序的依赖关系，无法保证变换后的程序与原始程序具有相同的语义。因此，我们需要定义一个重排序变换的合法性原则，来阻止优化编译器对程序实施不合法的重排序变换。

> **定义 3.12　重排序变换的合法性**
>
> 　　一个应用到程序上的重排序变换是合法的，当且仅当它能够维持程序中的所有依赖，即该重排序变换维持原始程序所有依赖源点和汇点的顺序关系。

现在，我们可以根据前面所有的定义来给出优化编译器在实施重排序变换时所必须遵循的原则。

> **定理 3.1　依赖的基本定理**
>
> 　　如果一个重排序变换维持原始程序中的所有依赖，那么它将维持原始程序的语义[1]。

3.2.5　依赖的复杂性

在以循环嵌套为核心的高级编译优化阶段，如何证伪循环迭代间和/或循环迭代内

---

① 证明请参考文献 [3]。我们将不会证明那些不是在本书中首次提出的定理，对这些定理的证明会提供相关的参考文献。

的依赖关系是实现循环并行、提升数据局部性的关键。现代优化编译器采用各种各样的依赖关系分析手段来证实依赖存在或不存在的事实。当不同的循环迭代之间或相同迭代内的不同语句之间的确存在数据依赖关系时，我们称一个优化编译器能够证实依赖；类似地，当语句之间一定不会存在数据依赖关系时，我们称一个优化编译器能够证伪依赖。证实依赖通常比较容易做到，因为对于未知情况，优化编译器总是可以保守地认为两个语句之间存在数据依赖。对于证实依赖，优化编译器不会实施任何重排序变换，也不会有违反原始程序计算语义的风险。然而，优化编译器总是试图在依赖不存在的情况下利用静态分析手段证伪依赖，但受到静态分析能力的限制，证伪依赖并不是一件容易的事情。

一个优化编译器证实或证伪依赖的过程称为依赖关系分析。根据优化编译器的目标不同，依赖关系分析的结果可以包含许多信息，我们将在后面章节更具体地介绍这些内容。根据两个语句之间数据依赖的定义，两个语句之间存在数据依赖的一个前提条件是这两个语句访问相同的内存地址单元，而多重循环嵌套中的语句通过数组下标访问内存地址单元，所以优化编译器证伪依赖的能力往往取决于循环嵌套中数组下标表达式的复杂度。现在我们将依赖关系分析局限在判定两个语句访问相同内存地址单元所使用的数组下标是否相等，即依赖测试的范畴。

然而，即便我们将依赖关系分析局限在依赖测试这样的范畴，优化编译器面临的问题仍然是十分复杂的。在实际应用程序中，数组下标表达式可以是任意形式，这意味着依赖测试是一个不可判定问题，因为编译器无法在编译阶段确定数组下标在运行时的值，也意味着优化编译器在静态分析阶段不可能直接根据数组下标表达式的值确定依赖是否存在。幸运的是，一个优化编译器虽然没有办法在编译阶段确定某个数组下标表达式可能的值，但可以根据循环和程序参数确定某个数组下标可能的取值范围。因此，一个简单而直观的依赖测试方法是通过比较两个不同的数组下标表达式可能的取值范围是否相交来证实或证伪依赖。

数组下标表达式用于描述某个语句访问的内存地址相对于数组起始地址的偏移量，它是循环索引变量的函数。由于字典序和循环索引变量构成的向量完全对应，所以一个数组下标表达式可以看作一个循环嵌套字典序的函数。这种函数关系可以是所有循环索引变量的任意组合形式，比如一个数组下标表达式可以是所有循环索引变量的非齐次和/或非线性表达式函数，也可以是另外一个数组的某个元素。用现有的数学方法去分析所有可能出现的情况是一项十分困难的任务。即便利用数学方法能够对这样一般化的问题给出一个明确的结果，也很难将数学方法利用计算机程序实现。

所以，在现代优化编译器中，结合实际应用程序中出现的大多数情况，优化编译器对数组下标表达式进行了进一步简化，即在未明确说明的前提下，一个优化编译器总是假设数组下标表达式是所有循环索引变量的仿射表达式，即所有的下标表达式的形式为

$$a_1 \times i_1 + a_2 \times i_2 + \cdots + a_n \times i_n + c \tag{3-8}$$

其中，$i_k \ (1 \leqslant k \leqslant n)$ 为循环索引变量，$a_k \ (1 \leqslant k \leqslant n)$ 为该数组下标表达式中循环索引

变量对应的系数。从直观意义上讲，仿射变换可以看作线性变换的基础上增加一个常数项。为了描述方便，我们省略乘法符号，即优化编译器总假设一个数组下标表达式具有

$$a_1i_1 + a_2i_2 + \cdots + a_ni_n + c \tag{3-9}$$

的形式。

判定两个形如式 (3-9) 的数组下标表达式是否相等，等价于判定一个线性丢番图 (Diophantine)[①]方程组是否有整数解，这是一个 NP 完全问题。丢番图方程也被称为不定方程或整系数多项式方程，方程中的未知量取值只能是整数。所以，即便我们已经对数组下标表达式做了许多简化处理，在优化编译器中证伪依赖依然是非常困难的。在理想情况下，我们总是期望一个优化编译器仅在两个数组下标表达式不可能相等时才证伪依赖，但是由于证伪依赖问题的复杂性，这种理想的情况在当前的优化编译器中也无法实现。我们必须考虑的一个情况是：在既不能证实也不能证伪依赖时，优化编译器应该如何处理。

如果在不能证实或证伪依赖的情况下，一个优化编译器激进地认为两个语句之间不存在数据依赖，这种情况下，优化编译器就有可能对程序实施重排序变换以提升程序的性能。如果在运行时两个数组下标表达式的值相等，那么变换后的程序将无法维持原始程序的语义，这将违反等价计算的定义。所以，在不能证实或证伪依赖的情况下，一个优化编译器不能认为两个语句之间不存在数据依赖。也就是说，优化编译器在无法证实或证伪依赖的情况下，必须保守地认为语句之间存在数据依赖。这种采用保守策略的依赖测试也被称为保守测试。事实上，编译器所采取的优化必须都是保守的，因为与性能相比，优化的正确性总是更重要的。

在这些前提条件下，我们开始考虑如何判定数组下标是否有可能相等。对于如图 3.1 所示的情况，要判定数组 A 的下标是否有可能相等，就要考虑数组下标的所有维度。如果我们同时考虑数组的所有维度，那么显然问题将变得复杂，判定过程也更加烦琐；如果程序允许优化编译器对每个维度独立地证实或证伪依赖，那么问题将变得相对简单。所以，从下标表达式不同维度是否可以独立判定的角度来看，可以将多维数组的下标表达式分为独立下标和耦合下标两大类[2,22]。

> **定义 3.13　独立下标**
>
> 　　假设 n 层循环嵌套内存在对 m 维数组 A 的内存地址访问，如图 3.1 所示。称数组 A 的第 k $(1 \leqslant k \leqslant m)$ 个下标为独立下标，当且仅当 $\forall a_l^{(k)} \neq 0$ $(1 \leqslant l \leqslant n)$, $a_l^{(k')} = 0$ $(1 \leqslant k' \leqslant m \wedge k' \neq k)$, 其中 $a_l^{(k)}$ 表示循环索引 i_l 在第 k 个下标表达式 $h_k(i_1, i_2, \cdots, i_n)$ 中的系数。　♣

对应地，我们有如下定义。

---

① 丢番图是古希腊亚历山大后期的代数学创始人的名字。

> **定义 3.14　耦合下标**
>
> 　　假设 n 层循环嵌套内存在对 m 维数组 A 的内存地址访问，如图 3.1 所示。称数组 A 的第 $k\,(1\leqslant k\leqslant m)$ 个下标为耦合下标，当且仅当该下标不是独立下标。　♣

　　优化编译器总是可以单独对独立下标表达式判定依赖是否存在，并且判定的结果总是可靠的。换句话说，如果一个优化编译器能够证伪独立下标之间的依赖，那么这个多维数组就不存在依赖。相反，耦合下标虽然也允许优化编译器独立判定某个维度下标的依赖，但结果却是不可靠的，因为该下标维度上的循环索引还会在其他下标维度上存在，该维度上存在依赖，并不代表着多维数组的两次引用之间就一定存在依赖。

　　更进一步地，我们来讨论多维数组下标某个维度上的复杂性。对于多维数组下标的一个维度，我们可以根据该维度上出现的循环索引个数将某个数组下标维度划分为：

　　(1) ZIV（Zero Index Variable）下标：下标中不包含任何循环索引的引用；

　　(2) SIV（Single Index Variable）下标：下标中仅有一个循环索引的引用；

　　(3) MIV（Multiple Index Variable）下标：下标中有多于一个循环索引的引用。

这些分类方式为高效的依赖测试奠定了良好的基础。下面我们介绍几种不同的依赖测试。

3.3　依　赖　测　试

　　依赖测试是用来判定循环嵌套中两个相同数组的地址引用是否存在依赖的方法。数组的地址引用一般以数组下标表达式的形式出现在程序中，所以依赖测试就是一种判定两个相同数组的不同下标表达式是否可能相等的过程。在一般情况下，依赖测试可以用如图 3.1 的情况来说明，即依赖测试就是判定循环嵌套中从语句 S_1 到语句 S_2 是否存在依赖的过程。在不考虑控制流的情况下，两个语句之间存在依赖，当且仅当方程组

$$
\begin{cases}
f_1(i_1,\cdots,i_n,j_1,\cdots,j_n) \equiv h_1(i_1,\cdots,i_n) - g_1(j_1,\cdots,j_n) = 0 \\
f_2(i_1,\cdots,i_n,j_1,\cdots,j_n) \equiv h_2(i_1,\cdots,i_n) - g_2(j_1,\cdots,j_n) = 0 \\
\qquad\vdots \\
f_m(i_1,\cdots,i_n,j_1,\cdots,j_n) \equiv h_m(i_1,\cdots,i_n) - g_m(j_1,\cdots,j_n) = 0
\end{cases}
\tag{3-10}
$$

成立。

　　优化编译器进行依赖测试的目的有两个。首先，对于一对相同数组的不同下标引用，依赖测试总是想证伪两者之间的依赖。否则，依赖测试就试图用某些性质来描述可能存在的依赖，这些可描述的性质包括距离向量和方向向量等。虽然存在依赖不能让优化编译器实施利于发掘并行性的重排序变换，但是一个优化编译器仍然可以试图减小依赖距离来改善程序数据的局部性。

　　判定方程组 (3-10) 是否可能成立，就是在所有循环索引变量的取值范围内判定该方程组是否有解。循环索引的取值范围由循环边界和步长决定，所以，依赖测试就是在循环索引变量的取值范围内判定方程组 (3-10) 是否有解。循环索引变量的取值范围为

$$R = \{L_k \leqslant i_k, j_k \leqslant U_k : 1 \leqslant k \leqslant n, i_k, j_k \in \mathbb{Z}\} \tag{3-11}$$

并称之为方程组 (3-10) 的定义域。L_k, U_k $(1 \leqslant k \leqslant n)$ 为该方程组内的常数。

　　这里我们假设循环嵌套的每个循环的步长都为 1。对于不满足该条件的仿射循环，优化编译器经常能够通过一些手段将其转换为步长为 1 的循环。

3.3.1　精确测试与保守测试

　　当无法证明方程组 (3-10) 在其定义域上无解时，依赖测试试图用距离向量和方向向量来说明可能存在的依赖。根据保守测试的原则，在无法判定是否有解的情况下，优化编译器只能默认选择依赖存在。但如果在依赖测试之前，能用距离向量或方向向量对方程组的定义域添加新的约束从而导致依赖测试能够判定出在更小的定义域上无解，依赖测试仍然能够证伪依赖。所以，如果考虑了距离向量或方向向量，对方程组 (3-10)，除了约束式 (3-11) 外还有新的约束，即

$$\{i_k \ D_k \ j_k : 1 \leqslant k \leqslant n\} \tag{3-12}$$

或

$$\{j_k - i_k \ = d_k : 1 \leqslant k \leqslant n\} \tag{3-13}$$

其中，D_k 代表方向向量的第 k 个分量，可能的取值为 $>$、$=$ 和 $<$，d_k 代表距离向量的第 k 个分量。

　　此时，依赖测试就是在约束式 (3-11) 和式 (3-12) 或式 (3-13) 的前提下，判定目标方程组 (3-10) 是否有解。事实上，这些约束虽然缩小了依赖测试方程组的定义域，但却在一定程度上提高了依赖测试方法的实现难度。

　　判定方程组 (3-10) 在其定义域上是否有整数解是一个线性整数规划问题，在编程实现上属于 NP 完全问题。显然，精确地分析依赖会导致优化编译器的时间复杂度较高。为了降低时间复杂度，许多早期的依赖测试大多是通过放宽定义域的约束来分析方程组 (3-10) 是否有解。如果在约束较少的定义域上原方程组无解，那么在其子集定义域上也一定无解；但是，如果在约束较少的定义域上原方程组有解，并不代表这在其子集定义域上也一定有解。

　　与保守的依赖测试对应的就是精确的依赖测试。所谓精确的依赖测试是当且仅当依赖存在时才会证实依赖关系。精确的依赖测试无论是给出的无依赖结果还是有依赖结果都是完全可靠的，能够最大限度地创造重排序变换的机会，但实现此类依赖测试的算法往往时间复杂度较高。

如果数组下标的每个维度都是独立下标，那么方程组 (3-10) 的每个方程之间都线性无关，方程组无解当且仅当这 m 个方程各自独立求解时无解；如果被分析的数组下标中存在耦合下标，那么方程组 (3-10) 的 m 个方程存在至少两个线性相关的方程，方程组无解只是 m 个方程都无解的必要条件。

对于独立数组下标，方程组 (3-10) 无解当且仅当 m 个方程各自独立求解时无解。因此，面向独立下标的依赖测试只需要考虑单个方程，而不需要考虑整个方程组。方程组 (3-10) 任意一个方程都满足

$$f(i_1, \cdots, i_n, j_1, \cdots, j_n) \equiv h(i_1, \cdots, i_n) - g(j_1, \cdots, j_n) = 0 \tag{3-14}$$

这里，我们不妨假设 h 和 g 分别有如下形式：

$$\begin{cases} h(i_1, \cdots, i_n) \equiv a_1 i_1 + a_2 i_2 + \cdots + a_n i_n + c_0 \\ g(j_1, \cdots, j_n) \equiv b_1 j_1 + b_2 j_2 + \cdots + b_n j_n + c_1 \end{cases} \tag{3-15}$$

那么

$$f(i_1, \cdots, i_n, j_1, \cdots, j_n) \equiv c_0 - c_1 + a_1 i_1 - b_1 j_1 + a_2 i_2 - b_2 j_2 + \cdots + a_n i_n - b_n j_n = 0$$
$$\tag{3-16}$$

为了便于说明，对于一对被分析是否有依赖关系的数组下标，我们用 $< h(i_1, \cdots, i_n), g(j_1, \cdots, j_n) >$ 来指代这一对数组下标。

3.3.2 ZIV 测试

前面我们已经提到，根据索引在下标中出现情况的复杂程度来讲，数组下标可以分为 ZIV、SIV 和 MIV 三种情况。对应地，依赖测试也可以分为 ZIV 测试、SIV 测试和 MIV 测试。对于 ZIV 下标而言，意味着方程 (3-16) 中循环索引的个数为零，即 $n = 0$。也就是说，被分析的数组下标对具有 $< c_0, c_1 >$ 的形式，c_0 和 c_1 都为常数。此时，待判定的每个数组下标在循环内保持不变，$c_0 = c_1$ 时有依赖，否则无依赖。事实上，标量也可以看作一个 ZIV 数组下标的形式。例如，假设循环嵌套下存在一个对标量 x 的引用，我们可以将标量 x 想象成一个名为 x 的数组并且该引用可以写成 $x[0]$ 的形式。此时，被分析的数组下标对可以表示成 $< 0, 0 >$ 的形式，也就是说两者之间有依赖。

3.3.3 SIV 测试

对于 SIV 下标，对应的依赖测试称为 SIV 测试。此时数组下标中只含有一个循环索引。这种情况也是实际应用中最常见的形式，在绝大多数情况下也能使用精确的依赖测试。SIV 下标又可以分为强 SIV 和弱 SIV 两类，对应的依赖测试称为强 SIV 测试和弱 SIV 测试。弱 SIV 又可以分为弱-0 SIV 和弱-交叉 SIV 两种情况，对应的依赖测试分别称为弱-0 SIV 测试和弱-交叉 SIV 测试。一种简单和直观的方法是借助平面几何的方法来说明 SIV 测试的过程。我们现在分别讨论不同的 SIV 下标及其对应的测试方法。

1. 强 SIV 测试

当待分析的数组下标对具有形如 $<ai + c_0, aj + c_1>$ 的形式时，称其是强 SIV 下标，其中 i 和 j 为循环索引。也就是说，当下标表达式为线性表达式，并且循环索引在两个下标表达式中对应的系数为整数并相等的情况下，称为强 SIV 下标。如图 3.5 所示是强 SIV 下标的平面几何示意图，横坐标 x 表示循环索引，纵坐标 y 表示数组下标表达式。

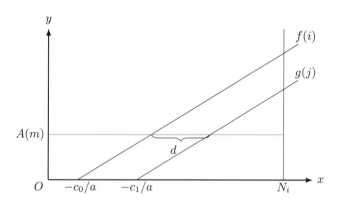

图 3.5　强 SIV 下标的平面几何示意图

不妨假设 $a > 0$。由于循环索引的系数相同，强 SIV 下标对可抽象为图 3.5 中的两条平行线。图 3.5 中带有 $A(m)$ 标志的横线与两条平行线的交点代表对应的两个下标表达式都等于 $A(m)$ 时循环索引 i 和 j 的取值。由于下标表达式对应两条平行线，两个下标表达式相等时对应循环索引的取值之差为常数，这个常数也就是依赖距离，计算公式为

$$d \equiv j - i = \frac{c_0 - c_1}{a} \tag{3-17}$$

此时，可通过对依赖距离 d 的分析来判定依赖是否存在。SIV 下标中只有一个循环索引，因此该循环索引的边界就是对应依赖方程的定义域。所以，只有当 d 为整数且

$$|d| \leqslant U - L \tag{3-18}$$

时才存在依赖。其中，U 和 L 是循环索引的上界和下界。d 必须是整数，否则 i 和 j 至少有一个不是整数；d 的绝对值也必须在 $U - L$ 限定的范围内，否则 i 和 j 最多有一个满足循环边界约束。因此，对于强 SIV 下标，快速判定是否存在依赖的方式是计算依赖距离 d，当 d 为整数且其绝对值在循环边界约束范围内时，存在依赖，依赖方向由 d 的符号确定；否则无依赖。

2. 弱 SIV 测试

与强 SIV 下标对应的是弱 SIV 下标。当待分析下标对具有形如 $<a_1 i + c_0, b_1 j + c_1>$ 的形式，称其是弱 SIV 下标，其中 i 和 j 为循环索引。也就是说，当下标表达式为线性

表达式，并且循环索引在两个下标表达式中对应的系数为整数但不相等的情况下，称为弱 SIV 下标。根据依赖方程的定义，此时的依赖方程等价于

$$a_1 i + c_0 = b_1 j + c_1 \tag{3-19}$$

如图 3.6 是弱 SIV 下标的几何示意图，横坐标 x 表示循环索引，纵坐标 y 表示数组下标表达式。在这种情况下，依赖存在的等价条件是代表 $a_1 i + c_0$ 和 $b_1 j + c_1$ 的两条直线在循环索引的边界范围内相交，并且交点处 x 的取值为整数。N_i 表示循环索引的边界范围，即如果循环索引的上界和下界分别为 U 和 L，那么 $N_i = U - L$。弱 SIV 下标又可以分为弱-0 SIV 和弱-交叉 SIV 两种情况。

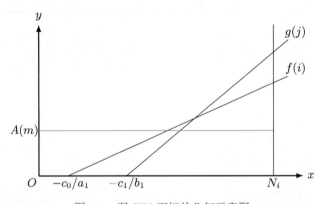

图 3.6 弱 SIV 下标的几何示意图

1）弱-0 SIV 测试

当满足弱 SIV 下标的下标对 $< a_1 i + c_0, b_1 j + c_1 >$ 中的一个下标表达式的循环索引系数为 0，即 $a_1 = 0$ 或 $b_1 = 0$ 时，称为弱-0 SIV 下标。不妨假设 $b_1 = 0$，此时对应的几何示意图如图 3.7 所示。

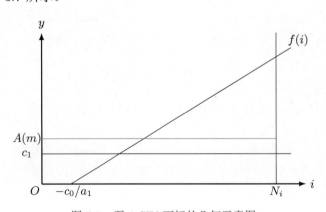

图 3.7 弱-0 SIV 下标的几何示意图

此时，依赖方程等价于

$$i = \frac{c_1 - c_0}{a_1} \tag{3-20}$$

系数为 0 的下标表达式对应的数组引用在循环迭代过程中一直访存同一个内存地址单元。此时，下标表达式对应的直线由 c_1 表示，并且与 $f(i)$ 相交于一点，该点 x 的取值由方程 (3-20) 确定。此时，判定依赖是否存在则由方程 (3-20) 的解的性质决定。如果方程 (3-20) 的解为整数，且在循环索引边界限定的范围内，那么就存在依赖，否则被分析的下标对之间就不存在依赖。

弱-0 SIV 测试遇到的情况在实际应用中往往是由循环的某一次或几次特定的迭代引起的，在实际应用中这样的迭代往往是循环的第一次或者最后一次迭代，这种情况下可借助循环剥离来消除依赖。关于循环剥离的介绍，我们将在第 4 章介绍。

2）弱-交叉 SIV 测试

当满足弱 SIV 下标的下标对 $< a_1 i + c_0, b_1 j + c_1 >$ 同时满足 $a_1 + b_1 = 0$ 时，称为弱-交叉 SIV 下标。弱-交叉 SIV 下标给依赖测试带来的便利特性在于其对称性。如图 3.8 所示，此时下标表达式对应的两条直线具有相同斜率，但方向相反，以过两条直线交点垂直于 x 轴的直线来说，两条直线互相对称。

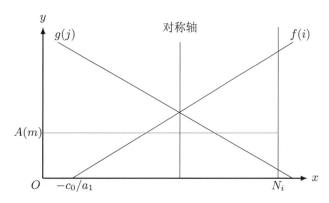

图 3.8　弱-交叉 SIV 下标的几何示意图

这种对称性导致所有满足依赖的解都以对称线为中心而互为对称。弱-交叉 SIV 下标在乔莱斯基（Cholesky）分解中比较常见，此时通过用 i 替换 j 并将 $a_1 + b_1 = 0$ 代入依赖方程可得

$$i = \frac{c_1 - c_0}{2a_1} \tag{3-21}$$

如果方程 (3-21) 的解在循环边界约束范围内，并且该解为整数或者小数部分为 0.5，那么被分析的下标对有依赖，否则无依赖。当方程的解不是整数时，小数部分必须为 0.5，这是由对称轴决定的。如果小数部分非 0.5，那么至少有一个直线与 $A(m)$ 的交点上 x 的取值非整数。弱-交叉 SIV 下标可通过循环分裂来消除。

3）更复杂的 SIV 测试

到目前为止，我们讨论的 SIV 测试都是基于一定的前提假设，这些前提假设包括循环索引边界是常数，下标表达式中的常数项在编译阶段是可以确定的常量。这样的假设是合理的，因为实际应用中的程序大多满足这些假设条件。然而，偶尔也会遇到一些更复杂的情况无法用上述几种 SIV 测试直接处理，但是可以通过一些扩展和降低分析精确度的方法给出相对满意的测试结果。

一种复杂的情况是循环的上界或者下界是外层循环索引变量的仿射函数，我们称此类循环为三角形循环或梯形循环。假设有 n 层循环嵌套的第 p 层循环为三角循环或梯形循环，并且其边界是第 $q\,(1 \leqslant q < p)$ 层的仿射函数，此时，第 p 层循环的依赖距离 d 满足:

$$|d| \leqslant F(U_p, L_p, U_q, L_q, i_q) : 1 \leqslant q < p \leqslant n \tag{3-22}$$

其中，F 为仿射函数，U_p 和 L_p 分别为 p 层循环的上界和下界，U_q 和 L_q 分别为 q 层循环的上界和下界，i_q 为第 q 层循环的索引变量。由于 F 是仿射函数，因此对于任意的 i_q，F 都是单调的，可以根据 i_q 在 F 函数内的系数符号来确定是该取 i_q 在循环约束范围内的最大值或最小值来代入不等式 (3-22) 的右边表达式，以获取仿射函数 F 的最大值。换句话说，如果 F 函数内 i_q 的系数为正数，那么可以通过用 U_q 替换 F 函数中的所有 i_q 来获取不等式 (3-22) 右边的最大值; 否则，用 L_q 替换 F 函数中的所有 i_q 来获取不等式 (3-22) 右边的最大值。

这样替换之后，不等式 (3-22) 右边将变成一个常量。如果不等式仍然成立，那说明 p 层循环上的依赖距离的绝对值满足存在依赖的条件，那么 SIV 测试就可以认为有依赖。如果不等式不满足，那说明所有的依赖距离都不在该范围内，说明被分析的下标对不存在依赖。值得注意的是，因为上述不等式是通过替换 i_q 的最大值来判定依赖的，所以即便在替换之后不等式仍然成立，也有可能有部分 i_p 的依赖距离不满足该不等式，说明这种依赖关系不是在循环的所有迭代之间都成立的。这种现象是由保守测试导致的。

另一种复杂的 SIV 下标情况是符号常量。所谓符号常量是编译阶段无法确定其具体值，但在循环迭代过程中保持不变的符号项。此时，依赖方程可改写成

$$a_1 i - b_1 j = c_1 - c_0 \tag{3-23}$$

的形式，其中 c_0 和 c_1 是符号常量。同样地，方程左端关于变量 i 和 j 是单调的，可以通过判定方程 (3-23) 左端表达式所能取得的最大值和最小值来判定依赖是否存在。当方程 (3-23) 右端符号常量的差不在这最大值和最小值构成的区间范围内时，表示依赖不存在; 否则存在依赖。

3.3.4　GCD 测试

当 $n > 1$ 时，数组下标为 MIV 下标，对应的依赖测试也称为 MIV 测试。面向 MIV 下标的依赖测试有很多种，最简单的一种方法是最大公约数（Greatest Common Divisor，GCD）测试。GCD 测试是利用求解线性丢番图方程中的一个基本定理来判定依赖关系的方法。将方程 (3-16) 进行重新排列，得到

$$a_1 i_1 - b_1 j_1 + a_2 i_2 - b_2 j_2 + \cdots + a_n i_n - b_n j_n = c_1 - c_0 \tag{3-24}$$

GCD 测试就是通过下面的定理判定依赖的。

> **定理 3.2　最大公约数定理**
>
> 方程 (3-24) 有一个解，当且仅当 $\gcd(a_1, \cdots, a_n, b_1, \cdots, b_n)$ 整除 $c_1 - c_0$[①]。 ♡

也就是说，如果所有循环索引变量系数的最大公约数不能整除方程 (3-24) 右边的项，那么该方程就肯定无解，即被分析的数组引用对之间没有依赖；否则，GCD 测试就认为方程 (3-24) 有一个整数解。但 GCD 测试依据的最大公约数定理给出的结论是方程 (3-24) 在整个整数空间上有整数解，这意味着这些整数解可能不在方程 (3-24) 的定义域内。我们在前面提到，对于复杂的 MIV 测试，依赖测试在许多情况下都是通过放宽约束 (3-11) 中的一种约束来判定是否有满足目标问题的整数解。GCD 没有考虑约束 (3-11) 中的边界约束，因此当 GCD 测试判定的结果表明依赖方程有整数解的时候，该整数解不一定是在循环索引所约束的范围内。

3.3.5　Banerjee 测试

虽然 GCD 测试在一些情况能够发挥作用，但是无法作为一个通用的依赖测试技术，因为在大多数情况下依赖方程所有循环变量系数的最大公约数为 1，而 1 能整除任何整数。另外，GCD 测试也无法保证满足依赖方程的整数解是在循环索引的边界范围内。这意味着，在绝大多数情况下，GCD 测试都会给出一个被分析的数组引用对有依赖的结果，这显然不是一个优化编译器想要的结果。

Banerjee 测试[8] 是由 Utpal Banerjee 提出、并以他名字命名的一种利用中值定理来判断依赖是否存在的依赖测试方法，其主要思想是先根据循环索引的边界计算方程 (3-16) 左端可能取到的极大值和极小值，这样构造出方程左端表达式的一个取值区间，如果方程右端的常数项之差在该取值区间内，那么 Banerjee 测试就认为依赖方程 (3-16) 有解，即被分析的数组下标对之间有依赖；否则无依赖。

对于给定的一个依赖方向向量 $\boldsymbol{D} = (D_1, \cdots, D_n)$，Banerjee 测试判定依赖依据的方法如下。

> **定理 3.3　Banerjee 测试的中值定理**
>
> 方程 (3-24) 对方向向量 $\boldsymbol{D} = (D_1, \cdots, D_n)$ 存在一个实数解，当且仅当
>
> $$\sum_{k=1}^{n} H_k^-(D_k) \leqslant c_1 - c_0 \leqslant \sum_{k=1}^{n} H_k^+(D_k)^{②}$$
>
> ♡

其中，$H_k^{\pm}$ 是根据方向向量分量 D_k 求得的方程 (3-24) 的左部的极值，每个 D_k 可以是"$>$""$<$""$=$"或"$*$"，其中"$*$"代表该方向向量的分量方向未知。

由于方向向量中允许"$*$"分量的存在，因此当方向向量的所有分量都为"$*$"时，

---

① 关于最大公约数定理的证明可参考裴蜀定理[86]。

② 证明见参考文献 [8]。

Banerjee 测试就等价于没有方向向量未知的情况。为了便于理解 Banerjee 测试的思想，我们介绍几个相关的定义。

定义 3.15　实数的正部和负部

设 a 是一个实数，称 a^+ 是 a 的正部，a^- 是 a 的负部，如果

$$a^+ = \begin{cases} a, & \text{当 } a \geqslant 0 \text{时} \\ 0, & \text{当 } a < 0 \text{时} \end{cases}, \quad a^- = \begin{cases} 0, & \text{当 } a \geqslant 0 \text{时} \\ -a, & \text{当 } a < 0 \text{时} \end{cases} \tag{3-25}$$

a^+ 和 a^- 都是正数，并且满足

$$a = a^+ - a^- \tag{3-26} \clubsuit$$

有了正部和负部的定义，我们可以定义 $H_k^{\pm}$ 的值。

定义 3.16　$H_k^{\pm}$ 的值

$H_k^{\pm}$ 的值由

$$H_k^-(<) = -(a_k^- + b_k)^+ \times (U_k - 1) + [(a_k^- + b_k)^- + a_k^+] \times L_k - b_k$$
$$H_k^+(<) = (a_k^+ - b_k)^+ \times (U_k - 1) - [(a_k^+ - b_k)^- + a_k^-] \times L_k - b_k$$
$$H_k^-(=) = -(a_k - b_k)^- \times U_k + (a_k - b_k)^+ \times L_k$$
$$H_k^+(=) = (a_k - b_k)^+ \times U_k - (a_k - b_k)^+ \times L_k$$
$$H_k^-(>) = -(a_k - b_k^+)^- \times (U_k - 1) + [(a_k - b_k^+)^+ + b_k^-] \times L_k + a_k$$
$$H_k^+(>) = (a_k + b_k^-)^+ \times (U_k - 1) - [(a_k + b_k^-)^- + b_k^+] \times L_k + a_k$$
$$H_k^-(*) = -a_k^- \times U_k^x + a_k^+ \times L_k^x - b_k^+ \times U_k^y + b_k^- \times L_k^y$$
$$H_k^+(*) = a_k^+ \times U_k^x - a_k^- \times L_k^x + b_k^- \times U_k^y - b_k^+ \times L_k^y$$

定义。 $\clubsuit$

其中，U_k^x, L_k^x, U_k^y 和 L_k^y 和表示当产生依赖的源点和汇点不在同一个循环嵌套内时，依赖源点和汇点各自循环的边界。与 GCD 测试不同，Banerjee 测试考虑了依赖方程循环索引变量的边界约束，但对依赖的判定结果为是否存在实数解，这说明 Banerjee 测试没有考虑约束式 (3-11) 对依赖方程解的整数约束。所以，当 Banerjee 测试判定的结果表明依赖方程有解的时候，原依赖方程仍然可能是没有整数解的，但在实际应用中 Banerjee 测试比 GCD 测试更实用。

3.3.6　I 测试

GCD 测试和 Banerjee 测试都通过放宽式 (3-11) 的部分约束来判定依赖方程是否有解，前者没有考虑依赖方程定义域的边界约束，后者没有考虑整数约束，所以这两种测试都属于保守的依赖测试技术。即便如此，GCD 测试和 Banerjee 测试为依赖测试后

续的研究奠定了重要的基础。Kong 提出了一种基于区间方程的依赖测试技术，称为 I 测试[45]，其主要思想是将方程 (3-24) 抽象成形如

$$a_1 I_1 + a_2 I_2 + \cdots + a_s I_s = [L, U] \tag{3-27}$$

的区间方程，并假设方程共有 $s\,(s = 2n)$ 个变量，所有变量的系数均为 $a_k\,(1 \leqslant k \leqslant s)$。区间方程 (3-27) 是指由下列一般线性方程

$$
\begin{aligned}
&a_1 I_1 + a_2 I_2 + \cdots + a_s I_s = L \\
&a_1 I_1 + a_2 I_2 + \cdots + a_s I_s = L + 1 \\
&\vdots \\
&a_1 I_1 + a_2 I_2 + \cdots + a_s I_s = U
\end{aligned}
\tag{3-28}
$$

所组成的集合，该表示方式起源于区间分析或区间数学。区间分析或区间数学是为了解决数值计算中计算误差较大而提出的一种区间运算理论，也被用于求解线性方程、非线性规划和微分方程的问题。

为了解释 I 测试判定依赖的过程，我们先给出整数可解的定义。

定义 3.17　整数可解

设 $a_k\,(1 \leqslant k \leqslant s)$ 为整数，对于所有的 a_k，M_k 和 N_k 只能是整数或符号 "*"，并且当 M_k 和 N_k 同时为整数时满足 $M_k \leqslant N_k$。当 $s > 1$ 时，对于方程

$$a_1 I_1 + a_2 I_2 + \cdots + a_s I_s = c_0 \tag{3-29}$$

(1) 当 M_k 和 N_k 同时为整数时，$M_k \leqslant j_k \leqslant N_k$；

(2) 当 M_k 为整数，N_k 为 "*" 时，$M_k \leqslant j_k$；

(3) 当 M_k 为整数，N_k 为 "*" 时，$j_k \leqslant N_k$；

那么方程 (3-29) 称为 $(M_1, N_1; M_2, N_2; \cdots; M_s, N_s)$-整数可解的。其中，符号 "*" 表示未知边界。当 $s = 1$ 时，方程 (3-29) 转换为

$$0 = a_1 \tag{3-30}$$

那么当 $a_1 = 0$ 时，称方程 (3-29) 是整数可解的。　　♣

根据整数可解的定义，I 测试提出了两个基本定理，分别如下。

定理 3.4　I 测试第一定理

令 $d = \gcd(a_1, \cdots, a_s)$，那么方程 (3-27) 是 $(M_1, N_1; M_2, N_2; \cdots; M_s, N_s)$-整数可解的，当且仅当 $(a_1/d)I_1 + (a_2/d)I_2 + \cdots + (a_s/d)I_s = [\lceil L/d \rceil, \lfloor U/d \rfloor]$ 是 $(M_1, N_1; M_2, N_2; \cdots; M_s, N_s)$-整数可解的，假设 M_k 和 N_k 只能是整数或符号 "*"，且两者都为整数时 $M_k \leqslant N_k (1 \leqslant k \leqslant s)$。　　♡

> **定理 3.5　I 测试第二定理**
>
> 　　如果 $|a_s| \leqslant U - L + 1$，那么方程 (3-27) 是 $(M_1, N_1; M_2, N_2; \cdots; M_s, N_s)$-整数可解的，当且仅当区间方程 $a_1 I_1 + a_2 I_2 + \cdots + a_{s-1} I_{s-1} = [L - a_s^+ N_s + a_s^- M_s, U - a_s^+ M_s + a_s^- N_s]$ 是 $(M_1, N_1; M_2, N_2; \cdots; M_{s-1}, N_{s-1})$-整数可解的。　　　　　♡

　　这两个定理的证明参见参考文献 [45]。

　　I 测试第一定理用于简化方程 (3-24)，第二定理则用于对方程进行消元。I 测试判定依赖的过程就是反复利用上述两个定理，并结合 GCD 测试和 Banerjee 测试来给出依赖是否存在的结果。如果 $|a_s| > 1$，则先用 I 测试第一定理对方程 (3-27) 进行简化，然后反复利用 I 测试第二定理对新生成的方程进行变量消元，直至左边只有一个变量再根据循环边界和 GCD 测试进行判断。其中，在反复运用 I 测试第二定理消元后，如果可以用 Banerjee 不等式判定为无依赖，则直接返回结果，因为 Banerjee 测试返回的无依赖是可靠的。在使用 I 测试第二定理对方程 (3-24) 进行未知变量消元时，Banerjee 不等式的使用会计算出方程新的区间。

　　不难看出，I 测试力求测试结果的精确性，在每次消元和简化的时候都使用的是 Banerjee 测试和 GCD 测试可靠的结果。只有当利用这两个定理将方程 (3-24) 左边的未知变量减少到只有一个循环索引变量时，I 测试才直接使用 GCD 测试来给出结果。也就是说，只有在最后的步骤，可能存在保守结果的可能。所以从精确性角度而言，I 测试优于 GCD 测试和 Banerjee 测试。

3.4　耦合下标依赖测试

　　对于 ZIV 和 SIV 下标，由于一个数组引用中最多只出现一个循环索引变量，因此不涉及耦合下标的情况。当待测数组下标表达式中包含两个及以上的循环索引变量时，数组下标变成 MIV 下标，有可能会涉及耦合下标的情形。从求解线性方程组的角度考虑，如果被测多维数组的每个维度上的下标都是独立的，那么构成方程组 (3-10) 的所有方程线性无关，方程组无解当且仅当这 m 个方程各自独立求解时无解；如果被测多维数组的下标中包含耦合下标，那么构成方程组 (3-10) 的方程可能线性相关，那么此时方程组无解只是 m 个方程全部无解的必要条件。

　　因此，面向独立下标的依赖测试只需要逐个考虑方程就能够确定整个依赖方程组是否有解。事实上，面向独立下标的依赖测试也可以用于分析耦合下标的依赖关系，因为对于耦合下标而言，方程组 (3-10) 无解只是 m 个方程全部无解的必要条件。也就是说，对方程组中的每个依赖方程依次求解，当有一个方程无解时，就说明整个方程组无解。但 m 个方程都有解时，方程组未必一定有解。所以，如果将面向独立下标的依赖测试用于分析耦合下标的情况，测试结果将比较保守。

　　一种提升独立下标依赖测试应用于耦合下标时保守性的方法是在每个依赖方程独立

求解后，对 m 个方程的方向向量执行求交运算，当任意两个方程在同一个方向向量分量的符号不同时，可判断为无解，从而确定整个方程组无依赖。除此之外，还有一些专门针对耦合下标的依赖测试方法。下面我们介绍这些依赖测试方法。

3.4.1　扩展的 GCD 测试

早期的耦合下标依赖测试主要是基于 GCD 测试和 Banerjee 测试的中值定理进行扩展来解决耦合下标情况。传统的 GCD 测试只能针对独立下标进行测试，因此 Knuth 对传统 GCD 测试算法进行了扩展，我们称之为扩展的 GCD 测试[43]。扩展的 GCD 测试首先将方程组 (3-10) 的所有系数表示在一个整数矩阵内，然后用该整数矩阵的初等变换来进行耦合下标的依赖测试。

假设存在一个 $2n \times m$ 的矩阵 $\boldsymbol{A}$ 是方程组 (3-10) 的系数。如果方程组 (3-10) 中存在线性相关的方程，那么利用矩阵 $\boldsymbol{A}$ 的初等变换就可以发现这些方程并及时消除其中冗余的方程。在消除冗余的线性相关方程后，扩展的 GCD 测试试图寻找这样一个满足方程组 (3-10) 的整数解 $\boldsymbol{x}$，使得

$$\boldsymbol{A}\boldsymbol{x} = \boldsymbol{c} \tag{3-31}$$

成立。其中，$\boldsymbol{c}$ 是一个 m 维常数向量。

扩展的 GCD 测试判定依赖的过程可总结如下。首先，将矩阵 $\boldsymbol{A}$ 复制到一个 $2n \times m$ 的矩阵 $\boldsymbol{D}$ 中，并创建一个 $2n \times 2n$ 的单位矩阵 $\boldsymbol{U}$。然后，将 $\boldsymbol{D}$ 和 $\boldsymbol{U}$ 存放在一个 $2n \times (2n + m)$ 矩阵 $(\boldsymbol{U}|\boldsymbol{D})$ 中，通过对该矩阵的行进行一系列的初等变换后，矩阵 $\boldsymbol{D}$ 会退化成一个上三角矩阵，也就是说，经过这样的初等变换之后，矩阵 $\boldsymbol{D}$ 的第 k 列上，第 $k+1$ 至 $2n$ 行 $(1 \leqslant k \leqslant 2n)$ 元素将全部变成 0。

如果变换之后，矩阵 $\boldsymbol{D}$ 的某个对角元素不为零，那么该对角元素所在的列必定是由之前那些列的线性组合获得的，因此在执行后续的矩阵初等变换时就不需要再考虑这一列。反复执行这样的初等变换直至使单位矩阵 $\boldsymbol{U}$ 满足方程 $\boldsymbol{U}\boldsymbol{A} = \boldsymbol{D}$，此时矩阵 $\boldsymbol{U}$ 就变成一个幺模矩阵，即矩阵行列式的绝对值为 1。最终，如果存在这样一个整数解 $\boldsymbol{t}$ 满足 $\boldsymbol{t}\boldsymbol{D} = \boldsymbol{c}$，那么 $\boldsymbol{x} = \boldsymbol{t}\boldsymbol{U}$ 就是方程 (3-31) 的一个解。

扩展的 GCD 测试是将传统的 GCD 测试进行扩展，使其能够处理耦合下标的情况，但并没有改变 GCD 测试不考虑边界约束的特征。Power 测试[78] 也是一种基于扩展的 GCD 测试的算法，但是与扩展的 GCD 测试相比，Power 测试考虑了边界约束。Power 测试是一种结合了扩展的 GCD 测试和 Fourier-Motzkin 消去法的依赖测试技术，它首先将被分析数组引用对的下标用扩展的 GCD 测试进行分析，如果扩展 GCD 测试不能证明方程组 (3-10) 无解，那么 Power 测试将试图给出满足该方程组的整数解，并对该整数解进行表示，然后再考虑该整数解是否在依赖方程组的定义域内。

由于在扩展的 GCD 测试中，经过简单的初等变换之后，矩阵 $\boldsymbol{D}$ 会退化成一个上三角矩阵形式，第 1 至 m 行含有非零元素，因此用扩展的 GCD 测试可以解出整数解 $\boldsymbol{t}$ 中前 m 个元素，那么剩下的 $2n - m$ 个变量 $t_{m+1}, \cdots, t_{2n}$ 就变成无约束变元。当

Power 测试试图用依赖距离来描述依赖关系时，如果只有 t_1 至 t_m 的系数非 0，那么说明依赖距离是常量，此时 Power 测试退化成扩展的 GCD 测试，且判定结果无依赖当且仅当扩展的 GCD 测试认为该方程组无整数解。如果存在 $v > m$ 并且 t_v 的系数非 0，而 t_v 是无约束变元，那么说明依赖距离非常量，此时 Power 测试再调用 Fourier-Motzkin 消去法，消去第 m 至 $2n - 1$ 行的元素。

3.4.2 λ 测试

λ 测试[51] 也是一种面向耦合下标的依赖测试，可以看作 Banerjee 测试的一种扩展。假设方程组 (3-10) 共有 $s = 2n$ 个未知数，λ 测试首先将该依赖方程组改写成如下的形式：

$$
\begin{cases}
a_1^{(1)}v^{(1)} + a_1^{(2)}v^{(2)} + \cdots + a_1^{(s)}v^{(s)} + c_1 = 0 \\
a_2^{(1)}v^{(1)} + a_2^{(2)}v^{(2)} + \cdots + a_2^{(s)}v^{(s)} + c_2 = 0 \\
\vdots \\
a_m^{(1)}v^{(1)} + a_m^{(2)}v^{(2)} + \cdots + a_m^{(s)}v^{(s)} + c_m = 0
\end{cases}
\tag{3-32}
$$

那么方程组 (3-32) 是否有解，等价于判定方程

$$
\sum_{i=1}^{m} \lambda_i \boldsymbol{a_i} \boldsymbol{v} + \sum_{i=1}^{m} \lambda_i c_i = 0
\tag{3-33}
$$

是否有解。其中，$\lambda_i \ (1 \leqslant i \leqslant m)$ 是引入的参数，$\boldsymbol{a_i} = (a_i^{(1)}, a_i^{(2)}, \cdots, a_i^{(s)}) \ (1 \leqslant i \leqslant m)$，$\boldsymbol{v} = (v^{(1)}, v^{(2)}, \cdots, v^{(s)})$。

为了更直观地理解 λ 测试的求解过程，我们用图 3.9 来给出一个直观的示意图。如图 3.9 所示是 λ 测试的几何空间表示形式，其中 V 表示依赖方程组的边界条件构成的约束空间，平面 p_1 和 p_2 表示构成依赖方程组中的两个方程，S 代表满足依赖方程组 (3-32) 的所有实数解构成的集合。当 S 与 V 不相交或 S 不包含在 V 内时，说明两个平面 p_1 和 p_2 的交集不在依赖方程组的定义域内，也就说明了原依赖方程组无界，依赖不存在。此时，一定能够找到一个通过 S 的平面 p_3 使得 S 在该平面上并且 p_3 与 V 不相交。所以，λ 测试就是在寻找一个满足平面 p_3 的方程，该方程通过引入变量 λ 来构造方程 (3-33)。

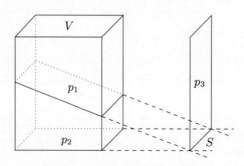

图 3.9 λ 测试的几何空间表示

方程 (3-33) 通过引入新的未知参数 λ 来构造多个依赖方程之间的线性组合，这些新引入的参数可以通过一些标准化方法[51] 来消除，从而将方程 (3-33) 转化为一个可以利用 Banerjee 测试的依赖方程，然后再利用 Banerjee 测试给出结果即可。一种可能发生的情况是引入的 λ 参数是无法消除的，这种情况大多在 $m > 2$ 时发生。所以，λ 测试只有在所有引入的 λ 参数能被消除时才可以对耦合下标进行测试，给出依赖是否存在的结果，否则将保守地返回有依赖的结果。

3.4.3　Delta 测试

前面我们提到，解决耦合下标依赖测试的一种有效手段是依次对方程组 (3-10) 的每个方程进行求解，当 m 个方程都有解时，可以通过对 m 个方程的方向向量执行求交运算。如果任意两个方程在同一个方向向量分量的符号不同时，可判断为无解，从而确定整个方程组无依赖。Delta 测试[57] 就是这样一种依赖测试。

实际上，在大多数情况下依赖测试主要面临的还是 SIV 下标，而 SIV 测试都是快速和精确的，Delta 测试的主要思想就是在不丢失这些精确度的前提下，将 SIV 下标中得到的约束传播给相互耦合的下标。之所以称该测试为 Delta 测试，是因为在算法实现中使用 δi 来表示 i 循环依赖源点和汇点之间的距离。因此，假设产生依赖时依赖源点上的循环迭代取值为 I，那么依赖汇点上的循环迭代取值为 $I + \delta i$。例如，对于如下所示代码：

```
for (i = 1; i <= M; i += 1)
  for (j = 1; i <= N; j += 1)
    A[i + 1][i + j] = A[i][i + j - 1] + c;  /* S1 */
```

由于数组的第一个维度上的下标是 SIV 下标，因此可以采用 SIV 测试，并通过计算依赖距离可知该维度上的依赖距离向量分量为 1，也就是说 $\delta i = 1$。对于数组的第二维下标，在数组下标表达式相同的情况下，我们应该能够得到下面的等式：

$$i + j = i + \delta i + j + \delta j - 1$$

将 $\delta i = 1$ 代入上式，可得

$$i + j = i + 1 + j + \delta j - 1$$

从而可知 $\delta j = 0$。也就是说，只有 (1,0) 这样的距离向量或 (<,=) 这样的方向向量是合法的。

对于 Delta 测试而言，这种传播某个下标维度上依赖距离向量或方向向量的结果是对另外一维耦合下标表达式的一种简化，其结果是产生一个精确的距离向量或方向向量所有分量的集合。接下来介绍 Delta 测试的主要步骤。首先，如果产生耦合关系的两个不同下标维度中存在 SIV 下标，那么就用 SIV 测试分析这些下标的依赖距离向量。如果该下标维度上不存在依赖的话，那么 Delta 测试就可以立即返回无依赖的结果；否则，

计算出所有 SIV 下标维度上的依赖距离向量和方向向量，并将它们传播到所有相关的下标维度中，并计算相应的等式。重复此过程直到找不到新的依赖距离向量或方向向量，然后将这些约束传播到耦合的、受限的双索引变量（RDIV，Restricted Double Index Variable，该耦合下标拥有 $< a_1 i_1 + c_0, b_1 i_1 + c_1 >$ 的形式）下标中。计算剩余的数组下标维度上的依赖距离向量或方向向量，并将其与已计算出的 SIV 下标的向量分量进行求交操作，如果交集为空，则 Delta 测试返回无依赖，否则返回适当的距离向量或方向向量。

实际上，Delta 测试只是 λ 测试的一种特殊情况，可以将 Delta 测试看作 λ 测试在方程组 (3-10) 为 $m = 2$ 时的特殊情况。

3.4.4　Omega 测试

上述几种耦合下标的依赖测试没有消除 GCD 测试和 Banerjee 测试不考虑边界约束或整数约束的缺点，但 Omega 测试[58] 则不同，这种测试方法是在不损失任何依赖方程组约束条件的前提下对依赖关系进行判定的。Omega 测试的主要思想是将方程组 (3-10) 的所有等式和线性约束式 (3-11) 中的所有不等式约束都看作对变量的约束，如果能够用简单的方法在使用 Omega 测试之前确定约束式 (3-12) 或式 (3-13)，那么就将该约束也纳入考虑范围。下面我们来具体介绍 Omega 测试。

Omega 测试的第一个目的就是消除所有的等式，使其转变成不等式约束。对于任意一个形如

$$\sum_{1 \leqslant k \leqslant 2n} a_k i_k + c_0 = 0$$

的等式，Omega 测试首先寻找该等式中是否存在满足 $|a_j| = 1$ $(1 \leqslant j \leqslant 2n)$。如果存在这样的 j，那么先求解出 i_j 对应的表达式并将其代入其他所有的等式约束，从而消除 i_j 在所有依赖方程中的出现。如果不存在这样的 j，那么就令 a_l 是所有 a_k $(1 \leqslant k \leqslant 2n)$ 中绝对值最小的那个系数，并设 $p = |a_l| + 1$。定义运算符号 $\widehat{\mathrm{mod}}$ 为

$$a \widehat{\mathrm{mod}} b = a - b \left\lceil \frac{a}{b} + \frac{1}{2} \right\rceil \tag{3-34}$$

然后再定义一个新的变量 σ 使得

$$p\sigma = \sum_{k \in V} (a_k \widehat{\mathrm{mod}} p) i_k \tag{3-35}$$

这里我们用 V 代表所有 k 的集合。根据运算符 $\widehat{\mathrm{mod}}$ 的定义，我们有

$$a_l \widehat{\mathrm{mod}} p = -\mathrm{sign}(a_l) \tag{3-36}$$

将其代入变量 σ 的等式之后可产生

$$i_l = -\mathrm{sign}(a_l) p\sigma + \sum_{k \in V - \{l\}} \mathrm{sign}(a_l)(a_k \widehat{\mathrm{mod}} p) i_k \tag{3-37}$$

将上述 i_l 的表达式代入其他等式约束，得到

$$-|a_l|p\sigma + \sum_{k \in V-\{l\}} (a_k + |a_l|(a_k \widehat{\bmod} p))i_k = 0 \tag{3-38}$$

由于 $|a_l| = p-1$，所以有

$$-|a_l|p\sigma + \sum_{k \in V-\{l\}} ((a_k - (a_k \widehat{\bmod} p)) + p(a_k \widehat{\bmod} p))i_k = 0 \tag{3-39}$$

此时，所有的系数都可以被 p 整除，用 p 整除所有系数之后可得

$$-|a_l|\sigma + \sum_{k \in V-\{l\}} \left(\left\lfloor \frac{a_k}{p} + \frac{1}{2} \right\rfloor + (a_k \widehat{\bmod} p) \right)i_k = 0 \tag{3-40}$$

变量 σ 系数的绝对值与 i_l 系数的绝对值相同，而所有其他变量的系数都相应地减少，最大程度上可减少 $1/3$。重复上述规则直至某个变量的系数变成 1 之后，再将该变量从等式约束中进行消除。

消除了所有的等式约束之后，第二个步骤是在不等式约束下判断是否存在满足这些不等式约束的整数解。Omega 测试在求解不等式约束的整数解时，使用 Fourier-Motzkin 消去法消除冗余的变量，并用剩余的变量构建一个多维空间上的多面体，利用多面体与投影之间的关系来判定整数解是否存在。在利用这种多面体及其投影之间的关系之前，Omega 测试会做一些预处理判定，如两个不等式是否互相矛盾，如果是，那么 Omega 测试就判定构成依赖方程组的约束之间存在互斥的约束条件，被分析的依赖下标对之间不可能存在依赖。又例如，是否存在冗余的不等式，即这些不等式是不是可以被安全地消除，如果存在，那么消除这些冗余不等式。

在这些预处理判定结束之后，Omega 测试进入 Fourier-Motzkin 消去法阶段。直观上来讲，如果将所有不等式约束构成的集合抽象成一个 N 维空间上的多面体，Fourier-Motzkin 消去法的过程就是求得其 $N-1$ 维空间上的投影。如果 $N-1$ 维空间上的投影内没有整数解，那么对应的多面体上也肯定不会有整数解。通过 Fourier-Motzkin 消去法计算得到的是该多面体在 $N-1$ 维空间上的投影，我们称该投影为此多面体在 $N-1$ 维空间上的全投影区。如图 3.10(a) 所示是 Omega 测试在三维立体空间上构建的一个多面体及其投影示意图，其中灰色多面体是使用 Fourier-Motzkin 消去法之后得到的不等式约束构成的区间。假设该多面体是一个半透明的物体，我们可以从多面体的上端向下照射光线，由图 3.10(a) 中的红色箭头表示，那么该多面体将会在下面 (x, y) 二维空间上产生投影，图中浅蓝色投影为该多面体的全投影区。

考虑到该多面体是半透明的物体，通过光照之后在下面的平面上将产生颜色深浅不一致的投影区，多面体越厚，对应的投影区颜色就越深。仍考虑图 3.10 (a)，我们可以定义一个深投影区，令其对应的多面体的厚度至少为 z 轴方向上一个单位长度，如图 3.10 (a) 中深蓝色的投影所示。

对于由多个不等式约束构成的区间，我们只关心该多面体内的整数点。如果我们把该多面体打开，如图 3.10 (b) 所示绿色的点表示在立体空间多面体内的整数点，黄色的

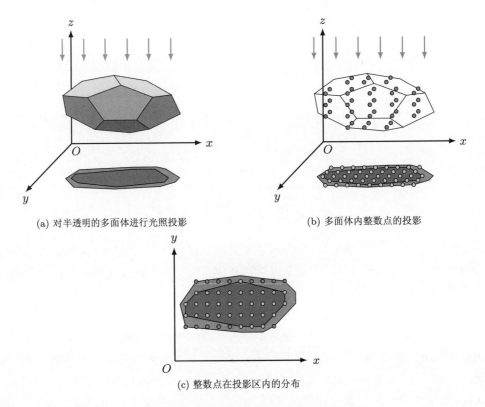

(a) 对半透明的多面体进行光照投影   (b) 多面体内整数点的投影

(c) 整数点在投影区内的分布

图 3.10　Omega 测试的几何空间示意图

点表示 (x,y) 二维平面上的整数点，这些黄色的点代表绿色的点在光照下的投影，它们将分布在原多面体投影的深投影区和全投影区内。

更进一步地，让我们将目光专注在 (x,y) 二维平面上，如图 3.10 (c) 所示，我们仍然用黄色的点代表那些在深投影区内的点，用红色的点表示那些在深投影区外、全投影区内的点。显然，只要深投影区内有黄色的点，那么其对应的多面体区域就一定有整数点，也就是说整个多面体内肯定包含整数点，被分析的数组下标对也肯定有依赖。另一方面，如果全投影区内既没有红色的点也没有黄色的点，那么对应的多面体内也没有整数点，被分析的数组下标对也没有依赖。

更具体地，Omega 测试的过程如下：

(1) 如果全投影区和深投影区完全重合，那么依赖方程组的线性约束构成的多面体内有满足依赖条件的整数解，即方程组 (3-10) 有依赖的前提条件是投影区内有满足相应条件的整数解。

(2) 如果全投影区和深投影区不重合，那么当全投影区无满足条件的整数点时，多面体中也不存在整数点，即不存在依赖；当只有在深投影区内有整数点但全投影区其他区域没有整数点时，多面体中存在整数点，即存在依赖；当深投影区内无整数点、但全投影区中深投影区以外的投影区内有满足条件的整数点时，则使用遍历法来判定是否存在满足约束条件的整数解。

深投影区内没有整数点、但全投影区中深投影区以外的投影区内有整数点的情况,对 Omega 测试来说是最糟糕的情况, 好在实际应用中很少出现这种情况。

Omega 测试是一种精确的依赖测试, 算法的时间复杂度为指数时间, 然而在实际应用中往往在多项式时间内就给出结果, 这是因为大部分的实际问题中等式约束和不等式约束的情况要简单得多。

3.5　特殊的依赖测试

到目前为止, 我们已经介绍了针对各种不同类型数组下标的依赖测试方法, 这些依赖测试方法无论是在商用或学术优化编译器中都有广泛的应用, 为优化编译器实现并行性和局部性的优化提供了强有力的理论支撑。下面我们介绍两种特殊的依赖测试方法。

3.5.1　D 测试

前面介绍的几种依赖测试方法以开发循环不同迭代之间的并行性为目的, 是识别不同循环迭代之间是否存在数据依赖的通用方法, 它们并不考虑具体实现并行的方式。D 测试[21] 是一种面向向量化设计和实现的依赖测试算法。与通用的依赖测试相比, D 测试在分析依赖关系时考虑了向量寄存器的位宽, 在通用的依赖测试方法判定一组数组下标对之间有依赖时, 计算出其依赖距离, 如果依赖距离大于向量寄存器的位宽, 那么就认为这组数组下标对之间没有依赖, 从而增加优化编译器对程序实施面向向量化变换的机会。

更具体地, 我们可以假设向量寄存器的位宽为 VL。当一种通用的依赖测试方法判定依赖方程组无整数解时, 显然, 被分析的数组下标对所在的两个循环迭代是可以并行执行的, 优化编译器当然也可以实施面向向量化的变换。否则, 通用的依赖测试方法就会返回被分析的数组下标对所在的循环迭代之间有依赖的结果, 此时, 依靠通用依赖测试方法的优化编译器就无法实施面向向量化的变换。D 测试在通用依赖测试判定有依赖的基础上, 继续比较产生依赖的整数解与向量寄存器位宽 VL 的关系。

由于向量化通常要求执行向量操作的指令访问连续的内存地址单元, 因此一般向量化主要考虑的是内层循环的向量化。对于方程 (3-16), 最内层循环迭代的依赖距离可以表示为

$$b_n j_n - a_n i_n = c_0 - c_1 + a_1 i_1 - b_1 j_1 + \cdots + a_{n-1} i_{n-1} - b_{n-1} j_{n-2} \tag{3-41}$$

当依赖在最内层循环上得到满足时, 外面的 $n-1$ 层循环索引变量可以看作最内层循环的参数。也就是说, 方程 (3-41) 的右端可以看作一个符号常量, 并且

$$i_k = j_k \ (1 \leqslant k \leqslant n-1) \tag{3-42}$$

成立。这是因为依赖在最内层上得到满足时，外面 $n-1$ 层循环迭代之间的依赖距离都应该是 0，否则依赖就不可能在最内层循环上得到满足。假设 $\zeta(\boldsymbol{i}) = a_1 i_1 - b_1 j_1 + \cdots + a_{n-1} i_{n-1} - b_{n-1} j_{n-1}$，那么方程 (3-41) 可以表示为

$$b_n j_n - a_n i_n = c_0 - c_1 + \zeta(\boldsymbol{i}) \tag{3-43}$$

并假设最内层循环产生依赖的两次迭代之间的依赖距离为 d，当

$$d = j_n - i_n \geqslant VL \tag{3-44}$$

时，可认为没有依赖。因此，可以通过分析 $b_n j_n - a_n i_n$ 可能的取值范围，并将式 (3-44) 代入方程 (3-43) 分析带有向量寄存器位宽约束的依赖方程是否有整数解。如果有，那么就代表最内层循环的迭代之间无法实现面向向量化的变换。

3.5.2 Range 依赖测试

前面的几种依赖测试方法都基于一种假设，即循环边界和数组下标是循环索引的仿射函数。这使得这些依赖测试方法无法分析含有符号常量或者更复杂的非线性表达式的数组下标。Range 测试[12] 是一种用于分析带有符号常量或者非线性下标的依赖测试方法。以如下所示代码为例：

```
1    for (i1 = L1; i1 <= U1; i1 += r1)
2      for (i2 = L2; i2 <= U2; i2 += r2)
3        for (in = Ln; in <= Un; in += rn){
4          A [h1 (i1, i2, ···, in), ···, hm (i1, i2, ···, in)] = ··· /* S1 */
5          ··· = A [g1 (i1, ···, in), ···, gm (i1, ···, in)] /* S2 */
6        }
7      }
8    }
```

其中，循环迭代的步长为 $r_k (1 \leqslant k \leqslant n)$，可以是 i_k 循环上循环无关变量和循环索引 $i_l (1 \leqslant l < k)$ 的任意符号表达式，并假设 $r_k > 0$。定义循环索引子空间 $R_j (1 \leqslant j \leqslant n)$ 是最外层的 j 个循环迭代向量 $(i_1, i_2, \cdots, i_j)$ 构成的区间，那么

$$\begin{aligned} R_j = \{ & (i_1, i_2, \cdots, i_j) : L_1 \leqslant i_1 \leqslant U_1, L_2 \leqslant i_2 \leqslant U_2, \cdots, L_j \leqslant i_j \leqslant U_j, \\ & (i_1 - L_1)\% r_1 = 0, (i_2 - L_2)\% r_2 = 0, \cdots, (i_j - L_j)\% r_j = 0 \} \end{aligned} \tag{3-45}$$

其中，取模约束条件保证循环索引 i_k 只取其相对于初始化时步长的某个倍数，这种情况下，依赖方程的约束空间就是 R_n。

Range 测试判定依赖的过程基于下面的思想：假设某个循环的某一次迭代 i 访存的数组区间是 range(i)，如果 range(i) 与下一个迭代 $i+1$ 的区间 range(i) 互不重叠，即 max(range(i))<min(range($i+1$))，那么 Range 测试就判定为该循环的迭代之间不存在循环携带依赖。为了判定该不等式是否成立，Range 测试需要给出 max(range(i)) 和

$\min(\mathrm{range}(i+1))$ 的具体值或者可能的取值范围，并能明确给出两者的相对大小关系，这要求被某个数组访问的下标表达式是 i 的单调递增函数。或者，如果数组访问的下标表达式是 i 的单调递减函数，那么 Range 测试就需要证明 $\max(\mathrm{range}(i)) < \min(\mathrm{range}(i+1))$。

　　Range 测试只要求数组下标的表达式是循环索引的单调函数，这增加了 Range 测试的适用范围。例如，如果数组下标表达式是循环索引的非线性表达式，前面介绍的几种依赖测试方法都将无法给出无依赖的结果，但是只要能够通过一些手段证明这些表达式对循环索引具有单调性，那么就可以利用 Range 测试来判定。对于非线性数组下标还有许多其他研究，我们在这里就不再做过多的介绍了。

3.6　数据流分析

　　依赖可以分为流依赖、反依赖和输出依赖。程序的数据流关系是流依赖关系的子集，这种子集关系是通过不同类型依赖关系之间的差集等运算得到的。我们先给出数据流关系的定义。

> **定义 3.18　数据流关系**
>
> 　　程序的数据流关系是流依赖关系的一个子集，构成数据流关系的每一个流依赖的源点和汇点之间不存在对导致该流依赖的内存地址空间的写引用。♣

　　与依赖测试方法判断依赖方程组是否有整数解的过程不同，求解数据流分析的方法以集合和映射之间的基本操作来完成数据流关系的分析。根据依赖的定义，产生依赖的原因是由两个不同的语句实例对相同的内存地址单元有引用关系导致的，根据对内存地址单元的引用类型将依赖分为流依赖、反依赖和输出依赖。一个语句实例和内存地址单元之间的引用关系也可以用一种映射的方式进行表示，那么所有的语句与内存地址单元的引用关系构成的集合就形成了程序的读引用集合和写引用集合。

例 3.1　考虑如下所示的矩阵乘法代码

```
1   for(i=0; i<10; i++)
2     for(j=0; j<20; j++){
3       c[i][j]=0;        /*  S1  */
4       for(k=0; k<5; k++)
5         c[i][j] += a[i][k]*b[k][j]; /* S2 */
6     }
```

其写引用和读引用集合分别为

$$W = \{S_2[i,j,k] \to c[i,j] : 0 \leqslant i \leqslant 9 \wedge 0 \leqslant j \leqslant 19 \wedge 0 \leqslant k \leqslant 4;$$
$$S_1[i,j] \to c[i,j] : 0 \leqslant i \leqslant 9 \wedge 0 \leqslant j \leqslant 19\}$$

和

$$R = \{S_2[i,j,k] \rightarrow b[k,j] : 0 \leqslant i \leqslant 9 \wedge 0 \leqslant j \leqslant 19 \wedge 0 \leqslant k \leqslant 4;$$
$$S_1[i,j,k] \rightarrow c[i,j] : 0 \leqslant i \leqslant 9 \wedge 0 \leqslant j \leqslant 19 \wedge 0 \leqslant k \leqslant 4;$$
$$S_2[i,j,k] \rightarrow a[i,k] : 0 \leqslant i \leqslant 9 \wedge 0 \leqslant j \leqslant 19 \wedge 0 \leqslant k \leqslant 4\}$$

语句实例之间的顺序关系为

$$<_S = \{S_1[i,j] \rightarrow S_2[i',j',k] : i' > i; S_1[i,j] \rightarrow S_2[i'=i,j',k] : j' > j;$$
$$S_1[i,j] \rightarrow S_2[i'=i,j'=j,k]; S_2[i,j,k] \rightarrow S_2[i',j',k'] : i' > i;$$
$$S_2[i,j,k] \rightarrow S_2[i'=i,j',k'] : j' > j; S_2[i,j,k] \rightarrow S_2[i'=i,j'=j,k'] : k' > k;$$
$$S_2[i,j,k] \rightarrow S_1[i',j'] : i' > i; S_2[i,j,k] \rightarrow S_1[i'=i,j'] : j' > j;$$
$$S_1[i,j] \rightarrow S_1[i',j'] : i' > i; S_1[i,j] \rightarrow S_1[i'=i,j'] : j' > j\}$$

那么，该段代码的流依赖关系集合为

$$\{S_2[i,j,k] \rightarrow S_2[i'=i,j'=j,k'] : 0 \leqslant i \leqslant 9 \wedge 0 \leqslant j \leqslant 19 \wedge 0 \leqslant k \leqslant 4 \wedge k' > k \wedge 0 \leqslant k' \leqslant 4;$$
$$S_1[i,j] \rightarrow S_2[i'=i,j'=j,k] : 0 \leqslant i \leqslant 9 \wedge 0 \leqslant j \leqslant 19 \wedge 0 \leqslant k \leqslant 4\},$$

反依赖关系集合为

$$\{S_2[i,j,k] \rightarrow S_2[i'=i,j'=j,k'] : 0 \leqslant i \leqslant 9 \wedge 0 \leqslant j \leqslant 19 \wedge 0 \leqslant k \leqslant 4 \wedge k' > k \wedge 0 \leqslant k' \leqslant 4\},$$

输出依赖关系集合为

$$\{S_1[i,j] \rightarrow S_2[i'=i,j'=j,k] : 0 \leqslant i \leqslant 9 \wedge 0 \leqslant j \leqslant 19 \wedge 0 \leqslant k \leqslant 4;$$
$$S_2[i,j,k] \rightarrow S_2[i'=i,j'=j,k'] : 0 \leqslant i \leqslant 9 \wedge 0 \leqslant j \leqslant 19 \wedge 0 \leqslant k \leqslant 4 \wedge k' > k \wedge 0 \leqslant k' \leqslant 4\}$$

　　假设 W 是程序所有语句实例对内存地址单元的写引用集合，R 是程序所有语句实例对内存地址单元的读引用集合。根据依赖的定义，流依赖可以由

$$R^{-1} \cdot W \tag{3-46}$$

计算得出。表达式 (3-46) 的意思是先计算 R 中的每个元素的逆映射，"·"操作表示将 R^{-1} 中的每个元素作用于 W 中每个元素的值域上。根据依赖的定义，依赖的源点必须在依赖的汇点之前，所以流依赖关系的集合应该是所有满足表达式 (3-46) 的映射中，那些 R 中元素定义域的字典序小于 W 中元素定义域的字典序的映射的集合。我们将这种字典序小于关系用 $<_S$ 表示，那么流依赖关系的集合可以用

$$(R^{-1} \cdot W) \cap <_S \tag{3-47}$$

计算。

类似地，反依赖和输出依赖关系的集合分别可以用

$$(W^{-1} \cdot R) \cap <_S \tag{3-48}$$

和

$$(W^{-1} \cdot W) \cap <_S \tag{3-49}$$

计算。其中，字典序小于关系 $<_S$ 是所有语句实例之间顺序关系的集合，可以用

$$<_S \equiv S \prec S \tag{3-50}$$

计算。这种根据依赖定义计算依赖关系集合的过程允许在实际应用中准确计算数据流关系信息，为优化编译器实施变换提供了基础。

3.6.1 精确数据流分析

根据数据流关系的定义，我们可以利用集合与映射的基本操作来计算精确的数据流关系的集合。数据流关系的集合是流依赖关系集合的一个子集，其中每个流依赖的依赖源点和汇点之间不存在对引起依赖的内存地址单元的写引用。也就是说，如果一个流依赖 d 的依赖源点和汇点之间存在一个对引起依赖的内存地址单元 M 的写引用 w，那么 d 的依赖源点写入的值就无法被传递到 d 的依赖汇点，因为 w 在该值到达之前就会对相同的数据重新赋值，即 w 对内存地址单元 M 的写引用会覆盖（kill）d 的源点对该 M 的写引用。所以在分析数据流关系时，在依赖关系的基础上，还要考虑导致依赖的内存地址单元。为了达到这个目的，我们可以首先计算 R 中每个元素到自身值域的投射（range projection）关系，即

$$R_1 = \xrightarrow{\text{ran}} R \tag{3-51}$$

其中，读引用集合 R 中的每个元素是一个从语句到内存地址单元的映射，$\xrightarrow{\text{ran}} R$ 表示对读引用集合 R 中的每个元素计算其到自身值域的投射。假设有形如 $x \to y$ 的映射，其到自身值域的投射是指计算映射 $(x \to y) \to y$ 的过程。对应地，到自身定义域的投射（domain projection）指计算映射 $(x \to y) \to x$ 的过程。我们也可以计算写引用集合 W 中的每个元素计算其到自身值域的投射，即

$$W_1 = \xrightarrow{\text{ran}} W \tag{3-52}$$

例 3.2 仍考虑例3.1中的矩阵乘法代码，其写引用和读引用到自身值域的投射集合分别为

$$W_1 = \{[S_1[i,j] \to c[i,j]] \to c[i,j] : 0 \leqslant i \leqslant 9 \wedge 0 \leqslant j \leqslant 19;$$
$$[S_2[i,j,k] \to c[i,j]] \to c[i,j] : 0 \leqslant i \leqslant 9 \wedge 0 \leqslant j \leqslant 19 \wedge 0 \leqslant k \leqslant 4\}$$

和

$$R_1 = \{[S_2[i,j,k] \to b[k,j]] \to b[k,j] : 0 \leqslant i \leqslant 9 \wedge 0 \leqslant j \leqslant 19 \wedge 0 \leqslant k \leqslant 4;$$

$$[S_2[i,j,k] \to c[i,j]] \to c[i,j] : 0 \leqslant i \leqslant 9 \wedge 0 \leqslant j \leqslant 19 \wedge 0 \leqslant k \leqslant 4;$$

$$[S_2[i,j,k] \to a[i,k]] \to a[i,k] : 0 \leqslant i \leqslant 9 \wedge 0 \leqslant j \leqslant 19 \wedge 0 \leqslant k \leqslant 4\}$$

计算其语句实例之间带有内存地址单元信息的顺序关系为

$$S' = \{[S_2[i,j,k] \to c[i,j]] \to [i,j,1,k] : 0 \leqslant i \leqslant 9 \wedge 0 \leqslant j \leqslant 19 \wedge 0 \leqslant k \leqslant 4;$$

$$[S_2[i,j,k] \to b[k,j]] \to [i,j,1,k] : 0 \leqslant i \leqslant 9 \wedge 0 \leqslant j \leqslant 19 \wedge 0 \leqslant k \leqslant 4;$$

$$[S_1[i,j] \to c[i,j]] \to [i,j,0,0] : 0 \leqslant i \leqslant 9 \wedge 0 \leqslant j \leqslant 19;$$

$$[S_2[i,j,k] \to a[i,k]] \to [i,j,1,k] : 0 \leqslant i \leqslant 9 \wedge 0 \leqslant j \leqslant 19 \wedge 0 \leqslant k \leqslant 4\}$$

那么，带有内存地址单元信息的流依赖关系为

$$D_1 = \{[S_2[i,j,k] \to c[i,j]] \to [i,j,1,k] : 0 \leqslant i \leqslant 9 \wedge 0 \leqslant j \leqslant 19 \wedge 0 \leqslant k \leqslant 4;$$

$$[S_2[i,j,k] \to b[k,j]] \to [i,j,1,k] : 0 \leqslant i \leqslant 9 \wedge 0 \leqslant j \leqslant 19 \wedge 0 \leqslant k \leqslant 4;$$

$$[S_1[i,j] \to c[i,j]] \to [i,j,0,0] : 0 \leqslant i \leqslant 9 \wedge 0 \leqslant j \leqslant 19;$$

$$[S_2[i,j,k] \to a[i,k]] \to [i,j,1,k] : 0 \leqslant i \leqslant 9 \wedge 0 \leqslant j \leqslant 19 \wedge 0 \leqslant k \leqslant 4\}$$

带有内存地址单元信息的输出依赖关系为

$$O_1 = \{[S_1[i,j] \to c[i,j]] \to [S_1[i' = i, j' = j, k] \to$$

$$c[i,j]] : 0 \leqslant i \leqslant 9 \wedge 0 \leqslant j \leqslant 19 \wedge 0 \leqslant k \leqslant 4;$$

$$[S_2[i,j,k] \to c[i,j]] \to [S_2[i' = i, j' = j, k'] \to$$

$$c[i,j]] : 0 \leqslant i \leqslant 9 \wedge 0 \leqslant j \leqslant 19 \wedge 0 \leqslant k \leqslant 4 \wedge k' > k \wedge 0 \leqslant k' \leqslant 4\}$$

计算这两个集合的差集，就可以得到带有内存地址单元信息的数据流关系为

$$F = \{[S_2[i,j,k] \to c[i,j]] \to [S_2[i' = i, j' = j, k' = 1 + k] \to$$

$$c[i,j]] : 0 \leqslant i \leqslant 9 \wedge 0 \leqslant j \leqslant 19 \wedge 0 \leqslant k \leqslant 3;$$

$$[S_1[i,j] \to c[i,j]] \to [S_2[i' = i, j' = j, k = 0] \to c[i,j]] : 0 \leqslant i \leqslant 9 \wedge 0 \leqslant j \leqslant 19\}$$

构建一个读/写引用集合中的元素到自身值域的投射是为了构建从读/写引用到被访问内存地址单元之间的映射。仅计算 R' 和 W' 显然是不够的，因为计算依赖关系还需要与字典序小于关系 $<_S$ 求交，而 $<_S$ 并不包含内存地址单元的信息。我们可以利用

$$S' = S \bullet (\xrightarrow{\text{dom}} (R \cup W)) \tag{3-53}$$

计算一个语句实例之间带有内存地址单元信息的顺序关系。其中，$\xrightarrow{\text{dom}}$ 用于计算一个映射到其自身定义域的投射。这样，我们就可以计算一个带有内存地址单元信息的流依赖关系

$$D_1 = (R_1^{-1} \cdot W_1) \cap <_{S'} \tag{3-54}$$

同样，带有内存地址单元信息的输出依赖关系可以用

$$O_1 = (W_1^{-1} \cdot W_1) \cap <_{S'} \tag{3-55}$$

来计算。根据数据流的定义，数据流关系的集合是流依赖关系集合的一个子集，它在流依赖关系中的补集是输出依赖的定义域与所有被覆盖的内存地址单元之间的映射构成的集合，所以数据流关系可以用

$$F = D_1 \setminus (D_1 \cdot O_1) \tag{3-56}$$

来计算得出，其中，"\" 操作表示两个集合之间的差集。

计算差集的方式是严格按照数据流关系集合的定义进行的，即将数据流关系的集合当作流依赖关系和输出依赖关系的差集。另外一种方式是不考虑这样的差集关系，而是考虑某个数据的值是否能到达当前读引用来判定两个内存地址单元的引用之间是否有数据流依赖。试想某个语句实例 T 对某个内存地址单元 M 有一个读引用，在 T 的运行时可执行路径前共有 m 个语句实例 $S_i\,(1 \leqslant i \leqslant m)$ 对内存地址单元 M 有写引用，并假设所有的 $S_i\,(1 \leqslant i \leqslant m)$ 在运行时可执行路径上的字典序随着语句编号 i 单调递增。显然，只有 S_m 向内存地址单元 M 写入的值将到达 T，前面 $m-1$ 个语句实例向内存地址单元 M 写入的值都依次被其后一个写引用语句实例写入的值覆盖。我们将 S_m 的写引用称为语句实例 T 的终写 (last write)。

根据终写关系计算数据流关系，首先要计算与某个被读引用的内存地址单元有流依赖关系的所有写引用。也就是说，对于语句实例 T 的读引用内存地址单元 M，我们要首先计算出所有的 $S_i\,(1 \leqslant i \leqslant m)$ 和 T 之间的映射，可以用

$$A = (W^{-1} \cdot R) \cap (<_S)^{-1} \tag{3-57}$$

来计算。其中，A 表示所有对当前读引用内存地址单元产生写引用的语句实例 $S_i\,(1 \leqslant i \leqslant m)$ 与 T 之间的流依赖关系，并假设所有的语句实例至多向内存地址单元写入/读取一个数据值。我们的目的是从 A 这个集合的所有元素中提取出定义域是终写语句实例的那些映射。根据上面的分析，终写语句实例的字典序最大，那么我们可以计算写引用语句实例和字典序之间的一一对应关系，并计算字典序的最大值，该字典序最大值又可以被映射到对应的写引用语句实例，其对应的逆映射就是数据流关系的集合。更具体地，根据终写关系计算数据流关系的集合可以用

$$F = (S^{-1} \cdot \text{lexmax}(S \cdot A))^{-1} \tag{3-58}$$

计算，其中 A 为式 (3-57) 的结果。$(S \cdot A)$ 表示对 A 中的每个元素计算对应的字典序，并用 lexmax 计算字典序的最大值，再用 S^{-1} 作用于每个 $\text{lexmax}(S \cdot A))$ 就可以得到所有以终写语句实例为定义域的映射关系，对该关系做取逆操作就可以得到最终的数据流关系 F。

根据终写语句实例计算数据流关系的方法可以避免差集运算的一些弊端。在利用式 (3-56) 计算流依赖和输出依赖的差集时，流依赖关系 D_1 同时在差集运算的两端出现。当 D_1 是一种近似的流依赖关系时，一个优化编译器无法确定根据式 (3-56) 计算得到的数据流关系是精确数据流的一种向上近似 (overapproximation) 还是向下近似 (underapproximation)，而这种确定性在实际应用中有时是必要的。

例 3.3 仍考虑例3.1中的矩阵乘法代码，首先计算所有的写引用到语句 S_2 中矩阵 c 读引用的流依赖关系的集合为

$$A = \{S_2[i,j,k] \to S_1 2[i'=i, j'=j, k'] :$$
$$0 \leqslant i \leqslant 9 \wedge 0 \leqslant j \leqslant 19 \wedge 0 \leqslant k \leqslant 4 \wedge 0 \leqslant k' \leqslant 4 \wedge k' < k;$$
$$S_2[i,j,k] \to S_1[i'=i, j'=j] : 0 \leqslant i \leqslant 9 \wedge 0 \leqslant j \leqslant 19 \wedge 0 \leqslant k \leqslant 4\}$$

再根据式 (3-58) 计算得到的数据流关系的集合为

$$F = \{S_2[i,j,k] \to S_2[i'=i, j'=j, k'=1+k] : 0 \leqslant i \leqslant 9 \wedge 0 \leqslant j \leqslant 19 \wedge 0 \leqslant k \leqslant 3;$$
$$S_1[i,j] \to S_2[i'=i, j'=j, k=0] : 0 \leqslant i \leqslant 9 \wedge 0 \leqslant j \leqslant 19\}$$

3.6.2 近似数据流分析

虽然我们不会在本书中具体介绍控制依赖，但是基于集合和映射基本操作求解数据流关系的技术会考虑分支语句对结果带来的影响。数据流分析在一些情况下不得不进行近似求解，因为语句对内存地址单元的访问关系有时只能在运行时才能确定，典型的实际应用情况是某些语句对内存地址单元的写引用是在 if 语句下执行的，这种控制流信息只有在运行时才能确定。在这样的情况下，基于静态分析的优化编译器技术无法给出精确的数据流分析结果。为此，我们可以将依赖分为确定的和不确定的两种情况考虑。所谓确定的依赖 (must dependence) 是指优化编译器在静态分析阶段可以确定存在或不存在的依赖，而不确定的依赖 (may dependence) 是指在运行时根据程序的控制流信息才能判定的依赖。这种翻译并没有统一的标准。一个确定的依赖肯定是可能的依赖，但反之不然。所以，确定的依赖关系是可能的依赖关系的一个子集，不确定的依赖关系是可能的依赖关系和确定的依赖关系的差集。

考虑到不确定的依赖在实际应用中可能会出现，一个优化编译器应该能够根据当前的依赖关系计算出近似的数据流关系。数据流关系是在流依赖关系的基础上，消除那些定义覆盖的输出依赖计算得到的差集，但在程序中同时存在确定和不确定的写引用时，

优化编译器应该选择那些对内存地址单元发生确定的写引用的语句实例集合来作为那些用于定义覆盖计算中的差集运算。否则，即如果将那些对内存地址单元产生不确定的写引用语句实例集合也用于做差集运算，那么有可能在运行时这些可能的依赖关系并不真的存在，但优化编译器会误认为这些依赖存在并覆盖了之前的写引用语句的定义到达，这样就有可能使优化编译器计算出错误的数据流关系，从而导致变换出错。

为了计算近似的数据流关系，我们可以根据语句实例对内存地址单元产生的确定的或不确定的写引用，将流依赖的源点分为确定的源点 (must-source) 和可能的源点 (may-source)，由于依赖的汇点不会参与计算定义覆盖的差集运算，所以不需要再细分。那么近似的数据流分析可以用下面的方法计算得到。

首先，优化编译器计算程序的所有读引用语句实例的集合 K，所有确定的流依赖源点集合 T 和可能的流依赖源点集合 Y。K 中的每个元素代表一个语句实例与内存地址单元之间的读引用，表示一个映射。对于每一个这样映射的定义域 i(即语句实例) 和值域 a(即内存地址单元)，近似的数据流分析将计算出 T 中所有元素的定义域 j，该定义域 j 满足：(1) j 是 Y 中所有元素中字典序最小的那个元素的定义域, (2) j 的字典序小于 i 的字典序, (3) j 在 Y 中对应的值域为 a。同时，近似的数据流分析还将计算出所有按字典序在 j 和 i 之间 (即字典序大于 j 且小于 i) 的 k，k 是 Y 中值域为 a 的元素的定义域。

对于一组指定的 i 和 a，如果数据流分析无法计算出满足条件的 j，那么近似的数据流分析技术可以更进一步地去掉 "字典序大于 j" 这样的约束。也就是说，近似数据流分析对所有可能的 i 和 a 的组合都试图寻找出所有可能满足条件的 j。所有 $j \to (i \to a)$ 和 $k \to (i \to a)$ 这样的映射构成的集合就是程序可能的数据流关系的集合，$j \to (i \to a)$ 中所有不被 k 定义覆盖的元素集合构成程序确定的数据流关系的集合。此外，近似数据流分析还得出 K 中所有无前序定义 j 的 i 的集合，该集合是程序可能的向上暴露集 (live-in set)。所有无前序定义 j 或 k 的 i 的集合是程序确定的向上暴露集。更具体地，可能的依赖关系可以表示成

$$\{k \to (i \to a) : (i \to a) \in K \land (k \to a) \in (T \cup Y) \land k <_S i \land \neg(\exists j :$$
$$(j \to a) \in T \land k <_S j <_S i)\} \tag{3-59}$$

确定的依赖关系可以表示成

$$\{k \to (i \to a) : (i \to a) \in K \land (k \to a) \in T \land k <_S i \land \neg(\exists j :$$
$$(j \to a) \in (T \cup U) \land k <_S j <_S i)\} \tag{3-60}$$

对应地，可能的向上暴露集和确定的向上暴露集分别为

$$\{(i \to a) \in K : \neg(\exists j : (j \to a) \in T \land j <_S i)\} \tag{3-61}$$

和

$$\{(i \to a) \in K : \neg(\exists j : (j \to a) \in (T \cup Y) \land j <_S i)\} \tag{3-62}$$

例如，对于例3.1中的矩阵乘法代码，由于不存在不确定的写引用，所以该例中可能的向上暴露集和确定的向上暴露集相同，可以用 $\{S_1[i,j,k] \to b[k,j] : 0 \leqslant i \leqslant 9 \wedge 0 \leqslant j \leqslant 19 \wedge 0 \leqslant k \leqslant 4; S_1[i,j,k] \to a[i,k] : 0 \leqslant i \leqslant 9 \wedge 0 \leqslant j \leqslant 19 \wedge 0 \leqslant k \leqslant 4\}$ 表示。

根据确定的依赖和可能的依赖的含义，在计算流依赖可能的源点时，确定的源点也会被计算在内。也就是说，确定的源点集合是可能的源点集合的一个子集，所以确定的数据流分析也是可能的数据流分析的一种特殊情况。在利用上面的几个关系计算数据流关系时，如果可能的源点集合中只有确定的源点，那么近似的数据流分析计算出来的就是精确的数据流关系。如果确定的源点集合是可能的源点集合的真子集，那么近似的数据流分析计算出来的结果和精确的数据流关系就会有所不同。

另一方面，这种数据流分析技术还可以用于计算流依赖关系、反依赖关系和输出依赖关系的集合，在设置不同的源点和汇点集合之后，也可以计算出"输入依赖关系"。特别地，将依赖的源点设置成可能的写引用关系、依赖的汇点设置成可能的读引用关系时，得到的结果就是流依赖关系的集合；将依赖的源点设置成可能的读引用关系、依赖的汇点设置成可能的写引用关系时，得到的结果就是反依赖关系的集合；如果将可能的写引用关系同时设置成依赖的源点和汇点，那么计算出的结果就是输出依赖关系的集合。

此外，近似的数据流分析还可以用于计算向下暴露集 (live-out set)，即所有程序结束时没有被其他确定的写引用定义覆盖的可能的写引用的全部集合。向下暴露集的计算方法是将近似数据流分析的依赖汇点集合设置成确定的写引用和所有会导致定义覆盖的写引用的并集，同时将可能的依赖源点集合设置成所有可能的写引用的集合，这样计算出来的近似数据流关系是输出依赖关系的集合，这些输出依赖关系集合中每个元素的定义域构成的集合与可能的写引用集合之间的差集就构成了向下暴露集。

向上暴露集和向下暴露集是对程序变量的活跃性分析，这种分析结果将有助于编译器计算出那些需要在硬件平台不同存储层次结构之间需要进行搬移的数据量。例如，对于深度神经网络算子之间用于存储临时变量的张量而言，该张量的每个元素可能既不属于向上暴露集，也不属于向下暴露集，那这个张量就有可能可以在靠近计算功能部件的高速缓存上声明和释放，避免了对该张量在不同存储层次结构之间的数据交换。

3.6.3 带标记的数据流分析

判定依赖的一个前提条件是不同的语句实例访问相同的内存地址单元。利用集合与映射的基本操作计算依赖关系的集合时，我们基于这样一种假设，即语句实例和被访问内存地址单元之间存在一种映射。然而，一个语句可能多次访问相同的数据结构，在内存访问开销至关重要的领域特定加速芯片上，程序性能的提升往往要求优化编译器能够计算出尽量精确的数据流关系集合。这种情况下，优化编译器如何区分某个语句可能访问的内存地址单元就显得尤为重要。

一个优化编译器可以对程序中每个内存地址单元的引用构造一个唯一标识符，用于标记语句实例对不同内存地址单元的引用，这种带有标识符的语句实例与内存地址单元之间的映射被称为带标记的引用。与不带标记的引用不同，带标记的引用的定义域本身就是一个映射，该映射定义了从语句实例到一个标识符的映射，然后将这个映射作为一个整体再映射到该语句实例引用的内存地址单元，就构成了一个带标记的引用。因此，带标记的引用是先从语句实例到被引用的内存地址单元对应的唯一标识符，再到该被引用的内存地址单元的嵌套映射。例如，例3.1中的矩阵乘法代码的带标记的写引用和读引用可以分别用

$$\{[S_2[i,j,k] \to \mathrm{tag1}[]] \to c[i,j] : 0 \leqslant i \leqslant 9 \wedge 0 \leqslant j \leqslant 19 \wedge 0 \leqslant k \leqslant 4;$$
$$[S_1[i,j] \to \mathrm{tag0}[]] \to c[i,j] : 0 \leqslant i \leqslant 9 \wedge 0 \leqslant j \leqslant 19\}$$

和

$$\{[S_2[i,j,k] \to \mathrm{tag3}[]] \to a[i,k] : 0 \leqslant i \leqslant 9 \wedge 0 \leqslant j \leqslant 19 \wedge 0 \leqslant k \leqslant 4;$$
$$[S_2[i,j,k] \to \mathrm{tag4}[]] \to b[k,j] : 0 \leqslant i \leqslant 9 \wedge 0 \leqslant j \leqslant 19 \wedge 0 \leqslant k \leqslant 4;$$
$$[S_2[i,j,k] \to \mathrm{tag2}[]] \to c[i,j] : 0 \leqslant i \leqslant 9 \wedge 0 \leqslant j \leqslant 19 \wedge 0 \leqslant k \leqslant 4\}$$

表示。其中，tag 表示标识符，不同的编译器可以设置不同的字符串来定义标记的名字。

数据流分析可以在带标记的引用上计算，从而获得更精确的数据流关系。与根据不带标记的引用计算出来的数据流分析类似，优化编译器可以将不同的带标记的引用设置成数据流分析的依赖源点和汇点，然后可以计算出一个带有标记的数据流关系。值得注意的是，程序中每个语句实例的调度表示的是该语句实例与其字典序之间的映射，将带有标记的引用传递给数据流分析计算过程时，可能无法计算这些映射之间的交集，因为他们的定义域或值域可能不同。解决方法是将带标记的引用的定义域与语句实例的调度进行映射之间的基本运算，再将结果传播到嵌套关系中，以此来获得带有标记的数据流关系的集合。

3.7　依赖与并行化

利用集合与映射的初等变换，优化编译器还可以根据计算出的依赖关系判定不同语句实例之间的并行性。根据前面的定义，由一个有效调度 S 定义的语句顺序关系 $<_S$ 必须满足依赖关系 D，但 $<_S$ 只需要是语句之间的偏序关系，而不必总是全序关系。这意味着调度 S 允许某些语句实例被指定相同的字典序。如果两个语句实例具有相同的字典序，那么它们就可以被并行执行，这种情况在这两个语句实例之间不存在依赖关系时发生。

判定不同语句实例之间的并行性可以先计算一个等价关系 E，E 是语句顺序关系 $<_S$ 的一个超集，使得

$$(<_S) \subseteq E \tag{3-63}$$

换句话说，等价关系 E 将语句实例的集合划分成多个不同的单元，不同单元内的语句实例之间可以具有相同的字典序。在多线程或多进程处理器体系结构上，来自不同单元且具有相同字典序的语句实例可以被映射到不同的线程或进程上，从而可以被并行执行，因此等价关系 E 也被称作映射函数的一个划分 (placement)，即将不同的语句实例放在不同的线程或进程上处理，也就是将不同的语句实例划分到不同的处理器上。当程序的所有语句实例被划分到相同的处理器上时，称这个划分是一个平凡的 (trivial)，也就是说这些语句实例无法被并行执行。当利用依赖关系计算并行性时，如果一个划分无法开发并行性时，这种划分显然意义不大。

例 3.4 假设有依赖关系集合

$$D = \{S[i,j,k] \to S[i,j+1,k']\} \tag{3-64}$$

该依赖关系集合可以被扩展成形如

$$O = \{S[i,j,k] \to S[i,j',k'] : j' > j\} \tag{3-65}$$

的形式，O 是一个满足所有依赖的超集。对于一个映射函数 f

$$f(S[i,j,k]) \mapsto i \tag{3-66}$$

其等价关系是

$$E = \{S[i,j,k] \to S[i',j',k'] : f(S[i,j,k]) = f(S[i',j',k'])\} = \{S[i,j,k] \to S[i,j',k']\} \tag{3-67}$$

E 是 O 的一个扩展集合。也就是说

$$D \subseteq O \subseteq E \tag{3-68}$$

这说明 $S[i,j,k]$ 的所有语句实例可以根据 i 的值来映射到不同的处理器上并行执行，而不用破坏依赖关系，满足依赖的基本定理。

当优化编译器使用一个非平凡的划分时，语句实例的执行顺序应该是等价关系和初始执行顺序之间的交集，该交集需要满足所有的依赖，以确保划分和初始语句实例执行顺序都是有效的。

上述计算划分的过程是在语句实例的字典序全部维度上计算的。也就是说，我们计算 $S[i,j,k]$ 全部语句实例的划分，需要考虑 $[i,j,k]$ 全部三个维度。我们称这种划分为全局划分。然而，语句实例的全局划分在一些情况下无法完全开发程序的全部并行性。假设两个语句实例之间不存在依赖关系，但这两个语句实例又同时依赖第三个语句实例。那么，这两个语句实例在没有同步或语句实例复制优化的帮助下，利用全局划分是无法被映射到不同的处理器上的，因为一个全局划分将为第三个语句实例指定唯一的字

典序，这个字典序只能将第三个语句实例划分到一个处理器上。此时要实现前两个语句之间的同步，要么在第三个语句和前两个语句之间添加同步，要么只能将第三个语句复制到不同的处理器上，才能保证依赖关系不被破坏。

实现上述并行性的方法是采用局部划分，即我们可以在语句字典序的部分维度上计算等价关系，该等价关系只需要在语句实例字典序的部分维度上满足等价关系即可。

例 3.5　仍然假设语句 $S[i,j,k]$ 具有形如式 (3-64) 的依赖关系及其超集 (3-65)。当我们只考虑 k 维上的局部划分时，可假设划分为

$$f'(S[i,j,k]) \mapsto k \tag{3-69}$$

那么对应的等价关系为

$$E = \{S[i,j,k] \to S[i',j',k'] : f'(S[i,j,k]) = f'(S[i',j',k'])\} = \{S[i,j,k] \to S[i',j',k]\} \tag{3-70}$$

显然，E 不是超集 (3-65) 的超集。但如果我们假设 k 维之前的那个维度上语句实例的字典序相同，即假设

$$L = \{S[i,j,k] \to S[i',j,k']\} \tag{3-71}$$

那么 $(O \cap L) \subseteq (E' \cap L)$ 成立，也就是在 k 维上仍存在一个有效的局部划分。

第**4**章

循 环 变 换

4.1 适配体系结构特征的关键技术

编译器的首先任务是将上层用户编写的高级语言程序部署在底层硬件上。由于高级程序设计语言隐藏了底层硬件体系结构的大量细节，如果不经过优化直接将高级程序设计语言编写的程序部署在底层硬件上，往往无法充分利用底层硬件体系结构的处理能力。在将应用程序部署到具体的硬件之前，优化编译器需要根据底层硬件体系结构的特性对程序实施有效的等价变换。在以循环嵌套为核心业务逻辑的应用程序中，如何面向底层硬件体系结构的特征实现高效的循环变换及其组合，是优化编译器需要重点解决的问题。

如前文所述，多面体模型是实现循环变换的一种非常高效的数学抽象模型。图 4.1 给出了基于多面体模型实现深度神经网络的循环变换示意图。图中间的黑色方框是基于多面体模型的优化编译器实现循环变换过程的一个示例，该优化编译器以一个深度神经网络作为输入，并面向某一种或多种硬件平台生成目标代码。图 4.1 中给出的目标硬件平台是通用 GPU。对于深度神经网络中的两个连续的算子，多面体模型可以通过解析器构建各个算子的迭代空间，如图中黑色方框内最左边蓝色方框和红色方框所示。

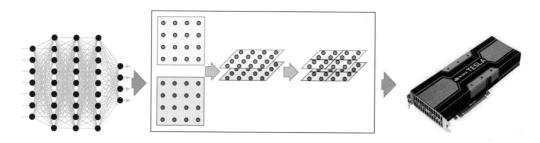

图 4.1 深度神经网络的循环变换示意图

假设这两个相邻算子之间的依赖关系允许优化编译器将这两个算子的循环迭代空间合并，无论是利用多面体模型还是其他的编译优化手段，使得两个算子的迭代空间可以被合并成如图 4.1 中黑色方框内中间部分的形式，图中黑色方框内的灰色箭头表示迭代空间的变换顺序，那么，合并后的两个算子在生成 CUDA 代码时只需要生成一个 Kernel 函数，算子融合之后不仅可以提高计算密度，还可以避免相邻算子之间通过 GPU 设备内存通信引入的数据访问开销。

更进一步，如果优化编译器可以在合并后的迭代空间上进行循环分块，那么可以得到图 4.1 所示黑色方框内最右侧所示的迭代空间。循环分块将合并后的迭代空间划分成多个子空间，这些子空间可以被部署在 GPU 的多个线程块上，从而可以充分发挥 GPU 的并行处理特征。如果蓝色迭代空间分块后分块内的数据只被红色迭代空间对应的分块使用，那么蓝色迭代空间对应算子的写引用数据甚至可以在 GPU 的高速缓存如共享内存 (shared memory) 上声明，这样又进一步降低了数据访存的开销。

因此，循环变换及不同循环变换之间的组合是实现面向底层硬件体系结构的重要优化手段。本章将基于多面体模型详细介绍优化编译器实现循环变换及不同循环变换之间组合的方式，并介绍各种循环变换的应用场景，以及一些循环变换之间的关系。本章将按照基于多面体模型的优化编译器实现循环优化的先后顺序进行介绍，在不同的编译器中这些循环变换的顺序可能有所不同。循环变换的组合和排序是另外一个研究分支，我们在本书中不做讨论。

4.2 预 处 理

循环变换实际上是对循环迭代的重排序变换，只要维持程序的循环携带依赖，那么循环变换总是有效的。不过，尽管循环变换只受限于循环携带依赖，循环变换仍然需要依靠优化编译器的依赖关系分析能力作为判定变换是否合法的依据。在第 3 章的内容中，我们在介绍依赖测试和精确的依赖关系分析方法时，在绝大多数情况下总是假设循环的步长为 1，这种约束显然可以简化依赖测试的过程。但在实际应用中有时也会出现循环步长不是 1 的情况。因此，在开始依赖关系分析之前，优化编译器应该提供一些能够对循环嵌套实现预处理的机制。一方面，这样的预处理能够简化依赖测试或精确的依赖关系分析的过程；另一方面，预处理也能够消除一些复杂的循环携带依赖，为实现更多的循环变换创造条件。

4.2.1 循环正规化

为了让依赖测试的过程尽量简单，优化编译器总是倾向于采取循环正规化的手段，使循环嵌套中的每个循环下界从 0 开始运行到某个确定的上界，并且循环的步长为 1。同时，用新的循环索引变量替换的仿射函数表达式去替换原循环变量在循环内的所有引用。

考虑3.5.2节中的循环嵌套示例，不失一般性，我们可以假设一个循环的下界为 L，上界为 U，步长为 r，那么经过循环正规化后，循环的下界为 0，上界为 $\lfloor (U-L)/r \rfloor$，步长为 1。假设在循环正规化前循环索引变量为 i，那么优化编译器需要用 $r \times i + L$ 的仿射表达式替换原始循环索引变量 i 在循环内所有的引用。注意，r 在实际应用中是一个具体的常数值而不是符号常量，否则 $r \times i + L$ 不是循环索引 i 的仿射表达式。

当然，在实际应用中也经常会遇到动态边界的循环，这种循环比3.5.2节中的循环示例更复杂。例如，一个采用列压缩 (Compressed Sparse Column，CSR) 存储格式的稀疏矩阵向量乘法运算可以写成如图 4.2 所示形式的循环。显然，内层循环的上界和下界都不是程序参数或外层循环索引变量的仿射表达式形式。

```
1   for (i = 0; i < M; i += 1) {
2     y[i] = 0.0;
3     for (j = idx[i]; j <= idx[i+1] - 1; j += 1)
4       y[i] += A[i][j] * x[col[j]];
5   }
```

图 4.2　一个采用 CSR 存储格式的稀疏矩阵向量乘法运算

经过循环正规化，循环 j 的下界可以改写为 0，上界可以替换为 $\mathrm{idx}[i+1]-\mathrm{idx}[i]-1$，然后再用 $j+\mathrm{idx}[i]$ 替换所有语句对 j 的引用。但由于内层循环上界仍然不是程序参数或外层循环索引变量的仿射表达式，优化编译器仍然无法通过静态分析的方式判定依赖是否存在。

可以通过引入谓词条件的方式将非仿射表达式转换为仿射表达式的形式[9][83]，这种方式通过将原始循环的边界进行向上近似后获得一个循环的静态可知上界，允许优化编译器继续利用静态分析的方式对程序的依赖关系进行判定。这种方式也可以扩展到应用于一些特定的循环形式，如 while 循环。不过，这种向上近似的方法往往会导致冗余的循环迭代，程序的语义则通过引入的谓词条件来保证。

4.2.2　死代码删除

回顾3.6.2节中介绍的内容，数据流分析的一个重要应用是用于计算程序的向下暴露集，向下暴露集访问的内存地址单元往往在被优化的程序片段执行结束之后仍有可能被其他程序执行语句引用。在实际应用中，可能会存在一些向不会被其他有用的语句引用的内存地址单元写入数据的语句，这些语句被认为是程序的死代码。这里，有用的语句主要是指用于输出程序结果的代码，或者那些在被优化的程序中仍需执行的代码。

死代码删除可以在计算出程序的数据流信息之后，利用向下暴露集与程序迭代空间以及依赖关系之间的基本操作来完成，其基本思想是先根据近似数据流分析方法计算出被优化的程序片段的向下暴露集，并根据程序的数据流信息计算出所有向下暴露集中语句实例的流依赖源点的集合，将这些依赖源点的集合与向下暴露集中的语句实例集合求并，得到一个新的变量集合，向这些变量写入数据的语句实例都不会是死代码。重复该过程，直到这个变量集合不再发生变化，就得到了所有不可能是死代码的语句实例集合。

将这个语句实例集合与被优化的代码片段的迭代空间进行求交操作，并将求交之后的语句实例集合作为新的迭代空间，就可以删除被优化的程序片段中的死代码。

由于死代码中的语句实例也可能与其他程序语句产生数据流关系，因此可以在更新迭代空间的基础上，将所有死代码语句实例导致的依赖从数据流关系和各种依赖关系中删除，这样的操作总是安全的。这种优化可以减少优化编译器对程序实施循环变换的约束。

4.2.3　别名分析

别名是阻碍优化编译器分析依赖关系最关键的因素之一，因此优化编译器应该具备分析程序执行过程中产生的别名关系的能力。在以多面体模型为基础的优化编译器中，如果优化编译器不具备分析别名的能力，那么每个语句实例都有可能与其他语句实例之间产生依赖，因为多面体模型没有办法判定不同内存地址单元之间的别名关系，也就无法确定语句实例之间是否有依赖。然而，利用静态编译技术分析别名的难度较大，这也是为什么大多数基于多面体模型的优化编译器不处理指针运算的原因。大多数基于多面体模型的优化编译器采用的解析器只是简单地认为不同的数组之间不再存在别名关系。

虽然静态编译技术很难解决别名分析的问题，但是优化编译器可以借助一些其他手段来消除别名关系。一种常用的方法是在程序设计语言级别引入辅助别名分析或者消除别名的语言特性。例如，C 语言提供的 restrict 关键字可以用于消除函数的不同指针参数之间的别名关系。另一种方式是优化编译器在实施程序变换时，对可能产生别名关系的数组进行标记，并依靠运行时技术确定别名关系是否真的存在。当别名关系成立时，优化编译器将放弃之前针对这些具有别名关系的数组的全部程序变换，否则按照变换后的方式执行程序。

4.2.4　迭代空间分裂

前面几种预处理方法的目的是尽量降低依赖关系分析的难度。在实际应用中，即使能够精确分析出程序中的依赖关系，优化编译器也不一定能够寻找到合适的循环变换组合。以图 4.3 (a) 所示的二维周期性 stencil 计算为例，图 4.3 (b) 是该段代码的迭代空间示意图。基于多面体模型的优化编译器能够精确计算出这段程序中的依赖关系，如图 4.3 (b) 中蓝色箭头所示是相邻两个时间点上二维空间维度的长距离依赖。为了便于说明，其他只在一个时间维度内的依赖没有标出。这些长距离的依赖阻碍了优化编译器对该段代码对应的迭代空间实施有效的循环变换，例如，循环分块。

为了能够减小这些二维空间维度之间的长距离依赖在每个维度上的距离向量分量，可以采用一种称为迭代空间分裂 (index-set splitting)[35] 的方法来进行预处理。如图 4.3 (c) 所示是对图 4.3 (b) 所示的迭代空间实现分裂之后得到的迭代空间，这种迭代空间是通过按照图 4.3 (b) 所示绿色实线的方向对原迭代空间进行切割的效果[18]。在按照这些方向对原迭代空间进行切割之后，同一个时间维度上的子空间可以通过折叠，将原来的蓝色箭头代表的依赖转换成沿时间维度的依赖，这样在折叠后的迭代空间上，多面体模型仍然可以实施如循环分块等有利于开发局部性的循环变换。

迭代空间分裂为分裂后子空间的折叠创造了条件，但子空间的折叠却需要依靠多面体模型对循环迭代空间进行一维或多维反向的循环偏移或反转变换才能获得有利于循环变换的迭代空间。例如，图 4.3 中标记为 $(+,-)$ 和 $(-,-)$ 的子空间分别需要沿 i 轴和 j 轴反方向进行循环反转和偏移，标记为 $(-,+)$ 的子空间则需要沿这两个轴的反方向都进行循环反转和偏移。

```
1   for (t = 0; t < T - 1; t += 1 )
2     for (i = 1; i < N + 1; i += 1)
3       for (j = 1; j < N + 1; j += 1)
4         A[t + 1][i] = 0.125 * ((i + 1 == N ? A[t][0][j] : A[t][i + 1][j]) -
5                                 2.0 * A[t][i][j] +
6                                 (i == 0 ? A[t][N - 1][j] : A[t][i - 1][j])) +
7                        0.125 * ((j + 1 == N ? A[t][i][0] : A[t][i][j + 1]) -
8                                 2.0 * A[t][i][j] +
9                                 (j == 0 ? A[t][i][N - 1] : A[t][i][j - 1])) +
10                       A[t][i][j];
11
```

(a) 二维周期性 stencil 计算代码示意图

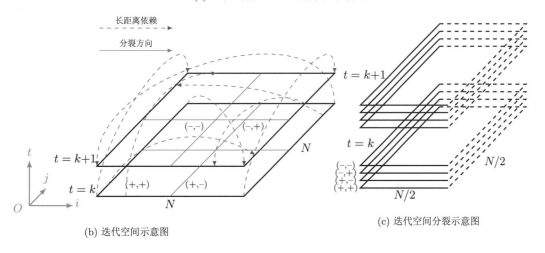

(b) 迭代空间示意图　　　　　　　　　(c) 迭代空间分裂示意图

图 4.3　二维周期性 stencil 计算与迭代空间分裂示意图

4.3　多面体模型中的循环变换

基于多面体模型的循环变换是程序自动并行化领域的一个研究热点，是解决程序自动并行变换的一种有效手段。与传统的并行化编译器中所采用的幺模矩阵模型相比，多面体模型具备以下几方面的优点：

(1) 应用范围广。幺模矩阵只能处理完美循环嵌套，而多面体模型对输入程序的约束更少，不仅能够处理完美循环嵌套，而且对非完美循环嵌套的支持也比较完善。

(2) 表示能力强。幺模矩阵只能表示循环交换、倾斜和反转等变换，而多面体模型除了能够处理上述循环变换之外，还能自动实现包括循环分块、合并、分布等在内的几乎所有循环变换。

(3) 优化空间大。幺模矩阵只能实现循环交换、倾斜和反转等几种变换的组合，而多面体模型能够自动推理出更多的循环变换的组合，极大地提升了优化编译器探索循环变换的空间。

多面体编译技术自 20 世纪 90 年代初发展至今，在利用循环变换实现程序的优化方面取得了许多突破，代表了这一领域当前最先进的研究水平。除了面向通用体系结构的源到源优化工具 Pluto[19] 和 PPCG[75] 外，多面体模型在开源社区和商业应用中的影响也逐步增大，例如，GCC[65]、LLVM[36]、Open64[26] 和 IBM XL[18] 编译器都集成了多面体优化相关的模块。

得益于多面体模型强大的循环变换能力，近几年来，基于多面体模型的循环变换技术在面向深度神经网络的自动优化和部署方面也受到了广泛的关注，在 MLIR[48]、TensorComprehensions[68]、Tiramisu[6]、PlaidML/Stripe[80] 和 Diesel[28] 等深度学习编译器中发挥了不可替代的作用。

4.3.1 循环变换分类

根据循环变换对程序特征的改变，循环变换可以分为以下几种：
(1) 改变程序算法设计的循环变换；
(2) 改变程序计算顺序的循环变换；
(3) 仅改变循环结构、但不改变程序计算顺序的循环变换；
(4) 改变程序数据布局和被访问内存地址单元的循环变换。

这几种循环变换代表了实现循环变换的不同目的。首先，改变程序算法设计的循环变换是通过对算法的调整来降低时间或者空间复杂度的。例如，在不考虑稳定性的前提下，可以用快速排序代替冒泡排序。快速排序和冒泡排序的循环结构不同，这相当于对程序算法的循环结构进行了重写。

其次，改变程序计算顺序的循环变换往往是为了提升程序的并行性或数据的局部性，例如第4.1节介绍的循环合并，就是为了缩短相邻循环嵌套被访问数据之间的"生产–消费"距离、提升数据的时间局部性而实现的循环变换。还有一些仅改变循环结构、但不对程序计算进行重排序的循环变换，主要是为了生成目标体系结构友好的代码而设计或实现的，例如，循环展开就是一种为了充分利用细粒度指令流水并行而设计的循环变换。最后，那些改变程序数据布局和被访问内存地址单元所在位置的循环变换，则是为了充分利用目标体系结构上的存储层次结构，例如，本章开始介绍的循环分块。

优化编译器实现程序优化的手段是采用重排序变换改变计算顺序的。对算法设计的改变，即实现上述第一种循环变换在优化编译器中是十分困难的。不过，在一些特殊的情况下，利用多面体模型实现算法设计的改变在 AlphaZ 系统[79] 中也是可以实现的。基于多面体模型的优化编译器通常能够自动实现后面三种类型的循环变换及不同循环变换之间的组合。这几种循环变换几乎都需要考虑目标体系结构的特征，因此如何在多面体模型中实现对目标体系结构的抽象是实现循环变换的关键。

接下来，我们来讨论如何在多面体模型中实现循环变换。

4.3.2　循环变换的复杂性

在前文中我们介绍过，基于多面体模型的循环变换将循环的迭代空间表示成空间多面体，并通过多面体上的几何操作达到分析和优化程序的目的。多面体模型利用迭代空间、访问映射、依赖关系和调度表示程序及其语义。其中，调度表示语句实例与其对应的字典序之间的仿射函数，多面体模型实现循环变换的方法就是在满足依赖关系的前提下，将一种调度转换成另外一种调度的过程，这种过程也被称为调度变换。多面体模型首先将循环嵌套内的语句实例构成的集合表示成空间多面体的形式。从几何角度来看，多面体模型上的调度变换实质上就是多维空间几何的变基过程。

为了便于说明，我们以图 4.4 (a) 所示的一维空间上的 stencil 计算为例来说明循环变换的几何意义，如图 4.4 (b) 所示是该 stencil 计算原始的空间多面体表示及其依赖关系，该迭代空间以 t 轴和 i 轴为坐标基构成二维空间，图中每个黑色的点表示一次循环迭代，也可以理解为 S_0 语句在循环迭代中的一个实例，蓝色箭头表示循环迭代之间的依赖。

```
1  for (t = 0; t < T; t += 1 )
2    for (i = 1; i < N - 1; i += 1)
3      A[t + 1][i] = 0.25 * (A[t][i + 1] - 2.0 * A[t][i] + A[t][i - 1]); /* S0 */
4
```

(a) 一维 stencil 计算代码

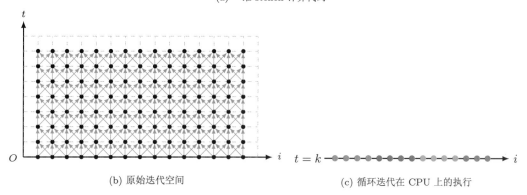

(b) 原始迭代空间　　　　　　　　　　(c) 循环迭代在 CPU 上的执行

图 4.4　一维 stencil 计算及其迭代空间示意图

如果我们现在只考虑循环迭代之间的并行性，通过分析图 4.4 (b) 不难发现，沿 i 轴方向上的所有循环迭代之间不存在依赖，也就是说相同时间迭代内的循环迭代是可以并行执行的。如图 4.4 (c) 所示是 $t = k$ 时循环迭代的示意图，$k\ (0 \leqslant k < T)$ 是一个常数。假设我们有 4 个 CPU 线程来并行执行这些循环迭代，每个线程上分配的循环迭代数量会尽量平均，图中相同颜色的循环迭代表示由同一个线程来执行。这时，我们并不需要特殊的循环变换来适配目标体系结构，但是优化编译器仍然需要证伪内层 i 循环的不同迭代之间的依赖才能实现这样的并行。以自动生成带有 OpenMP 编译指示的代码为例，优化编译器的代码生成器只需要在图 4.4 (a) 所示代码内层 i 循环前添加一个 #pragma omp parallel for 编译指示即可。

如果我们的目标平台是 GPU，那么优化编译器就需要考虑 GPU 上线程块和线程两级并行硬件抽象的特征。仍然考虑图 4.4 (a) 中的循环迭代，此时计算任务中只有一个可以并行执行的循环，而目标硬件平台上却提供了两级并行硬件抽象。为了适应 GPU 的硬件特征，优化编译器必须对内层 i 循环实施循环分段。关于循环分段及其实施的充分条件，我们将在4.5.2节中介绍。这个例子中实施循环分段是合法的。将原来的一层可并行执行的循环变换成两层可并行执行的循环嵌套。如图 4.5 (a) 所示是循环分段后的代码示意，为了便于说明，我们这里假设分段大小的参数为 4。循环分段后，用于迭代分段之间的循环 it 可以被映射到 GPU 的线程块上执行，用于迭代分段内的循环 ip 可以被映射到 GPU 的线程上执行。如图 4.5 (b) 所示是循环分段之后 $t = k$ 时循环迭代在 GPU 硬件上的映射示意图，相同颜色的循环迭代被映射到 GPU 相同线程块上执行。在一个线程块内，这些循环迭代再依次被映射到不同的线程上。

```
1  for (t = 0; t < T; t += 1 )
2    for (it = 0; it <= (N - 2)/4; it += 1)
3      for (ip = max(1, 4*ip); ip < min(N - 1, 4*ip + 4); ip += 1)
4        A[t + 1][ip] = 0.25 * (A[t][ip + 1] - 2.0 * A[t][ip] + A[t][ip - 1]); /*S0*/
5
```

(a) 循环分段后的一维 stencil 计算代码

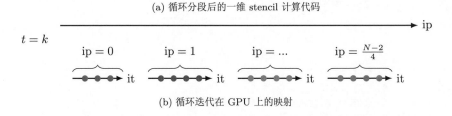

(b) 循环迭代在 GPU 上的映射

图 4.5　一维 stencil 计算循环分段代码及其在 GPU 上的映射

在只考虑并行性的前提下，循环变换的代码在硬件上的部署似乎看起来没有那么麻烦。然而，一个无法忽视的问题是现代体系结构上的存储层次结构。诚然，一些底层的编译技术已经充分考虑到如寄存器分配、指令流水并行等细粒度策略，但是面向高速缓存的数据局部性优化却是循环变换不得不考虑的问题。假设现在我们还需要考虑被迭代空间图 4.4 (b) 访问的内存地址空间，当 T 和 N 的值较大的时候，高级优化编译器应该能够实现一种有利于提升数据局部性的循环变换，从而提高数据在高级缓存上的命中率。

循环分块是提升高速缓存命中率的一种有效变换策略，所以优化编译器要想办法能够自动实现循环分块。仍然考虑图 4.4 (a) 中的例子，在基于多面体模型实现的优化编译器中，代码生成阶段的输入是表示程序迭代空间的集合和表示程序调度的映射。其中，表示程序调度的映射必须是从语句实例集合到字典序之间的仿射函数。多面体模型的代码生成器也可以以近似仿射函数作为输入来生成代码。假设现在我们有形如图 4.4 (b) 所示的迭代空间，那么优化编译器提供给代码生成器的调度是 $S_0(t,i) \rightarrow (t,i)$，这意味着代码生成器只能沿着 (t,i) 这两个方向生成循环。换句话说，(t,i) 是图 4.4 (b) 所示二维迭代空间坐标系的基，那么代码生成器生成的循环嵌套就一定是以 t 和 i 为循环索引变量的代码。当然，实际生成的代码可以用任意的符号替换 t 或 i，但任意替换的符号和 t 或 i 一定是一一对应的关系。

在这样的循环迭代空间基础上，优化编译器要自动生成带有循环分块的代码，循环分块的切割方向只能沿着 (t,i) 这个坐标系的基的两个方向进行，因为多面体模型要求在形如 $S_0(t,i) \rightarrow (t,i)$ 的调度上实现循环分块，实际上是在计算一个新的调度，该调度是通过 (t,i) 这一组循环索引变量除以各自方向上的分块大小常数获得的。假设我们沿这两个坐标轴的方向设置的分块大小是 4×4，那么在 $S_0(t,i) \rightarrow (t,i)$ 这个调度下，多面体模型计算出的能够生成循环分块的调度是 $S_0(t,i) \rightarrow (t/4,i/4,t,i)$，其对应的循环分块的示意图如图 4.6 (a) 所示，其中，绿色半透明区域表示循环分块的形状。

但是，这样的循环分块是非法的，因为图中任意两个水平相邻的分块之间存在依赖环，这意味着这种循环分块方式生成的代码会破坏原始程序的语义。要使循环分块合法，就要寻找一种能够不会导致分块之间形成依赖环的分块形状，而多面体模型的代码生成器又限制了循环分块的形状只能沿 (t,i) 坐标轴的方向切割，似乎用优化编译器寻找循环分块形状成了一个无法解决的问题。

通过对图 4.5 的分析，我们可以得知循环分段对 i 轴上的数据并行性是有益的，所以沿 i 轴切割获得循环分块形状的边也应该是合法的。我们现在主要讨论 t 轴方向的切割导致的问题。从图 4.6 (a) 中可以看出，t 轴的切割方向与程序中的两个依赖，即指向左上和右上两个方向的依赖都相交，这是导致分块后水平分块之间有依赖的主要原因。如果我们沿着这两个依赖其中的一个方向进行切割并构造新的分块形状，那么我们可以得到分别如图 4.6 (b) 和图 4.6(c) 的两种分块形状。不难发现，这两种分块形状都不会导致任意方向相邻两个分块之间的依赖环，说明这两种分块形状都是合法的。所以，多面体模型的任务就是要在保证代码生成器需要的输入满足条件的前提下，构造出如图 4.6 (b) 或图 4.6(c) 的分块形状。

要构造出上述两种分块形状或其中的任意一种，基于多面体模型的优化编译器可以采取的措施是在分块之前对循环的迭代空间施加其他循环变换或多种循环变换的组合，使得上述几个以 (t,i) 为基的坐标系变换成另外一组基，其中一个坐标轴仍为 i 保持不变，另外一个坐标轴与指向左上或右上的依赖方向平行，这样才能得到合法的循环分块。

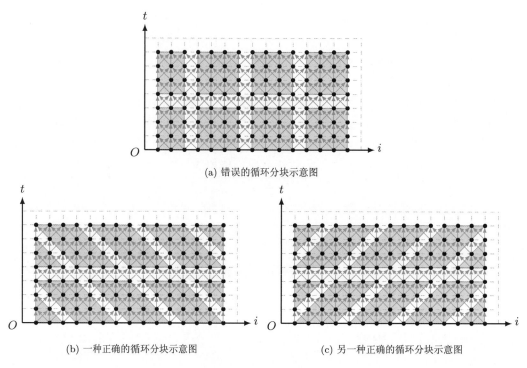

(a) 错误的循环分块示意图

(b) 一种正确的循环分块示意图   (c) 另一种正确的循环分块示意图

图 4.6   一维 stencil 计算的循环分块示意图

为了能够得到合法的循环分块形状，优化编译器还必须能够自动实现对循环分块友好的循环变换及这些循环变换的不同组合。因此，在优化编译器中自动实现不同循环变换及其组合是非常重要的，也是非常困难的。

更糟糕的是，循环变换的目的有时候是互相冲突的。以上述程序并行性和数据局部性为例，这两个目的在实现循环分块的时候就是相互矛盾的。在图 4.4 和图4.5中，没有实现循环分块的代码达到了最大化程序并行性的目的，但却损失了数据局部性；而图 4.6 中的循环分块示意图，即便不考虑循环分块正确性，循环分块后的代码都损失了程序的并行性，即使正确的循环分块能够提高数据的局部性。特别地，这种情况损失程序并行性的结果可能并不那么直观。读者可以再对比一下图 4.6 与图 4.4 和图4.5之间的区别。以生成带有 OpenMP 编译指示的代码为例，在不实施循环分块时，沿 i 轴方向的循环迭代都可以并行执行，#pragma omp parallel for 编译指示可以添加在内层 i 循环外面。但如果实现了循环分块，生成的代码循环嵌套将包含 4 层循环。在不经过其他优化的前提下，这种编译指示只能放在最内层循环的外面。带有 OpenMP 编译指示的代码在运行时有同步开销，编译指示在循环嵌套的层次越靠外，同步的开销就会越小。循环分块增加了同步开销，因此损失了程序的并行性。这种变换目标相互冲突的现象在优化编译器中十分常见，我们将在后面的内容中也会介绍其他情况。这就需要优化编译器提供一种可定制化的循环变换策略，让用户去选择是否开启某些循环变换，或者优化编译器需要根据不同的目标体系结构来选择是否开启这些循环变换。

4.3.3　Pluto 调度算法

不难发现，在只考虑程序并行性的前提下，优化编译器需要实现的循环变换组合是相对简单的，即使有时候目标体系结构可能要求可并行的循环尽量在循环嵌套的外层或内层。但是，存储层次结构导致的数据访存延迟是阻碍程序性能的另一个关键因素，尤其是在以深度神经网络为目标的领域特定加速芯片上，存储层次结构的影响更加不可忽视。所以，优化编译器应该能够具备自动实现有利于提升数据局部性的循环分块。

1. 一维 stencil 计算循环变换示例

Pluto 调度算法[19] 是当前几乎所有基于多面体模型的优化编译器采用的调度变换算法，也是 Pluto 编译器的核心，该编译器目前由 Uday Bondhugula 及其研究团队的成员开发和维护。该算法于 2018 年被程序设计语言和编译器领域的旗舰会议 PLDI 评为十年最有影响力的论文，颁奖评语是：Pluto 调度算法至今在众多领域包括将机器学习算法部署在特定加速部件等方面都发挥着重要作用。该算法以自动实现循环分块为目的，在实施循环分块之前试图寻找能够最大化循环分块可能性的循环变换组合。对于图 4.4(a) 所示的 stencil 计算代码，Pluto 调度算法总是寻找形如图 4.6 (b) 所示的分块形状。我们将会在接下来的内容中解释为什么 Pluto 调度算法不考虑如图 4.6 (c) 的分块形状，即便这种分块形状也是合法的。

概括地讲，Pluto 调度算法的核心思想是在兼顾程序并行性和数据局部性的前提下，利用一种定义良好的代价模型，自动确定有利于实现循环分块的顺序关系，通过计算原始程序的顺序关系和新的顺序关系之间的映射函数，自动实现循环分块友好的循环变换组合。在更形式化地介绍 Pluto 调度算法之前，我们先继续考虑前面的例子来直观地理解 Pluto 调度算法是如何工作的。

对于这个例子，Pluto 调度算法总是计算出如图 4.6 (b) 所示的分块形状，该分块形状的斜边与指向左上的依赖平行。如果用依赖距离向量表示该依赖的话，这个指向左上方向的依赖可以用距离向量 $(1,-1)$ 来表示，所以图 4.6 (b) 中所示的分块形状的斜边与 $(1,-1)$ 这个列向量所在的直线平行。我们需要找到垂直于这个方向的一个向量，这个方向是所有分块形状斜边的法向量。显然，这个法向量可以表示成 $(1,1)$。所以，如果我们换一个坐标系来看这个分块形状，如图 4.7 所示，该坐标系的基是 $(t, t+i)$。其中，纵轴 t 与原始 i 轴垂直，代表了分块形状横向边的法向量对应计算出的坐标轴表达式；横轴 $t+i$ 的表达式是由刚才所说的法向量 $(1,1)$ 与原始坐标系的基向量 (t,i) 的转置相乘得到的。

由于坐标系的基发生了改变，原始迭代空间也由原来的矩形变成了平行四边形，如图 4.7 所示。此时，所有的依赖都垂直向上或指向右上方向。将该程序在如图 4.7 所示坐标系下的顺序关系传递给代码生成器，这时代码生成器可以沿该坐标系的两个轴的方向切割迭代空间，在新的坐标系中得到的循环分块示意图如图 4.7 中绿色分块所示。如果我们将图 4.7 中的分块再放在以 (t,i) 为基的坐标系中看，就可以得到如图 4.6 (b)

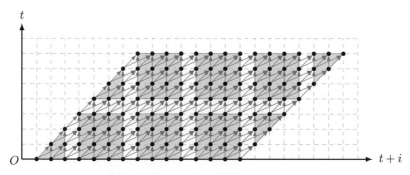

图 4.7 新的坐标系下循环分块形状示意图

所示的分块形状。优化编译器中描述分块形状通常是指在原来的坐标系中的形状，所以这种分块形状也被称为平行四边形分块。

所以，Pluto 调度算法也可以理解成在寻找一组新的坐标系的基，使代码生成器能够在该坐标系上生成带有循环分块的代码。对于我们讨论的例子，原始的迭代空间坐标系的基是 (t, i)，变换后的坐标系的基是 $(t, t+i)$，那么 Pluto 调度算法等价于求解一个整数系数矩阵 $\boldsymbol{M}$ 和常量向量 $\boldsymbol{C}$，使得

$$\boldsymbol{M} = \begin{pmatrix} c_{11} & c_{12} \\ c_{21} & c_{22} \end{pmatrix}, \ \boldsymbol{C} = \begin{pmatrix} c_{10} \\ c_{20} \end{pmatrix}, \ \boldsymbol{M} \cdot (t, i)^{\mathrm{T}} + \boldsymbol{C} = (t, t+i)^{\mathrm{T}} \tag{4-1}$$

其中，t 和 i 是原始迭代空间坐标轴的表达式，即循环索引变量，矩阵 $\boldsymbol{M}$ 和 (t, i) 的转置的乘积再加上向量 $\boldsymbol{C}$ 后与向量 $(t, t+i)$ 的转置相等，c_{xy} $(0 \leqslant x, y \leqslant 2)$ 表示矩阵 $\boldsymbol{M}$ 和向量 $\boldsymbol{C}$ 中的元素。Pluto 调度算法实际上就是求解上述表示中的每个元素 c_{xy} 使得等式成立。下面我们来更形式化地描述 Pluto 调度算法。在此之前，我们需要先给出几个重要的定义。

2. 利用仿射变换实现循环变换

定义 4.1 仿射超平面

　　一个仿射超平面 (affine hyperplane) 是一个 n 维空间的 $n-1$ 维仿射子空间。♣

hyperplane 的字面意思为超平面。在多面体模型中，超平面的作用是对空间进行分割或划分，因此也被翻译为割平面、划分平面等。一个仿射超平面也可以看作一个将 n 维空间映射到一维空间或将该空间投影到 $n-1$ 维子空间的一维仿射函数。因此，一个仿射超平面可以用

$$\phi(\boldsymbol{v}) = \boldsymbol{h} \cdot \boldsymbol{v} + c \tag{4-2}$$

表示，其中，$\boldsymbol{v}$ 是 n 维整数空间 $\mathbb{Z}^n$ 上的一个向量，$\boldsymbol{h}$ 为该仿射超平面的法向量，c 为一维整数空间 $\mathbb{Z}$ 上的一个常数。

从表达式 (4-2) 不难发现，一个向量 v 被映射到哪个仿射超平面上是由 $h \cdot v$ 决定的，n 维空间上相互平行的超平面则对应 $h \cdot v$ 不同的值。对于所有满足 $h \cdot v = k$ 的向量 $v \in \mathbb{Z}^n$，称这些向量 v 构成一个仿射超平面，h 为该仿射超平面的法向量。当两个向量 v_0 和 v_1 满足 $h \cdot v_0 = h \cdot v_1$ 时，称这两个向量位于同一个超平面上。

定义 4.2　一维仿射变换

称 $\phi_S(i)$ 为语句 S 的一个一维仿射变换，当且仅当

$$\phi_S(i) = h \cdot i + c_0^S = (c_1^S, c_2^S, \cdots, c_{m_S}^S) \cdot i + c_0^S \tag{4-3}$$

其中，i 表示 m_S 维整数空间 $\mathbb{Z}^{m_S}$ 的一个向量，$h = (c_1^S, c_2^S, \cdots, c_{m_S}^S)$ 为仿射超平面的法向量，c_j^S $(0 \leqslant j \leqslant m_S)$ 为一维整数空间 $\mathbb{Z}$ 上的变量。一个仿射变换由仿射超平面 i 的法向量唯一确定。♣

一维仿射变换基本上可以和一个超平面等价，可以用于计算循环嵌套含有一个数组下标维度语句的变换。在实际应用中，更常见的是多个数组下标的语句。假设 n 层循环嵌套中的一个语句有 d 个数组下标，如果我们用一个上角标 k $(1 \leqslant k \leqslant d)$ 表示其中一个维度，对应维度的一维仿射变换可以写成 $\phi_S^k(i)$ 的形式，那么我们可以定义多维仿射变换 $\mathcal{T}_S(i)$。

定义 4.3　多维仿射变换

称 $\mathcal{T}_S(i)$ 为语句 S 的一个多维仿射变换，当且仅当

$$\mathcal{T}_S(i) = M_S(i) + C \tag{4-4}$$

其中，M_S 是 $d \times m_S$ 维整数空间 $\mathbb{Z}^{d \times m_S}$ 上的一个矩阵，C 为 d 维整数空间 $\mathbb{Z}^d$ 上的一个向量。更具体地，$\mathcal{T}_S(i)$ 可以写成

$$\mathcal{T}_S(i) = (\phi_S^1(i), \phi_S^2(i), \cdots, \phi_S^d(i))^{\mathrm{T}} = \begin{pmatrix} c_{11}^S & c_{12}^S & \cdots & c_{1,m_S}^S \\ c_{21}^S & c_{22}^S & \cdots & c_{2,m_S}^S \\ \vdots & \vdots & \vdots & \vdots \\ c_{d,1}^S & c_{d,2}^S & \cdots & c_{d,m_S}^S \end{pmatrix} \cdot i + \begin{pmatrix} c_{10}^S \\ c_{20}^S \\ \vdots \\ c_{d,0}^S \end{pmatrix} \tag{4-5}$$

的形式。♣

例 4.1　对于式 (4-1) 中的等式，根据多维仿射变换的定义，不难推断出 $m_S = d = 2$，$C = 0$。将 (t, i) 看作式 (4-5) 中的向量 i，可以看出式 (4-1) 与式 (4-5) 等价。式 (4-1) 中 M 的第一行 (c_{11}, c_{12}) 对应式 (4-5) 中的 $\phi_S^1(i)$。也就是说，(c_{11}, c_{12}) 代表的是一维仿射变换 $\phi_S^1(i)$ 对应仿射超平面的法向量。

利用仿射变换实现循环变换的一个重要原因在于仿射变换能够支持传统的幺模矩阵无法实现的变换，使基于多面体模型的优化编译器能够支持非完美循环嵌套的自动变换。多维仿射变换 $\mathcal{T}_S(i)$ 是 d 个一维仿射变换 $\phi_S^k(i)$ $(1 \leqslant k \leqslant d)$ 的组合，d 也被称为多维仿射变换 $\mathcal{T}_S(i)$ 的维度。d 被允许大于 m_S，即多面体模型可能会计算出一个比循环嵌套的层数 m_S 大的多维仿射变换，因为多面体模型允许某个 $\phi_S^k(i)$ $(1 \leqslant k \leqslant d)$ 的 $\boldsymbol{h}^k = \boldsymbol{0}$，但对应的常数 $c_{k,0}^S \neq 0$，这个维度上的一维仿射变换被称为标量维。标量维的引入使得多面体模型能够自动实现非完美循环嵌套之间的循环合并、循环分布等变换，这些都是幺模矩阵不支持的。

Pluto 调度算法实现循环变换的实质就是以程序并行性和数据局部性为目的，计算出一个满足目标问题的多维仿射变换 $\mathcal{T}_S(i)$。读者也可以认为基于多面体模型的优化编译器实现循环变换及不同循环变换之间的组合都是通过计算多维仿射变换 $\mathcal{T}_S(i)$ 中的矩阵 $\boldsymbol{M}_S$ 和 $\boldsymbol{C}$。判定矩阵元素的过程是一个 NP 完全问题，而且满足目标问题的解可能有多个，所以 Pluto 调度算法采用了一种代价模型来限制寻求目标问题的可行解空间，通过这样的代价模型计算出可行解上的字典序最小解。

3. 调度变换的合法性约束

计算多维仿射变换 $\mathcal{T}_S$ 中的矩阵 $\boldsymbol{M}_S$ 时，可以将矩阵当作一个整体来求解，也可以逐行求解，即每次求解一个 $\phi_S(i)$。Pluto 调度算法采用的是第二种方式，也就是说，对于一个 d 维的仿射变换 $\mathcal{T}_S$，Pluto 调度算法是按 k $(1 \leqslant k \leqslant d)$ 递增的顺序求解每个 ϕ_S^k，并且每次求解的过程互相独立，所以我们可以不考虑 ϕ_S^k 的上角标。但是式 (4-5) 只是一个表达式，我们需要构建一些约束，无论这些约束是等式约束还是不等式约束，这样才有可能去计算可能的系数矩阵。

在第 3 章中我们已经介绍了依赖的基本定理。Pluto 调度算法实现的循环变换是对程序的重排序变换，所以只有在满足依赖的基本定理时，这样的循环变换才是合法的。依赖的基本定理描述的一个基本事实是：当优化编译器对程序实施重排序变换时，它仍然维持原始程序的依赖，这种维持关系可以通过依赖源点和汇点之间的顺序关系来描述。对于程序中的任意一个依赖，假设其源点语句实例 S_i 的字典序可以用 m_{S_i} 维列向量 s 表示，汇点语句实例 S_j 的字典序可以用 m_{S_j} 维列向量 t 表示，那么在原始程序中，一定存在

$$t - s \succcurlyeq 0 \tag{4-6}$$

一个一维仿射变换 ϕ_S 必须是合法的，它就要在变换后仍然维持这样的顺序关系，那么有

$$\phi_{S_j}(\boldsymbol{t}) - \phi_{S_i}(\boldsymbol{s}) \geqslant 0 \tag{4-7}$$

其中，ϕ_{S_i} 和 ϕ_{S_j} 分别表示语句 S_i 和 S_j 的一维仿射变换。注意不等式 (4-7) 中的符号变化，已经将不等式 (4-6) 中的字典序大于或等于 $\succcurlyeq$ 替换成了大于或等于 $\geqslant$，因为 $\phi_{S_j}(\boldsymbol{t})$ 和 $\phi_{S_i}(\boldsymbol{s})$ 都是整数。同时，请注意不等式 (4-6) 右边 $\boldsymbol{0}$ 是一个零列向量，而不等

式 (4-7) 右边是一个整数 0。不等式 (4-7) 也被称为调度变换的合法性约束。将式 (4-3) 代入合法性约束式 (4-7) 可得

$$(c_1^{S_j}, c_2^{S_j}, \cdots, c_{m_{S_j}}^{S_j}) \bullet \boldsymbol{t} - (c_1^{S_i}, c_2^{S_i}, \cdots, c_{m_{S_i}}^{S_i}) \bullet \boldsymbol{s} \geqslant 0 \tag{4-8}$$

注意这里可能会有表达式 (4-3) 中常数 $c_0^{S_i}$ 和 $c_0^{S_j}$ 的影响。如果不涉及循环合并，那么 $c_0^{S_i} = c_0^{S_j}$ 成立；否则 $c_0^{S_i} < c_0^{S_j}$ 成立。无论哪种情况，不等式 (4-8) 右边的表达式总是可以写成 $c_0^{S_j} - c_0^{S_i}$，而 $c_0^{S_j} - c_0^{S_i} \geqslant 0$ 总是成立的，所以不等式 (4-8) 总是成立的。

Pluto 调度算法要求解的是 ϕ_S 对应超平面法向量 $\boldsymbol{h}$ 的每个元素 c_k^S ($1 \leqslant k \leqslant m_S$)，而代表字典序的列向量中的每个元素都是一个符号常量，将不等式的左边展开后，左边表达式必定包含未知量 c_k^S ($1 \leqslant k \leqslant m_S$) 与符号常量的乘积形式，所以不等式 (4-8) 是非线性表达式。或者，更精确的，应该说是非仿射表达式，但由于该表达式中不包含符号常量了，因此也可以称为非线性的。因此，我们需要用 Farkas 引理来实现不等式 (4-8) 的线性化。根据 Farkas 引理，我们有

$$(c_1^{S_j}, c_2^{S_j}, \cdots, c_{m_{S_j}}^{S_j}) \bullet \boldsymbol{t} - (c_1^{S_i}, c_2^{S_i}, \cdots, c_{m_{S_i}}^{S_i}) \bullet \boldsymbol{s} \equiv \lambda_0 + \sum_{1 \leqslant k \leqslant m_e} \lambda_k \mathcal{D}^k \geqslant 0 \tag{4-9}$$

其中，$\lambda_k \geqslant 0$ ($0 \leqslant k \leqslant m_e$) 表示 Farkas 引理引入的因子，$m_e$ 表示程序中依赖的个数，$\mathcal{D}_k$ ($0 \leqslant k \leqslant m_e$) 表示第 k 个依赖对应的仿射表达式。将上面等价关系的左右两端所有循环索引变量的系数做相等的转换，就可以消除所有循环索引变量的影响。Farkas 引理实现了不等式 (4-8) 的线性化，但也引入了新的未知变量，即所有的 Farkas 因子 λ_k ($0 \leqslant k \leqslant m_e$)，这些未知变量可以用高斯消去法或 Fourier-Motzkin 消去法删除。

例 4.2 考虑图 4.1 中的例子，该代码迭代空间上有全局一致的三个依赖，分别可以用列向量 (1,0)、(1,1) 和 (1,–1) 表示，并假设要求解的系数矩阵 $\boldsymbol{M}$ 和常量向量 $\boldsymbol{C}$ 如式 (4-1) 所示。该循环嵌套中只包含一个语句 S_0，不涉及循环分块和分布，所以常量向量为零列向量，即 $\boldsymbol{C} = \boldsymbol{0}$。将式 (4-1) 和三个依赖距离列向量代入不等式 (4-7)，可得到

$$(c_{11}, c_{12}) \bullet \begin{pmatrix} 1 \\ 0 \end{pmatrix} \geqslant 0, \ (c_{11}, c_{12}) \bullet \begin{pmatrix} 1 \\ 1 \end{pmatrix} \geqslant 0, \ (c_{11}, c_{12}) \bullet \begin{pmatrix} 1 \\ -1 \end{pmatrix} \geqslant 0 \tag{4-10}$$

即

$$\begin{aligned} c_{11} &\geqslant 0 \\ c_{11} + c_{12} &\geqslant 0 \\ c_{11} - c_{12} &\geqslant 0 \end{aligned} \tag{4-11}$$

显然，仅依靠调度变换的合法性约束无法计算出一个有效解，因为在这样的约束条件下，满足目标优化问题的可行解有无限多个，因为合法性约束只限定了求解目标问题的下限。我们还要想办法为所有未知变量 c_k^S ($1 \leqslant k \leqslant m_S$) 寻找到限定上限的约束条件。

4. 重新考虑并行性

前面我们提到，Pluto 调度算法的一个重要目的是能够自动实现循环分块，但是通过循环分块提升数据局部性与程序并行性的目的冲突，这是因为之前我们讨论的并行性只考虑了循环迭代之间的并行性。Pluto 调度算法在实施循环分块后，重新考虑了分块之间的并行性。如果我们将一个循环分块看作一个超结点 (supernode，这也是循环分块最开始被提出时所用的名称，指整个分块可以看作一个原子操作)，以循环分块对应的超结点构建一个新的迭代空间，可以得到如图 4.8 所示的超结点迭代空间。图中每个黑色小方框表示图 4.7 中的一个绿色分块，蓝色箭头表示分块之间的依赖。横坐标和纵坐标分别用 i_T 和 t_T 表示，它们对应图 4.7 中的坐标系的基 $(t, t+i)$ 除以对应维度上的分块大小的表达式。根据分块对应超结点在该迭代空间的位置，我们对各超结点进行了编号。

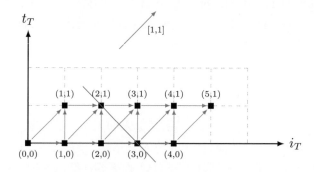

图 4.8   以循环分块超结点为原子操作的迭代空间示意图

由于已经对循环迭代实施了循环分块，因此这个阶段就不需要考虑数据局部性了，除非需要实现多级分块。在考虑分块之间的并行性时，Pluto 调度算法将每个分块看作一个原子操作，并在 (t_T, i_T) 空间上再进行一次只考虑并行性的调度变换。通过分析各分块对应超结点之间的依赖，Pluto 调度算法能够计算出一个 (t_T, i_T) 空间上的一个超平面法向量 $(1,1)$，如图 4.8 中红线所示为该超平面，在该超平面上的两个编号为 $(2,1)$ 和 $(3,0)$ 的分块可以并行执行。图中绿色箭头表示该超平面的法向量。

现在我们再将分块放回到 (t, i) 坐标系中分析循环分块。如图 4.9 (a) 所示是 (t, i) 坐标系中带有循环分块编号的示意图。为了便于说明，我们没有显示原来的循环迭代和迭代之间的依赖。根据图 4.8 所示方式，我们可以得到如图 4.9 (b) 所示的并行时间方式。这里，我们假设图 4.9 (a) 中在同一水平方向上的所有分块由同一个处理器执行，并假设这两个处理器分别为 P_0 和 P_1。不难看出，分块之间的并行方式采用的是流水 (pipeline) 并行或波前 (wavefront) 并行。$t = 0, 1$ 时处于流水填充阶段，由于分块 $(1,1)$ 依赖于分块 $(1,0)$，处理器 P_1 空载；$t = 2, 3, 4$ 时，两个处理器同时工作，但每次 t 发生改变时，处理器之间需要进行数据的传送，以保证程序的正确性。例如，$t = 3$ 时，处理器 P_1 计算分块 $(2,1)$，但该分块依赖于由 P_0 计算的分块 $(2,0)$，因此分块 $(2,0)$ 需要向分块 $(2,1)$ 传送数据，图 4.9 (b) 中的蓝色箭头表示数据传输的方向，也表示分块之间的依赖。图 4.9 (a) 中分块 (2,0) 中红线上所有的数据都要在 $t = 3$ 之前传送给处理器 P_1。$t = 5,6$ 是流水并行的排空阶段，由于 P_0 已计算完成，这个时间段内 P_0 不参与计算。

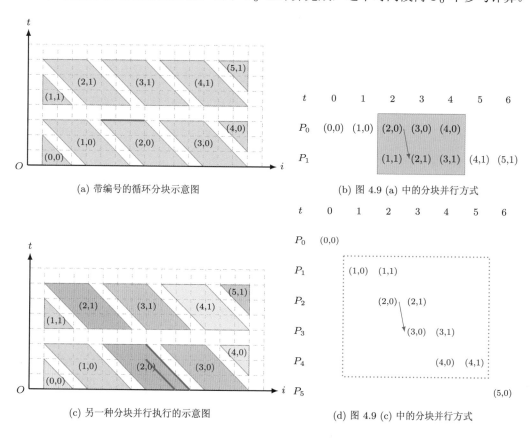

(a) 带编号的循环分块示意图　(b) 图 4.9 (a) 中的分块并行方式

(c) 另一种分块并行执行的示意图　(d) 图 4.9 (c) 中的分块并行方式

图 4.9　循环分块的流水并行示意图

当然，在实现这些分块之间的并行时，也可以不考虑分块之间的流水并行。在硬件充足的前提下，可以沿图 4.8 所示水平方向 i_T 轴分配足够多的处理器，使该图中垂直方向上的分块由同一个处理器计算。图 4.9 (c) 用不同的颜色对这些分块进行了着色，相同颜色的分块由同一个处理器执行，一共需要 6 个处理器，图 4.9 (d) 给出了在这种执行方式的示意图。仍然以分块 (2,0) 为例，该分块由处理器 P_2 在 $t = 2$ 时执行，由于分块 (2,1) 依赖于分块 (2,0)，并且分块 (2,1) 仍然由处理器 P_2 执行，所以分块 (2,1) 可以在 $t = 3$ 时执行，但这两个分块之间不需要进行数据传送，因为数据都在相同的处理器上。

类似地，分块 (3,0) 也依赖于分块 (2,0)，但不依赖于分块 (2,1)，所以分块 (3,0) 也可以在 $t = 3$ 时执行，但由于分块 (3,0) 是由 P_3 处理器执行的，所以分块 (2,0) 必须向分块 (3,0) 传送数据，图 4.9 (d) 的蓝色箭头表示了这两个分块之间的依赖和数据通信方向。图中红色点线框内表示在这些时刻有多个处理器同时执行。显然，这种并行的方式需要更多的硬件处理器，但执行时间与图 4.9 (b) 相同。此外，请注意图 4.9 (c) 的红线表示从分块 (2,0) 向分块 (3,0) 进行数据传送时所需的数据总量。

除了图 4.9 (c) 所示的分块切割方向，读者还可以在一定的范围内继续倾斜图中平行四边形的斜边，以获得不同的分块形状。更具体地，只要平行四边形的斜边所在超平面的法向量在 (1,1) 和 (1,−1) 所构成的 z 锥面 (cone) 范围内，由此构成的分块形状都是合法的。但是，随着平行四边形的斜边越来越倾斜，无论是如图 4.9 (a) 所示考虑循环分块之间流水并行的情况还是如图 4.9 (c) 所示采用更多处理器的方法，都无法最小化不同处理器之间的通信数据量。Pluto 调度算法在计算新的语句实例之间的顺序关系时，将最小化通信数据量作为一种目标优化问题，并对该问题进行抽象构造了代价模型。

5. Pluto 调度算法的代价模型

事实上，Pluto 调度算法的代价模型非常简单，即构造一个仿射函数 δ 为合法性约束式 (4-7) 的左边表达式，即

$$\delta(\boldsymbol{s}, \boldsymbol{t}) = \phi_{S_j}(\boldsymbol{t}) - \phi_{S_i}(\boldsymbol{s}) \tag{4-12}$$

该 δ 函数代表了沿一维仿射变换 ϕ 对应的法向量方向上，依赖 "穿过" 的超平面的个数。当一维仿射变换 ϕ 对应的不同超平面上的循环迭代被串行执行时，δ 函数代表了数据被重用的时间间隔；当 ϕ 被用于作为循环分块的切割方向时，δ 函数则代表了分块之间需要进行通信的数据量，即图 4.9 (a) 和图 4.9 (c) 中所示的红线。Pluto 调度算法试图对该函数构造一个上限，意味着经过 Pluto 调度算法变换后，循环分块之间的通信数据总量将不会超过该上限。如果能够找到一个特定的仿射变换 ϕ 使得 δ 函数的上限是一个常量或零，那么 Pluto 就返回这个一维仿射变换 ϕ。为了找到这样的一维仿射变换，Pluto 调度算法提出了下面的定理。

> **定理 4.1　Pluto 调度算法的代价模型函数上界**
>
> 　　给定一段由多个循环嵌套构成的程序片段。如果这些循环嵌套的迭代空间内的循环索引变量都是有界的，那么 δ 函数的上界一定是一个关于向量 $\boldsymbol{n}$ 的仿射表达式，即一定存在一个
>
> $$v(\boldsymbol{n}) = \boldsymbol{u} \bullet \boldsymbol{n} + w \tag{4-13}$$
>
> 使得
>
> $$v(\boldsymbol{n}) - \delta(\boldsymbol{s}, \boldsymbol{t}) = v(\boldsymbol{n}) - (\phi_{S_j}(\boldsymbol{t}) - \phi_{S_i}(\boldsymbol{s})) \geqslant 0 \tag{4-14}$$
>
> 成立。对该程序片段内所有依赖的源点 $\boldsymbol{s}$ 和汇点 $\boldsymbol{t}$ 都成立。其中，$\boldsymbol{n} = (n_1, n_2, \cdots, n_k)^{\mathrm{T}}$ 是该程序片段内所有循环边界的参数构成的符号或常数列向量，k 代表该程序片段内参数的个数。$\boldsymbol{u} = (u_1, u_2, \cdots, u_k)$ 是一个由未知变量构成的行向量，w 为一个未知变量。　♡

当 δ 函数中有循环索引变量出现时，该定理总是能够通过行向量 $\boldsymbol{u}$ 找到一个足够大的常数使其仿射表达式 (4-13) 成为 δ 函数的上界。换句话讲，对于循环嵌套中的任意

依赖，其依赖距离一定可以被对应循环索引下标的边界所限定。这也是为什么以 Pluto 调度算法为基础的多面体模型优化编译器总是要求循环边界是静态可知的原因，因为对于一个没有边界的循环，Pluto 调度算法没有办法确定 δ 函数的上界，也就没办法找到一个合适的仿射变换。这里没有边界的情况既包括没有上界或没有下界的情况，也包括两者都没有的情况。因此，一般情况下，while 循环没有办法被 Pluto 调度算法处理，即为什么需要根据4.2.1节中介绍的内容对 while 循环做预处理的原因。另外，由于 $v(\boldsymbol{n}) \geqslant \delta(\boldsymbol{s}, \boldsymbol{t}) \geqslant 0$，$\boldsymbol{u}$ 应该随着程序片段中参数的增长或保持不变，或随之变大，因此 $\boldsymbol{u}$ 中每个分量都应该是非负的。

与合法性约束类似，δ 函数中由于可能存在未知变量与循环索引变量的乘积导致该上界可能变成非仿射函数，所以我们仍然使用 Farkas 引理来实现不等式 (4-14) 的线性化，即

$$\boldsymbol{u} \cdot \boldsymbol{n} + w - \delta(\boldsymbol{s}, \boldsymbol{t}) \equiv \lambda_0 + \sum_{1 \leqslant k \leqslant m_e} \lambda_k \mathcal{D}^k \tag{4-15}$$

其中，各符号的意义与式 (4-9) 中相同。我们仍然可以让该等式左右两端相同循环索引变量的系数相等，然后删除所有循环索引变量在约束中的出现。

至此，Pluto 调度算法代价模型函数已变成仿射不等式，该不等式可以通过寻找目标函数

$$\text{lexmin}(u_1, u_2, \cdots, u_k, w, \cdots, c_1^S, c_2^S, \cdots, c_{m_S}^S) \tag{4-16}$$

的字典序最小解来求解。其中，未知行向量 $\boldsymbol{u}$ 被放在目标函数最左端的位置，接下来是未知变量 w，然后是仿射变换式 (4-3) 中每个向量分量。回顾3.2.2节中介绍的距离向量的定义。Pluto 调度算法将行向量 $\boldsymbol{u}$ 放在目标函数的最左端，因为程序中循环索引的上界往往是比较大的常数，所以 Pluto 调度算法首先试图最小化这些常数或符号的系数，这种方式能够保证找到最优解。

6. 求解方法

确定了目标函数之后，Pluto 调度算法调用整数线性规划求解工具来寻找满足目标问题式 (4-16) 的字典序最小解。考虑字典序最小解时，Pluto 调度算法首先排除了全 0 的平凡解，即在求解目标问题式 (4-16) 时，添加了一个形如

$$\sum_{i=1}^{m_S} c_i^S \geqslant 1 \tag{4-17}$$

的约束，以避免全 0 平凡解。不等式 (4-17) 在将全 0 平凡解排除在外的同时，也排除了循环反转。

现在，Pluto 调度算法可以使用整数线性规划求解工具来解决目标问题了。Pluto 调度算法针对每个语句计算出一个多维仿射变换，每个多维仿射变换都逐行求解。对于被 Pluto 调度算法考虑的任何一个语句 S，整数线性规划求解工具至少要找到与该语句迭代空间维度 m_S 相同个数的线性无关一维仿射变换；每计算出一个仿射变换的解，就

将该解传播到下一个要计算的仿射变换对应的最优化问题的约束中，这种传播保证了多
维仿射变换系数矩阵每一行之间的线性无关性。

更具体地，根据多维仿射变换的表达式 (4-5)，假设现在已经有前 r $(1 \leqslant r \leqslant d)$ 行
一维仿射变换被计算出来，我们用 $\boldsymbol{H}_S$ 表示这 r 个一维仿射变换构成的矩阵，那么与
$\boldsymbol{H}_S$ 正交的子空间[20,50,56] 由

$$\boldsymbol{H}_S^{\perp} = I - \boldsymbol{H}_S^{\mathrm{T}}(\boldsymbol{H}_S\boldsymbol{H}_S^{\mathrm{T}})^{-1}\boldsymbol{H}_S \tag{4-18}$$

给出，其中，$\boldsymbol{H}_S^{\perp}$ 表示与 $\boldsymbol{H}_S$ 正交的矩阵，即 $\boldsymbol{H}_S^{\perp}\boldsymbol{H}_S^{\mathrm{T}} = \boldsymbol{0}$ 成立。在计算出 $\boldsymbol{H}_S^{\perp}$ 后，$\boldsymbol{H}_S^{\perp}$
中所有无效的行向量都会被删除，即所有零行向量和那些与前面几行线性相关的行向量
都会被删除。我们用 $\boldsymbol{h}_S^*$ 表示下一个要被求解的一维仿射变换的超平面的法向量 $\boldsymbol{h}$，用
$\boldsymbol{H}_S^{i\perp}$ 表示 $\boldsymbol{h}_S^*$ 的一个有效行向量。那么在求解 $\boldsymbol{h}_S^*$ 时，将

$$\forall i, \boldsymbol{H}_S^{i\perp} \cdot \boldsymbol{h}_S^* \geqslant 0 \wedge \sum_i \boldsymbol{H}_S^{i\perp} \cdot \boldsymbol{h}_S^* \geqslant 1 \tag{4-19}$$

作为新的约束添加到求解 $\boldsymbol{h}_S^*$ 的目标问题的约束中。

例 4.3　仍然考虑图 4.4(a) 中的示例，假设我们已经用 Pluto 调度算法计算出多维仿射
变换 $\mathcal{T}_S$ 的第一行，也就是说，第一个一维仿射变换 $\phi(\boldsymbol{i}) = (1, 0)$，即 $(c_{11}, c_{12}) = (1, 0)$。
那么我们可以得到

$$\boldsymbol{H}_S = (1, 0), \quad \boldsymbol{H}_S^{\perp} = \begin{pmatrix} 0 & 0 \\ 0 & 1 \end{pmatrix} \tag{4-20}$$

删除 $\boldsymbol{H}_S^{\perp}$ 的无效行之后，可以得到

$$\boldsymbol{H}_S^{1\perp} = (0, 1) \tag{4-21}$$

那么，在计算第二个一维仿射变换时，根据式 (4-19)，可以将

$$c_{22} \geqslant 1 \tag{4-22}$$

添加到目标问题的约束中。

7. 一个完整的求解过程示例

现在我们通过图 4.4(a) 中的示例来说明 Pluto 调度算法是如何实现调度变换的。首
先，我们可以不考虑式 (4-5) 中的常数向量 $\boldsymbol{C}$，因为该图中只有一个语句，不会涉及循
环合并或分布。在这样的前提下，表达式 (4-5) 中的多维仿射变换 $\mathcal{T}_S$ 的维度为 2。在求
解 $\mathcal{T}_S$ 的第一个一维仿射变换时，可以根据例 4.1 获得三个约束条件。

根据 Pluto 调度算法代价模型函数的上界，我们有

$$(c_{11}, c_{12}) \cdot \begin{pmatrix} 1 \\ 0 \end{pmatrix} \leqslant w, \; (c_{11}, c_{12}) \cdot \begin{pmatrix} 1 \\ 1 \end{pmatrix} \leqslant w, \; (c_{11}, c_{12}) \cdot \begin{pmatrix} 1 \\ -1 \end{pmatrix} \leqslant w \tag{4-23}$$

即

$$c_{11} \leqslant w, \ c_{11} + c_{12} \leqslant w, \ c_{11} - c_{12} \leqslant w \tag{4-24}$$

这里，Pluto 调度算法代价模型函数的上界中行向量 $\boldsymbol{u}$ 为零行向量，因为该例中三个依赖在整个迭代空间上是全局一致的。

接下来，我们再根据不等式 (4-17) 得到

$$c_{11} + c_{12} \geqslant 1 \tag{4-25}$$

以消除全 0 的平凡解，最终图 4.4(a) 中示例第一个一维仿射变换要求解的优化问题是求解

$$\text{lexmin}(u_1, u_2, w, c_{11}, c_{12}) \tag{4-26}$$

使得

$$\begin{aligned}
c_{11} &\geqslant 0 \\
c_{11} + c_{12} &\geqslant 0 \\
c_{11} - c_{12} &\geqslant 0 \\
c_{11} &\leqslant w \\
c_{11} + c_{12} &\leqslant w \\
c_{11} - c_{12} &\leqslant w \\
c_{11} + c_{12} &\geqslant 1
\end{aligned} \tag{4-27}$$

其中，$\boldsymbol{u} = (u_1, u_2) = (0, 0)$。因为该代码中有两个参数 T 和 N，所以 $\boldsymbol{u}$ 是二维行向量。用整数线性规划求解工具计算可得上述优化问题的字典序最小解为 $(u_1, u_2, w, c_{11}, c_{12}) = (0, 0, 1, 1, 0)$。

接下来要求解的是 $\mathcal{T}_S$ 的第二个一维仿射变换。与求解第一个一维仿射变换的步骤类似，Pluto 调度算法依次添加合法性约束、消除全 0 平凡解约束和代价模型函数的上界。然后，再根据仿射变换之间的线性无关约束条件式 (4-19) 得到如例4.3所示的约束，最终得到第二个一维仿射变换要求解的优化问题，即求解

$$\text{lexmin}(u_1, u_2, w, c_{21}, c_{22}) \tag{4-28}$$

使得

$$\begin{aligned}
c_{21} &\geqslant 0 \\
c_{21} + c_{22} &\geqslant 0 \\
c_{21} - c_{22} &\geqslant 0 \\
c_{21} &\leqslant w \\
c_{21} + c_{22} &\leqslant w \\
c_{21} - c_{22} &\leqslant w \\
c_{21} + c_{22} &\geqslant 1 \\
c_{22} &\geqslant 1
\end{aligned} \tag{4-29}$$

并得到上述优化问题的字典序最小解为 $(u_1, u_2, w, c_{11}, c_{12}) = (0, 0, 2, 1, 1)$。所以，我们有

$$\mathcal{T}_S \begin{pmatrix} t \\ i \end{pmatrix} = \begin{pmatrix} 1 & 0 \\ 1 & 1 \end{pmatrix} \begin{pmatrix} t \\ i \end{pmatrix} = \begin{pmatrix} t \\ t+i \end{pmatrix}$$

该多维仿射变换得到的结果就是图 4.7 中坐标系的基 $(t, t+i)$。

由于在该例中所有的依赖在迭代空间上是全局一致的，所以在计算代价模型函数的上界时，行向量 u 为零行向量，也因此不需要使用 Farkas 引理来做线性化处理。关于需要使用 Farkas 引理的例子，读者可以参考文献 [15]。

Pluto 调度算法使多面体模型成为自动实现各种循环变换及其组合的一个利器。当前，基于多面体模型的优化编译器几乎能实现全部循环变换及其不同方式的组合。下面我们来讨论基于多面体模型的优化编译器中能够实现的循环变换。

4.4　仿射循环变换

任何能用多维仿射变换 $\mathcal{T}_S$ 表示的循环变换都称为仿射循环变换，注意，定义 4.3 中要求 $\boldsymbol{M}_S$ 是 $d \times m_S$ 维整数空间 $\mathbb{Z}^{d \times m_S}$ 上的一个矩阵，这说明 $\boldsymbol{M}_S$ 的每个元素都必须是整数。

在前面的内容中我们提到，Pluto 调度算法的一个核心目的是将原始程序坐标系的基进行仿射变换，构造出一个新的坐标系的基，使优化编译器的代码生成器能够在其基础上生成带有循环分块的代码。所以从实现的先后顺序来看，在循环分块之前，利用 Pluto 调度算法实现的循环变换都是仿射循环变换。

4.4.1　循环交换

循环交换 (loop interchange 或 loop permutation)，是一种将完美循环嵌套内两个循环的嵌套顺序进行交换的循环变换技术，通过这种技术既可以将可向量化的循环移动到循环嵌套的最内层以提高程序的向量化效果，也可以将可并行化的循环移动到循环嵌套的最外层以增加程序的并行粒度，并减少同步开销。假设有一个 n 层完美循环嵌套，循环嵌套内语句的字典序可以用 $\boldsymbol{i} = (i_1, i_2, \cdots, i_n)$ 表示。对于任意的 $1 \leqslant p < q \leqslant n$，如果要交换循环 i_p 和 i_q 的嵌套顺序，循环交换前语句的字典序可以用 $\boldsymbol{i} = (i_1, \cdots, i_p, \cdots, i_q, \cdots, i_n)$ 表示，那么循环交换后的字典序可以用 $\boldsymbol{i}' = (i_1, \cdots, i_q, \cdots, i_p, \cdots, i_n)$ 表示。

循环交换的仿射变换构造比较简单。我们可以先构造一个 $n \times n$ 的单位矩阵 $\boldsymbol{I}_{n \times n}$ 使得

$$\boldsymbol{I}_{n \times n} = \begin{pmatrix} 1 & 0 & \cdots & 0 \\ 0 & 1 & \cdots & 0 \\ \vdots & \vdots & \ddots & \vdots \\ 0 & 0 & \cdots & 1 \end{pmatrix} \tag{4-30}$$

那么，关于循环交换的多维仿射变换 $\mathcal{T}_S$ 就应该是

$$\mathcal{T}_S(\boldsymbol{i}) = \boldsymbol{I}_{n\times n}^{p\leftrightarrow q}(\boldsymbol{i}) \tag{4-31}$$

其中，上角标 $p \leftrightarrow q$ 表示将单位矩阵 $\boldsymbol{I}_{n\times n}$ 的第 p 行和第 q 行进行互换。对矩阵进行上述初等行变换在多面体模型中是非常简单的，Pluto 调度算法也能够自动实现循环交换。值得注意的是，Pluto 调度算法的代价模型是面向多核架构设计的，所以 Pluto 调度算法在实现循环交换时，更倾向于将可并行的循环移动到循环嵌套的外层，以提高并行粒度，并降低同步开销。

由于循环交换可能会改变循环携带依赖的源点和汇点之间的顺序，所以循环交换不总是合法的。我们用一个例子来说明循环交换不合法的情况。

例 4.4　考虑图 4.4 中的代码示例，其迭代空间上全局一致的依赖可以用距离向量 $(1,0)$、$(1,1)$ 和 $(1,-1)$ 表示。根据式 (4-31)，如果要对 (t,i) 进行循环交换，那么其对应的仿射变换为

$$\mathcal{T}_S\begin{pmatrix} t \\ i \end{pmatrix} = \begin{pmatrix} 0 & 1 \\ 1 & 0 \end{pmatrix}\begin{pmatrix} t \\ i \end{pmatrix} \tag{4-32}$$

所以，经过循环交换后，计算式 (4-7) 左边的仿射表达式时，我们有

$$\begin{pmatrix} 0 & 1 \\ 1 & 0 \end{pmatrix}\cdot\begin{pmatrix} 1 \\ 0 \end{pmatrix} = \begin{pmatrix} 0 \\ 1 \end{pmatrix},\ \begin{pmatrix} 0 & 1 \\ 1 & 0 \end{pmatrix}\cdot\begin{pmatrix} 1 \\ 1 \end{pmatrix} = \begin{pmatrix} 1 \\ 1 \end{pmatrix},\ \begin{pmatrix} 0 & 1 \\ 1 & 0 \end{pmatrix}\cdot\begin{pmatrix} 1 \\ -1 \end{pmatrix} = \begin{pmatrix} -1 \\ 1 \end{pmatrix} \tag{4-33}$$

经过循环交换后第三个依赖由 $(1,-1)$ 变成了 $(-1,1)$，该距离向量最左分量小于 0，根据3.2.3节中循环携带依赖的定义，这是不合法的，所以这种循环交换不合法。

优化编译器实现循环交换可以依据下面的定理。

> **定理 4.2　循环交换的合法性定理**
>
> 　　完美循环嵌套的循环交换是合法的，当且仅当循环交换后不存在最左分量小于 0 的依赖距离向量。　　　　　　　　　　　　　　　　　　　　　　　♡

证明：充分性。 假设当循环交换后不存在最左分量小于 0 的依赖距离向量时，循环交换不合法。在循环交换前，所有依赖距离的最左分量都不小于 0，如果循环交换后不存在最左分量小于 0 的依赖距离向量，那么只有两种可能，一种是循环交换将最左分量大于 0 的依赖距离转换成零向量，另一种是将零向量转换成最左分量大于 0 的依赖距离向量。由式 (4-31) 可知，循环交换是单位矩阵经过初等行变换得到的，该矩阵只改变依赖距离向量分量的顺序，不改变各分量的值，上述两种情况都与此矛盾。因此，循环交换是合法的。

必要性。 若循环交换是合法的，循环交换会维持程序的所有依赖。对于原始程序中的依赖，如果该依赖是循环携带依赖，那么该依赖距离向量的第一个分量在循环交换前

是大于 0 的，那么循环交换后也是大于 0 的；如果该依赖是循环无关依赖，那么该依赖距离向量的第一个分量在循环交换前是等于 0 的，那么循环交换后也是等于 0 的。所以循环交换后不会产生最左分量小于 0 的依赖距离向量。   □

依赖距离不等于 0 是由循环携带依赖导致的，上述定理说明，如果 n 层循环嵌套第 p 至 q 层 $(1 \leqslant p < q \leqslant n)$ 循环都没有循环携带依赖时，循环交换总是合法的。另外，在选择循环并行层时，优化编译器也可以实现循环移动变换，这种变换可以看作一个 n 层完美循环嵌套内第 p 至 q 层 $(1 \leqslant p < q \leqslant n)$ 循环每两个循环多次交换的组合。

4.4.2 循环反转

循环反转 (loop reversal) 是一种将循环嵌套某一层循环的迭代方向进行反转、并将循环步长设置为原始值的相反数的循环变换技术。循环反转的仿射变换构造也比较简单。假设语句 S 的原始调度可以用下式表示：

$$[S(i) = ai + b] \tag{4-34}$$

其中，a 和 b 为常数，i 为循环索引变量。那么循环反转就是一种寻找一个一维仿射变换 ϕ_S，使得

$$\phi_S(i) = N - (ai + b) \tag{4-35}$$

成立的循环变换。其中，N 表示仿射表达式 $ai + b$ 能取得的最大值。

虽然循环反转是针对一层循环的变换技术，但是循环反转往往是在循环嵌套内的某一层循环上实施时才有可能带来程序性能的提升。考虑如图 4.10 所示的一段代码。

```
1   for (i = 1; i < M; i += 1 )
2     for (j = 1; j < N; j += 1)
3       for (k = 0; k < K - 1; k += 1)
4         A[i][j][k] = A[i][j - 1][k + 1] + A[i - 1][j][k + 1]; /* S0 */
```

图 4.10　一段用于说明循环反转的示例代码

我们可以用 (0,1,–1) 和 (1,0,–1) 这两个距离向量表示上述代码中的依赖，这两个依赖在该代码对应的迭代空间上全局一致。根据循环携带依赖的定义，第一个依赖由 j 循环携带，第二个依赖由 i 循环携带。由于最内层的 k 循环上不携带依赖，k 循环可以被并行执行，但是这种并行方式会导致大量的同步开销，最终生成代码的性能也不一定很好。

为了提高并行化粒度、降低同步开销，优化编译器可以利用4.4.1节中提出的循环交换将 k 循环移动到循环嵌套的最外层，但是如果简单地将 k 循环移动到最外层，读者会发现变换后的两个依赖距离向量最外层的分量都为 –1, 这说明简单地将 k 循环移动到最外层是不合法的。

此时，优化编译器可以先在 k 循环上实施循环反转，然后再将反转后的循环通过循环交换移动到循环嵌套的最外层。经过这样的循环变换组合之后，优化编译器可以得到如图 4.11 所示的代码。此时，循环的依赖可以用 (1,0,1) 和 (1,1,0) 两个距离向量表示，即两个依赖都是由 k 层循环携带的依赖。优化编译器可以将 i 层循环并行，从而降低同步开销。

```
1   for (k = K - 2; k >= 0; k -= 1)
2     #pragma omp parallel for
3     for (i = 1; i < M; i += 1 )
4       for (j = 1; j < N; j += 1)
5         A[i][j][-k] = A[i][j - 1][-k + 1] + A[i - 1][j][-k + 1];  /* S0 */
```

图 4.11　经过循环反转和交换之后的代码

值得注意的是，Pluto 调度算法为了能够利用整数线性规划求解工具计算满足目标问题的字典序最小解，添加了约束式 (4-17) 以消除全 0 平凡解，但该约束也将循环反转排除在外。所以，Pluto 调度算法不能自动实现循环反转，但其他多面体模型中的调度算法，如 Feautrier 调度算法[29,30] 和基于 Pluto 调度算法改进的 Pluto+ 调度算法[16]可以自动实现循环反转。

4.4.3　循环延展

循环延展 (loop scaling) 是一种通过延展循环索引变量的取值范围和循环步长的循环变换技术。由于循环延展不改变语句实例的执行顺序，所以循环延展在任意情况下都是合法的。循环延展一般是将语句 S 原始调度中循环索引变量系数为 1 改变成一个系数大于 1 的整数系数，从而达到循环延展的目的。更具体地，假设语句 S 的原始调度为

$$[S(i) \rightarrow (i)] \tag{4-36}$$

其中，i 代表循环变量。那么循环延展就是一种寻找一个一维仿射变换 ϕ_S 使得

$$\phi_S(i) = ai \tag{4-37}$$

成立的循环变换。其中，$a \in \mathbb{Z}$ 是一个大于 1 的整数。

循环延展的一个重要目的是将程序中不规则的依赖转换成在迭代空间上全局一致的依赖，从而使程序循环迭代之间的依赖距离向量分量能够用整数表示，以此来为其他循环变换创造机会。考虑如图 4.12 (a) 所示的一段代码。该代码用于模拟图像处理应用中向上取样 (up-sampling) 和向下取样 (down-sampling) 操作。根据这些语句之间的依赖，我们可以构造一个如图 4.12 (b) 所示的迭代空间，其中横坐标表示 i 的执行顺序，纵坐

标为不同数组的执行顺序，图中蓝色箭头表述语句实例之间的依赖。从图中不难发现，
迭代空间上所有语句实例之间的依赖距离向量比较复杂，无法用整数向量来表示整个迭
代空间上的依赖距离。

```
1   for (i = 0; i < N; i += 1)
2     f[i] = fin[i];  /* S0 */
3   for (i = 0; i < N/2; i += 1)
4     g[i] = f[2 * i + 1] * f[2 * i - 1]; /* S1 */
5   for (i = 0; i < N; i += 1)
6     h[i] = g[i/2] * g[i/2 + 1];   /* S2 */
```

(a) 一段用于说明循环延展的实例代码

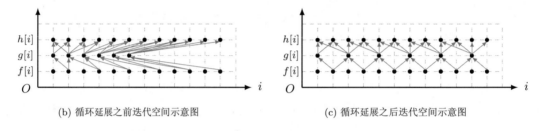

(b) 循环延展之前迭代空间示意图   (c) 循环延展之后迭代空间示意图

图 4.12   循环延展代码及其迭代空间示意图

我们可以用

$$[S_0(i) \to (0, i); \quad S_1(i) \to (1, i); \quad S_2(i) \to (2, i)] \tag{4-38}$$

来表示图 4.12(a) 所示原始程序的调度，那么优化编译器可以构造一个新的调度

$$[S_0(i) \to (i, 0); \quad S_1(i) \to (2i, 1); \quad S_2(i) \to (i, 2)] \tag{4-39}$$

其中，优化编译器对语句 S_1 实施了循环延展，延展因子为 $a = 2$。经过循环延展之后得
到的迭代空间示意图如图 4.12 (c) 所示。此时，所有循环迭代之间的依赖在整个迭代空
间上全局一致，f 和 g 之间的依赖可以用距离向量 (1,1) 和 (1,–1) 表示，g 和 h 之间的
依赖可以用 (1,–2)、(1,–1)、(1,0) 和 (1,1) 四个距离向量表示。经过循环延展之后，三
个语句之间可以实现循环合并，我们将在4.4.5节详细介绍循环合并。

4.4.4 循环倾斜

循环倾斜 (loop skewing) 是一种通过改变完美循环嵌套对应迭代空间形状的循环变
换技术。到目前为止，我们介绍的循环交换、循环反转、循环延展和循环倾斜都是针对
完美循环嵌套的循环变换技术。其中，循环倾斜是唯一改变完美循环嵌套迭代空间形状
的变换。读者可以回顾一下上面几节的内容，可以发现:

(1) 循环交换只是改变了迭代空间中循环迭代执行的顺序，并没有改变形状;

(2) 循环反转只是改变了一层循环的迭代执行方向，没有改变这层循环的迭代空间形状，因此也没有改变整个完美循环嵌套的迭代空间形状；

(3) 循环延展是针对完美循环嵌套中一层循环的变换，其对应的迭代空间形状可以看作一段"线段"，循环延展只是将该线段拉长，并没有改变形状。

但循环倾斜会改变完美循环嵌套环迭代空间的形状。例如图 4.4 所示的示例代码和迭代空间，Pluto 调度算法就是通过循环倾斜的方式为循环分块创造条件。循环倾斜将该例在原始 (t, i) 坐标系中的矩形迭代空间转换为新坐标系 $(t, t + i)$ 中的平行四边形。

虽然循环倾斜会改变完美循环嵌套迭代空间的形状，但循环倾斜并不会改变循环迭代之间的执行顺序，所以循环倾斜总是合法的。对完美循环嵌套中的一个语句 S，循环倾斜可以用一维仿射变换

$$\phi_S(\boldsymbol{i}) = (c_1^S, c_2^S, \cdots, c_{m_S}^S) \bullet \boldsymbol{i} \tag{4-40}$$

表示。不难发现，式 (4-40) 与一维仿射变换式 (4-3) 之间的区别只是常数向量 $\boldsymbol{C}$ 是否为零向量 $\boldsymbol{0}$。

循环倾斜的"斜率"，或式 (4-40) 中 c_k^S $(1 \leqslant k \leqslant m_S)$ 的值是优化编译器中的调度算法决定的，不同调度算法设置的代价模型不同，得到的循环倾斜方式也会不同。Pluto 调度算法是在其可行解空间上寻找满足目标问题的字典序最小解，所以当所有的 c_k^S $(1 \leqslant k \leqslant m_S)$ 相等时，一般会有 $c_k^S = 1$ $(1 \leqslant k \leqslant m_S)$。这种结果也能够保证经过 Pluto 调度算法后生成的代码循环的边界范围能够达到最小，或者说循环倾斜之后，对应迭代空间的斜率最小。

当无法保证所有的 c_k^S $(1 \leqslant k \leqslant m_S)$ 相等时，每个 c_k^S $(1 \leqslant k \leqslant m_S)$ 的值一般由原始程序的依赖距离向量决定。如图 4.13 (a) 所示是在图 4.4(a) 的基础上简单修改之后得到的另一种一维 stencil 计算代码，该代码的依赖可以用距离向量 $(1,0)$、$(1,2)$ 和 $(1,-2)$ 表示。图 4.13 (b) 所示是该段代码在循环倾斜之后得到的迭代空间示意图。Pluto 调度算法为该例计算得到的循环倾斜仿射变换为 $(2,1)$，所以倾斜之后的迭代空间坐标系的基为 $(t, 2t + i)$。

从图 4.13 所示也可以看出，优化编译器在实现循环倾斜的过程中，也可能会先实现循环延展。另外，优化编译器在必要的时候也会实现循环偏移 (loop shifting)，这种循环变换技术是在循环嵌套某一个循环维度上的调度中添加一个常数，因此可以看作循环倾斜的一种特殊情况。更具体地，循环倾斜可以看作在循环嵌套某一个循环维度上多个循环索引下标的仿射表达式，而循环偏移是一个循环索引和一个常数的仿射表达式。当把循环倾斜中某一个循环索引看作一个常数时，循环倾斜就变成了循环偏移。如图 4.13 (b) 所示的情况，每个 $t = k$ $(0 \leqslant k < T)$ 方向上的所有循环迭代都可以看作在该方向上所有的循环迭代向右偏移 $2k$ 个位置得到的结果。

与循环反转的情况类似，由于 Pluto 调度算法添加了消除全 0 平凡解的约束式 (4-17)，Pluto 调度算法不能实现带有负数系数的循环倾斜，该问题在 Pluto+ 调度算法[16] 中得到了部分解决。

```
1  for (t = 0; t < T; t += 1 )
2    for (i = 1; i < N - 1; i += 1)
3      A[t + 1][i] = 0.25 * (A[t][i + 2] - 2.0 * A[t][i] + A[t][i - 2]);/*S0*/
4
```

(a) 一维 stencil 计算代码

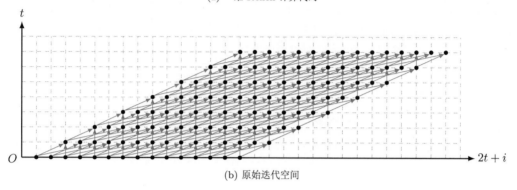

(b) 原始迭代空间

图 4.13　用于说明循环倾斜的一维 stencil 计算及其迭代空间示意图

4.4.5　循环合并

上述几种循环变换都是针对完美循环嵌套或完美循环嵌套中的某一层循环的变换技术，这些循环变换及其组合都能通过幺模矩阵来实现。多面体模型比幺模矩阵的优势在于其能够自动实现非完美循环嵌套的循环变换技术，例如循环合并。循环合并 (loop fusion) 是一种通过将多个循环嵌套融合在一起形成一个统一的迭代空间，从而便于优化编译器实现其他优化的循环变换技术，被融合在一起的循环嵌套可以是完美循环嵌套，也可以是非完美循环嵌套；融合后形成的迭代空间对应的循环嵌套可以是完美循环嵌套，也可以是非完美循环嵌套。

多面体模型通过标量维实现循环合并。回顾4.3.3节中关于标量维的描述，即对于一个一维仿射变换式 (4-3)，标量维总是满足 $c_k^S = 0$ $(1 \leqslant k \leqslant m_S)$。例如，图 4.12 所示就是多面体模型利用标量维 (调度式 (4-39) 的第二个维度) 实现循环合并的例子，图 4.12 (a) 中代码根据调度式 (4-39) 生成的代码如图 4.14 所示。

```
1  for (i = 0; i < N; i += 1){
2    f[i] = fin[i];  /* S0 */
3    if (i % 2 == 0)
4      g[i] = f[2 * i + 1] * f[2 * i - 1]; /* S1 */
5    h[i] = g[i/2] * g[i/2 + 1];   /* S2 */
6  }
```

图 4.14　图 4.12 (a) 中代码循环合并后的结果

　　多面体模型计算的调度式 (4-39) 能够生成合并的代码，但变换前的调度式 (4-38) 却不支持循环合并，即便该调度中也有标量维。当我们用语句与其周围循环索引变量构成的字典序之间的映射表示该语句的调度时，即假设对语句 S_1 和 S_2 有形如

$$[S_1(i_1, i_2, \cdots, i_{n_1}) \to (f_1(i_1, i_2, \cdots, i_{n_1}), f_2(i_1, i_2, \cdots, i_{n_1}), \cdots, f_m(i_1, i_2, \cdots, i_{n_1}))]$$
(4-41)

和

$$[S_2(j_1, j_2, \cdots, j_{n_2}) \to (g_1(j_1, j_2, \cdots, j_{n_2}), g_2(j_1, j_2, \cdots, j_{n_2}), \cdots, g_m(j_1, j_2, \cdots, j_{n_2}))]$$
(4-42)

的调度，其中 $f_k, g_k \ (1 \leqslant k \leqslant m)$ 为循环索引下标的仿射表达式，n_1 和 n_2 分别为围绕语句 S_1 和 S_2 循环嵌套的层数。如果存在一个 $p \ (1 \leqslant p \leqslant m)$ 使得

$$\forall q \leqslant p : f_q(i_1, i_2, \cdots, i_{n_1}) = g_q(j_1, j_2, \cdots, j_{n_2})$$
(4-43)

成立，那么多面体模型的代码生成器就可以生成前 p 层循环合并的代码。对于图 4.12 (a) 中的代码，变换前的调度式 (4-38) 不满足式 (4-43)，因此无法生成循环合并的代码；变换后的调度式 (4-39) 有 $p = 1$ 成立，因此 i 循环被合并。如果我们把图 4.12 (a) 中的代码看作一个基本块，并把三个循环都看作一个语句，那么就可以在对每个循环的语句构造原始调度前添加一个标量维，这种功能在基于多面体模型的优化编译器中都能够实现。

　　对于上述两个语句 S_1 和 S_2，循环合并的合法性前提是合并生成的代码中不存在从语句 S_2 的实例到语句 S_1 的实例的依赖，该约束条件由式 (4-7) 满足。所以，基于 Pluto 调度算法实现的循环合并是合法的。但循环合并本身是一个非常复杂的过程，合并后的循环可能会失去并行性或无法实现循环分块，因为合并后两个语句虽然不会有从语句 S_2 的实例到语句 S_1 的实例的循环携带依赖，但可能会导致从语句 S_1 的实例到语句 S_2 的实例的依赖。因此循环合并和循环嵌套的并行性以及循环分块的优化目标有时会互相冲突。

　　除此之外，即便是在没有上述冲突优化目标的前提下，如何选择最佳循环合并策略也是一个不可判定问题。考虑图 4.15 (a) 中的代码，该段代码执行的是连续三个矩阵向量乘法的操作，这种操作在深度神经网络中也大量存在。如图 4.15 (b) 和图 4.15(c) 所示是优化编译器能够实现的两种循环合并策略，前者将 S_1 和 S_2 合并，但无法继续与 S_3 合并；后者则合并了 S_2 和 S_3，但导致 S_1 无法与其合并。然而，在运行之前，编译器无法判定哪种合并方式能够获得更好的性能。

4.4.6　循环分布

　　循环分布 (loop distribution 或 loop fission) 是一种将一个循环嵌套分布成多个循环嵌套的循环变换技术。循环分布与循环合并是相反的过程，所以分布之前的循环嵌套

```
1   for (i = 0; i < N; i += 1)
2     for (j = 0; j < N; j += 1)
3       y[i] += a[i][j] * x[j]; /* S1 */
4   for (k = 0; k < N; k += 1)
5     for (l = 0; l < N; l += 1)
6       z[k] += b[k][l] * y[l]; /* S2 */
7   for (m = 0; m < N; m += 1)
8     for (n = 0; n < N; n += 1)
9       w[m] += c[m][n] * z[n]; /* S3 */
```

(a) 连续的矩阵向量乘法操作 (1)

```
1   for (i = 0; i < N; i += 1) {
2     for (j = 0; j < N; j += 1)
3       y[i] += a[i][j] * x[j]; /* S1 */
4     for (k = 0; k < N; k += 1)
5       z[k] += b[k][i] * y[i]; /* S2 */
6   }
7   for (m = 0; m < N; m += 1)
8     for (n = 0; n < N; n += 1)
9       w[m] += c[m][n] * z[n]; /* S3 */
```

(b) 连续的矩阵向量乘法操作 (2)

```
1   for (i = 0; i < N; i += 1)
2     for (j = 0; j < N; j += 1)
3       y[i] += a[i][j] * x[j]; /* S1 */
4   for (k = 0; k < N; k += 1) {
5     for (l = 0; l < N; l += 1)
6       z[k] += b[k][l] * y[l]; /* S2 */
7     for (m = 0; m < N; m += 1)
8       w[m] += c[m][k] * z[k]; /* S3 */
9   }
```

(c) 连续的矩阵向量乘法操作 (3)

图 4.15　矩阵向量乘法的不同循环合并策略

可以是完美循环嵌套，也可以是非完美循环嵌套；分布之后可以是一个非完美循环嵌套，也可以是多个完美或非完美循环嵌套。循环合并的作用是通过循环的融合缩短程序数据之间的“生产–使用”距离，从而提高数据的局部性，而循环分布的作用是通过将循环嵌套某层循环上的循环携带依赖转换为循环无关依赖，来提升程序的并行性。

图 4.15 可以用于说明循环合并，也可以用于说明循环分布。如果把图 4.15 (b) 或图4.15(c) 看作是原始程序，那么图 4.15 (a) 就是循环分布后的效果。在该例中，循环分布将原来的一个非完美循环嵌套变成了两个完美循环嵌套。所以说，循环分布和循环合并是两个相反的过程，但这个例子并不能说明循环分布能够带来的好处。图 4.16 (a) 中，存在一个从语句 S_1 的实例到语句 S_2 的实例的循环携带依赖，该依赖由 j 循环携带。

优化编译器可以实施如图 4.16 (b) 所示的循环分布，循环分布之后由 j 循环携带的依赖已经转换成分布之后两个内层循环之间的依赖，该依赖不被任何循环携带，因此，两个 j 循环也可以被并行执行。读者可以尝试将 i 循环也分布出去，会发现分布之后可以得到两个连续的完美循环嵌套，此时循环分布的结果仍然是合法的，但两个完美循环嵌套之间的依赖仍然存在。

与循环合并合法的前提条件相反，循环分布合法的前提是分布后的代码不会消除原始程序中从 S_2 到 S_1 的依赖。基于 Pluto 调度算法的循环合并是合法的，而循环分布

```
1  for (i = 0; i < N; i += 1)
2    for (j = 0; j < M; j += 1) {
3      a[i][j] = b[i][j] + c[i][j];  /* S1 */
4      d[i][j] = a[i][j - 1];     /* S2 */
5    }
```

(a) 一个用于说明循环分布的例子

```
1  for (i = 0; i < N; i += 1) {
2    for (j = 0; j < M; j += 1)
3      a[i][j] = b[i][j] + c[i][j];  /* S1 */
4    for (j = 0; j < M; j += 1)
5      d[i][j] = a[i][j - 1];     /* S2 */
6  }
```

(b) 循环分布后的结果

图 4.16　一段用于说明循环分布的代码及其分布后的效果

可以看作循环合并的一种特殊情况，即不合并任何相邻的两个循环嵌套，所以在 Pluto 调度算法基础上实现的循环分布也总是合法的。同样，循环分布之后的代码是否为性能最好的也是编译阶段无法确定的，所以循环合并或循环分布往往通过编译选项交给用户来控制。

4.5　近似仿射循环变换

仿射循环变换中，用于表示循环变换的表达式都是仿射表达式，即这些表达式中只包含加法、减法或乘法以及这些操作的组合，并且表示循环变换的仿射变换中不会涉及存在量词。在一些循环变换中，除法、取模以及存在量词是不可避免的，而仿射表达式又无法直接表示这些操作或量词，因此这些循环变换不得不借助近似仿射表达式来表示，我们称这样的循环变换为近似仿射循环变换。

4.5.1　循环分块

循环分块 (loop tiling 或 loop blocking) 是一种将循环嵌套迭代空间划分成多个不同的分块并改变循环迭代执行顺序的循环变换技术。对于被实施循环分块的 n 层循环嵌套，循环分块将生成 $2n$ 层循环嵌套。其中，外面的 n 层循环用于在分块之间进行迭代，里面的 n 层循环用于在分块内进行迭代。在本章开始部分，我们已经介绍了循环分块在通用处理器和人工智能领域特定加速芯片上的重要性，多面体模型的 Pluto 调度算法也能够寻找到对循环分块友好的循环变换组合为目的。循环分块是近些年来深度学习和编译优化领域的一个重要研究课题，目前还是许多优化编译器的重要研究内容。

前面已经列举了许多循环分块的示例，包括在原始迭代空间上的循环分块，如图 4.6(b) 和图 4.6(c) 所示，以及经过 Pluto 调度算法变换后迭代空间上的循环分块，如图 4.7 所示。需要强调的是，在我们指代循环分块的形状时，我们指的是在原始迭代空间上的循环分块。对于图 4.4(a) 中的代码，正确的循环分块形状是平行四边形分块。产生平行四边形分块的原因是 Pluto 调度算法对迭代空间进行了循环倾斜。如果在未经过循环倾斜的原始迭代空间上能够实现正确的循环分块，那么就称为矩形分块。

程序员根据原始迭代空间的循环嵌套层次实现矩形分块是比较容易的，但是如图 4.6 所示，一些程序只有在实现了仿射循环变换的组合之后才能生成正确的循环分块形状，在这些仿射变换的不同组合之后实现循环分块就显得比较复杂了。因此，基于多面体模型的优化编译器能够成为深度神经网络优化和部署的一个重要工具也是得益于其能够自动实现循环分块，这使得程序员从复杂的循环变换组合搜索空间中解脱出来。

Pluto 调度算法合法性约束式 (4-7) 也同样适用于其实现的循环分块的合法性，这是因为优化编译器是沿着 Pluto 调度算法计算出的坐标系生成分块代码的，所以合法性也同样适用。假设 Pluto 调度算法为语句 S 计算出的新的调度为

$$[S(i_1, i_2, \cdots, i_n) \rightarrow (f_1(i_1, i_2, \cdots, i_n), f_2(i_1, i_2, \cdots, i_n), \cdots, f_m(i_1, i_2, \cdots, i_n))] \quad (4\text{-}44)$$

其中，n 为语句 S 的原始循环嵌套层数，m 为 Pluto 调度算法计算出的新的循环嵌套层数，$f_k \ (1 \leqslant k \leqslant m)$ 为 Pluto 调度算法根据多维仿射变换式 (4-5) 得到的仿射表达式。那么带有循环分块的调度可以用

$$\begin{aligned} [S(i_1, i_2, \cdots, i_n) \rightarrow \frac{(f_1(i_1, i_2, \cdots, i_n)}{T_1}, \frac{f_2(i_1, i_2, \cdots, i_n)}{T_2}, \cdots, \frac{f_m(i_1, i_2, \cdots, i_n)}{T_m}, \\ f_1(i_1, i_2, \cdots, i_n), f_2(i_1, i_2, \cdots, i_n), \cdots, f_m(i_1, i_2, \cdots, i_n))] \end{aligned} \quad (4\text{-}45)$$

表示，其中整数常数 $T_k \ (1 \leqslant k \leqslant m)$ 表示各个维度上循环分块的大小。

调度式 (4-45) 值域的前 m 个维度表示外面 m 层用于分块之间进行迭代的循环，后 m 个维度表示里面 m 层用于分块内迭代的循环。循环分块在表达式里用到了除法操作，因此无法用仿射表达式来计算。由于无法用仿射表达式进行表示，循环分块在过去的很长一段时间里无法在多面体模型中进行表示。Pluto 调度算法的提出使循环分块在多面体模型中的自动实现成为可能。

为了满足循环分块后不同方式的代码生成，多面体模型中提供了多种循环分块的近似仿射表达式形式。为了便于说明这个问题，我们假设有形如图 4.17 (a) 所示的代码，这段代码执行两个矩阵的加法操作并将结果存放在另外一个矩阵里。图 4.17 (b) 表示该段代码经过循环分块后对应的迭代空间示意图，假设采用的分块大小为 $(N/2) \times (M/2)$，并且 N 和 M 都可以被 2 整除，这样可以得到四个分块，我们可以对这四个分块分别进行编号，如图 4.17 (b) 所示。

根据式 (4-45)，我们可以对图 4.17 (a) 所示的代码构造一个形如

$$\left[S_1(i, j) \rightarrow \left(\frac{i}{T_1}, \frac{j}{T_2}, i, j \right) \right] \quad (4\text{-}46)$$

的调度，其中 $T_1 = N/2$，$T_2 = M/2$。根据式 (4-47) 生成的代码如图 4.17 (c) 所示。这里的除法是整数除法，所以 $it = i/T_1$ 和 $jt = j/T_2$ 分别对应了循环分块两个维度上的编号，ip 和 jp 的调度方式与原始程序的循环索引 i 和 j 相同。更精确的，我们可以将式 (4-47) 写成

$$\left[S_1(i,j) \rightarrow \left(\left\lfloor \frac{i}{T_1} \right\rfloor, \left\lfloor \frac{j}{T_2} \right\rfloor, i, j \right) \right] \tag{4-47}$$

的形式。这样导致的结果是根据循环分块变换计算分块内循环迭代编号的表达式在 ip 和 jp 循环的边界上发生，所有循环的步长为 1。

如果程序员期望让 it 和 jt 循环代表的含义不同，那么我们也可以构造一个形如

$$\left[S_1(i,j) \rightarrow \left(T_1 \left\lfloor \frac{i}{T_1} \right\rfloor, T_2 \left\lfloor \frac{j}{T_2} \right\rfloor, i, j \right) \right] \tag{4-48}$$

的调度，其对应的代码如图 4.17 (d) 所示。$\left\lfloor \frac{i}{T_1} \right\rfloor$ 和 $\left\lfloor \frac{i}{T_2} \right\rfloor$ 代表的是循环分块在不同维度上的编号，它们各自乘以对应的分块大小得到的结果 $T_1 \left\lfloor \frac{i}{T_1} \right\rfloor$ 和 $T_2 \left\lfloor \frac{i}{T_2} \right\rfloor$ 则代表的是对应分块内字典序最小的循环迭代，如图 4.17 中红色圆圈内的点代表的都是不同分块内字典序最小的循环迭代编号。此时，生成代码的外面两层循环 it 和 jt 的步长都不是 1，循环分块内循环迭代编号的计算仍在循环边界上完成。

如果不希望循环分块内的迭代编号在循环边界上计算，那么程序员也可以让优化编译器将循环分块的调度写成

$$\left[S_1(i,j) \rightarrow \left\lfloor \frac{i}{T_1} \right\rfloor, \left\lfloor \frac{j}{T_2} \right\rfloor, i - T_1 \left\lfloor \frac{i}{T_1} \right\rfloor, j - T_2 \left\lfloor \frac{j}{T_2} \right\rfloor \right) \right] \tag{4-49}$$

或

$$\left[S_1(i,j) \rightarrow T_1 \left\lfloor \frac{i}{T_1} \right\rfloor, T_2 \left\lfloor \frac{j}{T_2} \right\rfloor, i - T_1 \left\lfloor \frac{i}{T_1} \right\rfloor, j - T_2 \left\lfloor \frac{j}{T_2} \right\rfloor \right) \right] \tag{4-50}$$

的形式，对应生成的代码分别如图 4.17 (e) 和图 4.17(f) 所示，前者生成的代码 it 和 jt 循环的步长为 1，后者则不为 1。这些不同的代码生成方式为支持不同硬件的需求创造了条件。

4.5.2　循环分段

循环分段 (loop strip-mining) 是一种将一个循环的迭代空间分成多个子集，并将每个子集作为一个调度单元进行执行的循环变换技术。在图 4.5(a) 中我们已经给出了循环分段的一个示意图。在多核架构上，循环分段的实现往往是隐式的，即优化编译器不需要通过循环变换的方式实现循环分段，而是在指派给多线程执行时，由多个线程隐式分配单个循环迭代空间的不同子集，以此来更好地利用多线程并行性。这种分配方式由静态或动态线程调度算法来完成。

```
1  for (i = 0; i < N; i += 1)
2    for (j = 0; j < M; j += 1) {
3      a[i][j] = b[i][j] + c[i][j];  /*
          S1 */
4    }
```

(a) 一段实现矩阵加法的操作代码

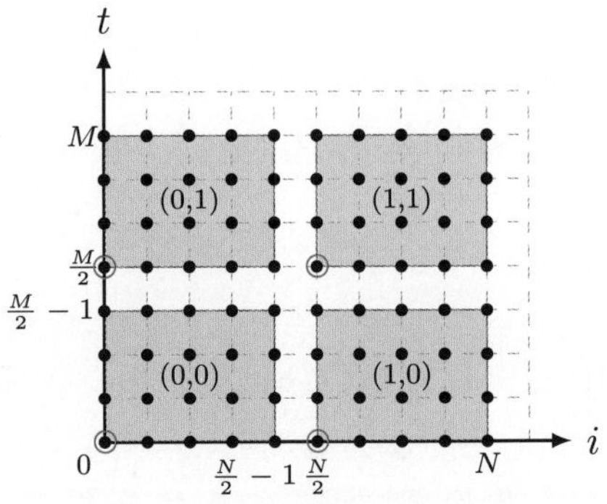

(b) 图 4.17 (a) 所示的代码经过循环分块之后的
迭代空间

```
1  for (it = 0; it < 2; it += 1)
2    for (jt = 0; jt < 2; jt += 1)
3      for (ip = it * N/2; ip < (it + 1) * N/2; ip += 1)
4        for (jp = jt * M/2; jp < (jt + 1) * M/2; jp += 1)
5          a[ip][jp] = b[ip][jp] + c[ip][jp];
```

(c) 根据式 (4-47) 生成的循环嵌套

```
1  for (it = 0; it < N; it += N/2)
2    for (jt = 0; jt < M; jt += M/2)
3      for (ip = it; ip < it + N/2; ip += 1)
4        for (jp = it; jp < jt + M/2; jp += 1)
5          a[ip][jp] = b[ip][jp] + c[ip][jp];
```

(d) 根据式 (4-48) 生成的循环嵌套

```
1  for (it = 0; it < 2; it += 1)
2    for (jt = 0; jt < 2; jt += 1)
3      for (ip = 0; ip < N/2; ip += 1)
4        for (jp = 0; jp < M/2; jp += 1)
5          a[it * N/2 + ip][jt * M/2 + jp] = b[it * N/2 + ip][jt * M/2 + jp] +
            c[it * N/2 + ip][jt * M/2 + jp];
```

(e) 根据式 (4-49) 生成的循环嵌套

```
1  for (it = 0; it < N; it += N/2)
2    for (jt = 0; jt < M; jt += M/2)
3      for (ip = 0; ip < N/2; ip += 1)
4        for (jp = 0; jp < M/2; jp += 1)
5          a[it + ip][jt + jp] = b[it + ip][jt + jp] + c[it + ip][jt +
            jp];
```

(f) 根据式 (4-50) 生成的循环嵌套

图 4.17 用于说明循环分块的代码及其循环分块示意

但在包含多级并行硬件抽象的体系结构上，例如 GPU 上的线程块和线程两级并行硬件抽象，循环分段必须由优化编译器显式地执行，例如图 4.5(a) 所示的例子。在实现循环分段之后，代码中的循环嵌套层数才能和并行硬件的抽象层次完全对应，否则优化编译器将无法找到一个有效的硬件映射策略将代码中的循环映射到不同的硬件抽象上。

由优化编译器显式实现的循环分段往往会带来额外的循环执行开销，这是因为循环分段在原始程序的基础上又引入了新的循环边界判定条件。所以，除非优化编译器的目的是提高程序的并行性，否则并不鼓励在优化编译器中显式地实现循环分段。虽然循环分段可能导致额外的循环边界判定开销，但是这种循环变换技术并不会改变循环迭代的执行顺序，所以循环分段总是合法的。

循环分段也可以看作循环分块在单层循环上的一种特殊情况。优化编译器实现循环分块时，总是先确定将要被执行循环分块的循环层满足循环交换的条件，然后再对循环嵌套的每层循环进行循环分段。每个被执行循环分段的循环层将产生两个新的循环，其中一个外层的循环用于在分段之间进行迭代，如图 4.5(a) 所示的 ip 循环；另外一个内层的循环则用于在分段内进行迭代，如图 4.5(a) 所示的 it 循环。然后，优化编译器会依次交换初始相邻两个循环层新生成的两个循环，即将原来在外层的循环的分段内迭代循环与原来在内层的循环的分段间迭代循环进行交换，重复此过程直至所有用于分段间迭代的循环都在所有用于分段内迭代的循环外层后，就可以得到循环分块的效果。由于循环分段是面向单层循环的循环变换技术，因此不涉及循环交换，也正因如此，循环分段总是合法的。

带有循环分段的调度是循环分块调度式 (4-45) 的一种特例，即

$$
\begin{aligned}
&[S(i_1, i_2, \cdots, i_n) \rightarrow (f_1(i_1, i_2, \cdots, i_n), f_2(i_1, i_2, \cdots, i_n), \cdots, \\
&\frac{f_k(i_1, i_2, \cdots, i_n)}{T_k}, f_k(i_1, i_2, \cdots, i_n), \cdots, f_m(i_1, i_2, \cdots, i_n))]
\end{aligned}
\tag{4-51}
$$

其中，$k\,(1 \leqslant k \leqslant m)$ 为被实施循环分段的循环层。

4.5.3　循环展开压紧

循环展开压紧 (loop unroll and jam) 是一种将两层循环的外层循环展开后再将内层循环进行合并的循环变换技术。如图 4.18 (a) 所示是一个具有两层循环的循环嵌套代码示例，首先对外层的 i 循环按照展开因子 2 进行展开，可以得到如图 4.18 (b) 所示的效果。之后，优化编译器可以将图 4.18 (b) 里面的两个内层 j 循环进行合并，就可以得到如图 4.18 (c) 所示的循环展开压紧的效果。

在图 4.18 所示的例子中，如果用一个标量来存放 $b[j]$ 的值，那么该变量的值在循环执行的过程中被存放在寄存器内。循环展开压紧的效果是减少了向寄存器内取数操作的次数。与此同时，循环展开也可以增加不同计算功能部件之间的指令流水并行效率。在面向向量化生成代码时，优化编译器也可以选择按照展开因子 4 或 8 来对外层循环

```
1   for (i = 0; i < M; i += 1)
2     for (j = 0; j < N; j += 1)
3       a[i] = a[i] + b[j];
```

(a) 一个用于说明循环展开压紧的例子

```
1   for (i = 0; i < M; i += 2) {
2     for (j = 0; j < N; j += 1)
3       a[i] = a[i] + b[j];
4     for (j = 0; j < N; j += 1)
5       a[i + 1] = a[i + 1] + b[j];
6   }
```

(b) 先展开外层循环的效果

```
1   for (i = 0; i < M; i += 2)
2     for (j = 0; j < N; j += 1) {
3       a[i] = a[i] + b[j];
4       a[i + 1] = a[i + 1] + b[j];
5     }
```

(c) 循环展开压紧的效果

```
1   for (it = 0; it < M; it += 2)
2     for (ip = 0; ip < 2; ip += 1)
3       for (j = 0; j < N; j += 1)
4         a[it + ip] = a[it + ip] + b[j];
```

(d) 先对外层循环做循环分段的效果

```
1   for (it = 0; it < M; it += 2)
2     for (j = 0; j < N; j += 1)
3       for (ip = 0; ip < 2; ip += 1)
4         a[it + ip] = a[it + ip] + b[j];
```

(e) 另外一种循环展开压紧的效果

图 4.18 用于说明循环展开压紧的代码及其变换过程

进行展开。当原始程序的外层循环可以并行但内层循环不能并行时，经过循环展开压紧之后可以提高内层循环里的向量化并行度。

在前面的内容中我们介绍过，循环分段可以看作循环分块在单层循环上的特殊情况，而循环分块也可以看作循环分段和循环交换的组合。循环展开压紧是介于循环分块和循环分段之间的一种特殊情况。对于如图 4.18 (a) 所示具有两层循环的循环嵌套，循环展开压紧的实现方式是只对外层 i 循环做循环分段，分段后产生两个循环 it 和 ip，其中外层循环 it 用于在分段之间进行迭代，内层循环 ip 用于在分段内进行迭代，如图 4.18 (d) 所示。之后，将 ip 循环和原始程序中没有实施循环分段的 j 循环进行交换，就达到了循环展开压紧的目的，结果如图 4.18 (e) 所示。

循环展开压紧的仿射变换可以根据循环分块和循环分段的方式获得，这里我们不再赘述了。传统的循环展开压紧是针对带有两层循环的循环嵌套实现的，程序员可以将循环展开压紧的定义进行扩展，实现多层循环的展开压紧变换，但只有外层循环可以做分段，分段后和所有内层循环依次做循环交换。

由于循环展开压紧也可以看作循环交换和循环分段的组合，而循环分段总是合法的，因此循环展开压紧的合法性受限于循环交换。循环交换的合法性已经在4.4.1节中介绍过了。

4.6　代码生成过程中的循环变换

仿射循环变换和近似仿射循环变换都需要优化编译器对语句的调度进行修改，即优化编译器需要计算仿射或近似仿射变换来实现这些循环变换。优化编译器中还有一类循环变换，这些循环变换只改变循环的结构，但并不改变循环的执行顺序。这些循环变换是在代码生成过程中实现的，因此我们将这些循环变换称为代码生成过程中的循环变换。

严格意义上讲，循环延展、循环倾斜和循环分段也满足这样的条件，即这几种循环变换也不改变语句的执行顺序，只是改变了循环的结构。但循环延展和循环倾斜分别是为了循环合并和循环分块而实现的循环变换，在优化编译器的实现过程中这两种循环变换往往发生在循环分块之前，而且优化编译器需要自动计算出满足优化目标的延展因子和循环倾斜的系数，因此这些循环变换被归类为仿射循环变换更合适。另一方面，循环分段需要计算近似仿射变换，所以我们将其归类为近似仿射循环变换。代码生成过程中的循环变换包括分块分离、循环展开、循环剥离等。

4.6.1　分块分离

对图 4.4(a) 所示的代码，我们可以得到如图 4.9(a) 所示的分块示意图。图 4.19 (a) 所示代码为带有循环分块的一维 stencil 计算代码。不难发现 tp 和 ip 循环的边界中带有 min 和 max 操作，这是由于循环分块将该代码对应的迭代空间划分成了多个不同形状的分块，这些形状不同的分块都在循环迭代空间的边界上。

如图 4.9(a) 所示，编号为 (0,0)、(1,1)、(4,0) 和 (5,1) 的分块就是这样的分块。与其他平行四边形的分块不同，这些分块是三角形的形状。根据循环分块的仿射变换，这些在迭代空间边界上的分块原本也应该是平行四边形的形状，但是由于循环迭代空间的约束，这些在循环迭代空间边界上的分块必须与迭代空间中的约束进行求交操作。如图 4.19 (b) 所示是这些分块在未和迭代空间的约束求交之前的示意图，其中 (0,0)、(1,1)、(4,0) 和 (5,1) 四个边界分块因求交操作而被舍去的区域由浅绿色表示，迭代空间的边界用红线表示。我们称这些在迭代空间边界上由于与迭代空间相交而被舍去部分区域的分块为半块 (partial tile)，其他没有被舍去部分区域的分块为整块 (full tile)[42]。

分块分离 (tile isolation) 是一种将半块和整块分离，以消除循环嵌套中 min、max 操作循环边界的循环变换技术。通过对图 4.19 (b) 的分析，我们可以确定这些循环边界上的操作是由于循环迭代空间上同时存在整块和半块的原因导致的。优化编译器可以将整块和半块进行分离，这样能够得到三个由分块构成的集合，第一个集合由分块 (0,0) 和 (1,1) 组成，该集合中只包含半块；第二个集合由分块 (4,0) 和 (5,1) 组成，该集合也只包含半块；剩下所有的整块构成第三个集合。这样优化编译器就将整块和半块完全分离开来，也就意味着生成的循环边界中不会再有 min 和 max 操作。

```
1  for (tt = 0; tt < T; t += 4 )
2    for (it = tt; it <= min (T + N - 3; N + tt + 1); it += 4)
3      for (tp = max (0, it - tt - N + 2); tp <= min ( min (3, T - tt - 1), it -
         tt + 2) ; tp += 1)
4        for (ip = max(0, tt - it + tp + 1); ip <= min(3, N + tt - it + tp - 2);
         ip += 1)
5          A[tt + tp + 1][it + ip - tt - tp] = 0.25 * (A[tt + tp][it + ip - tt -
         tp + 1] - 2.0 * A[tt + tp][it + ip - tt - tp] + A[tt + tp][it + ip - tt
         - tp - 1]);
```

(a) 带有循环分块的一维 stencil 计算代码

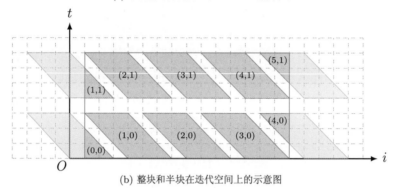

(b) 整块和半块在迭代空间上的示意图

图 4.19　循环分块分离示意

　　分块分离通过消除生成代码中循环边界的 min 和 max 操作，使得生成的代码能够对一些领域特定的加速芯片更友好，尤其是在以加速深度神经网络的领域特定加速芯片上，有时会需要优化编译器提供这样的支持，而这种分块分离的操作往往很难依靠系统工程师的手工开发来完成。以图 4.19 (b) 中分块为例，多面体模型实现分块分离的方式是将所有整块构成的集合表示成一个整数集合，将该集合作为一个特殊的选项传递给表示该循环的中间表示，多面体模型的代码生成器就可以根据该选项实现分块分离[37,39]。

4.6.2　循环展开

　　循环展开 (loop unrolling 或 loop unwinding) 是一种通过展开循环迭代来降低循环条件分支开销的循环变换技术。循环展开在传统的面向底层细粒度优化的编译器中是一种比较常见的优化技术，在4.5.3节中我们也涉及了这部分的内容。在传统的面向指令级并行的优化编译器中，优化编译器可以通过循环展开提高指令间的流水并行，并降低用于循环边界判定的控制开销。循环展开还可以用于为向量化创造条件，即循环展开后，被认为是结构上同构的语句可以通过指令的重排序调整在一起，然后打包成一条向量指令发射[47]，以充分发挥向量加速部件的功能。

　　循环展开在多面体模型中的实现也类似于分块分离的实现，代码生成过程中根据该展开因子生成循环的步长，并在循环体内复制和实例化多个循环语句实例。循环展开的次数即循环展开因子也不宜过大，否则不利于指令寄存器的局部性。

4.6.3　其他循环变换

　　能够在优化编译器代码生成过程中实现的循环变换还包括循环剥离、循环判断外提等。循环剥离 (loop peeling) 是一种将循环某些迭代从循环主体中剥离出来的循环变换技术。循环中有时只有部分迭代会产生依赖，当这些循环迭代是循环的前几个或后几个迭代的时候，优化编译器就可以通过循环剥离的方法，将原来的循环转换成两部分，从循环中剥离出去的剩余迭代可能不产生依赖，从而可以开发这些循环迭代之间的并行性。循环剥离可以看作分块分离的一种特殊情况，即当分块分离的半块内只包含那些需要被剥离的循环迭代时，分块分离就变成了循环剥离。

　　循环判断外提 (loop unswitching) 是一种将循环内与循环索引变量无关的条件谓词外提到循环外的循环变换技术。循环判断外提是循环不变量外提的一种特殊情况，这些变换技术在传统的优化编译器中都可实现。在基于多面体模型的优化编译器中，if 语句的谓词条件和循环边界等都是代码生成器通过整数线性规划求解来判定的，循环判断外提的优化成为代码生成过程中为降低分支开销、减少代码量而实现的目标之一，在文献 [23] 中都有讨论，这部分内容已经成为了代码生成部分研究的内容。

4.7　循　环　压　紧

　　循环压紧 (loop coalescing，loop collapsing 或 loop linearization)，也称为循环线性化，是一种将多层循环嵌套压缩成单层循环的循环变换技术。在以多面体模型为基础的优化编译器中，循环压紧是一种并不受"欢迎"的循环变换，原因有两点。首先，许多基于多面体模型的优化编译器采用 Pluto 调度算法或其变种作为寻找循环变换及其组合的核心算法，而 Pluto 调度算法在针对每个语句构建多维仿射变换式 (4-5) 时，$\mathcal{T}_S$ 的维度总是大于或等于包围在语句 S 周围的循环嵌套层数。而循环压紧的目的与这样的目的冲突。另一方面，对于一个由 i 循环和 j 循环构成的两层循环嵌套，循环压紧需要用形如

$$N \times i + j \tag{4-52}$$

形式的表达式表示循环压紧，其中 N 为 j 循环的迭代次数。当 N 为一个常数时，该表达式是仿射表达式，仍然可以在多面体模型中进行表示；但当 N 为一个符号常量时，该表达式为非仿射表达式，很难在多面体模型中处理。

　　尽管以 Pluto 调度算法为核心的多面体模型对循环压紧并不友好，但利用仿射变换表示循环压紧仍然是可能的。正如式 (4-52) 中所示，当 N 为一个已知常数时，该表达式仍然可以用 Pluto 调度算法来求解。在求解 $\mathcal{T}_S$ 的第一个 ϕ_S 时，Pluto 调度算法可以

计算出形如式 (4-52) 的仿射变换，此时该仿射变换包含了 i 和 j 两个维度上的调度信息。不过，Pluto 调度算法会继续求解 $\mathcal{T}_S$ 的第二个 ϕ_S。此时，由于程序的依赖都在第一个 ϕ_S 得到满足，因此可以构建任意一个与式 (4-52) 线性无关的仿射表达式作为第二个 ϕ_S，如 i 或 j 都可以作为第二个 ϕ_S 的仿射表达式，并且第二个 ϕ_S 的迭代次数为 1，这样就完成了利用 Pluto 调度算法模拟循环压紧的过程。在之后的代码生成过程中，代码生成器可以选择不打印内层循环的边界，因为该循环的迭代次数为 1，这样就实现了减少循环嵌套层次的目的。

由表达式 (4-52) 不难看出，循环压紧是一种特殊的循环倾斜，在实现循环倾斜时内层循环的迭代次数会作为仿射表达式中的某项因子参与计算当中。循环倾斜总是合法的，所以循环压紧也总是合法的。由于 Pluto 调度算法是试图在可行解区间上寻找满足目标优化问题的字典序最小解，所以在构造仿射变换的表达式时，Pluto 调度算法不希望得到的循环倾斜的系数太大，这也是多面体模型对循环压紧不友好的一个原因。一些基于多面体模型的优化编译器[36,75] 提供了设置调度变换过程中循环倾斜时最大系数的选项，以阻止优化编译器实现循环压紧，但这依赖于用户对程序信息的掌握。isl 库[71] 中则实现了一种更细致的调度策略来阻止循环压紧[74]。

第**5**章

开发并行性

5.1 利用多面体模型发掘数据并行

正如第 1 章所述,并行性的开发已然成为发挥现代体系结构优势不可或缺的手段。在诸多种类的并行性中,面向数据级并行的循环嵌套优化是优化编译器关注的重点,也是包括深度学习在内的各个领域提升性能的关键。在第 4 章中,我们介绍了面向循环嵌套优化的多面体编译模型,该模型已经被广泛地应用在各种通用的优化编译器中。开发程序的并行性是基于该模型的优化编译器首先要考虑的问题,只有充分开发程序中蕴含的并行性,并将这些并行性有效地映射到目标体系结构上,才能充分利用底层的并行硬件。

受到复杂的存储层次结构等因素的限制,优化编译器不得不对循环嵌套实施一些可能损失程序并行性的循环变换,例如循环分块。在第4.3.3节中我们介绍过,实施了循环分块的一维 stencil 计算会失去外层循环的并行性,虽然 Pluto 算法通过对外层分块间的循环倾斜实现了粗粒度的循环流水并行,但和循环分块前的完全并行相比,仍然损失了一部分并行性。导致这一现象的根本原因是由于优化编译器选择的分块形状不合适,使得分块之间无法实现完全并行。本章将首先介绍如何通过编译手段实现复杂的分块,并开发这些复杂分块之间的并行性。

Pluto 算法是当前多面体模型最成功的调度算法之一,该算法在保证循环分块和通信最小化的约束下,可以自动开发循环嵌套的外层并行性。但在一些特殊情况下,循环分块和外层并行不可兼得,导致 Pluto 算法计算得到的调度不得不放弃并行性或局部性两者中的一个;但同时开发循环分块和循环嵌套内层的并行性是可能的,这就要求优化编译器同时兼备开发循环嵌套内层并行性的能力。本章将介绍一种面向循环嵌套内层并行的调度算法,并比较 Pluto 算法与开发内层并行调度算法的区别。此外,本章还将介绍如何在多面体模型中实现有利于向量化的调度和循环变换。

面向分布式存储结构的编译优化一直是优化编译器领域关注的重点,也是该领域需要解决的一个难点问题。多面体模型中的调度算法在面向分布式存储结构实现并行性开发时仍然可以使用现有的调度算法,但如何精确地计算分布式存储结构之间的通信数据量是当前面临的主要难题。本章最后将介绍如何使用多面体模型的分析能力和优化手段,实现分布式存储结构之间的精确通信数据量计算和通信优化。

5.2 复杂的分块形状

循环分块的研究主要包括分块形状的判定和分块大小的选择两部分。其中，如何判定循环分块的形状，从而在挖掘局部性的同时为开发程序并行性创造条件是多面体模型的首要任务。在确定了高效分块形状的基础上，如何选择适当的循环分块大小以获得最优的程序性能是自动调优工具（automatic tuner）[4] 需要完成的工作。循环分块大小为符号常量的自动变换通常被认为是非仿射变换，所以基于多面体模型的优化编译器实现的大多是分块大小为整数的循环分块。一些多面体模型的优化编译器也能够实现分块大小为符号常量的循环分块[62]，感兴趣的读者可以参考和使用这些优化编译器。本节主要介绍如何利用多面体模型构造复杂的分块形状，从而提高程序的并行性。为了便于理解，我们仍然以图 4.4(a) 所示的一维 stencil 为例来说明如何构造复杂的分块形状，但这些复杂的分块形状同样也适用于其他领域的应用，包括图像处理、深度学习等。

如图 4.9 所示是 Pluto 算法对图 4.4(a) 所示一维 stencil 计算构造出的循环分块形状。由于水平方向上分块之间有依赖，这种分块形状只能按照图 4.9 (b) 或图 4.9 (d) 所示的方式实现流水并行。然而，在利用 Pluto 算法实现循环分块之前，图 4.4(b) 中水平方向上的循环迭代之间是不存在依赖的，因此水平方向上的循环迭代之间可以并行执行。但是由于实现了循环分块，这种循环迭代水平方向之间的并行性遭到了破坏。

如图 5.1 所示是循环分块之间的依赖关系示意图，我们用蓝色箭头表示循环迭代之间的依赖关系，由于 stencil 计算的特性，循环迭代之间的依赖关系可以用依赖距离向量 (1,–1)、(1,0) 和 (1,1) 表示。类似地，我们用红色箭头表示循环分块之间的依赖关系。导致平行四边形分块水平方向上无法并行执行的原因是水平方向上分块之间存在依赖。这种分块之间的依赖关系是由循环迭代之间的依赖关系导致的，其中，循环迭代之间的依赖 (1,0) 和 (1,1) 构成了水平方向上循环分块之间的依赖。如果能够消除循环分块之间水平方向上的依赖，那么水平方向上的循环分块就可以完全并行执行。

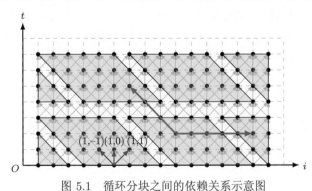

图 5.1 循环分块之间的依赖关系示意图

5.2.1 交叉分块

既然分块之间的依赖关系是由循环迭代之间的依赖关系 (1,0) 和 (1,1) 导致的，那么如果能够构造出一种循环分块形状使得当前分块内所有活跃变量所需的依赖源点都在该分块内，也就是说，该分块内的所有活跃变量不依赖于其他分块内的迭代，这样，循环分块之间将不会有依赖关系存在。如图 5.2 (a) 所示，我们用红色圆圈表示一个平行四边形分块内活跃变量的集合。根据活跃变量的定义，一个分块内的活跃变量是指该分块计算完成后，所有那些仍然被其他分块引用的循环迭代的集合。不难发现，这些活跃变量恰好是导致图 4.9 中分块之间依赖的源点。

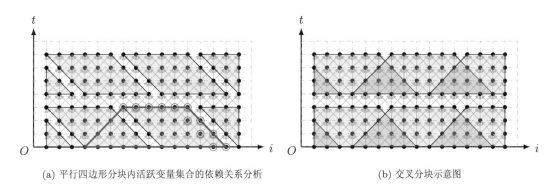

(a) 平行四边形分块内活跃变量集合的依赖关系分析　　　　　　(b) 交叉分块示意图

图 5.2　根据活跃变量计算依赖源点及分块形状

　　根据图 5.1 所示的依赖关系，可以按照 $(1,-1)$、$(1,0)$ 和 $(1,1)$ 三个依赖距离向量计算每个活跃变量的依赖源点，然后再沿着 t 轴方向的分块大小 T_t 计算该依赖的传递闭包[73]，可以得到如图 5.2 (a) 所示的紫色斜边。注意图中每个红色圆圈内的点，即每个活跃变量都可以得到一个与该紫色斜边平行的边，图中所示的紫色斜边是这些边中最靠近右侧的边。沿着该紫色斜边构造分块形状后，所有活跃变量在沿着 t 轴方向的 T_t 次迭代内所有的依赖源点都在该分块内，由此得到的分块形状如图 5.2 (b) 所示。经过这样的循环分块形状构造之后，水平方向上相邻两个分块之间有交叉，因此我们称此类分块形状为交叉分块（overlapped tiling）[46]。另外，根据该分块在一维 stencil 计算的迭代空间上形成的形状，该分块也被称作梯形分块（trapezoid tiling）。

　　由于分块内所有循环迭代的依赖源点都在该分块内，所以该分块与其他水平方向上的分块之间不存在依赖。也就是说，图 5.1 中水平方向的分块之间的依赖在图 5.2 (b) 中不再存在，所以水平方向上的分块可以并行执行。但是，从图 5.2 (b) 中不难发现，相邻的两个交叉分块之间交叉部分的循环迭代被两个分块多次计算，这也是交叉分块实现分块之间完全并行的代价。交叉区域内的循环迭代次数决定了由交叉分块导致的冗余计算量，如果冗余计算过多，会抵消这种分块形状带来的并行性收益；而交叉区域的大小由如图 5.2 (a) 中所示紫色斜边的斜率决定，所以交叉分块对分块大小也有一定的约束。在一维 stencil 的情况下，T_s/T_t 的值越大，冗余计算量越小。其中，T_s 和 T_t 分别表示空间轴 i 和时间轴 t 上的分块大小。

　　交叉分块冗余计算带来的性能损失在多维 stencil 计算的情况下更明显。如图 5.3 所示是二维 stencil 计算上沿单个空间维度和多个空间维度实现交叉分块的示意图。当沿

i、j 两个空间维度都实现交叉分块时，在由 (t, i, j) 构成的三维立体空间上形成的分块形状是一个金字塔的底座；当只沿 j 这个空间维度实现交叉分块时，分块形状则类似一个梯形砖块。在沿多个空间维度上实现交叉分块时，多个空间维度上都存在交叉的情况，冗余计算量较大；当只沿着一个空间维度实现交叉分块时，交叉空间范围也变小了，冗余计算量也随着减少。所以，在 stencil 计算、图像处理以及深度学习应用中一般只选择多个空间维度的一个实现交叉分块，剩余的空间维度上则实现简单的矩形/平行四边形分块。

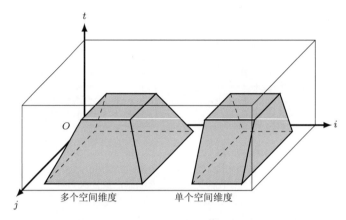

图 5.3　多维 stencil 计算在不同个数的空间维度上进行交叉分块的形状示意图

交叉分块通过冗余计算的方式达到分块后分块之间完全并行的目的，这种代价导致交叉分块的性能优于简单的矩形/平行四边形分块，但比接下来要介绍的其他几种分块形状性能要差。不过，交叉分块有利于创建更多的中间变量，能够更好地利用现代体系结构上的存储层次结构，这部分内容我们将在第6.3节中介绍。此外，交叉分块与深度学习应用中的卷积操作重复访问输入图像上的部分数据的特征天然吻合，也是深度学习应用最值得关注的分块方式之一。

5.2.2　分裂分块

为了克服交叉分块冗余计算带来的影响，一种消除冗余计算的方式是采用如图 5.4 所示的分裂分块。分裂分块可以看作将交叉分块方式中的一个分块分裂成两个阶段执行，其中第一个阶段由所有被相邻交叉分块重复计算的循环迭代构成，第二阶段由交叉分块内剩余的循环迭代组成。如图 5.4 中所示，红色三角形构成该分裂分块的第一阶段，蓝色三角形构成第二阶段。如果交叉分块设置的分块大小不同，分裂分块对应两个阶段的形状也会随之改变。在执行分裂分块时，第一个阶段内所有循环迭代先执行，然后再执行所有第二个阶段内的循环迭代。水平方向上相邻两个分块的同一阶段之间不存在依赖，所以可以被并行执行。

由于是为了消除交叉分块导致的冗余计算，分裂分块可以基于交叉分块实现。不过，由于交叉分块中部分循环迭代需要被多次执行，这要求在多面体模型中支持满射，这使

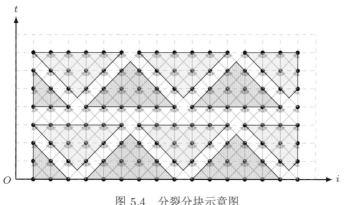

图 5.4　分裂分块示意图

得交叉分块的代码生成实现在早期的多面体模型中是一个非常困难的事情。此外，由于交叉分块要求空间维度上的分块大小要大于时间维度上的分块大小，从而获得较好的程序性能，因此基于交叉分块实现的分裂分块通常由两个阶段组成，即如图 5.4 所示的情况。

一种更通用的方式是基于平行四边形分块构造出由多个阶段组成的分裂分块。图 5.5 (a) 给出了按照 $T_s = T_t$ 实现平行四边形分块后，再进行分裂的分块方式；图 5.5 (b) 给出的是按照 $T_s < T_t$ 实现平行四边形分块的基础上进行分裂得到的分块形状，T_s 和 T_t 分别代表空间维度和时间维度上的分块大小。为了便于说明，我们并没有画出所有代表循环迭代的点。对于初始的平行四边形分块，在不同的分块大小下，可以获得不同的分裂分块形状。例如，当 $T_s = T_t$ 时，可以得到带有三个阶段的分裂分块；当 $T_s < T_t$ 时，可以得到多于三个阶段的分裂分块。我们用不同的颜色标记不同的分块形状，每个分块内的循环迭代也用不同的形状来表示。

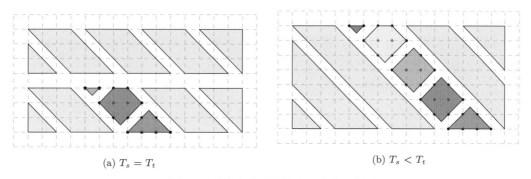

(a) $T_s = T_t$　　　　　　　　　　　　　　　(b) $T_s < T_t$

图 5.5　具有多个阶段的分裂分块示意图

对于给定 stencil 宽度的计算而言，如图 5.4 和图5.5所示，空间维度上的分块大小 T_s 和时间维度上的分块大小 T_t 决定了分裂分块的阶段数。我们用 stencil 宽度代表 stencil 计算在利用近邻元素对某个网格点进行更新时沿该空间维度上近邻元素与该网格点之间的最大距离。例如，图 4.4(a) 所示一维 stencil 计算的 stencil 宽度为 1。如果一个一维 stencil 计算迭代空间上的依赖距离向量可以用 (1,–2)、(1,–1)、(1,0)、(1,1) 和 (1,2) 表示，那么对应的 stencil 宽度为 2。

假设 stencil 宽度为 k，并且使用 Pluto 算法可以得到如图 5.6 绿色区域所示的平行四边形分块，并且平行四边形的高度为 $T_t - 1$。由于 stencil 宽度为 k，图中 $a \rightarrow b$ 这个箭头对应的斜率为 $1/k$，所以 $a \rightarrow b$ 在水平方向上的投影长度为 $k \times (T_t - 1)$。$a \rightarrow b$ 可以看作计算交叉分块时分块左边的斜边，即图 5.2(a) 中的紫色斜边。此外，假设平行四边形分块沿 $a \rightarrow b$ 方向的宽度为 w_t，并假设 $a \rightarrow b$ 的长度为 L，也就意味着在这个方向上一共有 L/w_t 个平行四边形分块。随着 stencil 宽度的增大，$a \rightarrow b$ 的斜率随着增大，L/w_t 也随之变大。由于一个平行四边形将与其右边的 L/w_t 个平行四边形交叉，对应分裂分块的个数也随着增加。

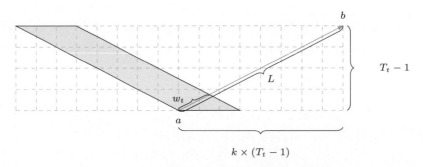

图 5.6　分裂分块阶段数与 stencil 宽度之间的关系

与交叉分块通过冗余计算实现水平分块之间的完全并行不同，分裂分块以增加同步次数为代价来达到实现完全并行的目的。对比图 5.4 和图 5.5 不难发现，当给定相同空间维度上的分块大小 T_s 时，T_t 越大，分裂分块之间的同步开销越小。更形式化地，假设在时间维度上，经过平行四边形分块之后分块的个数为 $\lceil T/T_t \rceil$，T 代表原一维 stencil 计算时间维度上的循环迭代总数，平行四边形分块之间的同步次数为 $\lceil T/T_t \rceil - 1$。假设分裂分块共有 n 个阶段，那么分裂分块将在每个平行四边形分块内额外增加 $n - 1$ 次不同阶段之间的同步，所以分裂分块导致的阶段之间总的同步次数为 $(n-1) \times \lceil T/T_t \rceil$，再加上平行四边形分块初始的分块之间的同步，分裂分块一共需要进行 $n \times \lceil T/T_t \rceil - 1$ 次同步。

根据前面几种不同阶段数的分裂分块的分析，分裂分块的阶段数 n 正比于 T_t/T_s，所以我们可以假设

$$n \equiv \alpha \times \left(\frac{T_t}{T_s} \right) + \beta \tag{5-1}$$

其中 α 和 β 均为正数。那么分裂分块总的同步次数可以近似地表示成

$$\alpha \times \left\lceil \frac{T}{T_t} \right\rceil^2 + (\beta + 1) \times \left\lceil \frac{T}{T_t} \right\rceil - 1 \tag{5-2}$$

当 T_s 不变时，可以通过增加 T_t 的值来减小式 (5-2) 的值；当 T_t 不变时，可以通

过减小 T_s 的值来降低同步开销。不同的是，前者减少的是分块之间的同步开销，后者则降低的是分裂分块内的同步开销。

5.2.3 钻石分块

与分裂分块类似，钻石分块[17] 也是一种以增加分块之间的同步为代价，实现分块水平方向上完全并行的分块技术。钻石分块可以看作分裂分块的一种特殊情况，当时间维度上的分块大小 T_t 和时间维度上的循环迭代总数 T 之间满足 $T_s \geqslant T$ 时，分裂分块就退化成钻石分块。不同的分裂分块算法在计算斜边时，有时会将该斜边作为第 k 个分裂阶段的上界和第 $k+1$ 个分裂阶段的严格下界，或采取相反的策略，即将斜边作为第 k 个分裂阶段的严格上界和第 $k+1$ 个分裂阶段的上界，不同的情况下可能会与钻石分块内循环迭代的个数有所不同，但实现并行的思想一致。钻石分块的示意图与图 5.5(b) 所示分块基本一致。

但与交叉分块和分裂分块不同的是，钻石分块是一种在调度计算的过程中构建分块形状的方法。回顾4.3.3节中多维仿射变换的定义，调度算法是为程序的任意一个语句计算一个多维仿射变换 $\mathcal{T}_S$，在不涉及循环合并/分布的情况下，$\mathcal{T}_S$ 可以用一个矩阵表示。对于图 4.4(a) 所示代码，$\mathcal{T}_S$ 就是式 (4-1) 中的 M 矩阵。计算该 M 矩阵的过程中，Pluto 算法在实施了循环倾斜的迭代空间 $(t, t+i)$ 上进行分块，得到平行四边形分块，如图 4.7 所示。更进一步地，如果在循环分块超结点 (t_T, i_T) 为基形成的空间上，我们有图 4.8 所示的示意图。对于 Pluto 算法计算出的 M 矩阵，每一行代表 Pluto 算法计算的一个超平面法向量，那么 M 可以表示为

$$M = (h_1, h_2) = \begin{pmatrix} 1 & 0 \\ 1 & 1 \end{pmatrix} \tag{5-3}$$

其中，h_1 和 h_2 分别代表 Pluto 算法计算出的超平面法向量。

沿 h_1 和 h_2 超平面进行循环分块后得到的平行四边形分块引入了分块之间的依赖，如图 4.8 所示，沿 (t_T, i_T) 坐标轴方向的依赖就是分块之间的依赖，这两个依赖关系恰好是 (t_T, i_T) 空间上不同维度上的单位向量，所以调度算法计算出的超平面法向量组成的矩阵 M 与分块之间的依赖距离向量组成的矩阵 G 之间满足

$$M \cdot G = I \tag{5-4}$$

其中，G 中的每一列向量代表分块之间的距离向量，I 表示类似图 4.8 中坐标轴方向的单位向量构成的单位矩阵。那么，可以根据 M 计算得到 G，对于式 (5-3) 中的示例，有

$$G = (g_1, g_2) = M^{-1} = \begin{pmatrix} 1 & 0 \\ 1 & 1 \end{pmatrix}^{-1} = \begin{pmatrix} 1 & 0 \\ -1 & 1 \end{pmatrix} \tag{5-5}$$

即 $g_1 = (1, -1)$，$g_2 = (0, 1)$。g_1 和 g_2 分别表示图 5.1 中分块之间的依赖距离。所以，式 (5-4) 也是图 5.1 中的依赖距离向量和图 4.8 中依赖距离向量之间的关系。

更具体地，考虑图 5.7 (a) 中的情况，图中黑色箭头表示 Pluto 算法计算出的两个超平面法向量 h_1 和 h_2，红色箭头表示这两个超平面导致的分块之间的依赖距离向量 g_1 和 g_2。分块形状的两个边将与 h_1 和 h_2 垂直，所以可以构造图中绿色区域所示的分块形状。可以看到，分块之间水平方向上仍然有依赖。如果能够调整调度算法使其产生的分块形状不会导致分块之间水平方向上的依赖，那么水平方向上的分块就可以并行执行，如图 5.7 (b) 所示是根据 $h_1 = (1, -1)$ 和 $h_2 = (1, 1)$ 构造出的分块形状，以及这些超平面法向量和导致的分块之间依赖关系的示意图。图中分块之间水平方向上不存在依赖关系，因此水平方向上的分块可以并行执行。

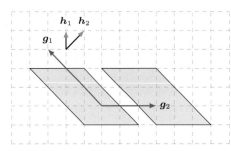
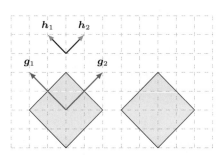

(a) Pluto 算法构造超平面及分块和分块之间 (b) 钻石分块算法构造超平面及分块和分块之间
　　　依赖关系示意图　　　　　　　　　　　　　　　依赖关系示意图

图 5.7　依据不同调度算法构造超平面及分块和分块之间依赖关系示意图

所以，钻石分块就是调整 Pluto 算法的代价模型，迫使其不选择 $(1, 0)$ 作为超平面，而是改为选择 $(1, -1)$。考虑4.3.3节中 Pluto 算法的合法性约束式 (4-7)，对于一维 stencil 计算的所有依赖 $(1, -1)$、$(1, 0)$ 和 $(1, 1)$，总有

$$h_x \cdot \begin{pmatrix} 1 & 1 & 1 \\ -1 & 0 & 1 \end{pmatrix} \geqslant 0 \ (1 \leqslant x \leqslant 2) \tag{5-6}$$

并且 Pluto 算法通过最小化代价模型式 (4-16) 来最小化依赖距离。Pluto 算法的代价模型另外一种表示形式为

$$\mathrm{lexmin}(\max(h \cdot d_i)) \tag{5-7}$$

即每次计算超平面 h 的法向量时，都是返回那些能够使目标问题 (5-7) 达到最小值的超平面。对于超平面 $h_1 = (1, 0)$，目标问题 (5-7) 能够得到的最小值为 1，这也是所有可行解中能够让目标问题得到最小值的那个解。同时，超平面 $h_2 = (1, 1)$ 使目标问题 (5-7) 的结果为 2。其中，$h_1 = (1, 0)$ 是水平分块所在平面法线的方向，也是循环分块前循环迭代水平方向所在平面的法向量。Pluto 算法计算得到的超平面与该平面法向量平行，并且该方向上也存在分块之间的依赖，所以水平方向上的分块无法并行执行。

钻石分块的思想就是在 Pluto 算法计算得到一个与水平方向（或能够并行执行的平面）法向量平行或一致的超平面时，将该平面对应的解从可行解中排除，然后在剩下的所有可行解范围内寻找次优解。通过这样的排除步骤，对于一维 stencil 计算，面向钻石分块的调度算法得到的超平面为 $\boldsymbol{h}_1 = (1, -1)$ 和 $\boldsymbol{h}_2 = (1, 1)$，恰好是图 5.7(b) 中所示情况。从更广义的角度来讲，$\boldsymbol{h}_1 = (1, -1)$ 和 $\boldsymbol{h}_2 = (1, 1)$ 构成了所有可行解的区间，所有在 $\boldsymbol{h}_1 = (1, -1)$ 和 $\boldsymbol{h}_2 = (1, 1)$ 构成的锥面区间内的整数向量都是调度算法的可行解。

通过找到可以并行执行的平面方向，钻石分块构造出了循环分块的形状。但钻石分块要求循环分块的大小在不同的分块方向上必须一致，否则分块之间的并行性将无法保持。目前，只有 Pluto 编译器实现了钻石分块，还无法面向 GPU 生成代码。

5.2.4　六角形分块

六角形分块[39] 也是一种以分块之间的同步为代价的复杂分块形状，文献 [38] 中比较了钻石分块和六角形分块之间的关联与区别。从构造的形状来看，六角形分块可以看作钻石分块沿水平方向的拉伸，或者说钻石分块是六角形分块在顶点宽度为 1 时的一种特殊情况。不同于钻石分块，六角形分块已经在 PPCG 编译器中得到了实现，但是目前只支持针对 GPU 的 CUDA/OpenCL 代码生成，还无法面向 CPU 生成代码。

图 5.8 (a) 给出了针对一维 stencil 计算构造的六角形分块的示意图。在这个例子当中，一维 stencil 计算的依赖可以用 $(1, -1)$、$(1, 0)$ 和 $(1, 1)$ 三个距离向量表示。更一般地，假设 stencil 宽度①分别为 δ^0 和 δ^1。时间维度上的分块大小 $T_t = w_0 + 1$，这里 w_0 表示时间维度上一个初始分块中最远的两个点之间的距离宽度。当选取 $w_0 + 1$ 个点进行分块时，这些点的源点即对应的依赖传递闭包形成了如图5.8(a) 中实线所示的区域。

由于依赖是沿着水平方向向两边延伸的，如果在相同的时间维度上连续取 $w_0 + 1$ 个点进行分块，那么将导致部分的循环迭代被重复执行，因此六角形分块选择在两个方向上跨步选择分块的起始位置，以保证所有的循环迭代只被执行一次。这些跨步按照

$$
\begin{aligned}
l &= (-h - 1, -w_0 - 1 - \lfloor \delta^0 h \rfloor) \\
r &= (-h - 1, w_0 + 1 + \lfloor \delta^1 h \rfloor) \\
b &= (-2h - 2, \lfloor \delta^1 h \rfloor - \lfloor \delta^0 h \rfloor)
\end{aligned}
\tag{5-8}
$$

分别向左、向右和向下进行偏移，其中 h 与空间维度上分块大小 T_s 的关系为 $T_s = h + 1$。经过这样的偏移之后，可以构造出依赖传递闭包构成的区域，如图 5.8 (a) 中红色区域所示，每个部分的边界由虚线表示。那么，所有初始的 $w_0 + 1$ 个点所依赖的循环迭代应该是所有那些没有被这些红色区域计算的剩余部分所构成的区域，即从所有虚线表示的区域中减去实线部分包含的循环迭代集合之后，剩余的部分就是这 $w_0 + 1$ 个循环迭代直接或间接依赖的循环迭代，这些循环迭代应该在一个循环分块内。如图 5.8 (a) 中绿色区域所示是经过这样的集合运算之后得到的分块形状，即六角形分块。图中选择的值分别为 $w_0 = 2$ 和 $h = 1$。在我们的用例里，$\delta^0 = \delta^1 = 1$。w_0 的值要足够大，否则在右边的依赖传递闭包构成的区间右边会有一个额外的区间，使分块形状在整个迭代空间

---

① 这里假设 stencil 宽度在空间维度上不对称，以处理更通用的情况。

上无法达到统一。为了避免这样的问题，w_0 的设置被规范为

$$w_0 \geqslant \max(\delta^0 + \{\delta^0 h\}, \delta^1 + \{\delta^1 h\}) - 1 \tag{5-9}$$

其中，$\{x\}$ 表示 x 的小数部分，即 $\{x\} = x - \lfloor x \rfloor$。

　　根据该方法构造得到的一维 stencil 计算分块示意图如图 5.8 (b) 所示，图中水平方向上所有相同颜色的分块可以并行执行。更具体地，六角形分块可以看作将一维 stencil 计算的迭代空间 (t, i) 变换成 (t_T, p, i_T) 这样的三维空间，其中 t_T、i_T 分别表示时间和空间分块之间的分块迭代维度，p 代表不同的阶段。六角形分块将整个迭代空间划分成两个阶段，图 5.8 (b) 中所有红色分块为第一阶段，绿色分块为第二阶段。为了确保第一阶段的分块在第二阶段之前执行，定义第一阶段对应下标为

$$t_T = \left\lfloor \frac{t + h + 1}{2h + 2} \right\rfloor$$

$$i_T = \left\lfloor \frac{i + \lfloor \delta^1 h \rfloor + w_0 + 1 + t_T(\lfloor \delta^1 h \rfloor - \lfloor \delta^0 h \rfloor)}{2w_0 + 2 + \lfloor \delta^0 h \rfloor + \lfloor \delta^1 h \rfloor} \right\rfloor \tag{5-10}$$

第二阶段对应下标为

$$t_T = \left\lfloor \frac{t}{2h + 2} \right\rfloor$$

$$i_T = \left\lfloor \frac{i + t_T(\lfloor \delta^1 h \rfloor - \lfloor \delta^0 h \rfloor)}{2w_0 + 2 + \lfloor \delta^0 h \rfloor + \lfloor \delta^1 h \rfloor} \right\rfloor \tag{5-11}$$

t_T 的分母保证了第一阶段分块总是在第二阶段分块之前执行。

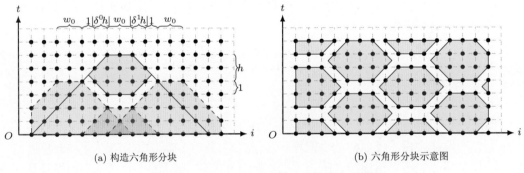

(a) 构造六角形分块   (b) 六角形分块示意图

图 5.8　六角形分块的构造方法及并行示意图

　　不同于前面几种分块方式，六角形分块在 PPCG 编译器的实现并没有采用 Pluto 算法，因为 PPCG 编译器在生成 CUDA/OpenCL 代码时，要求分块之后的循环必须是外层可并行的，但根据4.3.3节的介绍，Pluto 算法对 stencil 计算只能实现流水并行，并不能保证外层可并行。六角形分块在 PPCG 中的实现是没有将时间和空间维度合并到一个 band 结点，在这样的前提下通过上面的偏移、下标定义等规则构造六角形分块的边界，并形成整个迭代空间上的两个阶段。虽然在文献 [39] 中声明了六角形分块可以处

理多个语句的 stencil 计算，但是，在实际使用 PPCG 编译器生成六角形分块的代码时并没有能够成功生成代码。另外，六角形分块的性能结合4.6.1节中介绍的分块分离往往具有更好的效果。

5.3 Feautrier 调度算法

Pluto 算法是现代体系结构上非常有效的一种调度算法，能够有效地利用存储层次结构的特征。然而，在一些特殊情况下，Pluto 算法无法计算出有效的解。首先，Pluto 算法更倾向于挖掘多层循环嵌套的外层并行，为了实现这个目的，其优化问题往往会设置更严格的约束条件。例如，在对多层循环嵌套从外到内依次计算调度时，每层循环考虑的依赖关系集合都相同，因此也需要引入希尔伯特范式，即式 (4-18) 和式 (4-19) 来保证不同循环层上得到的解线性无关。其次，为了能够找到满足目标问题的解，Pluto 算法的求解过程引入了一些将部分循环变换排除在外的约束，例如，式 (4-17) 在避免了全 0 平凡解的同时，也排除了循环反转。

在4.4.2节中，我们已经举例说明了 Pluto 算法可能失败的情况。在 Pluto 算法失败时，能够继续挖掘循环嵌套内层并行是一个优化编译器应该具备的能力。Feautrier 算法[29,30] 就是一种开发循环嵌套内层并行的调度算法。Feautrier 算法以法国计算机科学家 Paul Feautrier 的名字命名。Paul Feautrier 是巴黎高等师范学校的名誉教授，在基于多面体模型的编译优化领域建树颇丰，包括在依赖关系分析、调度算法、代码生成等众多领域都提出了非常著名的算法，许多算法沿用至今。Paul Feautrier 同时培养了许多多面体模型领域的专家，包括 Albert Cohen、Cédric Bastoul 等。事实上，Feautrier 算法的提出时间远早于 Pluto 算法，由于当时的并行体系结构还没有现代体系结构这样复杂，因此该算法只考虑了循环的内层并行性。进入 21 世纪之后，基于 Feautrier 算法进行了许多改进，在该算法的基础上实现了循环分块。本节我们将具体介绍 Feautrier 算法。

5.3.1 一维时间表示的调度计算

不同于 Pluto 算法兼顾程序并行性和数据局部性的特征，Feautrier 算法的提出是在 20 世纪 90 年代初。由于当时还无法利用多面体模型表示循环分块等有利于提升数据局部性的循环变换，而且多面体模型还不能自动地计算能够实现程序并行性的调度，所以 Feautrier 算法在设计时主要考虑的是如何通过算法的设计来挖掘程序的并行性。在当时，一个被并行程序设计领域的研究人员广泛接受的想法，是用调度方式为程序的每个语句分配一个逻辑时间节点，该逻辑时间节点代表对应的指令应该启动的逻辑时间。Feautrier 算法将程序指令能够被指定的所有逻辑时间节点的集合抽象成一个整数集合。更自然地，这个集合被定义为是自然数集合 N 的一个子集，即一个指令对应的逻辑时间节点被表示成一维逻辑时间节点。

1. 精确的依赖分析和表示

在第 3 章我们介绍过用于分析依赖关系的方法。在传统的依赖测试方法中，判定两个数组下标之间是否有依赖的方法是判定方程 (3-16) 是否有整数解。依赖测试方法的弊端是可能会导致计算得到的结果包含许多冗余的信息，即并没有考虑定义覆盖的问题。数据流分析能够计算出更精确的结果，保证依赖关系分析的结果是循环嵌套的一次迭代与另外一次迭代之间的终写（last write）关系。假设循环嵌套中产生依赖 e 的循环迭代的字典序分别用 s 和 t 表示，其中 s 为依赖 e 的源点所对应的字典序，t 为汇点所对应的字典序。我们用 $\mathcal{D}^x$ 表示程序所有依赖关系构成的集合，x 为循环嵌套的层次。那么一定存在一个仿射函数 f_e 使得

$$< s, t > \in \mathcal{D}^x \Leftrightarrow (s = f_e(t) \wedge t \in P_e) \tag{5-12}$$

其中，$< s, t >$ 表示产生依赖的一对循环索引下标对应的字典序，$\Leftrightarrow$ 表示当且仅当的关系，P_e 为满足依赖关系集合 $\mathcal{D}^x$ 的所有 t 构成的迭代域，也可以抽象成一个多面体。换句话说，对于一个依赖关系 e，如果我们用 s 表示其源点，t 表示其汇点，那么当

$$t \in I_t \wedge f_e(t) \in I_s \tag{5-13}$$

时，t 是 P_e 的一个元素。其中，I_s 和 I_t 分别表示所有满足依赖 e 的 s 和 t 构成的集合。

例 5.1 考虑图 5.9(a) 中所示矩阵向量乘法运算的代码，该例的循环迭代空间可以用 $I = \{S_1(i) : 0 \leqslant i \leqslant N; S_2(i, j) : 0 \leqslant i \leqslant N \wedge 0 \leqslant j \leqslant N\}$ 表示。那么

$$\begin{aligned} I_{S_1} &= \{S_1(i) : 0 \leqslant i \leqslant N\} \\ I_{S_2} &= \{S_2(i, j) : 0 \leqslant i \leqslant N \wedge 0 \leqslant j \leqslant N\} \end{aligned} \tag{5-14}$$

显然，该循环嵌套的依赖关系集合由两种类型的依赖构成，第一个是所有语句实例 S_1 到 S_2 的依赖，第二个是语句 S_2 自身不同实例之间的依赖。如果用 $\mathcal{D}^1_{1,2}$ 表示前者，用 $\mathcal{D}^2_{2,2}$ 表示后者，其中 $\mathcal{D}^1_{1,2}$ 的上角标 1 表示依赖是由第一层循环携带的，$\mathcal{D}^2_{2,2}$ 的上角标 2 表示依赖是由第二层循环携带的。那么依赖测试给出的结果可以表示成

$$< i', i, j > \in \mathcal{D}^1_{1,2} \Leftrightarrow i' = i \tag{5-15}$$

和

$$< i', j', i, j > \in \mathcal{D}^1_{2,2} \Leftrightarrow i' = i \wedge j' < j \tag{5-16}$$

如果用数据流分析计算依赖关系，那么有

$$< i', i, j > \in \mathcal{D}^2_{1,2} \Leftrightarrow i' = i \wedge j = 1 \tag{5-17}$$

和

$$< i', j', i, j > \in \mathcal{D}^2_{2,2} \Leftrightarrow i' = i \wedge j' = j - 1 \wedge j \geqslant 2 \tag{5-18}$$

可以看出数据流分析的结果比传统的依赖测试结果更精确。Feautrier 算法是想在精确的数据流分析基础上，为程序的每个指令计算一个更激进的逻辑时间节点，从而为开发更多的并行性创造条件。

```
1  for(i=0;i<=N;i++){
2    s[i]=0; /* S1 */
3    for(j=0;j<=N;j++)
4      s[i]=s[i]+a[i,j]*x[j];  /* S2 */
5  }
6
```

(a) 一段简单的矩阵向量乘法运算代码

```
1  #pragma omp parallel for
2  for(i=0;i<=N;i++)
3    s[i]=0; /* S1 */
4  for(j=0;j<=N;j++)
5    #pragma omp parallel for
6    for(i=0;i<=N;i++)
7      s[i]=s[i]+a[i,j]*x[j];  /* S2 */
```

(b) 经过 Feautrier 算法调度之后的 OpenMP 并行代码

图 5.9　矩阵向量乘法运算代码及其在 Feautrier 算法下的调度结果

2. 计算一维逻辑时间节点的调度算法

在假设一维逻辑时间节点的前提下，Feautrier 算法进一步假设程序中每个语句 S 的调度具有

$$\phi_S(\boldsymbol{i}) = \boldsymbol{h} \cdot \boldsymbol{i} + \boldsymbol{p} \cdot \boldsymbol{n} + c_0 = (c_1^S, c_2^S, \cdots, c_{m_S}^S) \cdot \boldsymbol{i} + (p_1^S, p_2^S, \cdots, p_k^S) \cdot \boldsymbol{n} + c_0 \qquad (5\text{-}19)$$

的形式。其中，p_x^S $(1 \leqslant x \leqslant k)$ 表示 k 个程序参数的系数向量，其他变量的含义与 Pluto 算法一维仿射变换式 (4-3) 的含义相同。在一维逻辑时间节点的前提下，该调度将字典序 $\boldsymbol{i}$ 映射到一个一维整数空间。与 Pluto 算法的合法性约束类似，对于每个依赖 e 的源点 $\boldsymbol{s}$ 和汇点 $\boldsymbol{t}$，必然满足式 (4-6)，式 (5-19) 中的调度 ϕ 也满足合法性约束式 (4-7)。但在将所有语句实例的调度抽象成一维时间节点时，意味着式 (5-19) 中的调度 ϕ 需要满足比式 (4-7) 更严格的约束，即

$$\phi_{S_j}(\boldsymbol{t}) - \phi_{S_i}(\boldsymbol{s}) \geqslant 1 \qquad (5\text{-}20)$$

时，依赖才能够得到满足。在此基础上，结合式 (5-20)、式 (5-12) 和式 (5-13)，我们有

$$\phi_S(\boldsymbol{t}) - \phi_S(\boldsymbol{s}) = \phi_S(\boldsymbol{t}) - \phi_S(f_e(\boldsymbol{t})) \geqslant 1 \qquad (5\text{-}21)$$

所以，Feautrier 算法为语句 S 计算一维逻辑时间节点的调度，是在合法性约束式 (5-21) 的前提下，计算式 (5-19) 的所有可行解中最优的那个解。在满足式 (5-19) 的所有可行解中，合法性约束式 (5-21) 构成了可行解区域的下界。与 Pluto 算法类似，Feautrier 算法也设定了形如式 (4-13) 的上界，所以 Feautrier 算法就是在这些约束范围内寻找最优解。事实上，合法性约束和上界约束是在 Feautrier 算法中先提出来的，由于我们已经在第 4 章中介绍了 Pluto 算法，因此这里的描述顺序与实际提出的先后顺序相反。

在介绍 Pluto 算法时我们提到过，当依赖距离的某个分量无法在迭代空间上用整数表示时，需要用到 Farkas 引理来消除式 (5-19) 中待求解的未知变量与循环索引下标相乘而构成的非线性表达式。Feautrier 算法在计算一维逻辑时间节点的调度时，通过重复使用 Farkas 引理来计算结果。

> **定理 5.1   Farkas 引理**
>
> 令 $\mathcal{D}$ 是由 p 个仿射不等式
>
> $$\boldsymbol{a_x} \cdot \boldsymbol{i} + b_x \geqslant 0 \quad (1 \leqslant x \leqslant p) \tag{5-22}$$
>
> 定义的非空多面体，那么仿射函数 ψ 在 $\mathcal{D}$ 的约束下总是非负的，当且仅当
>
> $$\psi(\boldsymbol{i}) \equiv \lambda_0 + \sum_{x=1}^{p} \lambda_x (\boldsymbol{a_x} \cdot \boldsymbol{i} + b_k) \tag{5-23}$$
>
> 其中，$\lambda_x \geqslant 0 \, (0 \leqslant x \leqslant m_S)$ 称为 Farkas 因子。   ♡

定理 5.1 的证明请参考文献 [29]。下面，我们来介绍 Feautrier 算法是如何利用 Farkas 引理来求解目标问题的。为了利用好 Farkas 引理，我们可以将每个语句 S 的迭代空间 I_S 写成

$$\boldsymbol{a_x^S} \cdot \begin{pmatrix} \boldsymbol{i} \\ \boldsymbol{n} \end{pmatrix} + b_x^S \geqslant 0 \quad (1 \leqslant x \leqslant m_S) \tag{5-24}$$

的形式，其中 $\boldsymbol{i}$ 为循环索引变量构成的向量，$\boldsymbol{n}$ 为程序符号常数构成的向量，m_S 为循环嵌套的层数。对于依赖关系集合 $\mathcal{D}^x$ 中的每个依赖 e，总有

$$\boldsymbol{c_x^e} \cdot \begin{pmatrix} \boldsymbol{s} \\ \boldsymbol{t} \\ \boldsymbol{n} \end{pmatrix} + d_x^e \geqslant 0 \quad (1 \leqslant x \leqslant m_e) \tag{5-25}$$

其中，$\boldsymbol{s}$、$\boldsymbol{t}$ 为依赖 e 的源点和汇点的字典序，$\boldsymbol{n}$ 为程序符号常数构成的向量，m_e 为依赖的个数。结合式 (5-12) 和式 (5-25)，我们可以用

$$\boldsymbol{c_x^e} \cdot \begin{pmatrix} \boldsymbol{t} \\ \boldsymbol{n} \end{pmatrix} + d_x^e \geqslant 0 \quad (1 \leqslant x \leqslant m_e) \tag{5-26}$$

来表示式 (5-12) 中的集合 P_e。

根据 Farkas 引理和式 (5-24) 的表示，调度式 (5-19) 在其定义域上处处非负，当且仅当存在一组 Farkas 因子 μ_x^S 使得

$$\phi_S(\boldsymbol{i}) \equiv \mu_0^S + \sum_{x=1}^{m_S} \mu_x^S \left(a_x^S \begin{pmatrix} \boldsymbol{i} \\ \boldsymbol{n} \end{pmatrix} + b_x^S \right) \quad (1 \leqslant x \leqslant m_S) \tag{5-27}$$

对于一个依赖关系 e，其依赖源点和汇点的一维逻辑时间节点的差

$$\delta_e(\boldsymbol{s}, \boldsymbol{t}) = \phi_S(\boldsymbol{t}) - \phi_S(\boldsymbol{s}) - 1 \geqslant 0 \tag{5-28}$$

也可以表示成依赖关系集合 $\mathcal{D}^x$ 中每个依赖关系不等式的一个 Farkas 因子累加的形式，即一定存在一组 Farkas 因子 λ_x^S 使得

$$\phi_S(\boldsymbol{t}) - \phi_S(\boldsymbol{s}) - 1 \equiv \lambda_0^e + \sum_{x=1}^{m_e} \lambda_x^e \left(c_x^e \begin{pmatrix} \boldsymbol{s} \\ \boldsymbol{t} \\ \boldsymbol{n} \end{pmatrix} + d_x^e \right) \quad (1 \leqslant x \leqslant m_e) \tag{5-29}$$

更进一步地，利用式 (5-21) 替换式 (5-28) 中的 $\boldsymbol{s}$ 可得

$$\delta_e(\boldsymbol{t}) = \phi_S(\boldsymbol{t}) - \phi_S(f_e(\boldsymbol{t})) - 1 \geqslant 0 \tag{5-30}$$

将式 (5-30) 代入式 (5-29) 可得

$$\phi_S(\boldsymbol{t}) - \phi_S(f_e(\boldsymbol{t})) - 1 \equiv \lambda_0^e + \sum_{x=1}^{m_e} \lambda_x^e \left(c_x^e \begin{pmatrix} \boldsymbol{t} \\ \boldsymbol{n} \end{pmatrix} + d_x^e \right) \quad (1 \leqslant x \leqslant m_e) \tag{5-31}$$

上面几个表达式都是恒等式。也就是说，对于每个表达式等号左右两端的变量而言，可以将所有变量的系数两两对应起来，从而可以对一部分未知变量进行消元。消元之后可以根据剩余变量和约束得到一个不等式组，所以求解调度的过程就转换成求解不等式组有效解的过程。

然而，不等式组可能有多个解，调度问题需要解决的是如何找到最优的解。这面临两个问题。首先，如何确定多个有效解中哪个是最优的；其次，如果找到的最优解是非整数解，如何将非整数解转换为整数解，这是因为 Feautrier 算法的提出是在 20 世纪 90 年代，其核心是采用线性规划来求解可行解范围内的有效解，底层采用的是线性规划求解工具 pip(parametric integer programming) 来求解调度计算过程，有可能返回非整数解。针对第一个问题，Feautrier 算法也采用求解可行解范围内字典序最小的解的方法，并且 Feautrier 算法证明了当两个调度 ϕ_1 和 ϕ_2 都是可行解时，两者之间较小的那个一定也是一个可行解。

> **定理 5.2　字典序最小的调度的有效性**
>
> 　　当两个调度 ϕ_1 和 ϕ_2 都满足合法性约束式 (5-21) 时，$\phi_3 = \min(\phi_1, \phi_2)$ 也一定满足该合法性约束。　　　　　　　　　　　　　　　　　　　　　　　　　　♡

对于第二个问题，Feautrier 算法也给出了如何将非整数解转换为整数解的定理。

> **定理 5.3　非整数解调度的近似**
>
> 　　如果 ϕ 是一个非整数解构成的调度，那么 $\lfloor \phi \rfloor$ 也一定是一个有效调度，并且 $\lfloor \phi \rfloor$ 能够保留 ϕ 的最优性。其中，$\lfloor \phi \rfloor$ 表示对调度 ϕ 中每个非整数向量元素进行向下取整的操作。　　　　　　　　　　　　　　　　　　　　　　　　♡

这两个定理的证明请参考文献 [29]。根据以上几个定理，Feautrier 算法能够在给定的约束下求解最优的一维时间表示的调度。

例 5.2　仍考虑图 5.9(a) 所示的代码。对于语句 S_1 和 S_2 之间的依赖，其依赖汇点集合为 $P_{e_1} = I_{S_2} \cap \{S_2(i,j) : j = 0\}$，对应的仿射函数为 $f_{e_1}(i,j) = i$，其中 I_{S_2} 表示迭代空间中关于语句 S_2 实例的子集。对于语句 S_2 自身的依赖，其依赖汇点集合为 $P_{e_2} = I_{S_2} \cap \{S_2(i,j) : j \geqslant 1\}$，其对应的仿射函数为 $f_{e_2}(i,j) = (i, j-1)$。

　　根据该程序循环嵌套对应的迭代空间 $I = \{S_1(i) : 0 \leqslant i \leqslant N; S_2(i,j) : 0 \leqslant i \leqslant N \wedge 0 \leqslant j \leqslant N\}$，对语句 S_1 可以提取出的不等式分别为 $i \geqslant 0$ 和 $N - i \geqslant 0$，语句 S_2 实例迭代空间提取的不等式分别为 $i \geqslant 0$、$N - i \geqslant 0$、$j \geqslant 0$ 和 $N - j \geqslant 0$，将这些不等式代入式 (5-27) 可得

$$\phi_{S_1}(i) = \mu_0^{S_1} + \mu_1^{S_1} i + \mu_2^{S_1}(N - i)$$
$$\phi_{S_2}(i,j) = \mu_0^{S_2} + \mu_1^{S_2} i + \mu_2^{S_2}(N - i) + \mu_3^{S_2} j + \mu_4^{S_2}(N - j) \tag{5-32}$$

对于第一个依赖关系 e_1，将式 (5-32) 代入恒等式 (5-31) 可得

$$\mu_0^{S_2} + \mu_1^{S_2} i + \mu_2^{S_2}(N - i) + \mu_3^{S_2} j + \mu_4^{S_2}(N - j) - (\mu_0^{S_1} + \mu_1^{S_1} i + \mu_2^{S_1}(N - i)) - 1$$
$$= \lambda_0^{e_1} + \lambda_1^{e_1} i + \lambda_2^{e_1}(N - i) + \lambda_3^{e_1} j + \lambda_4^{e_1}(N - j) - \lambda_5^{e_1} j \tag{5-33}$$

令恒等式 (5-33) 相同变量的系数两两相等，可得到

$$\mu_0^{S_2} - \mu_0^{S_1} - 1 = \lambda_0^{e_1}$$
$$\mu_1^{S_2} - \mu_2^{S_2} - \mu_1^{S_1} + \mu_2^{S_1} = \lambda_1^{e_1} - \lambda_2^{e_1}$$
$$\mu_3^{S_2} - \mu_4^{S_2} = \lambda_3^{e_1} - \lambda_4^{e_1} - \lambda_5^{e_1} \tag{5-34}$$
$$\mu_2^{S_2} + \mu_4^{S_2} - \mu_2^{S_1} = \lambda_2^{e_1} + \lambda_4^{e_1}$$

第二个依赖关系 e_2 是语句 S_2 到自身的依赖，其依赖距离向量在整个迭代空间上一致，可以用 (0,1) 表示，因此不需要像第一个依赖关系那样使用 Farkas 引理来求解。对于该依赖，可以得到

$$\mu_3^{S_2} - \mu_4^{S_2} - 1 \geqslant 0 \tag{5-35}$$

接下来需要尽可能消除式 (5-34) 和式 (5-35) 中的未知变量。一种消元后的结果为

$$\lambda_0^{e_1} = \mu_0^{S_2} - \mu_0^{S_1} - 1 \geqslant 0$$
$$\lambda_1^{e_1} = \mu_1^{S_2} + \mu_4^{S_2} - \mu_1^{S_1} - \lambda_4^{e_1} \geqslant 0$$
$$\lambda_3^{e_1} = \mu_3^{S_2} - \mu_4^{S_2} + \lambda_4^{e_1} + \lambda_5^{e_1} \geqslant 0 \tag{5-36}$$
$$\lambda_2^{e_1} = \mu_2^{S_2} + \mu_4^{S_2} - \mu_2^{S_1} - \lambda_4^{e_1} \geqslant 0$$
$$\mu_3^{S_2} - \mu_4^{S_2} - 1 \geqslant 0$$

对于式 (5-36) 中的第二个和第四个不等式，只有在

$$\mu_1^{S_2} + \mu_4^{S_2} - \mu_1^{S_1} \geqslant 0$$
$$\mu_2^{S_2} + \mu_4^{S_2} - \mu_2^{S_1} \geqslant 0 \tag{5-37}$$

成立时，才能得到满足。所以，不等式组 (5-36) 和 (5-37) 构成了该例调度问题的可行解范围。更进一步地，上述可行解范围内，$\mu_0^{S_1}$、$\mu_1^{S_2}$、$\mu_2^{S_2}$ 和 $\mu_4^{S_2}$ 可以取任意非负数，其余的变量应该满足

$$0 \leqslant \mu_1^{S_1} \leqslant \mu_2^{S_2} + \mu_4^{S_2}$$
$$0 \leqslant \mu_2^{S_1} \leqslant \mu_2^{S_2} + \mu_4^{S_2}$$
$$\mu_0^{S_2} \geqslant \mu_0^{S_1} + 1$$
$$\mu_3^{S_2} \geqslant \mu_4^{S_2} + 1 \tag{5-38}$$

利用（整数）线性规划工具求解，一个有效的可行解是 $\mu_0^{S_1} = \mu_1^{S_2} = \mu_2^{S_2} = \mu_4^{S_2} = 0$，并基于此，结合不等式 (5-38) 判定 $\mu_1^{S_1} = \mu_2^{S_1} = 0$，$\mu_0^{S_2} = \mu_3^{S_2} = 1$。根据这些结果得到的最终调度为

$$[\phi_{S_1}(i) = 0; \phi_{S_2}(i,j) = j+1] \tag{5-39}$$

该调度对应生成的代码如图 5.9(b) 所示，该调度也实现了循环分布、循环交换两种循环变换，并且可以识别不同层次的循环并行性。

另一个可行解是 $\mu_1^{S_2} = \mu_1^{S_1} = 1$，其余变量与第一种解相同，这种情况下得到的最终调度为

$$[\phi_{S_1}(i) = i; \phi_{S_2}(i,j) = i+j+1] \tag{5-40}$$

该调度与前一种调度生成的代码类似，只是在其基础上对第二个循环嵌套的内层循环实施了循环倾斜。根据选取有效解范围内字典序最小调度的原则，式 (5-39) 会被用于生成代码。

5.3.2　多维时间表示的调度计算

用一维时间表示程序的调度是一个非常直观的想法。对循环嵌套内的每个语句实例，一维时间表示调度计算方法为其计算出一个具体的数值，该数值序列代表了程序的执行顺序。当不同的语句实例被映射到相同的一维时间时，这两个语句实例就可以被并行执行。例如，调度式 (5-39) 将语句 S_1 的所有实例都映射到 0 这个代表时间节点的数值上，所以语句 S_1 的所有实例都可以被并行执行，这也是为什么图 5.9(b) 中包含在语句 S_1 之外的循环可以被标记为并行的原因。

然而，用一维时间表示调度有一个无法避免的弊端。如图 5.10 所示的循环嵌套，如果用一维时间表示语句 S_1 的调度，那么该调度应该是

$$\left[\phi_{S_1}(i,j) = \frac{i(i+1)}{2} + j\right] \tag{5-41}$$

的形式。这种非线性多项式的调度计算显然超出了现有（整数）线性规划工具的计算能力，所以用一维时间表示调度在工程实现上是一个非常困难的事情。

```
1  for(i=0;i<=N;i++)
2    for(j=0;j<=i;j++)
3      s = s + a[i,j]   /* S1 */
```

图 5.10   一个用于说明一维时间节点弊端的程序

1. 多维时间节点和一维时间节点的等价性

一种更自然地表示调度的方式是采用多维时间节点，例如3.2.2节介绍的字典序，就是用多维向量的方式表示一个时间节点。对于图 5.10 中的语句 S_1，调度

$$[\phi_{S_1}(i,j) = (i,j)] \tag{5-42}$$

显然能更自然地表示该语句的执行顺序，并且二维时间节点也正好与循环嵌套的层数相对应。正如3.2.2节中的介绍，一个多维时间节点可以被解析成年、月、日的抽象表示，也可以被解读成时钟的时、分和秒的表示。调度式 (5-42) 与式 (5-41) 是等价的，假设对一个如式 (5-42) 的调度，我们将第一个维度理解成表示分的数，第二个维度理解为表示秒的数，那么调度式 (5-42) 在不同的 i 和 j 值下，既可以表示从开始到当前时刻经历了 i 分 j 秒，也可以理解成从开始到当前时刻经历了 $60i + j$ 秒，后者就是一维时间节点的表示。换句话说，多维时间节点就是用一维时间节点不断（整数）除以不同维度上的单位数得到的多维向量表示。

下面的定理表述了多维时间节点和一维时间节点的等价性。

> **定理 5.4   多维时间节点和一维时间节点的等价性**
>
> 任意一个多维时间节点 $\mathcal{T}_S$，存在一个一维时间节点 ϕ_S 使得
>
> $$\phi_S(i) = \text{card}\{\mathcal{T}_S(j) : \mathcal{T}_S(j) \preceq \mathcal{T}_S(i)\} \tag{5-43} ♡$$

其中，i、j 表示语句 S 的字典序，card 操作表示计算集合内元素的个数。该定理的证明请参考文献 [30]。该定理也证明了 Pluto 算法为每个语句计算多维仿射变换时，通过依次计算每一维的仿射变换来得到最终的多维仿射变换的方法是正确的。

根据5.3.1节介绍的内容，用于计算一维时间节点的调度一定满足合法性约束式 (4-7)，结合定理 5.4，当式 (4-6) 成立时，

$$\mathcal{T}_S(t) - \mathcal{T}_S(s) \succcurlyeq \mathbf{0} \tag{5-44}$$

也一定成立。

2. 计算多维逻辑时间节点的调度算法

在假设程序具有多维逻辑时间节点的前提下，式 (5-30) 中的 δ_e 就转变成了一个依赖距离向量。类似 Pluto 算法和一维逻辑时间节点的 Feautrier 算法合法性约束式 (4-7)，多维逻辑时间节点的 Feautrier 算法合法性约束可以表示成

$$\delta_e(\boldsymbol{t}) = \mathcal{T}_S(\boldsymbol{t}) - \mathcal{T}_S(f_e(\boldsymbol{t})) \succcurlyeq \boldsymbol{0} \tag{5-45}$$

的形式。注意由于 δ_e 表示依赖距离向量，所以式 (5-45) 中是 $\succcurlyeq$ 而非 $\geqslant$，不等式的右端也是向量 $\boldsymbol{0}$ 而不是整数 0。根据定义 3.6 关于依赖满足的定义，依赖距离向量在某些维度上的分量可以为 0，所以式 (5-45) 中右端是一个向量 $\boldsymbol{0}$。

如果我们用 $\phi_S = \mathcal{T}_S^{(d)}$ 表示 $\mathcal{T}_S$ 的第 d 维上的仿射变换，$\delta_e^{(d)}$ 表示 δ_e 在第 d 维上的分量，那么一定有

$$\delta_e^{(d)}(\boldsymbol{t}) = \phi_S(\boldsymbol{t}) - \phi_S(f_e(\boldsymbol{t})) = \mathcal{T}_S^{(d)}(\boldsymbol{t}) - \mathcal{T}_S^{(d)}(f_e(\boldsymbol{t})) \geqslant 0 \tag{5-46}$$

$\phi_S = \mathcal{T}_S^{(d)}$ 也可以表示成式 (5-27) 的形式。那么，对于一个依赖关系 e，其依赖源点和汇点的调度沿某个方向的差必然满足式 (5-46)，或者更进一步地，使得式 (5-28) 成立。当式 (5-28) 成立时，依赖关系 e 就在该维度上被满足，剩余的维度上则不需要考虑该依赖关系；当式 (5-46) 成立但式 (5-28) 不成立时，那么在考虑多维时间节点的下一个维度时，调度算法仍然要考虑当前这个依赖关系。

所以，计算多维逻辑时间节点的 Feautrier 算法在对循环嵌套从外到内依次计算每个维度上的一维调度时，会将依赖关系集合 $\mathcal{D}^x$ 中的元素进行分类，即构造一个无法被当前一维调度满足的依赖关系的集合 $U^{(d)}$ 使得

$$U^{(d)} = U^{(d-1)} \setminus \{e : \delta_e^{(d)}(\boldsymbol{t}) \geqslant 1\} \wedge U^{(1)} = \mathcal{D}^x \tag{5-47}$$

其中，x 表示当前的维度，$\setminus$ 表示计算集合差集的运算。也就是说，$U^{(d)}$ 是那些在当前维度上所有使得 $\delta_e^{(d)} = 0$ 成立的依赖关系的集合。对于 $U^{(d)}$ 中的每个依赖关系，其依赖汇点的字典序 $\boldsymbol{t}$ 构成的集合 $P_e^{(d)}$ 为

$$P_e^{(d)} = \{\boldsymbol{t} : \delta_e^{(d)}(\boldsymbol{t}) = 0\} \tag{5-48}$$

那么在计算多维仿射变换的下一个维度时，Feautrier 算法必须使得

$$\delta_e^{(d+1)}(\boldsymbol{t}) \geqslant 0, \ \forall \boldsymbol{t} \in P_e^{(d)} \tag{5-49}$$

成立。当 $P_e^{(d)}$ 为空集时，则计算下一个维度时约束式 (5-49) 也为空。

由于式 (5-46) 和式 (5-49) 都可以表示成式 (5-31) 的形式，所以我们可以根据式 (5-31) 中的 Farkas 因子 λ_x^e $(0 \leqslant x \leqslant m_e)$ 分析 $P_e^{(d)}$ 的性质，即

(1) 如果 $\lambda_0^e > 0$，那么 $P_e^{(d)} = \varnothing$；

(2) 如果 $\lambda_x^e = 0$ 对 $\forall 0 \leqslant x \leqslant m_e$ 成立，那么 $P_e^{(d)} = P_e^{(d-1)}$；

(3) 如果 $\lambda_0^e = 0$，并且 $\lambda_x^e = 0$ 并非对 $\forall 1 \leqslant x \leqslant m_e$ 成立，令 $C_e^{(d)} = \{x : 1 \leqslant x \leqslant m_e \land \lambda_x^e = 0\}$，此时 $P_e^{(d)}$ 是 $P_e^{(d-1)}$ 在其子空间上的一个投影，即

$$P_e^{(d)} = \left\{ \boldsymbol{t} : \boldsymbol{c_x^e} \cdot \begin{pmatrix} \boldsymbol{t} \\ \boldsymbol{n} \end{pmatrix} + d_x^e \geqslant 0, \ x \in C^{(d)}; \ \boldsymbol{c_x^e} \cdot \begin{pmatrix} \boldsymbol{t} \\ \boldsymbol{n} \end{pmatrix} + d_x^e = 0, \ x \notin C^{(d)} \right\} \tag{5-50}$$

根据上面判定 $P_e^{(d)}$ 的原则，计算多维仿射变换的 Feautrier 算法就是依次计算每个 $P_e^{(d)}$，直到某个 $P_e^{(d)} = \varnothing$ 对所有的依赖关系 e 成立。此时，多维仿射变换计算完成，返回结果。如果在计算某个维度的一维仿射变换时，$P_e^{(d)} = P_e^{(d-1)}$ 对所有的依赖关系 e 都成立，说明没有能够实现并行的多维仿射变换，算法返回原始调度。

注意合法性约束式 (5-46) 与式 (5-30) 之间的区别，前者是假设多维逻辑时间节点是计算一维仿射变换时的约束，后者是一维逻辑时间节点的前提下计算一维仿射变换的约束，后者的约束更严格。我们称前者为弱合法性约束，后者为强合法性约束。虽然在计算多维仿射变换时，每个维度上的一维仿射变换的约束已经放宽到只需要满足弱合法性约束，但多个一维仿射变换可能会有一个满足强合法性约束，或通过将循环携带依赖转换成循环无关依赖的形式在循环内层满足依赖的合法性约束。将强合法性约束的常数项移到不等式右边之后不难发现，这两个约束之间的区别在于不等式右边的常数项，根据该区别可以定义一个布尔型变量 ϵ。

定义 5.1　Feautrier 算法的布尔型变量 ϵ

ϵ 为 Feautrier 算法的一个布尔型变量。当一个依赖关系 e 满足强合法性约束式 (5-30) 时，$\epsilon = 1$；否则，当一个依赖关系 e 满足弱合法性约束式 (5-46) 时，$\epsilon = 0$。　　　　　♣

ϵ 可以解读成强合法性约束和弱合法性约束不等式右端常数项因子的一个抽象表示，同时 $1 - \epsilon$ 可以理解成无法满足强合法性约束的一个惩罚因子。也就是说，当无法满足强合法性约束时，$\epsilon = 0$，惩罚因子 $1 - \epsilon$ 就变成 0；否则为 1。在求解多维仿射变换时，Feautrier 算法采用的策略是在计算每个一维仿射变换时尽量减少惩罚因子的总和。换句话说，在计算每个一维仿射变换时，Feautrier 算法都会使尽量多的依赖关系满足强合法性约束。所以，Feautrier 算法计算多维仿射变换的优化问题可以看作求解

$$\max \left(\sum_{\forall e \in U^{(x)}} \epsilon_e \right) \tag{5-51}$$

的过程。注意 ϵ 的值只能取 1 或 0，$\epsilon = 1$ 表示对应的依赖关系 e 满足强合法性约束。所有求解式 (5-51) 的过程就是让尽量多的依赖关系满足强合法性约束。否则，将该依赖关系添加到计算下一层一维仿射变换的依赖关系集合 $U^{(x+1)}$ 中。

Feautrier 算法计算多维仿射变换的目标问题 (5-51)，使得所有的 ϵ 都满足定义 5.1 的约束，并且该目标问题的解是唯一的。

> **定理 5.5　目标问题 (5-51) 对 ϵ 约束的满足**
>
> 目标问题 (5-51) 使 $\epsilon \in \{0,1\}$ 对所有的依赖关系都成立，并且解是唯一的。♡

定理 5.5 的证明请参考文献 [30]。Feautrier 算法求解多维仿射变换的目标问题 (5-51) 在该算法设计时是通过线性规划求解工具 pip 来求解的，该算法的具体计算方式在文献 [30] 中也有介绍。Feautrier 算法后来被集成到了 isl 中。我们将在 6.5.2 节中介绍 isl 中的调度算法，并介绍其求解过程，所以这里就不介绍 Feautrier 算法的求解过程了。最后，让我们回到图 5.10 所示的代码，用该例解释 Feautrier 算法的求解过程。

例 5.3　考虑图 5.10 中所示的代码，语句 S_1 到自身的依赖关系可以分为两种，第一种依赖关系 e_1 汇点的集合为 $P_{e_1} = I \cap \{S_1(i,j) : j \geq 1\}$，对应的仿射函数为 $f_{e_1}(i,j) = (i, j-1)$；第二种依赖关系 e_2 汇点的集合为 $P_{e_2} = I \cap \{S_1(i,j) : j < 1 \land i \geq 1\}$，对应的仿射函数为 $f_{e_2}(i,j) = (i-1, i-1)$。其中，$I = \{S_1(i,j) : 0 \leq i \leq N \land 0 \leq j \leq i\}$ 为语句 S_1 的迭代空间。从迭代空间提取除的四个不等式分别为 $i \geq 0$，$N - i \geq 0$，$j \geq 0$ 和 $i - j \geq 0$，将这几个不等式代入式 (5-27) 可得

$$\phi_{S_1}(i,j) = \mu_0^{S_1} + \mu_1^{S_1} i + \mu_2^{S_1}(N-i) + \mu_3^{S_1} j + \mu_4^{S_1}(i-j) \tag{5-52}$$

现在开始计算第一个一维仿射变换。对于第一个依赖关系 e_1，将 f_{e_1} 代入合法性约束不等式 (5-46) 左端表达式后，可得到表达式 $\mu_3^{S_1} - \mu_4^{S_1}$，由于引入了 ϵ，可以将强合法性约束和弱合法性约束统一表示为

$$\mu_3^{S_1} - \mu_4^{S_1} \geq \epsilon_{e1} \tag{5-53}$$

将第二个依赖关系 e_2 对应的仿射函数 f_{e_2} 代入式 (5-46) 后，由于不等式左端还有非线性表达式的存在，需要将其转换为 Farkas 形式，得到

$$
\begin{aligned}
(\mu_0^{S_1} + \mu_1^{S_1} i + \mu_2^{S_1}(N-i) + \mu_3^{S_1} j + \mu_4^{S_1}(i-j)) - (\mu_0^{S_1} + \\
\mu_1^{S_1}(i-1) + \mu_2^{S_1}(N-(i-1)) + \mu_3^{S_1}(i-1) + \mu_4^{S_1}(i-(i-1))) - \epsilon_{e2} = \\
\lambda_0^{e_2} + \lambda_1^{e_2}(i-1) + \lambda_2^{e_2}(N-i) + \lambda_3^{e_2} j + \lambda_4^{e_2}(i-j)
\end{aligned}
\tag{5-54}
$$

注意这里的不等式是根据 P_{e_2} 的不等式代入得到的。$i \geq 0$ 被 $i \geq 1$ 包含，所以 $i - 0$ 这样的表达式不会出现在上述恒等式右端。同时，P_{e_2} 中隐含了 $j = 0$ 的条件，所以代入上述恒等式之后对应项变成 0，也没有出现在上述恒等式右端。化简后可得

$$
\begin{aligned}
\mu_1^{S_1} - \mu_2^{S_1} + \mu_3^{S_1} - \mu_4^{S_1} - \epsilon_{e2} &= \lambda_0^{e_2} - \lambda_1^{e_2} \\
\mu_4^{S_1} - \mu_3^{S_1} &= \lambda_1^{e_2} - \lambda_2^{e_2} + \lambda_4^{e_2} \\
\mu_3^{S_1} - \mu_4^{S_1} &= \lambda_3^{e_2} - \lambda_4^{e_2} \\
\lambda_2^{e_2} &= 0
\end{aligned}
\tag{5-55}
$$

通过上面几个不等式，可以推断出

$$\mu_4^{S_1} - \mu_3^{S_1} = \lambda_1^{e_2} + \lambda_4^{e_2} \geqslant 0 \tag{5-56}$$

根据 Feautrier 算法的原则，在计算该层一维仿射变换时，我们让尽量多的依赖满足强合法性约束。如果我们能够让 e_1 和 e_2 两个边都满足强合法性约束，即令 $\epsilon_{e_1} = \epsilon_{e_2} = 1$，显然，由于 $\epsilon_{e_1} = 1$，不等式 (5-53) 与 (5-56) 将相互矛盾。所以，在该层上无法让 e_1 满足强合法性约束，只能令 $\epsilon_{e_1} = 0$。此时，通过（整数）线性规划工具计算字典序最小解可得 $\mu_0^{S_1} = \mu_2^{S_1} = \mu_3^{S_1} = \mu_4^{S_1} = 0$，$\mu_1^{S_1} = 1$，即

$$[\phi_{S_1}(i, j) = (i)] \tag{5-57}$$

接下来计算第二个一维仿射变换，此时 e_2 已经在计算第一个一维仿射变换 (5-57) 时满足强合法性约束，所以可以不用考虑 e_2。令 $\epsilon_{e_1} = 1$，并得到 $\mu_3^{S_1} = 1$，$\mu_4^{S_1} = 0$，其对应的一维仿射变换可以表示成

$$[\phi_{S_1}(i, j) = (j)] \tag{5-58}$$

将式 (5-57) 和式 (5-58) 组合在一起可得到多维仿射变换 (5-42)。

Feautrier 算法和 Pluto 算法的最大区别在于每次计算一维仿射变换时，当前一维仿射变换必须满足的依赖关系集合有所不同。Pluto 算法每次计算一维仿射变换时所考虑的依赖关系集合都相同，而 Feautrier 算法每次计算一维仿射变换需要满足的依赖关系集合在不断变小。所以，Pluto 算法在计算时需要借助希尔伯特范式，即式 (4-18) 和式 (4-19)，来避免每次计算的一维仿射变换完全一致，但 Feautrier 算法不需要保证这样的线性无关性。两者在考虑合法性约束时也有所不同，Pluto 算法的原则是考虑弱合法性约束，并在该前提下尽量使得强合法性约束在内层循环上得到满足，这样就导致 Pluto 算法更倾向于获得的是循环嵌套外层的并行。相反，Feautrier 算法的原则是在每次计算一维仿射变换时让尽可能多的依赖关系满足强合法性约束，当所有的依赖都满足强合法性约束时，所有内层循环都可以被并行执行，也就使得 Feautrier 算法更倾向于开发循环嵌套的内层并行。

也正因为这样的原因，在计算多维仿射变换时，尤其是在计算内层的仿射变换时，Pluto 算法的约束性比 Feautrier 算法的约束性更强。所以，Feautrier 算法可以作为 Pluto 算法的一个备选方案，当 Pluto 算法无法得到有效解时，可以调用 Feautrier 算法来尝试寻找内层并行。这种将两个调度算法结合在一起的方案已经被 isl 采用。

5.4 开发向量化

自动实现循环分块已经成为基于多面体模型的优化编译器区别于其他工具的重要特征。为了能够自动实现循环分块，以 Pluto 算法为代表的调度算法在一些情况下不得不借助包括循环倾斜、循环偏移等仿射循环变换来达到有效利用存储层次结构特征的目

的，但是这些仿射循环变换也使得变换后的循环嵌套内各个循环边界和数组下标的仿射表达式变得比原始程序更复杂。此外，用于提升语句实例之间"生产–消费"关系的循环变换，例如循环合并，也可能会破坏合并之后的循环嵌套最内层循环的并行性，这也进一步加大了使用多面体模型实现自动向量化的难度。

不过，多面体模型中的启发式调度算法具有很好的可扩展性，利用多面体模型的调度算法自动实现有利于向量化的循环变换、开发最内层循环的并行性，从而在保证循环嵌套外层循环的并行性以及数据局部性的前提下，实现自动向量化仍然是可能的。本节将介绍一种面向向量化实现的调度算法。

不同于循环外层的并行性，自动生成向量化代码需要高级程序变换和底层指令级架构相关变换的深度结合。以多面体模型为代表的高级程序变换阶段需要实现各种循环变换的组合，以自动构造出有利于实现向量化的程序结构；底层指令级架构相关的变换需要实现指令选择、调度以及向量寄存器分配等任务。这使得在高级程序变换和底层指令级架构相关优化之间需要一个中间接口来完成高级变换和底层优化之间承上启下的纽带作用，这种中间接口被称为可向量化 Codelet [44]。

5.4.1　可向量化 Codelet

我们先给出可向量化 Codelet 的定义。

> **定义 5.2　可向量化 Codelet**
>
> 可向量化 Codelet 是指一个满足静态仿射约束且迭代次数为常数的最内层循环，并且满足
>
> (1) 无循环携带依赖；
> (2) 循环内所有的数组引用都是跨幅为 1 或跨幅为 0 的引用；
> (3) 循环内具有最少的非对齐存取指令。　　　　　　　　　　　　　♣

其中，无循环携带依赖是指在最内层循环上没有携带依赖，也就是说依赖应该在循环嵌套的外层循环上满足，或者通过程序变换将循环携带依赖转换成循环无关依赖。跨幅为 1 或 0 是指多维数组最后一维下标表达式在最内层循环每次迭代过程中，按照 1 或 0 的步长增长。最内层循环具有最少的非对齐存取指令，是指在可能的情况下，通过程序变换将不对齐的存取指令个数降到最少。

生成高效的向量化代码需要有效地利用数据局部性。这要求优化编译器能够自动实现面向寄存器的分块、循环展开压紧等循环变换。多面体模型能够自动实现这些利于实现向量化的循环变换，在4.5.3节中已经介绍过循环展开压紧。为了能够实现循环展开压紧，优化编译器可能又需要经过一系列的仿射循环变换，如循环倾斜、循环偏移以及循环合并、循环分布等，使循环嵌套能够变换成有利于实现循环展开压紧的结构，这与实现循环分块的过程类似。

所以，多面体模型的任务就是最大程度地挖掘程序中可向量化 Codelet 的个数，以

最大限度地发掘向量化的可能性。更确切地说，对于满足静态仿射约束的程序，优化编译器需要通过多面体模型实施的循环变换，使得变换后的程序：

(1) 最内层循环可并行执行的循环迭代次数达到最多；

(2) 最内层循环内数组下标跨幅非 1 或 0 的表达式个数达到最少；

(3) 循环嵌套内连续可交换的循环维度达到最多；

(4) 最内层循环非对齐读写内存的指令个数达到最少。

5.4.2　利于向量化的调度算法

要解决上面几方面的优化问题，优化编译器可以在现有的调度算法基础上修改启发式算法的优化目标，使其能够实现有利于最内层循环并行的循环变换。

1. 带参数的合法性约束

在我们已经介绍过的 Pluto 算法和 Feautrier 算法中，Feautrier 算法更倾向于开发循环嵌套内层循环的并行，因此开发最内层循环向量化的调度算法可以基于 Feautrier 算法来实现。在4.3.3节和5.3.2节，我们介绍了强合法性约束和弱合法性约束。对于一个循环嵌套内的语句实例而言，优化编译器表示其调度的方式是为该语句实例计算一个新的多维逻辑时间节点，所以像式 (5-44) 这样的约束可以看作计算多维仿射变换表示的调度时的弱合法性约束。对应地，我们可以用

$$\mathcal{T}_{S_j}(\boldsymbol{t}) - \mathcal{T}_{S_i}(\boldsymbol{s}) \succ \boldsymbol{0} \tag{5-59}$$

表示多维仿射变换的强合法性约束，即变换后依赖源点的字典序 $\boldsymbol{t}$ 大于依赖汇点的字典序 $\boldsymbol{s}$。

无论是 Pluto 算法还是 Feautrier 算法，多维仿射变换的计算都是从外层到内层依次计算一维仿射变换得到的结果，所以利用 Feautrier 算法中的布尔型变量 ϵ 可以区别一维仿射变换的强合法性约束和弱合法性约束。即可以用

$$\phi_{S_j}(\boldsymbol{t}) - \phi_{S_i}(\boldsymbol{s}) \geqslant \epsilon, \quad \epsilon \in \{0, 1\} \tag{5-60}$$

将式 (4-7) 和式 (5-20) 统一起来。当 $\epsilon = 0$ 时，式 (5-60) 转换为弱合法性约束式 (4-7)；当 $\epsilon = 1$ 时，式 (5-60) 转换为强合法性约束式 (5-20)。当一个依赖关系在多维仿射变换的某个维度 x 上得到满足时，那么该依赖关系在计算后面的一维仿射变换时就不需要再考虑。计算一维仿射变换的过程实际上是在解决最优化问题，而合法性约束就是最优化问题的一个约束。因此，在计算 x 维后面的一维仿射变换时，线性整数规划工具可以用

$$\phi_{S_j}(\boldsymbol{t}) - \phi_{S_i}(\boldsymbol{s}) \geqslant -\infty \tag{5-61}$$

作为调度的约束，让依赖的合法性原则在任何情况下都能够得到满足，也就是不存在这样的约束。

考虑到 $-\infty$ 在整数线性规划工具里面的表示比较复杂，为了能够表示与式 (5-61) 等价的无效约束信息，可以将式 (5-61) 转换为

$$\phi_{S_j}(\boldsymbol{t}) - \phi_{S_i}(\boldsymbol{s}) \geqslant -(\boldsymbol{u}\boldsymbol{\cdot}\boldsymbol{n} + w) \tag{5-62}$$

的形式，其中，不等式右端的表达式与 Pluto 算法代价模型上界式 (4-13) 右侧表达式相同。由于式 (4-13) 定义了两个语句实例之间的最大可能依赖距离，所以即便产生依赖的两个语句实例在调度 ϕ 之后执行顺序被颠倒，或者说即便调度 ϕ 是一个不合法的调度，这两个语句实例之间在该一维仿射变换维度上的依赖距离也不可能比 $\boldsymbol{u}\boldsymbol{\cdot}\boldsymbol{n} + w$ 大。所以，可以认为式 (5-62) 与式 (5-61) 是等价的。

因此，一个类似 Pluto 算法或 Feautrier 算法的优化问题可以表述成如下的形式。

定义 5.3 调度算法在带参数的合法性约束下的描述

假设程序中共有 m_e 个依赖关系，并且每个依赖关系的仿射表达式可以用 $\mathcal{D}^x (1 \leqslant x \leqslant m_e)$ 表示。d 维仿射变换 $\mathcal{T}$ 是有效的，当且仅当其一维仿射变换 $\phi^k (1 \leqslant k \leqslant d)$ 满足

(1) 式 (5-60) 对所有的 $\phi^k (1 \leqslant x \leqslant d)$ 和 $\mathcal{D}^x (1 \leqslant x \leqslant m_e)$ 成立；

(2) 对于任意一个依赖关系的仿射表达式 $\mathcal{D}^x$，所有一维仿射变换维度上各依赖距离的和

$$\sum_{k=1}^{d} \epsilon_{\mathcal{D}^x}^{(k)} = 1 \tag{5-63}$$

成立，其中 $\epsilon_{\mathcal{D}^x}^{(k)}$ 表示计算 ϕ^k 时，对仿射表达式 $\mathcal{D}^x (1 \leqslant x \leqslant m_e)$ 应用式 (5-60) 得到的 ϵ；

(3) 对于当前计算的一维仿射变换 ϕ^p 中的任意一个仿射表达式 $\mathcal{D}^x$

$$\phi_{S_j}^k(\boldsymbol{t}) - \phi_{S_i}^k(\boldsymbol{s}) \geqslant -\sum_{p=1}^{k-1} \epsilon_{\mathcal{D}^x}^{(p)}(\boldsymbol{u}\boldsymbol{\cdot}\boldsymbol{n} + w) + \epsilon_{\mathcal{D}^x}^{(k)} \tag{5-64}$$

成立。

♣

该定义的第一个条件已经在前面的内容中解释过，这里就不再赘述了。第二个条件对于任意一个 $\mathcal{D}^x (1 \leqslant x \leqslant m_e)$，$\epsilon_{\mathcal{D}^x}^{(k)}$ 在 $1 \leqslant k \leqslant d$ 的范围内，有且只有一个 $\epsilon_{\mathcal{D}^x}^{(k)} = 1$ 成立，也就是说任意一个依赖关系只需要在变换后的程序循环嵌套中的一层满足强合法性约束式 (5-20) 即可。第三个条件中的约束式 (5-64) 以 $\epsilon_{\mathcal{D}^x}^{(p)} (1 \leqslant p \leqslant k)$ 作为参数，用于将式 (5-62) 右端的表达式与式 (5-60) 统一起来。换句话讲，第三个条件表明在计算当前维度的一维仿射变换 ϕ^k 时，如果前 $k-1$ 个维度中有某个维度 $p (1 \leqslant p \leqslant k-1)$ 上的依赖满足强合法性约束，那么对应的 $\epsilon_{\mathcal{D}^x}^{(p)} = 1$ 成立，根据第二个条件的约束式 (5-63)，剩余维度上 $\epsilon_{\mathcal{D}^x} = 0$ 成立，那么式 (5-64) 就退化成式 (5-62)，否则式 (5-64) 右端求和项为 0，该约束退化成式 (5-61)。

2. 面向 Codelet 的代价模型

根据 Codelet 定义的第一个条件,多面体模型需要在向量化代码生成之前实现有利于开发最内层并行性的循环变换。因此,Feautrier 算法是一个更好的选择。Feautrier 算法实现的过程是尽快满足所有的依赖关系。既然 Feautrier 算法的实质是通过求解最优化问题来生成循环嵌套的调度,那么就可以通过修改 Feautrier 算法的代价模型,使其能够挖掘出最内层循环的并行性。因此,可以将

$$\min\left(\sum_{x=1}^{m_d} \epsilon_{\mathcal{D}^x}^{(d)}\right) \tag{5-65}$$

作为实现最内层循环并行的最优化目标,并将其放在优化问题的最左面,以保证最内层循环的并行是优化问题最重要的优化目标。其中,d 为循环嵌套的层数,m_d 为最内层循环上需要考虑的依赖的个数,$\mathcal{D}^x$ $(1 \leqslant x \leqslant m_d)$ 表示第 x 个依赖关系对应的仿射表达式。式 (5-65) 的含义是在第 d 层循环,也就是最内层循环上让尽可能多的依赖关系对应的布尔型变量 ϵ 为 0,也就是尽量不在该维度上使依赖关系满足强合法性约束。当所有的依赖关系只是在最内层循环上满足弱合法性约束但不满足强合法性约束时,最内层循环是可以并行的。

同时,由于式 (5-65) 的最小值也取决于最内层循环上需要考虑的依赖个数 m_d,因此最小化 m_d 也是实现优化问题式 (5-65) 的重要因素。在极端情况下,如果 $m_d = 0$,也就是在最内层循环上不需要考虑依赖时,说明式 (5-65) 的值为 0,此时优化问题就退化成了 Feautrier 算法的优化目标,说明所有的依赖关系在外层循环上都满足强合法性约束。否则,当 $m_d \neq 0$ 时,式 (5-65) 可以保证依赖不在最内层上满足强合法性约束,此时优化问题就是在外面的 $d-1$ 层循环上使用了 Feautrier 算法,而在最内层循环上使用了 Pluto 算法。

Codelet 定义的第二个条件是循环内所有的数组引用的跨幅都为 1 或 0。通过多面体模型实现最内层循环访存跨幅为 1 或 0 的数组引用个数的最大化是一个非常困难的事情,因为该问题是一个典型的非凸优化问题。具体而言,无论是 Pluto 算法还是 Feautrier 算法,为了实现循环的并行以及提升循环分块的可能性,调度算法都会通过仿射循环变换为这样的优化目标创造条件,这些仿射循环变换会使得循环嵌套内数组引用的下标表达式变得更复杂。

考虑图 5.11 所示的代码,该代码满足 Codelet 的定义。对于语句 S_1 而言,$[S_1(i,j) \rightarrow$

```
1   for(i=lbi;i<ubi;i++)
2     for(j=lbj;j<ubj;j++){
3       A[i-1][j]=B[i-1][j];  /* S1 */
4       B[i][j]=C[i]*A[i-1][j]; /* S2 */
5     }
```

图 5.11　一个满足 Codelet 定义的例子

$(i + j, j)]$ 是一种有效的调度，并且调度算法可能返回这样的调度结果。由于对外层循环实现了循环倾斜，在代码生成后对应的循环嵌套内的数组下标也从原来的 $A[i-1][j]$ 变成 $A[c0\text{-}c1\text{-}1][c1]$ 的形式，其中 $c0$ 和 $c1$ 为变换后生成代码的循环索引变量。显然，这种数组下标形式在最内层循环上的数组引用跨幅不是 1 或 0，虽然只有最内层循环索引变量出现在数组最后一个维度的下标表达式中，并且该循环索引变量的系数为 1，但是该循环索引变量同时出现在倒数第二个数组下标的表达式中，通过对数组下标表达式进行线性化计算之后，可以发现数组下标的表达式中 $c1$ 的系数不是 1。

如果要保证最内层循环内数组引用跨幅为 1 或 0，那么就让最内层循环索引变量（如上例中的 $c1$）只出现在数组下标表达式中变化最快的下标表达式（Fastest Varying Dimension, 简称 FVD）中，或者让该循环索引变量不出现在任何一个数组下标表达式中。由于多面体模型计算调度的过程是为每个循环索引变量计算系数，每一个一维仿射变换对应一行循环索引变量的系数。假设经过多面体模型的调度算法计算完成后生成的代码内共有 d 层循环嵌套，第 d 个循环为可并行循环，满足可向量化 Codelet 的第一个条件。那么，一种能够实现上述最内层循环内数组引用跨幅为 1 或 0 的条件是：(1) 所有在数组下标表达式非 FVD 维上出现的循环索引变量，其在第 1 至 $d-1$ 行的一维仿射变换中至少有一个非 0 的系数；(2) 在数组下标表示式 FVD 维上出现的循环索引变量，至少有一个循环索引变量在第 1 至 $d-1$ 行的一维仿射变换中的系数全部为 0。

由于这样的目标是一个非凸优化问题，为了能够用凸优化的方法实现上述条件，可以在调度算法的最优化问题中引入一组布尔型变量 $\gamma_{i,j}$ 来指明调度算法对某个循环索引变量计算出的调度是否为 0。换句话说，对于待计算的多维仿射变换 (4-5) 中矩阵 $\boldsymbol{M}_S$ 的每个元素 $c_{i,j}$ $(1 \leqslant i \leqslant d, 1 \leqslant j \leqslant m_S)$，优化编译器都可以构造一个对应的布尔型变量 $\gamma_{i,j}$ 使得 $c_{i,j} \geqslant \gamma_{i,j}$。那么，当 $c_{i,j} = 0$ 时，$\gamma_{i,j} = 0$；否则，当 $c_{i,j} \neq 0$ 时，$\gamma_{i,j} = 1$。所以，所有这些 $\gamma_{i,j}$ 变量的和就是 $\boldsymbol{M}_S$ 中非 0 系数的个数。

同时，优化编译器也可以对每个数组下标的仿射表达式 F 引入一个辅助矩阵 $\boldsymbol{G}^F$，用于记录哪些循环索引变量的系数出现在非 FVD 维的表达式中，哪些循环索引变量的系数在 FVD 维上的系数为 1。更具体地，对于一个 l 维的数组下标仿射表达式，根据循环索引变量在每个下标仿射表达式中是否出现的情况，可以构造一个 $l \times d$ 大小的矩阵，那么 $\boldsymbol{G}^F$ 是一个 $2 \times d$ 大小的矩阵，$\boldsymbol{G}^F$ 的每个元素按照以下规则来计算：

(1) 对于所有的 $1 \leqslant i \leqslant l-1$ 和 $1 \leqslant j \leqslant d$，如果 $F_{i,j} \neq 0$，那么 $\boldsymbol{G}^F_{1,j} = 1$，否则 $\boldsymbol{G}^F_{1,j} = 0$；

(2) 对于所有的 $1 \leqslant j \leqslant d$，如果 $F_{l,j} = 1$，那么 $\boldsymbol{G}^F_{2,j} = 1$，否则 $\boldsymbol{G}^F_{2,j} = 0$。

其中，第一个计算规则表明，如果某个循环索引变量在数组下标的前 $l-1$ 个非 FVD 维度上出现并且表达式中的系数 $F_{1,j}$ 不为 0，那么就将 $\boldsymbol{G}^F_{1,j}$ 设置为 1，否则将其设置为 0。第二个计算规则是当某个循环索引变量在数组下标的最后一个维度，即 FVD 维表达式中出现并且系数 $F_{l,j}$ 为 1 时，就将 $\boldsymbol{G}^F_{2,j}$ 设置为 1，否则设置为 0。这与前面介绍的保证跨幅为 1 或 0 的条件一致。根据上面的描述，可以总结出优化跨幅为 1 或 0 的数组引用个数的约束。

> **定义 5.4 跨幅为 1 或 0 的调度约束**
>
> 给定一个 d 层循环嵌套，假设所有的依赖关系都在前 $d-1$ 层循环的一维仿射变换中满足强合法性约束，并且数组下标的仿射表达式具有被转化为跨幅为 1 或 0 的可能性。对于一个有效挖掘最内层循环并行的调度算法，当 $\sigma_F^{(1)} = \sigma_F^{(2)} = 1$ 或 $\sigma_F^{(1)} = 1$、$\sigma_F^{(2)} = 0$ 时，约束
>
> $$\left(\sum_{x=1}^{d-1} \boldsymbol{G}_{1,y}^F \cdot \gamma_{x,y} \geqslant \boldsymbol{G}_{1,y}^F \cdot \mu_F^{(y)} \right) \wedge \left(\sum_{x=1}^{d-1} \boldsymbol{G}_{2,y}^F \cdot \gamma_{x,y} \leqslant (d-1) \cdot \boldsymbol{G}_{2,j}^F \cdot \nu_F^{(y)} \right) \quad (5\text{-}66)$$
>
> 和
>
> $$\left(\sum_{y=1}^{d} \boldsymbol{G}_{1,y}^F \cdot \mu_F^{(y)} \geqslant \sum_{y=1}^{d} \boldsymbol{G}_{1,y}^F \cdot \sigma_F^{(1)} \right) \wedge \left(\sum_{y=1}^{d} \boldsymbol{G}_{2,y}^F \cdot \nu_F^{(y)} \leqslant \sum_{y=1}^{d} \boldsymbol{G}_{2,y}^F - \sigma_F^{(2)} \right) \quad (5\text{-}67)$$
>
> 成立，说明经过该调度后数组下标表达式的跨幅为 1 或 0。其中，$\sigma_F^{(1)} = \sigma_F^{(2)} = 1$ 时表示调度后数组下标表达式的跨幅为 1，$\sigma_F^{(1)} 1$、$\sigma_F^{(2)} = 0$ 表示调度后数组下标表达式的跨幅为 0。$\mu_F^{(y)}$ $(1 \leqslant y \leqslant d)$、$\nu_F^{(y)}$ $(1 \leqslant y \leqslant d)$、$\sigma_F^{(1)}$ 和 $\sigma_F^{(2)}$ 为用于构造式 (5-66) 和式 (5-67) 的辅助布尔型变量。♣

上述定义中引入了大量的布尔型辅助变量，加上之前的 $\gamma_{i,j}$，导致计算跨幅为 1 或 0 数组下标表达式的调度约束比较复杂。读者可以不用细究式 (5-66) 和式 (5-67) 的具体含义，实际上该过程就是一个将非凸优化问题转换为凸优化问题的过程。

根据上述定义，在最内层循环内构造尽量多的跨幅为 1 或 0 的数组下标表达式 F 的问题就可以转换成实现

$$\max\left(\sum_F \sigma_F^{(1)} \right), \quad \max\left(\sum_F \sigma_F^{(2)} \right) \quad (5\text{-}68)$$

的最优化问题。

例 5.4 考虑图 5.12 中的代码，根据辅助矩阵 $\boldsymbol{G}^F$ 的构造规则，可以得到

$$\boldsymbol{G}^F = \begin{pmatrix} 0 & 1 \\ 1 & 0 \end{pmatrix} \quad (5\text{-}69)$$

该段代码中只有一个二维的循环索引，所以 $l = d = 2$。根据约束式 (5-66)，当 $y = 1$ 时我们有

$$0 \cdot \gamma_{2,1} \geqslant 0 \cdot \mu^{(1)} \wedge 1 \cdot \gamma_{2,1} \leqslant 1 \cdot \nu^{(1)} \quad (5\text{-}70)$$

当 $y = 2$ 时，有

$$1 \cdot \gamma_{2,2} \geqslant 1 \cdot \mu^{(2)} \wedge 0 \cdot \gamma_{2,2} \leqslant 0 \cdot \nu^{(2)} \quad (5\text{-}71)$$

成立。

约束式 (5-67) 意味着

$$0 \cdot \mu^{(1)} + 1 \cdot \mu^{(2)} \geqslant (0+1) \cdot \sigma^{(1)} \wedge 1 \cdot \nu^{(1)} + 0 \cdot \nu^{(2)} \leqslant 1 - \sigma^{(2)} \quad (5\text{-}72)$$

根据这些约束不难推断出 $\sigma^{(1)} = \sigma^{(2)} = 1$，那么 $\mu^{(2)} = 1$，意味着 $\gamma_{2,2} = 1$。因此，在计算多维仿射变换式 (4-5) 时，一个新的约束是 $c_{2,2} \geqslant 1$。同时，$\nu^{(2)} = 0$ 使得 $\gamma_{2,1} = 0$，代入计算多维仿射变换式 (4-5) 的最优化问题，可以得到 $c_{2,1} = 0$ 和 $c_{2,2} \geqslant 1$。这使得变换后的代码将会把内层 j 循环交换到外层，使得变换后内层循环索引变量 i 只在 FVD 维的下标表达式中出现，且系数为 1。

```
1  for(i=0;i<M;i++)
2    for(j=0;j<N;j++)
3      A[j][j]=0;  /* S1 */
```

图 5.12　一段用于说明最大化跨幅为 1 或 0 的数组下标表达式个数的代码

对于一个 d 层循环嵌套，在保证能够发掘第 d 层循环并行性的同时，调度算法应该同时最大限度地保证循环分块能够在 d 层循环嵌套的所有维度上都是有效的，这意味着式 (5-60) 应该在尽量多的循环维度上得到满足。假设式 (5-60) 在前 k $(1 \leqslant k \leqslant d)$ 个循环嵌套上都得到满足，即对于所有的依赖表达式 $\mathcal{D}^x$ $(1 \leqslant x \leqslant m_e)$，式 (5-60) 在计算前 k 个一维仿射变换时都成立，那么这 k 层循环形成一个可交换的循环嵌套。回顾4.5.1节中关于循环分块的介绍，循环分块可以看作循环分段和循环交换的组合。循环分段总是合法的，所以循环分块的合法性取决于循环交换的合法性。当 k 层循环嵌套每个循环都相互可交换时，说明循环分块在这 k 个维度上也都是合法的。

为了能够利用好数据在所有 d 层循环嵌套上的重用性，最优化问题应该是让 $k = d$ 成立。但是，如果在计算 d 个一维仿射变换时都考虑约束式 (5-60)，由于这些约束比较严格，在一些情况下可能无法找到有效的调度。虽然 Pluto 算法考虑的是弱合法性约束，但也是按照这样的约束实现可交换循环嵌套层数的最大化。所以，在一些情况下，Pluto 算法可能是无解的。虽然 $k = d$ 时可能没有有效的调度，但是可能会存在一个调度使得 $k < d$ 成立，此时调度算法仍然能够得到一个有效的解，即在后面的 $d - k$ 个维度上不考虑约束式 (5-60)，Feautrier 算法就是这样的思想。

因为式 (5-60) 中的 ϵ 的取值只能是 0 或 1，为了在 Pluto 算法和 Feautrier 算法之间实现一个更好的平衡，优化编译器可以引入另外一组布尔型变量 $\rho_{\mathcal{D}^x}^{(p)}$ 使得 $\epsilon_{\mathcal{D}^x}^{(p)} \geqslant \rho_{\mathcal{D}^x}^{(p)}$，并用

$$\phi_{S_j}^k(\boldsymbol{t}) - \phi_{S_i}^k(\boldsymbol{s}) \geqslant -\sum_{p=1}^{k-1} (\epsilon_{\mathcal{D}^x}^{(p)} - \rho_{\mathcal{D}^x}^{(p)})(\boldsymbol{u} \cdot \boldsymbol{n} + w) + \epsilon_{\mathcal{D}^x}^{(k)} \quad (5\text{-}73)$$

替换定义 5.4 中的约束式 (5-67)。当 $\rho_{\mathcal{D}^x}^{(p)} = 1$ 时，式 (5-73) 就退化成式 (5-60)，调度算法就变成了 Pluto 算法；当 $\rho_{\mathcal{D}^x}^{(p)} = 0$ 时，式 (5-73) 则转变成式 (5-67)，调度算法就变成

了 Feautrier 算法。所以，调度算法可以将

$$\max\left(\sum_{x=1}^{m_e}\rho_{\mathcal{D}^x}^{(p)}\right) \tag{5-74}$$

作为一个新的约束加入最终的优化问题中。也就是说，调度算法应该尽可能让所有的维度都满足式 (5-60)，这样能够使 k 尽量接近 d 的值，可交换的循环嵌套层数也就越多。同时，式 (5-74) 又避免了无法计算出有效调度的可能性。

最后，根据定义 5.2 中关于可向量化 Codelet 的定义以及如何最大化可向量化 Codelet 个数的原则，结合上面的分析，优化编译器可以通过求解优化问题

$$\begin{aligned}
\text{lexmin}\Bigg(&\min\left(\sum_{x=1}^{m_e}\epsilon_{\mathcal{D}^x}^{(d)}\right),\min(u_d\bullet n_d+w),\max\left(\sum_F\sigma_F^{(1)}\right),\max\left(\sum_F\sigma_F^{(2)}\right),\\
&\max\left(\sum_{x=1}^{m_e}\rho_{\mathcal{D}^x}^{(1)}\right),\cdots,\max\left(\sum_{x=1}^{m_e}\rho_{\mathcal{D}^x}^{(d)}\right),\min(u_1\bullet n_1+w),\cdots,\min(u_{d-1}\bullet n_{d-1}+w),\\
&\max\left(\sum_{x=1}^{d}\sum_{y=1}^{m_S}\gamma_{x,y}\right)\Bigg)
\end{aligned} \tag{5-75}$$

来实现最大限度地挖掘向量化的可能性。其中，第一个变量 $\min\left(\sum_{x=1}^{m_e}\epsilon_{\mathcal{D}^x}^{(d)}\right)$ 的目的是为了最小化 d 层循环携带的依赖个数。如果该层循环上循环携带依赖无法避免，那么第二个变量 $\min(u_d\bullet n_d+w)$ 用于最小化该层依赖携带的距离。接下来的两个变量与式 (5-68) 中的含义相同，用于最大化循环嵌套内跨幅为 1 或 0 的数组下标引用的个数。式 (5-74) 被用于所有的 $1\leqslant p\leqslant d$，用于最大程度地挖掘可交换的循环嵌套层数。最后，根据 Pluto 算法和 Feautrier 算法的代价模型，实现剩余变量的最小化。

通过求解目标优化问题 (5-75)，程序中的可向量化 Codelet 个数将得到最大程度地开发。在可向量化 Codelet 代码段内，仍然可能存在非对齐的存取指令，这些非对齐存取指令的优化可以依靠底层编译手段来处理，也可以利用多面体模型中的循环变换来完成。这些循环变换包括循环展开压紧以及有利于实现循环展开压紧的辅助变换，如循环倾斜。循环倾斜因子往往与向量部件的长度相关。通过调度变换之后再实施额外的有助于向量化的循环变换来减少非对齐存储指令对向量化带来的影响。最后，这些变换后的代码可以交给向量化代码生成器，以生成目标体系结构特定的向量化代码，在生成代码时还可以实现一些其他底层的循环变换，如循环展开等，具体过程可以参考文献 [44]。

5.5   面向分布式存储结构的并行

与多核共享式存储结构上的并行程序执行模式不同，面向分布式存储结构的并行面临更复杂的挑战，面向分布式存储结构的编译优化在长久以来都没有得到很好的解决。与共享式存储结构通过隐式同步保证程序依赖关系的方式不同，分布式存储结构上需要

在程序中加入处理器间通信数据发送和接收的指令，显式管理处理器之间的数据一致性，以保证程序语义的正确性。在共享式存储结构上实现 OpenMP 并行的方式，并行循环的识别与其在硬件上的部署过程相互独立，编译阶段未知的硬件数目并不会导致带有参数的代码生成问题。但在分布式存储结构运行 MPI（Message Passing Interface）并行程序时，处理器个数和循环迭代次数可能都是编译阶段未知的参数，这就需要优化编译器能够有效处理非仿射问题。

在分布式存储结构上实现程序优化与共享式存储结构上的程序优化可采用相同的原则，即 Pluto 算法也可以用于识别程序中的可并行循环，并且实现数据之间的局部性最优化。当实现循环分块后，不同的循环被分配到不同的处理器上，多面体模型可以用于计算这些处理器之间的通信数据量。本节简要介绍如何利用多面体模型计算并优化处理器之间的通信数据量。

5.5.1 构造通信数据集

我们仍然使用图 4.4(a) 所示的代码来说明如何利用多面体模型构造和优化通信数据量。

更进一步地，我们假设这段代码已经实现了数组压缩优化，实现了数组压缩之后的代码如图 5.13 所示。关于数组压缩的内容我们将第 6 章中介绍。

```
1  for (t=0;t<T;t++)
2    for (i=1;i< N-1;i++)
3      A[(t+1)%2][i] =0.25*(A[t%2][i+1]-2.0*A[t%2][i]+A[t%2][i-1]);  /* S0 */
```

图 5.13　实现了数组压缩的一维 stencil 计算代码

回顾3.2.1节的内容，依赖可以分为流依赖、反依赖和输出依赖。在面向共享存储结构时，优化编译器要兼顾这几种不同依赖关系对程序优化带来的影响，但面向分布式存储结构生成代码时，由于每个处理器有独立的数据空间，处理器之间不会产生因存储空间导致的反依赖和输出依赖，所以在处理器之间计算通信数据量时只需要考虑流依赖。另外，在多个处理器并行执行完成后，所有的数据应该被写回主处理器，这种计算后的数据收集过程可以通过输出依赖来计算通信数据量。

虽然实现了数组压缩，但是图 5.13 实现的分块形状和未实现数组压缩的情况相同。图 5.14 是图 5.13 所示代码的分块示意图。Pluto 算法在实现循环分块后，在循环分块之间实现流水并行的调度可以用

$$\left[S_0(t,i) \rightarrow \left(\frac{t}{T_t}, \frac{t}{T_t} + \frac{t+i}{T_s}, t, t+i \right) \right] \tag{5-76}$$

表示。其中，第二个维度 $\frac{t}{T_t} + \frac{t+i}{T_s}$ 为可并行执行的循环维度，该维度对应循环分块之后分块之间进行循环倾斜并可以被映射到不同的处理器上的维度。由于在一维 stencil

计算中，该维度上所有用于迭代分块之间的循环都已经遍历完成，所以称该循环的一次迭代对应一个计算块。文献 [13] 与计算块的对应英文为 "tile"。为了与循环分块区别，我们这里将其翻译为计算块。基于多面体模型的优化编译器可以为每个计算块计算不同的数据集合，根据这些数据集合最终得到用于处理器之间通信的数据总量。这个计算块可以是因为循环分块后导致的某个循环维度的不同迭代，也可以是未分块（或认为各个循环维度上的分块大小都是 1）时某个循环的不同迭代。

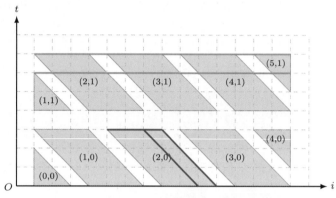

图 5.14   用于说明计算通信数据量的分块示意图

根据3.6.2节中介绍的数据流分析以及数据在计算块之间的活跃性，通信数据可以分为两类：

(1) 如果当前被分配到不同处理器上执行的并行循环外层有串行循环，对于当前并行循环在不同处理器上执行的不同循环迭代，其写入的数据在外层串行循环的下一次迭代被在其他处理器上执行的并行循环迭代访问，那么该数据需要在这些处理器之间进行通信；

(2) 如果在不同处理器上执行的并行循环运行结束，那么所有被这些处理器计算的结果要写回主处理器，即在并行执行完成之后，所有的处理器需要向主处理器发回计算结果。

所以，在计算通信数据量时，优化编译器可以根据上面两种类型的数据分别计算两个数据集合，分别称为流出数据集（flow-out set）和写回数据集（write-out set）。

> **定义 5.5   流出数据集**
>
> 一个计算块的流出数据集是指在当前计算块内被定义但在该计算块外被引用的数据集合。♣

> **定义 5.6   写回数据集**
>
> 一个计算块的写回数据集是指在当前计算块内整个迭代空间上的终写操作定义的数据集合。♣

流出数据集用于计算不同处理器之间因流依赖导致的通信数据集，写回数据集用于计算所有处理器并行执行结束后，所有处理器向主处理器写回结果的通信数据集。优化编译器可以根据这两个数据集计算通信数据量。我们用 $\mathcal{D}_e$ 表示原始程序中由语句 S_i 和 S_j 引起的依赖关系 e 的仿射表达式，用 $\mathcal{I}_{S_i}$ 和 $\mathcal{I}_{S_j}$ 表示这两个语句的迭代空间，经过 Pluto 调度变换之后，变换后的空间上语句 S_i 与 S_j 之间依赖关系的仿射表达式用 $\mathcal{D}_e^T$ 表示，$\mathcal{I}_{S_i}^T$ 和 $\mathcal{I}_{S_j}^T$ 分别表示变换后两个语句的迭代空间，F_w 表示对写引用的仿射函数。

上述这些符号可以用于计算流出数据集和写回数据集。我们用 I_e^t 表示那些只对被当前计算块内的迭代定义的数据进行读引用的迭代集合，并且该迭代是由依赖关系 e 导致的，也就是 I_e^t 中的每个元素都是依赖关系 e 的依赖汇点；O_e^t 表示当前计算块内定义数据、但其流依赖关系 e 的汇点不在当前计算块内的所有迭代的集合。为了计算当前计算块的流出数据集合，给定一组等式约束

$$E_l = \{t_x^i = t_x^j : 1 \leqslant x \leqslant l\} \tag{5-77}$$

其中，l 为被并行执行的循环层，也是执行计算块的循环。t_x 表示循环索引变量，那么约束式 (5-77) 就是将语句 S_i 和 S_j 表示计算块的循环及其之前的循环维度都看作当前语句的一个符号常量，因为在 l 层并行时，前面几层循环的循环索引变量虽然都是未知的，但都不会在 l 层循环执行过程中发生改变。

优化编译器可以用

$$C_e^t = \mathcal{D}_e^T \cap E_l \tag{5-78}$$

表示以 E_l 内的循环索引变量为符号常量的前提下，当前计算块内的依赖关系集合。那么，C_e^t 的值域就是那些定义只被当前计算块内的迭代使用的数据的迭代集合，即 I_e^t。从当前的计算块内减去 I_e^t 就可以得到 O_e^t。那么

$$\text{flow\_out} = F_w(O_e^t) \tag{5-79}$$

就是当前计算块的流出数据集。

写回数据集也可以通过类似的方法计算得到。概括来讲，我们可以先算出当前计算块内所有"跨过"当前计算块的输出依赖，即那些依赖源点在当前计算块内、依赖汇点在当前计算块外的输出依赖。如果存在这样的输出依赖，那么就从当前计算块的所有迭代集合中减去这些输出依赖的源点集合，并重复此过程直到这样的输出依赖不再存在，那么就可以得到其定义的数据只被当前计算块使用的迭代集合，这些数据是不同的计算块在多个处理器上并行执行结束后需要向主处理器发送的数据集合。

例 5.5　对于图 5.13 所示的代码，其流出数据集如图 5.14 中的红色实线上的所有迭代构成，可以用

$$0 \leqslant t \leqslant T-1 \wedge 1 \leqslant i \leqslant N-2 \wedge 32 \times \left\lfloor \frac{i}{32} \right\rfloor + 30 \leqslant t+i \leqslant \left\lfloor \frac{i}{32} \right\rfloor + 31 \wedge 32 \times \left\lfloor \frac{i}{32} \right\rfloor \leqslant t \leqslant \left\lfloor \frac{i}{32} \right\rfloor + 31$$

$$\tag{5-80}$$

和

$$0 \leqslant t \leqslant T-1 \wedge 1 \leqslant i \leqslant N-2 \wedge i = 32 \times \left\lfloor \frac{i}{32} \right\rfloor + 31 \wedge 32 \times \left\lfloor \frac{i}{32} \right\rfloor \leqslant t+i \leqslant \left\lfloor \frac{i}{32} \right\rfloor + 31 \quad (5\text{-}81)$$

的并集表示，式 (5-80) 表示图 5.14 中的两个红色斜线，式 (5-81) 表示图中的红色横线。类似地，写回数据集由图中的蓝色实线表示。由于实现了数组压缩，只有 t 轴上最后那个分块上才有写回数据集。对于图 4.4(a) 所示的代码，由于每个循环迭代上写入的内存地址单元都不相同，所以每个分块上都会有一个非空的写回数据集。

5.5.2　通信优化

利用多面体模型中精确的数据流分析能力，优化编译器可以构造出相对精确的通信数据集。在分布式存储结构上利用 MPI 进行通信，如果发送和接收的数据地址是连续的，那么 MPI 通信是很方便的。但是，经过各种循环变换之后，数据地址不连续的情况经常会发生，所以优化编译器在代码生成阶段还需要：

(1) 在消息发送端和接收端为通信数据分配空间；

(2) 在消息发送端对非连续的数据进行打包，并装载到 MPI 通信消息接口内；

(3) 在消息接收端解包 MPI 通信消息接口内的通信数据。

由于 MPI 消息传递语句在原始程序中并不存在，所以在代码生成阶段，优化编译器需要生成额外的语句封装 MPI 通信消息，该过程可以通过修改中间表示来完成。代码生成的部分可参考第 7 章的内容。特别地，对于封装 MPI 消息传递接口的语句，可以以流出数据集和写回数据集为输入作为消息传递的参数，并根据发送端和接收端的属性判定数据需要打包还是解包。通信数据的内存分配可以根据流出数据集和写回数据集的约束判定范围和大小。一种简单的收发 MPI 消息的实现机制是，让每个处理器将所有的流出数据集发送到所有其他的处理器上。虽然这种方式实现简单，但显然每个处理器会接收到多余的通信数据，优化编译器需要实现通信消息的优化。

为了消除上述简单通信机制中的冗余通信数据，优化编译器可以依流出数据集不应该被发送到不使用该数据集中的任意数据元素的处理器这一原则进行通信。更具体地，需要：

(1) 发送端处理器流出数据集中的每个数据元素被至少一个其他处理器使用；

(2) 至少引用一个流出数据集中数据元素的处理器才接收通信消息中的流出数据。

对于流出数据集中的每个数据元素 data，优化编译器可以用 $\pi(t_1, t_2, \cdots, t_l, t_p)$ 表示执行字典序为 $(t_1, t_2, \cdots, t_l, t_p)$ 的循环迭代的处理器，$\sigma_{\text{data}}(t_1, t_2, \cdots, t_l, t_p)$ 表示所有接收由数据元素 data 在 $(t_1, t_2, \cdots, t_l, t_p)$ 循环迭代中产生的流出数据集。其中，$t_x \, (1 \leqslant x \leqslant l)$ 的含义与式 (5-77) 中的含义一致，t_p 表示被多个处理器并行执行的并行循环的索引变量。注意，t_p 外不会再有其他的并行循环，因为 Pluto 算法总是可以识别出最外层循环的并行性。当 t_p 外有并行循环时，该外层循环会被多个处理器并行执行，所以 t_p 总是最外层可并行循环的索引变量。

仿射函数 π 的构造比较简单，只需要知道 t_p 的循环上界和下界，以及处理器的个数。π 函数也可以用于构造 σ_{data}，即

$$\sigma_{\text{data}}(t_1, t_2, \cdots, t_l, t_p) = \{\pi(t_1', t_2', \cdots, t_l', t_p') : \exists e \in E \text{ on data},$$
$$\mathcal{D}_e^T(t_1, t_2, \cdots, t_p, \cdots, t_1', t_2', \cdots, t_l', t_p')\} \tag{5-82}$$

其中，E on data 表示所有关于数据元素 data 的依赖关系集合，e 是 E 的一个元素。换句话说，式 (5-82) 表示只有当接收处理器与发送处理器之间存在流依赖关系时，这些处理器才会被当成是 σ_{data} 当中的一个元素。在计算需要接收流出数据集的处理器时，每个流依赖关系在 t_p 循环内层的循环索引变量都不会在考虑范围内，也就是只考虑计算块之间的依赖关系。当指定一个发送处理器时，σ_{data} 函数确定的是所有需要从该发送处理器接收数据的处理器集合。根据 σ_{data} 函数确定通信发送方和接收方的形式可以有效地消除通信中的冗余数据，但产生流出数据集的数据元素在大多数情况下有多个，这种情况下可采用非阻塞式通信方式。接收端在收到通信数据之后可以接收不同的通信数据元素，但在 t_p 外层的串行循环执行之前，需要使用如 MPI_Waitall 接口保证当前通信数据传输已经全部完成。

如图 5.15 所示是弗洛伊德 (Floyd-Warshall) 算法的核心循环。如果优化编译器以每个循环迭代的粒度计算流出数据集和 σ_{data} 函数，那么在外层 k 循环的第 $t_k - 1$ 次迭代过程中，处理器需要对第 t_k 行和第 t_k 列数据进行通信数据的广播。如图 5.16 所示是该图在分布式存储结构上执行的示意图，其中绿色区域表示被分配在同一个处理器上

```
1  for(k=0;k<N;k++)
2    for(y=0;y<N;y++)
3      for(x=0;x<N;x++)
4        pathDistanceMatrix[y][x] = min(pathDistanceMatrix[y][k]+
         pathDistanceMatrix[k][x],pathDistanceMatrix[y][x]); /* S0 */
```

图 5.15　Floyd-Warshall 算法核心代码示例

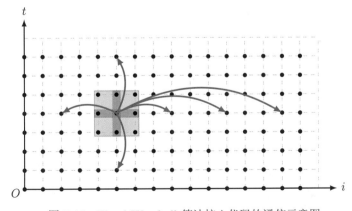

图 5.16　Floyd-Warshall 算法核心代码的通信示意图

执行的循环迭代个数，或可以理解为计算块个数，这里并未对循环空间进行分块；红色区域表示当前处理器需要向其他处理器进行通信的数据所在的循环迭代。图中的蓝色箭头表示通信数据需要进行通信传播的方向。

由于分布式存储结构上的通信数据传输对性能有较大的影响，因此，如何精确计算通信数据量是优化程序在此类平台上运行性能的一个关键因素。在只考虑流依赖的前提下，优化编译器还需要考虑这些流依赖的传递闭包，即在传输通信数据时只需要传输那些对内存地址单元的终写关系。依赖的传递闭包及相关操作在多面体模型相关的库中是一个比较常见的操作，许多整数求解工具能够提供这类操作的支持。另外，如何在分布式存储结构上实现数据分块也是提升程序在分布式存储结构上并行执行性能的一个关键因素，这部分内容可参考文献 [61]。

第**6**章

挖掘局部性

6.1 金字塔形存储层次结构之外的挑战

存储层次结构为上层应用提供了一种无限高速内存资源的假象，这使得程序员在编写应用程序时可以不考虑体系结构上的存储模型，降低了高性能计算体系结构上的编程难度。传统的存储层次结构都是金字塔形的存储模型，在靠近计算单元的存储器上，数据能够被快速访问，但这类存储器的容量往往十分有限；在远离计算单元的存储器上，缓存的容量有所增长，但访问速度却又明显降低。因此，如何高效管理和利用现代体系结构上的存储层次，是优化编译器需要解决的另一个重要的问题。

优化编译器经过数十年的发展，已经实现了许多挖掘目标体系架构上数据局部性的优化技术。但随着面向深度学习领域特定加速芯片上越来越复杂的存储模型的引入，针对传统金字塔形存储模型的编译技术并不一定适用于当下各种领域特定加速芯片上的存储模型。图 6.1 所示为华为面向深度神经网络专门设计的达芬奇架构存储模型，该架构已应用于华为的升腾系列 AI 处理器芯片，类似的存储结构模型也被当前谷歌 TPU 等领域特定加速芯片采用。

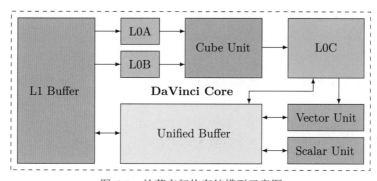

图 6.1 达芬奇架构存储模型示意图

在图 6.1 中，Cube 处理单元是专门用于实现张量或矩阵运算的功能部件，L0A 和 L0B 向该计算功能部件提供输入数据。作为靠近计算单元的缓存结构，L0A 和 L0B 从下一级缓存 L1 上获取数据，但 L0A 和 L0B 的缓存容量远小于 L1。UB(Unified Buffer)

与 L1 是同一级的缓存，该缓存作为 Vector 和 Scalar 功能部件的输入、输出数据的缓存空间。其中，Vector 处理单元用于向量运算，Scalar 处理单元用于标量运算。与此同时，UB 也可以与 L0C 进行数据交换，而 L0C 既是 Cube 处理单元输出数据的缓存空间，也可以向 Vector 处理单元提供输入数据。作为芯片上与外围设备数据交换的缓存空间，UB 和 L1 之间也可以进行数据交换。

通过对达芬奇架构存储结构模型的分析不难发现，领域特定加速芯片上的存储模型更加复杂多样，这主要体现在两方面。首先，面向深度学习领域特定加速芯片的存储模型为不同的计算任务（或深度神经网络中的不同算子）提供了专门的功能部件，这要求优化编译器具备更系统和完善的数据流管理能力。其次，由于在芯片上有多个用于不同计算任务的功能部件，芯片的存储结构也更加复杂，不同功能部件之间的数据流管理也从传统的单向模式转向更复杂的多向和分流模式。这使得面向传统金字塔形存储结构设计和实现的编译技术不再适用于此类存储结构模型。

本章将介绍挖掘局部性的循环变换在多面体模型中的实现。针对现有的复杂存储结构，本章将主要讨论循环合并和循环分块变换，以及面向数据局部性设计的调度算法优化策略。除此之外，本章还将介绍一种用于压缩程序存储空间的优化技术——数组压缩。

6.2 面向不同优化目标的循环合并策略

在4.4.5节中我们介绍过，循环合并不仅能够适用于完美循环嵌套，也能够处理非完美循环嵌套。在传统的优化编译器中，循环合并往往独立于其他仿射循环变换，这导致循环合并在传统优化编译器中的实现往往比较简单，对能够实施循环合并的循环嵌套要求也比较严格。在基于多面体模型的优化编译器中，虽然没有明确定义不同循环变换之间的组合顺序，但是循环合并往往放在针对完美循环嵌套的循环变换之后实现，这样才能够创造更多的循环合并机会。例如，图 4.12 中的代码就是在先进行循环延展之后才为程序不同循环嵌套之间的合并创造机会的例子。

在实际应用中，尤其是多层网络互联的深度神经网络应用，多个连续的循环嵌套之间拥有大量的"生产–消费"关系。当某个循环嵌套向一个或多个数组或张量写入数据时，其后续循环嵌套从这些数组或张量中读取数据。当数组或张量规模较大时，这些循环嵌套对内存地址单元的写入和读取就有可能无法在高速缓存上命中。循环合并的目的就是通过循环融合来提高数据访存在高速缓存上的命中率。与此同时，当被合并的循环嵌套被并行执行时，合法的循环合并能够减少循环并行执行时的同步次数，降低循环并行的开销。

然而，循环合并往往以牺牲被合并循环的并行性或减少循环分块的机会为代价，来改进因循环嵌套之间"生产–消费"关系引入的时间局部性。由于试图在一个循环嵌套内包含尽量多的语句，激进的循环合并策略可能会在合并后的循环嵌套中引入新的循环携带依赖，这样就可能导致原本可以并行的循环不得不串行执行；同时，激进的循环合

并策略也可能降低原本满足循环分块条件的循环的分块可能性。另一方面，保守的循环
合并策略则是在保证循环并行性和分块条件的前提下实现循环合并，这种策略往往无法
达到最优的循环合并效果。因此，循环合并策略的选择往往作为一种编译选项提供给用
户，让用户根据不同的目标体系结构来选择不同的合并策略。

6.2.1　基于依赖图的循环合并算法

在第 4 章中我们介绍过，多面体模型中的循环变换是通过仿射变换的形式描述的，
其中标量维用于实现循环合并和分布。与循环倾斜、延展等仿射循环变换不同，循环合
并不是在 Pluto 调度算法的代价模型中计算出来的，而是根据 Pluto 调度算法对每个语
句计算多维仿射变换后，寻找这些语句调度共同的字典序分量，然后在必要时插入标量
维来完成循环合并或分布的目的。

根据定义 3.2 中关于依赖图的定义，多面体模型可以对每个被分析的程序构造出一
个依赖图。依赖图中的每个顶点代表一个语句，语句之间的依赖由依赖图的有向边表示。
由于程序的依赖图是一个有向图，优化编译器可以对程序的依赖图计算强连通分量。一
个有向图中的任意两个顶点 u 和 v 之间相互可达时，称这两个顶点强连通。如果一个
有向图的任意一对顶点都强连通，那么该有向图为一个强连通图，否则该有向图为一个
非强连通图，该非强连通图的极大强连通子图为一个强连通分量。多面体模型中一种实
现循环合并的算法就是在依赖图的基础上计算强连通分量，并根据强连通分量的个数确
定循环合并的策略。

由于程序的依赖图是一个有向图，所以依赖图的多个强连通分量之间也有先后顺序
关系。优化编译器可以以强连通分量为顶点构造出一个有向无环图，并对这个以强连通
分量为顶点的有向无环图进行拓扑排序，即对该有向无环图的所有顶点构造一个线性序
列，使得对于任意一对顶点 scc_u 和 scc_v，如果存在一条从 scc_u 到 scc_v 的一个依赖边，
那么 scc_u 的线性序列就在 scc_v 之前。注意这里的 scc_u 和 scc_v 分别代表一个强连通分
量。经过拓扑排序之后，由强连通分量为顶点构成的有向无环图中顶点的编号根据执行
顺序依次递增。

> **定义 6.1　强连通分量的分布条件**
>
> 　　在一个以强连通分量为顶点的有向无环图内，任意两个相邻的顶点 scc_x 和
> scc_{x+1}，称 scc_x 和 scc_{x+1} 在第 m 层循环被分布，当且仅当
>
> $$\phi_{S_i}^m = c, \forall S_i \in \mathrm{scc}_k \ (k \leqslant x) \tag{6-1}$$
>
> 和
>
> $$\phi_{S_j}^m = c+1, \forall S_j \in \mathrm{scc}_k \ (k \geqslant x+1) \tag{6-2}$$
>
> 同时成立。其中，m 表示对语句 S_i 和 S_j 多维仿射变换 $\mathcal{T}$ 的一个维度，c 为一个
> 整数常数。

　　回忆第 4 章中介绍的仿射变换的定义及其与循环变换之间的关系，一维仿射变换式 (6-1) 和式 (6-2) 分别表示一个标量维，因为这些仿射变换中不存在循环索引变量，即循环索引变量的系数都为 0。Pluto 调度算法通过借助标量维来依次构造程序中每个语句的多维仿射变换。当在某个循环层上无法构造出满足 Pluto 调度算法约束的解时，该算法就在这个循环层上插入一个标量维以满足依赖关系。当两个不同强连通分量内的语句在多维仿射变换 $\mathcal{T}$ 的第 m 维上有不同的字典序分量，即上述定义中的 c 和 $c+1$ 时，这两个不同强连通分量中的语句将在 $\mathcal{T}$ 的第 m 维上分布。这也意味着，这两个强连通分量在前 $m-1$ 维上都被包含在相同的循环嵌套内。

　　多面体模型基于依赖图的强连通分量计算语句之间的循环合并和循环分布的可能性是可靠的。根据有向图强连通分量的定义，一个强连通分量内任意两个表示语句的顶点互相可达，意味着这两个语句之间存在依赖环。因此，这两个语句不可以被分布在不同的循环，否则将破坏两个语句之间的依赖。强连通分量之间也是通过语句的依赖连接在一起的，只是强连通分量之间的依赖必定是单向的，否则与强连通分量的定义矛盾。强连通分量之间的依赖可以在构造多维仿射变换时在不同的层次上满足，这样能够得到不同的循环合并策略。从上述原则来看，似乎这种强连通分量的分布条件被满足的层次越深，越有利于不同强连通分量之间的合并。然而，在合并不同的强连通分量时，有可能会导致原本不携带依赖的循环层携带依赖，这样就会导致循环的并行性或循环分块可能性消失，但循环合并可以提升不同语句之间的数据重用性。因此，我们说循环合并或分布需要根据不同的优化目标定制化生成；所以，循环合并策略的选择通常也作为一个编译选项交给用户根据不同的优化目标和体系结构来选择。

　　通过标量维在多面体模型中实现循环合并和循环分布的另外一个好处是可以利用多面体模型 Pluto 调度算法自动计算的各种仿射循环变换创造更多的循环合并或分布的机会。如图 4.14 所示，在说明循环延展的例子时，我们已经说明循环延展能够为更激进的循环合并创造条件。这与传统的面向底层优化的编译器不同：传统的优化编译器往往对合并循环的约束较多，包括被合并的循环需要有相同的循环上下界、循环嵌套的层次和顺序也必须严格相同等。

例 6.1　　以图 6.2(a) 中的代码为例，其中 N 为符号常量。利用 Pluto 调度算法和定义 6.1，一个基于多面体模型的优化编译器可以得到如图 6.2(b) 所示的代码示意图。多面体模型可以用

$$[S_0(i) \to (0, i); S_1(i) \to (1, i)] \tag{6-3}$$

表示图 6.2(a) 中原始程序的调度。结合 Pluto 调度算法和强连通分量的分布条件，得到的调度可用

$$[S_0(i) \to (i, 0); S_1(i) \to (i+1, 1)] \tag{6-4}$$

表示。为了能够让两个语句合并在一起，Pluto 调度算法在语句 S_1 多维仿射变换的第一维上实现了循环偏移，使得两个语句能够被合并在一起。由于在该层循环上依赖并没

有得到满足，并且循环只有一层，因此循环合并的算法根据定义 6.1 添加了标量维，使两个语句之间的依赖得到满足。

```
1  for (i = 1; i < N - 2; i += 1)
2    A[i] = In[i - 1] + In[i] + In[i + 1];
        /* S0 */
3  for (i = 2; i < N - 3; i += 1)
4    Out[i] = A[i - 1] + A[i] + A[i + 1];
        /* S1 */
```

(a) 一个用于循环合并和其他仿射循环变换组合的示例

```
1  for (i = 1; i <= min(2, N - 3); i += 1)
2    A[i] = In[i - 1] + In[i] + In[i + 1];
3  for (i = 3; i <= N - 3; i += 1) {
4    A[i] = In[i - 1] + In[i] + In[i + 1];
5    Out[i - 1] = A[i - 2] + A[i - 1] + A[i];
6  }
```

(b) 循环合并之后的效果

图 6.2　循环合并和其他仿射循环变换组合的示例及效果

上述循环合并的例子说明了循环合并在多面体模型中实现的优势。首先，循环合并不仅能够与其他仿射循环变换进行不同的组合来提升循环嵌套之间的数据重用性，并且不要求被合并的循环嵌套满足特定的约束。如上例中 S_0 语句所在的循环和 S_1 语句所在的循环边界就不相同。除此之外，我们在4.4.5节中也介绍了循环合并与循环交换之间组合的可能性。

合并强连通分量是多面体模型实现循环合并的基础，但这种方式在实际应用中也存在一定的缺陷。例如，图 6.3 给出了一个非常简单的例子，由于两个语句之间不存在依赖，在构建程序的依赖图时，代表两个语句的顶点之间相互不可达，这导致两个顶点无法构成一个完整的有向图。也就是说，基于强连通分量实现的循环合并是以一个弱连通图为基础进行合并的，如果两个顶点不在一个弱连通图内，那么这两个顶点代表的强连通分量就肯定不会被合并在一起。不过，如图 6.3 所示的示例可以通过改进循环合并算法的条件来弥补。

```
1  for (i = 0; i < N; i += 1)
2    A[i] = 10; /* S0 */
3  for (i = 1; i < N - 1; i += 1)
4    B[i] = 10; /* S1 */
```

图 6.3　无法形成单向连通图的示例

6.2.2　拆分弱连通图

如上文所述，只有处在同一个弱连通图内的两个强连通分量才有可能被合并在一起。一种实现循环分布的方式是以弱连通图为基础，根据不同的循环合并目标指定强连通分量分布条件实施的维度。根据定义 6.1，对程序中所有的语句构造多维仿射变换时，当不同的语句之间有相同的字典序前缀时，这些字典序前缀对应的循环层被这些不同的语句共享。定义 6.1 中式 (6-1) 和式 (6-2) 是指在第 m 维上插入标量维之后对应的强连

通分量在第 m 维上分布。可以根据优化目标到底是更倾向于提高并行性/分块可能性还是提升数据重用性的目标设置不同的指导策略，以控制 m 在整个多维仿射变换维度中的位置。以弱连通图为基础，根据定义 6.1 和不同的优化目标实现强连通分量分布的循环合并策略被 Pluto 编译器采用。

如果优化目标是更侧重于提升程序的并行性而且不能破坏每个强连通分量对应循环嵌套的分块可能性，那么最好的办法是让这些强连通分量完全分布，这种循环合并方式在 Pluto 编译器中被称为 nofuse 策略，即不实现任何强连通分量之间的循环合并，也就等价于实现了最激进的循环分布。这意味着每个强连通分量内语句的多维仿射变换的标量维总是出现在其调度值域对应字典序的最左侧分量上。以例6.1中式 (6-3) 为例，两个语句的标量维都在其调度值域对应字典序的最左侧分量上。根据该调度生成的代码则是将两个强连通分量对应的循环嵌套完全分布，而每个强连通分量内都只包含一个语句，所以该调度最终得到如图 6.2 (a) 所示的代码。

如果优化目标倾向于优化循环嵌套之间因"生产–消费"关系导致的数据重用，那么优化编译器就要试图最大化不同语句多维仿射变换的共享前缀，这种循环合并方式在 Pluto 编译器中被称为 maxfuse 策略，即实现弱连通图内所有强连通分量之间的激进合并，也就是说不考虑任何强连通分量之间的分布。换句话说，在根据 maxfuse 策略计算得到的某个语句的调度上，用于指代强连通分量分布条件的标量维在该语句调度值域的维度位置会尽量靠近右侧。以例6.1中式 (6-4) 为例，两个语句的标量维都在其调度值域对应字典序的最右侧分量上，根据该调度可以得到如图 6.2 (b) 所示的代码。

nofuse 策略和 maxfuse 策略都是以牺牲一种优化目标为代价的循环合并策略。在 Pluto 编译器中，还有一种介于 nofuse 和 maxfuse 之间的循环合并策略，被称为 smartfuse 策略。这种循环合并策略首先寻找程序内维度最大的数组或张量，并根据强连通分量之间对这些数组或张量的数据重用率确定不同的强连通分量是否需要按照定义 6.1 进行合并或分布。smartfuse 策略在无法合并强连通分量时会回退为 nofuse 策略，而 maxfuse 在无法寻找到有效的合并方式时也会退化成 smartfuse 策略。

除了上述几种策略，Pluto 编译器中还提供了如 hybridfuse 等其他循环合并策略，这些循环合并策略是在对多层循环嵌套进行合并时，在不同的循环层上使用上述几种不同策略当中的一种。一种对 Pluto 编译器中循环合并策略的改进是 wisefuse 策略[53]，这种循环合并策略克服了 Pluto 编译器中以所有语句构建依赖图来实现循环合并策略的缺点，将原始程序中相同循环嵌套中的多个语句抽象成一个语句群并构建相应的依赖图，可以有效降低编译时间复杂度。

6.2.3　合并强连通分量

与拆分弱连通图里的强连通分量的方法不同，另外一种实现循环合并的方法是先根据程序的依赖关系构建强连通分量，然后再不断地根据强连通分量之间的依赖合并强连通分量，这种方式被称为增量合并。在 isl 中实现了增量合并。与基于弱连通图进行拆

分的几种循环合并策略类似，增量合并方式也可以实现类似 nofuse 策略的激进循环分
布，以及类似 maxfuse 策略的激进循环合并。增量合并方式实现 maxfuse 策略的算法
与 Pluto 编译器中的算法略有不同，具体可参考文献 [74]。

isl 实现循环合并的方法是：首先是根据依赖关系确定程序中所有的强连通分量，并
利用 Pluto 调度算法为每个强连通分量计算多维仿射变换，并根据计算得到的多维仿
射变换构造程序的调度树表示，多维仿射变换由每个强连通分量的 band 结点表示。回
顾2.4节中关于调度树 band 结点的描述：一个 band 结点具备 permutable 和 coincident
两个属性，permutable 用于指代该 band 结点是否能够实现循环分块，coincident 中的
每个分量用于说明对应循环是否可以并行，其维度也代表了该 band 结点的成员个数，
即 band 结点对应的循环嵌套层数。

在合并两个强连通分量时，增量合并方式是为这两个强连通分量计算一个新的
band 结点。在试图合并两个强连通分量时，增量合并方式会考虑并行性/分块可能性和
合并后新 band 结点的成员个数，即合并后循环嵌套的层数。这两个因素一起构成了增
量合并实现的另外一种合并策略。假设合并前两个强连通分量对应的 band 结点成员个
数分别为 n_1 和 n_2，它们能够被并行执行和可以分块的循环个数分别为 p_1 和 p_2，合并
后新 band 结点的成员个数为 n，可并行和分块的成员个数为 p。当循环合并的目标更
侧重于提升程序的并行性时，增量合并方式只有在 $p \geqslant p_1$ 和 $p \geqslant p_2$ 同时成立时，才
会允许这两个强连通分量进行合并，否则合并后得到的新的 band 结点并行性不如合并
之前，因此不予合并。当循环合并的目标更侧重于强化强连通分量对应循环嵌套之间
的数据重用性时，增量合并的目标就是试图最大化合并后新 band 结点的 n 值。此时，
$p \geqslant p_1$ 或 $p \geqslant p_2$ 并不一定成立，也就是说这种以最大化合并后循环嵌套层次个数的循
环合并策略并不能保证合并后循环嵌套的可并行循环个数。

增量合并方式比拆分弱连通图方式实现循环合并的另外一个好处是可以降低编译的
时间复杂度。由于这两种方式都依靠 Pluto 调度算法来构造多维仿射变换或其对应的
band 结点，因此这两种方式都依赖整数线性规划问题的求解来确定新的调度。我们知
道整数线性规划问题是 NP 完全问题，当语句个数增加时，其编译的时间复杂度会随之
增加。增量合并方式是根据程序的依赖关系构建多个不同的强连通分量，并在每个强连
通分量中调用 Pluto 调度算法，而基于弱连通图拆分的方式实现的循环合并在最开始时
考虑的是整个弱连通图内所有的语句，因此后者的时间复杂度可能会更高。在实现增量
合并方式时，在选择哪些强连通分量进行合并时，会在必要的情况下计算这些强连通分
量之间的拓扑排序，以确定按照什么样的先后顺序对哪些强连通分量进行合并。

6.3 循环合并与循环分块的组合

作为提升循环嵌套之间局部性的循环变换技术，激进的循环合并不仅可能会牺牲循
环的并行性，而且还可能降低循环嵌套分块的可能性。循环分块是一种提升数据局部性

的循环变换技术，在具备多级缓存的现代体系架构上，是提升程序性能的重要手段。考虑如图 6.4 (a) 所示的一段代码，这段代码代表了一个在输入图像 A 上利用卷积核 B 进行二维卷积的操作，C 代表经过卷积操作之后的输出图像。在进行卷积操作之前，假设有对输入图像 A 的量化语句操作，以及卷积后还有一个对输出图像 C 的 ReLU() 操作。图 6.4 (b) 是这段代码对应卷积操作在 H = W = 6、KH = KW = 3 时的示意图，$H \times W$ 代表输入图像的大小，$KH \times KW$ 为卷积核的大小，并假设卷积操作的步长 stride 为 1。

```
1   for(h=0;h<H;h++)
2     for(w=0;w<W;w++)
3       A[h][w]=Quant(A[h][w]);  /* S0 */
4   for(h=0;h<=H-KH;h++)
5     for(w=0;w<=W-KW;w++){
6       C[h][w]=0.0;    /* S1 */
7       for(kh=0;kh<KH;kh++)
8         for(kw=0;kw<KW;kw++)
9           C[h][w]+=A[h+kh][w+kw]*B[kh][kw];
              /* S2 */
10    }
11  for(h=0;h<=H-KH;h++)
12    for(w=0;w<=W-KW;w++)
13      C[h][w]=ReLU(C[h][w]);   /* S3 */
```

(a) 带量化和 ReLU() 操作的二维卷积示例   (b) 二维卷积示意图

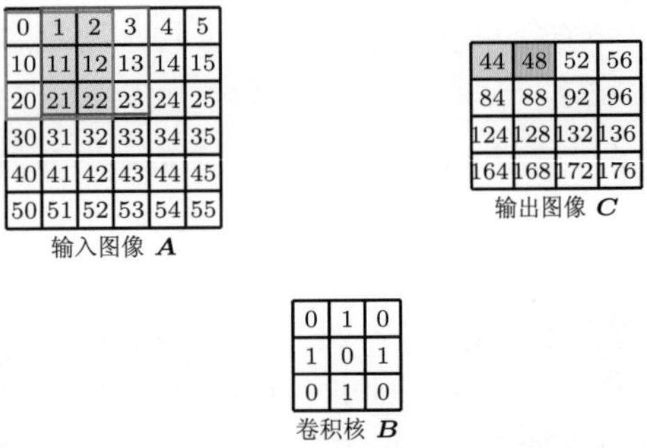

图 6.4   二维卷积代码及示意图

在深度神经网络加速芯片上，当循环嵌套的迭代次数较多时，为了提升数据在高速缓存上的命中率，循环分块是不可避免的。与此同时，为了能够减少与计算单元距离较远的缓存之间的数据交换，图 6.4 (a) 中算子之间的合并，或者循环之间的合并也是必要的，这也是当前深度学习编译器的重要研究内容。但是，循环合并和循环分块之间往往互相影响，这导致循环合并和循环分块的先后顺序成为提升芯片存储层次结构利用率的一个关键因素。与此同时，卷积操作的本质往往会导致输入图像中的部分数据会被多次访问，例如图 6.4 (a) 中输入图像 A 灰色部分的数据就被相邻的两次卷积操作重复访问。利用简单的矩形/平行四边形分块往往会丢失分块之间的并行性。这要求优化编译器能够实现复杂的分块形状，以获得更粗粒度的并行效果。复杂的分块形状是多面体模型研究的一个重要课题，在以多面体模型为基础的优化编译器以及绝大多数深度学习编译器中，往往采用先循环合并然后再进行循环分块的顺序进行优化。

6.3.1   先合并后分块

如6.2节所述，循环合并作为 Pluto 调度算法中的一个优化目标，在并行性/分块的可能性和局部性之间权衡取舍的前提下，作为一种约束传递给 Pluto 调度算法用以计算新的语句调度。这决定了在以 Pluto 算法为调度变换算法的多面体模型中，循环合并总是在循环分块之前被执行。这就要求优化编译器必须在循环分块之前做出如何进行循环合并的决策。

　　仍然以图 6.4 (a) 所示的二维卷积为例，我们只考虑带有循环合并的情况，即不考虑将图 6.4 (a) 中所有循环嵌套完全分布的情况。如果循环合并的前提约束是不损失被合并循环嵌套的并行性，那么可以得到如图 6.5 左侧所示的保守的循环合并结果。其中，T_0 和 T_1 分别为 h 和 w 循环上的分块大小，为已知常数，这里用符号表示是为了便于读者理解。ht 和 wt 以及 hp 和 wp 分别代表 h 和 w 循环被分块之后对应的分块间和分块内的循环迭代变量。

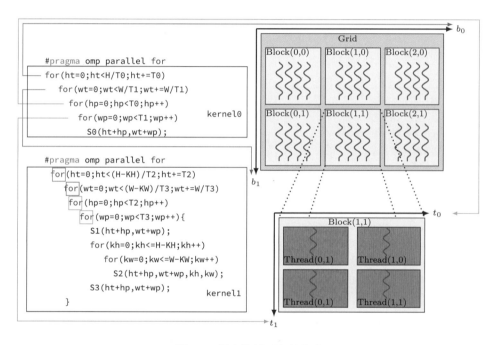

图 6.5　保守的循环合并策略

　　这种保守的循环合并策略不会破坏被合并循环嵌套层的并行性，也不会导致其合并后无法实现循环分块。我们用 $(\{S_0\}, \{S_1, S_2, S_3\})$ 表示这种循环合并策略。当面向多核 CPU 目标平台时，优化编译器可以在合并后的两个循环嵌套的最外层添加 OpenMP 编译指示，如图 6.5 左侧所示。如果目标平台是 GPU，如图 6.5 右侧所示，图 6.5 的红色箭头表示将生成代码中用于迭代分块间的循环 ht、wt 映射到 GPU 的线程块上，线程块由 (b_0, b_1) 表示；蓝色箭头表示用于迭代分块内的循环 hp、wp 映射到 GPU 的线程上，线程由 (t_0, t_1) 表示。在图 6.5 中，我们用红色和蓝色箭头表示了第一个循环嵌套和 GPU 并行硬件之间的映射关系。为了使图片看起来更直观，第二个循环嵌套的映射关系只用对应颜色的方框表示。

　　然而，无论是面向 CPU 的 OpenMP 并行还是面向 GPU 的 CUDA/OpenCL 并行，都需要在两个循环嵌套之间进行一次同步。当生成 OpenMP 代码时，第一个循环嵌套被并行执行完成、第二个循环嵌套并行执行前，两个循环嵌套之间需要进行一次隐式同步。在 GPU 上，由于两个循环嵌套通过调用不同的 kernel() 函数来完成，因此需要两个 kernel() 函数在 GPU 设备内存中进行一次同步。此外，当 kernel0() 函数执行完成后，需要将 S_0 写入张量，即输入图像 A 的数据从 GPU 传回 CPU，该张量数据在 kernel1() 函数启动时需要再次从 CPU 传输到 GPU 上。

　　如果循环合并的前提约束是不计并行性和分块可能性的损失，而是最大化提升循环嵌套之间的局部性，那么一个基于多面体模型的优化编译器可能得到如图 6.6 所示的代码。为了使代码看起来可读性更强，我们并没有在合并后的循环嵌套上实现循环分块。这种激进的循环合并策略将所有语句都合并在 c0 和 c1 循环构成的循环嵌套内，极大地缩短了语句之间的"生产–消费"距离，但一个最直观的结果就是循环合并后代码的可读性变得非常差。

```
1   for(c0=0;c0<H;c0++)
2     for(c1=0;c1<W;c1++){
3       if(c0<=H-KW && c1<=W-KW)
4         S1(c0,c1);
5       if(c1>KW){
6         if(c0<KH-1)
7           S0(c0,c1);
8         for(c2=max(KH-1,c0);c2<min(H,c0+KH);c2++){
9           for(c3=0;c3<KW;c3++){
10            S2(c2-KH+1,c1-KW+1,c0-c2+KH-1,c3);
11            if(c2==c0 && c3==KW-2)
12              S0(c0,c1);
13          }
14          if(c0<H-1 && c1<W-1 && c2==c0)
15            S3(c0-KH+1,c1-KW+1);
16        }
17      }
18      else
19        S0(c0,c1);
20    }
```

图 6.6　一种激进的循环合并策略

　　与此同时，我们发现外层循环嵌套的并行性和分块可能性也不再被保留。c0 和 c1 循环都不能被标记为 OpenMP 并行。同样地，这些外层循环嵌套也无法被映射到 GPU 的多级并行硬件上，因此也无法生成 CUDA 或 OpenCL 代码。通过对优化编译器提供循环分块的选项之后生成代码，我们发现，在面向 CPU 生成带有循环分块的 OpenMP 代码时，c0 和 c1 循环仍然能够被实施循环分块，但是 OpenMP 的并行循环层在整个循环嵌套中处于非常靠内层的位置，这意味着即便生成的代码能够实现循环分块和

OpenMP 并行，也会因为频繁的同步开销而导致代码性能无法提升，甚至比串行执行时间更长。

这种先进行循环合并、再实施循环分块的循环变换顺序被包括各种深度学习编译器在内的优化编译工具采用。这是因为这些优化编译器往往以循环的迭代空间，即计算为中心实施循环变换，这种方法忽略了被循环访问的数据空间的变换，导致循环合并之后，实施不同循环分块形状的循环嵌套访问的数据空间不一致，因此分块后的循环无法再被合并。

6.3.2　分块后再合并

为了不损失循环嵌套合并之后循环的并行性，一个优化编译器不得不选择如图 6.5 所示的循环合并策略。在这种循环合并策略下，优化编译器又不得不分别对两个循环嵌套实施循环分块。为了便于说明，我们将合并之后第一个循环嵌套对应的迭代空间称为量化迭代空间，第二个循环嵌套对应的迭代空间称为归约迭代空间。不失一般性，假设对量化迭代空间的 h 和 w 循环采用 4×4 的大小实施循环分块，对归约迭代空间的 h 和 w 循环采用 2×2 的大小实施循环分块。以 h 和 w 循环对应的二维空间为基础构造的迭代空间如图 6.7 所示。从图 6.4(a) 中可以得到，S_0 向张量 A 写入数据，其对应的写访存关系集合可以表示成

$$\{S_0(h,w) \to \boldsymbol{A}(h,w) : 0 \leqslant h < H \land 0 \leqslant w < W\} \tag{6-5}$$

同时，S_2 从张量 A 读取数据，其对应的读访存关系集合为

$$\{S_2(h,w,kh,kw) \ \to \ \boldsymbol{A}(h+kh,w+kw) \ : \ 0 \leqslant h \leqslant H - KH \land 0 \leqslant w \leqslant$$
$$W - KW \land 0 \leqslant kh < KH \land 0 \leqslant kw < KW\} \tag{6-6}$$

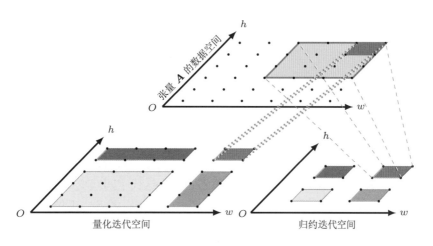

图 6.7　先合并后分块导致的数据空间不一致问题

由于合并之后的两个循环嵌套都不存在循环倾斜的情况，所以按照上述分块大小对这两个循环嵌套实施循环分块可以得到如图 6.7 所示的几个分块，每个分块都由不同的颜色标出。对于量化迭代空间，按照 4×4 的大小对循环嵌套进行分块可以得到一个黄色全块和三个其他颜色的半块，全块和半块的概念[42] 我们已经在前面的内容中介绍过了。为了便于说明，我们现在只考虑量化迭代空间的红色分块，根据 S_0 与张量 $\boldsymbol{A}$ 之间的读访存关系集合式 (6-5)，语句 S_0 和张量 $\boldsymbol{A}$ 访存的关系一一对应。该分块对应的向张量 $\boldsymbol{A}$ 数据空间写入的数据量由图 6.7 中点线表示，量化迭代空间红色分块需要计算 4 次迭代，那么该分块向张量 $\boldsymbol{A}$ 的数据空间内的 4 个地址写入数据。

现在考虑归约迭代空间。在 2×2 的分块大小下，归约迭代空间被划分成 4 个不同的分块，对应的分块用四种不同的颜色表示。仍然考虑归约迭代空间的红色分块，该分块内语句 S_2 的实例集合可以用

$$\{S_2(h, w, kh, kw) : 2 \leqslant h, w \leqslant 3 \land 0 \leqslant kh < KH \land 0 \leqslant kw < KW\} \qquad (6\text{-}7)$$

表示。将语句 S_2 与张量 $\boldsymbol{A}$ 之间的写访存关系集合 (6-6) 每个关系元素应用到式 (6-7) 可以得到

$$\{S_2(h, w, kh, kw) \ \to \ A(h', w') : 2 \leqslant h, w \leqslant 3 \land 0 \leqslant kh < KH \land 0 \leqslant$$
$$kw < KW \land 2 \leqslant h', w' \leqslant 5\} \qquad (6\text{-}8)$$

即归约迭代空间红色分块需要从张量 $\boldsymbol{A}$ 的数据空间读取 16 个数据，对应关系如图 6.7 中虚线所示。

读者可以对比量化迭代空间写入张量 $\boldsymbol{A}$ 数据空间的数据个数和归约迭代空间从张量 $\boldsymbol{A}$ 数据空间读取的数据个数，推断出两个迭代空间相同颜色分块所需数据的个数不匹配。再通过仔细对比之后不难发现，这样的问题在蓝色分块和绿色分块中都存在，只有两个迭代空间的黄色分块对应写入和读取数据的个数相同，这也是为什么最开始需要对不同的循环迭代空间设置不同的循环分块大小的原因。读者也可以试着修改分块大小并画出迭代空间与数据空间的关系，会发现相同颜色分块之间"生产–消费"数据的个数仍然存在不匹配的情况。这种分块之间"生产–消费"数据不匹配的现象导致循环分块之后不同循环嵌套迭代空间对应的分块无法被合并。

这种忽视数据空间的变换是当前优化编译器的一个缺点。如果我们换一个角度思考问题，如图 6.8 所示，即只对归约迭代空间按照 2×2 的大小进行循环分块，那么可以得到如图 6.7 中归约迭代空间相同的分块。与此同时，量化迭代空间先不实施循环分块。

为了便于讨论，现在只考虑图 6.8 中的蓝色分块和红色分块。我们仍然用 ht 和 wt 表示用于迭代分块间的循环索引，用 hp 和 wp 表示用于迭代分块内的循环索引。那么，原来归约空间最外面两层 h 和 w 循环嵌套构成的二维迭代空间就变成了由 ht、wt、hp 和 wp 表示的带有分块的四维迭代空间，所以，在循环分块之后，语句 S_2 和这四维空间之间一定存在一个形如

$$\left\{ S_2(h, w, \text{kh}, \text{kw}) \to \left(\text{ht} = \frac{h}{T_2}, \text{wt} = \frac{w}{T_3}, \text{hp} = h, \text{wp} = w \right) \right\} \qquad (6\text{-}9)$$

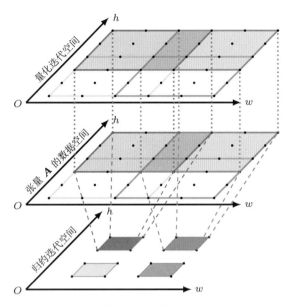

图 6.8　通过数据空间逆推分块后合并的策略

的关系集合, 其中 $T_2 = T_3 = 2$ 为归约迭代空间的循环分块大小。这里我们只考虑归约迭代空间从张量 $\boldsymbol{A}$ 读取数据的语句 S_2。为了实现循环分块之后不同迭代空间分块之间的循环合并, 我们可以只考虑 ht 和 wt 两个维度, 那么一定有

$$\left\{ S_2(h, w, \mathrm{kh}, \mathrm{kw}) \rightarrow \left(ht = \frac{h}{T_2}, wt = \frac{w}{T_3} \right) \right\} \tag{6-10}$$

更形象地, 我们可以用 (ht,wt) 对图 6.8 中的分块进行变换, 其中, 蓝色分块可以用 (ht = 1,wt = 0) 表示, 红色分块可以用 (ht = 1,wt = 1) 表示。对式 (6-10) 中的每个关系元素取逆并将结果与式 (6-6) 相交可以得到

$$\{(\mathrm{ht}, \mathrm{wt}) \rightarrow A(h', w') : 0 \leqslant \mathrm{ht}, \mathrm{wt} \leqslant 1 \wedge 2 \leqslant h', w' \leqslant 5\} \tag{6-11}$$

该关系集合即为图 6.8 中分块与张量 $\boldsymbol{A}$ 数据空间之间的关系集合, 图中用虚线表示。

由于语句 S_0 所处的量化迭代空间并没有被分块, 所以优化编译器需要通过上述几种关系集合来计算量化迭代空间的分块形状。类似地, 我们可以将式 (6-5) 中的每个关系元素取反, 得到的结果由图 6.8 中的点线表示。将图 6.8 中的点线和虚线连接在一起, 就可以得到归约迭代空间和量化迭代空间分块之间的对应关系。这种关系可以通过将式 (6-11) 与式 (6-5) 的逆相交得到, 结果为

$$\{(\mathrm{ht}, \mathrm{wt}) \rightarrow S_0(h, w) : 0 \leqslant \mathrm{ht}, \mathrm{wt} \leqslant 1 \wedge 2 \leqslant h, w \leqslant 5\} \tag{6-12}$$

式 (6-12) 表示只对归约迭代空间进行分块之后, 归约迭代空间的分块与量化迭代空间语句实例集合的关系。结合式（6-9）和式 (6-12), 文献 [82] 基于多面体模型的调度树表示实现了一种循环分块后的循环合并算法。

这种循环分块后再进行循环合并的算法与先合并再分块的方式相比有以下两点优势。首先，循环分块时只需要对归约迭代空间进行分块，这样就减小了后期自动调优工具的参数搜索空间，可以有效地降低编译时间复杂度。其次，这种方法能够自动构建出复杂的交叉分块形状，并且不损失归约迭代空间和量化迭代空间的并行性和分块可能性。分块后再合并的方式考虑了具备"生产-消费"关系的循环嵌套在中间张量数据空间上的不一致问题，能够解决先合并后分块方式无法避免的问题，但这种方法的前提是在不损失归约迭代空间的并行性的前提下完成的，当有多个归约迭代空间并且归约所在的维度不相同时，这种方法有可能会损失最开始没有实现循环分块的那个归约迭代空间的并行性或分块可能性。

6.3.3   提升高速缓存的使用率

循环合并和循环分块都是提升局部性的循环变换技术，实现这两种循环变换的最优组合在编译器中是一个十分困难的问题。但是，如果不在各种循环变换组合之后有效地利用高速缓存，那么这些循环变换的组合对程序性能提升的效果将大打折扣。为了说明这个问题，让我们仍然考虑4.4.3节的例子，代码如图 4.12(a) 所示，假设该程序中所有数组所需的内存空间较大，无法完成在栈上的内存分配，并假设这些数组都是在堆上分配的。通过循环合并，优化编译器可以得到如图 4.14 所示的代码。

在4.4.5节中介绍过，循环延展可为循环合并创造条件，图 4.14 中的代码已经将这些循环合并在一起。如果没有循环合并，那么这些数组将只能在堆上分配内存，无法有效利用存储层次结构的高速缓存。具备存储层次结构的高性能计算机系统会分配专门的寄存器或高速缓存用于存放栈的地址，而堆内存分配则由高级程序设计语言的库函数提供，实现机制相对复杂，因此在大多数情况下，栈的效率比堆的效率要高很多。经过循环合并之后，g 数组的所有元素就变成了一个中间变量，在有效的循环分块形状下，优化编译器可以在栈上申请内存空间以存放分块内所有 g 的数组元素，只要这些数据在当前分块执行完成后不会被其他计算使用。

为了构造一个有效的循环分块形状，使得 g 的数组元素只被当前分块内的计算访问，优化编译器需要分析图 4.14 中数据的活跃性。经过分析发现，在全部计算完成之后，只有 h 数组的所有元素在该段代码执行完成之后，有可能被后续的计算访问，即 h 数组的所有元素构成这段程序的向下暴露集。图 6.9 中所有红色圆圈内的点，表示图 4.14 对应代码计算完成后的活跃变量，该图的每个子图都是在图 4.12(c) 的基础上得到的。

假设沿 h 方向大小为 2 进行分块。从图 4.14 所示的代码不难看出，每个语句实例与写引用之间都是一一对应关系，因此循环迭代空间的每个迭代也可以看作不同数组元素的一次写引用实例。根据各数组之间的依赖，我们可以看出两个 h 数组元素与其他数组元素之间的依赖由图 6.9(a) 中红色箭头决定，即在这些箭头中间的所有数据都被 h 数组的这两个元素依赖，所以优化编译器在构造分块形状时，这些元素必须包含在分块

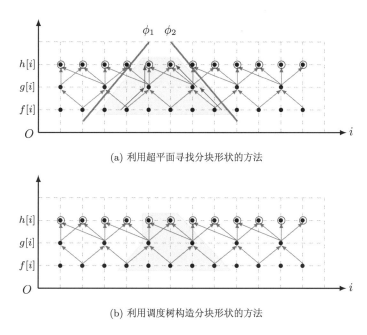

(a) 利用超平面寻找分块形状的方法

(b) 利用调度树构造分块形状的方法

图 6.9 利用不同方法构造分块形状以提升高速缓存的使用率

当中。为了满足这样的条件，优化编译器必须找到两个超平面，使得这些元素都包含在这两个超平面与 h 和 f 所在平面构成的区间内。PolyMage[54] 编译器就是通过寻找如图 6.9(a) 中所示的 ϕ_1 和 ϕ_2 两个超平面，构造如图 6.9(a) 中绿色区域所示的分块形状，这两个超平面必须与图中两边所有红色箭头中倾斜程度最大的那个的斜率保持一致。根据这样的原则，PolyMage 构造出如图 6.9(a) 中所示的分块形状。显然，这种分块的部分迭代和对应的数据元素会被相邻的分块重复计算，所以这种分块属于交叉分块。

这种利用超平面构造交叉分块的方式，有一个缺点是可能会导致冗余的重复计算。如图 6.9(a) 中绿色分块内左下角的循环迭代，该迭代写入的数据不被考虑的两个 h 数组元素依赖，但该元素依然被当前分块计算，因为利用超平面构造交叉分块边界的方式必须在所有依赖中找出倾斜程度最大的那个依赖，并沿着该依赖的方向构造交叉分块左边和右边的倾斜斜率。一种基于调度树改进的方法[81] 完全利用不同数组之间的依赖，精确计算被当前分块内的活跃变量依赖的数据元素。这种方法通过计算不同数组之间的依赖，计算出当前分块内所有 h 数组活跃变量所需的 g 数组元素，然后再依次向前计算 f 数组被依赖的数组元素个数。这些数据元素对应的循环迭代构成的集合被表示成调度树中的 expansion 结点，并添加到分块后表示分块间迭代和分块内迭代对应 band 结点的中间，以实现交叉分块重复计算的目的。如图 6.9(a) 所示，就是这种基于调度树表示构造出的交叉分块的形状，该分块内所有的元素都是被当前分块内两个活跃变量依赖的数据元素，不存在如图 6.9(a) 所示的冗余计算。

无论是上述哪种分块技术，经过循环延展、循环合并和交叉分块的组合，使得 g 数组的所有元素在一个交叉分块形状内只被当前分块的计算使用。更进一步地，根据

图 4.14 所示的代码，f 数组也可以被认为是中间变量，因为该数组从输入数组 fin 中读取数据。此时，优化编译器可以在栈上分配内存空间，用于存放 f 和 g 在分块内的数组元素构成的子区间，从而达到提升高速缓存使用率的目的。PolyMage 编译器[54]及其调度树上的改进[81]都通过实验验证了在不利用这种高速缓存的情况下，循环合并和交叉分块的组合无法有效地提升程序的性能。这些中间变量在面向 GPU 生成 CUDA/OpenCL 代码时，中间变量在分块内的子区间可以在共享存储上分配空间，也可以改善 GPU 上代码的执行效率。

现在回过头来再看看图 6.4 中的示例。图 6.8 中的示意图已经说明了如何对该例所示代码进行合并与分块，合并和分块之后得到的代码如图 6.10(a) 所示。如图中标记，合并之后的循环嵌套仍然是可以并行的，而且所有的语句都被合并在一个循环嵌套内。与此同时，当使用 $T_2 \times T_3$ 大小进行循环分块时，合并后的循环嵌套能够实现 S_0 语句的交叉分块。注意，T_2 和 T_3 都是已知常数，这里我们用符号表示是为了更好地描述代码。在面向 GPU 生成代码时，ht 和 wt 循环可以被映射到 GPU 的线程上，hp 和 wp 则被映射到 GPU 的线程上。

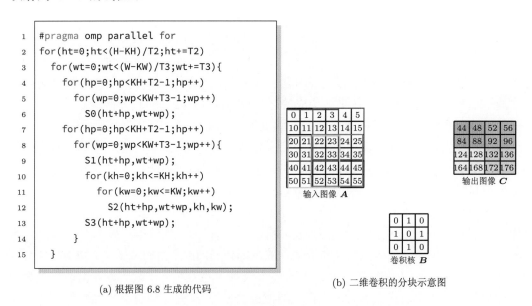

```
1   #pragma omp parallel for
2   for(ht=0;ht<(H-KH)/T2;ht+=T2)
3     for(wt=0;wt<(W-KW)/T3;wt+=T3){
4       for(hp=0;hp<KH+T2-1;hp++)
5         for(wp=0;wp<KW+T3-1;wp++)
6           S0(ht+hp,wt+wp);
7       for(hp=0;hp<KH+T2-1;hp++)
8         for(wp=0;wp<KW+T3-1;wp++){
9           S1(ht+hp,wt+wp);
10          for(kh=0;kh<=KH;kh++)
11            for(kw=0;kw<=KW;kw++)
12              S2(ht+hp,wt+wp,kh,kw);
13          S3(ht+hp,wt+wp);
14        }
15    }
```

(a) 根据图 6.8 生成的代码   (b) 二维卷积的分块示意图

图 6.10　循环合并和交叉分块后的二维卷积代码及示意图

图 6.10 (b) 用不同的颜色标记出输入和输出图像在图 6.10 (a) 所示的代码执行时被分块的方式，其中输出图像 C 按照矩形形状分块，而输入图像不同颜色之间有重叠，意味着输入图像 A 采用的是交叉分块，这也正好符号卷积计算的特性，即分块后不同的分块之间会有被重复访问的数据。图中所有不同颜色相互交叉的部分就是这些分块之间被多次访问的数据。

根据图 6.10 (a) 所示的代码，读者不难发现 S_0 写入张量 A，张量 A 只在当前分块内被引用，这使得用于存放输入图像数据的张量 A 成为分块内的临时变量，意味着该张量可以在高速缓存上被申请和释放，减少了与外围存储的数据交换，能够有效提升计算在目标体系结构上的执行效率。

6.4　数据空间变换

回顾第 2 章和第 4 章关于多面体模型的内容。多面体模型通常利用迭代域、调度、访存关系集合和依赖关系集合等几种整数集合和仿射变换表示程序，并在这些表示的基础上利用如 Pluto 等调度算法为程序计算每个语句的调度。在实现不同的循环变换及其组合时，这些调度算法的实质是对不同的语句构造新的多维仿射变换，而这些多维仿射变换表示的是循环嵌套迭代空间的仿射函数。然而，程序的数据空间却是决定程序数据如何在存储层次结构上布局的关键，利用多面体模型的优化编译器实现数据空间布局优化的方式可以分为间接数据空间变换和显式数据空间变换两种。

6.4.1　间接数据空间变换

在传统的多面体模型表示中，数据空间的布局是通过迭代空间与调度之间的关系推断出来的，我们将这种方式称为间接数据空间布局。为了说明间接数据空间布局的含义，我们以经典的矩阵乘法为例，如图 6.11 (a) 所示是实现矩阵乘法的一段代码，

```
1  for(i=0;i<M;i++)
2    for(j=0;j<N;j++){
3      C[i][j]=0.0;      /* S0 */
4      for(k=0;k<K;k++)
5        C[i][j]+=A[i][k]*B[k][j];   /* S1 */
6    }
```

(a) 经典的矩阵乘法实现代码

```
1   for(c0=0;c0<M;c0+=Tm)
2     for(c1=0;c1<N;c1+=Tn)
3       for(c2=0;c2<=max(0,K-1);c2+=Tk)
4         for(c3=0;c3<=min(Tm-1,M-c0-1);c3++)
5           for(c4=0;c4<=min(Tn-1,N-c0-1);c4++){
6             if(c2==0)
7               C[c0+c3][c1+c4]=0.0;
8             for(c5=0;c5<=min(Tk-1,K-c2-1);c5++)
9               C[c0+c3][c1+c4]+=A[c0+c3][c2+c5]*B[c2+c5][c1+c4];
10          }
```

(b) 优化编译器能够生成的代码

图 6.11　矩阵乘法及其优化后的代码

图 6.11 (b) 所示是一种基于多面体模型的优化编译器面向 CPU 对该程序进行循环分块之后的代码。其中，符号常量 M、N 和 K 为矩阵的大小，T_m、T_n 和 T_k 分别为不同循环维度上的分块大小，为已知整型常数，这里我们用符号表示这些整型常数是为了便于读者理解。矩阵乘法是科学计算的核心，许多卷积运算也可以转换成矩阵乘法的形式。

当矩阵的规模较大时，参与矩阵运算的数据无法全部被保存在高速缓存上，这使得循环分块成为提高数据局部性的一种非常有效的方法。对图 6.11 (a) 所示的矩阵乘法运算，我们可以用

$$[S_0(i,j) \rightarrow (i,j,0,0); S_1(i,j,k) \rightarrow (i,j,k,1)] \tag{6-13}$$

表示该循环嵌套内所有语句的调度，那么图 6.11 (b) 中循环分块对应的调度可以用

$$\left[S_0(i,j) \rightarrow \left(\frac{i}{T_m}, \frac{j}{T_n}, 0, i, j, 0, 0\right); S_1(i,j,k) \rightarrow \left(\frac{i}{T_m}, \frac{j}{T_n}, \frac{k}{T_k}, i, j, k, 1\right)\right] \tag{6-14}$$

表示。从调度变换的过程可以看出，多面体模型的调度算法在计算新的调度并实施循环分块等变换时，只是在重新计算语句实例与字典序之间的关系，在调度式 (6-13) 和式 (6-14) 中并没有矩阵 $\boldsymbol{A}$、$\boldsymbol{B}$、$\boldsymbol{C}$ 的出现。矩阵数据空间的布局是通过调度与程序的读写访问关系集合之间的运算计算出来的结果。

根据图 6.11 (a) 所示的代码不难得出，该段代码的写引用关系集合和读引用关系集合分别可以用

$$[M, N, K] \rightarrow \{S_0[i,j] \rightarrow C[i,j] : 0 \leqslant i < M \wedge 0 \leqslant j < N;$$
$$S_1[i,j,k] \rightarrow C[i,j] : 0 \leqslant i < M \wedge 0 \leqslant j < N \wedge 0 \leqslant k < K\} \tag{6-15}$$

和

$$[M, N, K] \rightarrow \{S_1[i,j,k] \rightarrow B[k,j] : 0 \leqslant i < M \wedge 0 \leqslant j < N \wedge 0 \leqslant k < K;$$
$$S_1[i,j,k] \leqslant A[i,k] : 0 \leqslant i < M \wedge 0 \leqslant j < N \wedge 0 \leqslant k < K; \tag{6-16}$$
$$S_1[i,j,k] \rightarrow C[i,j] : 0 \leqslant i < M \wedge 0 \leqslant j < N \wedge 0 \leqslant k < K\}$$

表示。其中，式 (6-15) 为写引用关系集合，式 (6-16) 为读引用关系集合。

式 (6-14) 是该段程序循环分块对应的调度，其值域所表示的字典序的前三个维度对应用于迭代分块之间的循环。现在我们假设 $T_m = T_n = T_k = 32$，取式 (6-14) 在前三个维度上的投射关系可以得到语句与分块维度之间的关系，即

$$\left[S_0(i,j) \rightarrow \left(\frac{i}{32}, \frac{j}{32}, 0\right); S_1(i,j,k) \rightarrow \left(\frac{i}{32}, \frac{j}{32}, \frac{k}{32}\right)\right] \tag{6-17}$$

将式 (6-17) 的逆与式 (6-15) 求交可得每个分块与该分块对应写引用之间的关系集合，结果为

$$[M, N, K] \to \{[i_0, i_1, i_2] \to C[o_0, o_1] : i_0\%32 = 0 \land i_1\%32 = 0 \land i_2\%32 =$$

$$0 \land K > 0 \land -31 \leqslant i_2 < K \land o_0 \geqslant i_0 \land 0 \leqslant o_0 \leqslant 31 + i_0 \land o_0 <$$

$$M \land o_1 \geqslant i_1 \land 0 \leqslant o_1 \leqslant 31 + i_1 \land o_1 < N; [i_0, i_1, 0] \to C[o_0, o_1] : \quad (6\text{-}18)$$

$$i_0\%32 = 0 \land i_1\%32 = 0 \land o_0 \geqslant i_0 \land 0 \leqslant o_0 \leqslant 31 + i_0 \land o_0 <$$

$$M \land o_1 \geqslant i_1 \land 0 \leqslant o_1 \leqslant 31 + i_1 \land o_1 < N\}$$

其中，(i_0, i_1, i_2) 表示循环分块后用于分块间迭代的维度。式 (6-18) 表示一个分块将向矩阵 C 的哪些元素写入数据，该写入关系集合两种映射关系元素中第一种是由语句 S_1 引起的，第二种是由语句 S_0 引起的。

类似地，将式 (6-17) 的逆与式 (6-16) 求交可得每个分块与该分块对应读引用之间的关系集合为

$$[N, K, M] \to \{[i_0, i_1, i_2] \to A[o_0, o_1] : i_0\%32 = 0 \land i_1\%32 = 0 \land i_2\%32 =$$

$$0 \land N > 0 \land -31 \leqslant i_1 < N \land o_0 \geqslant i_0 \land 0 \leqslant o_0 \leqslant 31 + i_0 \land o_0 < M \land o_1 \geqslant$$

$$i_2 \land 0 \leqslant o_1 \leqslant 31 + i_2 \land o_1 < K; [i_0, i_1, i_2] \to B[o_0, o_1] : i_0\%32 = 0 \land i_1\%32 =$$

$$0 \land i_2\%32 = 0 \land M > 0 \land -31 \leqslant i_0 < M \land o_0 \geqslant i_2 \land 0 \leqslant o_0 \leqslant 31 + i_2 \land o_0 < \quad (6\text{-}19)$$

$$K \land o_1 \geqslant i_1 \land 0 \leqslant o_1 \leqslant 31 + i_1 \land o_1 < N; [i_0, i_1, i_2] \to C[o_0, o_1] : i_0\%32 =$$

$$0 \land i_1\%32 = 0 \land i_2\%32 = 0 \land K > 0 \land -31 \leqslant i_2 < K \land o_0 \geqslant i_0 \land 0 \leqslant o_0 \leqslant$$

$$31 + i_0 \land o_0 < M \land o_1 \geqslant i_1 \land 0 \leqslant o_1 \leqslant 31 + i_1 \land o_1 < N\}$$

其中，(i_0, i_1, i_2) 的含义与式 (6-18) 相同。该关系集合表示一个分块从三个矩阵的哪些元素读取数据。从式 (6-18) 和式 (6-19) 的表达式可以看出，基于多面体模型的优化编译器并没有直接对矩阵 A、B 和 C 进行分块，而是先根据式 (6-14) 对程序的迭代空间进行循环分块，由迭代空间的分块得到分块与语句之间的关系式 (6-17)，并结合写引用和读引用关系式 (6-18) 和式 (6-19)，间接确定被访问矩阵的数据分块方式，该关系分别由式 (6-18) 和式 (6-19) 表示。

更直观地，我们可以用图 6.12 来说明间接数据空间布局变换。该图中间的三维空间表示矩阵乘法的三层嵌套循环 (i, j, k) 的坐标基。图中的无色立方体表示三层循环嵌套的迭代空间，基于多面体模型的优化编译器实现循环分块时是基于迭代空间进行的，如图中绿色区域部分表示对迭代空间按照 $T_m \times T_n \times T_k$ 的大小进行循环分块之后得到的一个分块示意。

图 6.12 中橙色、蓝色和红色部分分别表示矩阵 A、矩阵 B 和矩阵 C 的数据空间示意图。基于多面体模型的优化编译器并不会直接对这些矩阵的数据空间进行分块，而是通过如上文所述的迭代空间、语句与读写引用之间的关系集合推断出数据空间的分块大小及形状。读者可以将数据空间上的分块看作迭代空间在该方向上的投影。例如，矩阵 C 数据空间上的分块就是一个 $T_m \times T_n$ 的矩形分块。

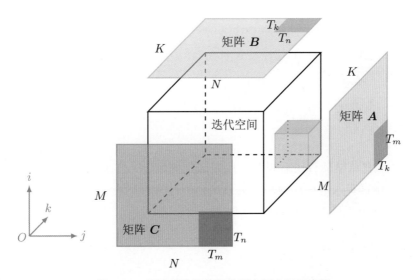

图 6.12   矩阵乘法计算的数据空间布局示意图

根据迭代空间间接计算数据空间布局的方式虽然能够让优化编译器更加专注于循环嵌套的变换，但这种方式忽略了数据空间布局给程序性能带来的影响。例如，在采用激进的循环合并策略时，循环嵌套的迭代空间并行性和分块可能性的损失有可能也会约束数据空间布局的优化空间，而且在一些特定的情况下，如深度学习应用中，系统工程师可以通过在不同的数据空间上采用不同的布局优化，使程序对数据的访存达到最优，从而提升程序的性能。除此之外，在面向分布式存储结构生成代码时，数据空间布局的优化往往和迭代空间的变换相互独立[61]。

6.4.2   显式数据空间变换

由于缺少对数据空间布局优化的考虑，采用间接数据空间变换的优化编译器生成的代码性能往往很难与处理器厂商提供的手工算子库匹敌。这使得数据空间的变换往往对优化编译器和系统工程师来说是透明的，即便如现有的深度学习编译器采用的技术[25,60,68]，也总是采用"计算 + 调度"的方式来实现计算所在的迭代空间变换与任务在硬件上部署的分离，而忽略了数据空间的变换。

鉴于之前技术的缺陷，MLIR 项目[48] 中提供了显式数据空间变换的支持。MLIR 为实现不同目标的优化提供了一种统一的中间表示，在吸取了 LLVM IR 众多优点的前提下，一个非常重要的特征是对多面体模型的支持。与传统的多面体模型中间接对数据空间进行变换的方式不同，MLIR 中支持对数据空间的显式变换，数据空间的布局对优化编译器和系统工程师不再透明。更确切地说，MLIR 使用 memref 表示张量在内存空间中的布局。对于图 6.11(a) 所示的矩阵乘法，MLIR 可以用

$$\text{memref} < M \times N \times f64, (d0, d1) \to (d0, d1), 0 > \tag{6-20}$$

表示其输出矩阵 C 在内存空间的布局。其中，M 和 N 表示矩阵 C 在不同维度上的规

模，$f64$ 代表矩阵 $\boldsymbol{C}$ 的每个元素是双精度浮点数，$(d0, d1) \rightarrow (d0, d1)$ 是一个恒等映射，表示矩阵在内存空间上是行优先分布的，也说明矩阵的所有元素在内存空间上是连续的。"0" 是内存地址空间的标识符，地址空间标识符可以是缺省的，除非目标体系结构对地址空间有明确的使用约束。当 memref 中的映射关系是恒等映射时，该映射关系往往被省略。memref 通过中间的映射实现数据空间布局的显式优化，优化编译器或系统工程师可以通过指定特殊的映射来实现数据空间的布局优化。我们将用 MLIR 中基于多面体模型实现高性能矩阵乘法的实例[14] 来说明 memref 如何实现数据空间的显式优化，该工作在 MLIR 中实现了 OpenBLAS/BLIS 库[34,66] 中的分块等优化手段，该手工库实现循环分块的过程可以用图 6.13 [66] 表示。

与多面体模型优化编译器盲目地在循环嵌套的迭代空间实现循环分块的方式不同，OpenBLAS/BLIS 库针对存储层次逐层实现分块，而且实现的过程也是以参与矩阵运算的数据为中心进行变换的。图 6.13 中最内层，micro-kernel 为分块和其他变换组合下在功能部件上运行的核心，依次向外为由多级分块导致的循环嵌套。我们从该图最外层解释其工作原理。最外层为嵌套在 micro-kernel 的第 5 层循环，该循环仅对图 6.11(a) 的 j 循环进行分块，分块大小为 n_C，此时矩阵 $\boldsymbol{A}$ 并没有被分块，矩阵 $\boldsymbol{B}$ 和 $\boldsymbol{C}$ 得到对应的子块 $\boldsymbol{B}_j$ 和 $\boldsymbol{C}_j$。将该循环维度分块后用于迭代 j 循环分块之间的循环被交换到循环嵌套的最外层，并对 k 循环按照 k_C 大小进行分块，可以得到第 4 层循环，此时矩阵 $\boldsymbol{C}_j$ 没有被分块，而矩阵 $\boldsymbol{A}$ 被分成多列子块 $\boldsymbol{A}_p$，矩阵 $\boldsymbol{B}_j$ 又被分为多行子块 $\boldsymbol{B}_p$。此时矩阵 $\boldsymbol{B}_j$ 的每一行大小为 $k_c \times n_c$ 的子矩阵 $\boldsymbol{B}_p$ 保留在 L3 Cache，并通过数据打包的形式保持矩阵的对齐 $\widetilde{\boldsymbol{B}}_p$。关于对其和数据在不同缓存之间的显式拷贝，可参考文献 [66]，这里不再赘述，我们主要描述如何分块及 memref 的使用。

现在考虑第 3 层循环，此时再对 i 循环按照 m_C 大小进行分块，矩阵 $\boldsymbol{C}_j$ 被分成多行大小为 $m_C \times n_C$ 的子矩阵 $\boldsymbol{C}_i$。同时，矩阵 $\boldsymbol{A}_p$ 分成多个大小为 $m_C \times k_C$ 的子块 $\boldsymbol{A}_i$。$\boldsymbol{A}_i$ 同样经过打包之后被拷贝到 L2 Cache 上，以保证数据在 Cache 上的对齐。接下来，再对 j 循环按照 n_R 大小进行分块，此时矩阵 $\boldsymbol{C}_i$ 和 $\widetilde{\boldsymbol{B}}_p$ 被分成多列，其中每一列被拷贝到 L1 Cache，得到图中的第 1 层循环，并在此基础上对 i 循环按照 m_R 的大小分块，得到 $\boldsymbol{C}_i$ 的大小为 $m_R \times n_R$ 的子块在最内层的 micro-kernel 中执行。$m_R \times n_R$ 是面向寄存器进行的分块，并且该子块将在生成代码时完全展开，以充分利用寄存器，可以看出矩阵 $\boldsymbol{C}$ 经过多次分块之后，每个数据元素的计算都是在寄存器上完成的，这充分考虑了矩阵 $\boldsymbol{C}$ 在一次矩阵乘法过程中既被写又被读的特征。

上述描述的分块过程在多面体模型中可以用仿射函数

$$(i, j, k) \rightarrow \left(\frac{j}{n_C}, \frac{k}{k_C}, \frac{i}{m_C}, \frac{j}{n_R}, \frac{i}{m_R}, k\%k_c, j\%n_R, i\%m_R \right) \tag{6-21}$$

表示。其中，$n_C \times m_C \times k_C$ 为面向 Cache 分块的分块大小，$n_R \times m_R \times k_R$ 为面向寄存器分块的分块大小。需要注意的是，这种分块的仿射函数还不能由多面体模型中的调度算法自动计算得出，因为这里涉及许多面向多级 Cache 的循环交换。该仿射函数将原始程序的循环嵌套的坐标系基 (i, j, k) 转换成包含多级分块信息的新的维度。虽然上述过

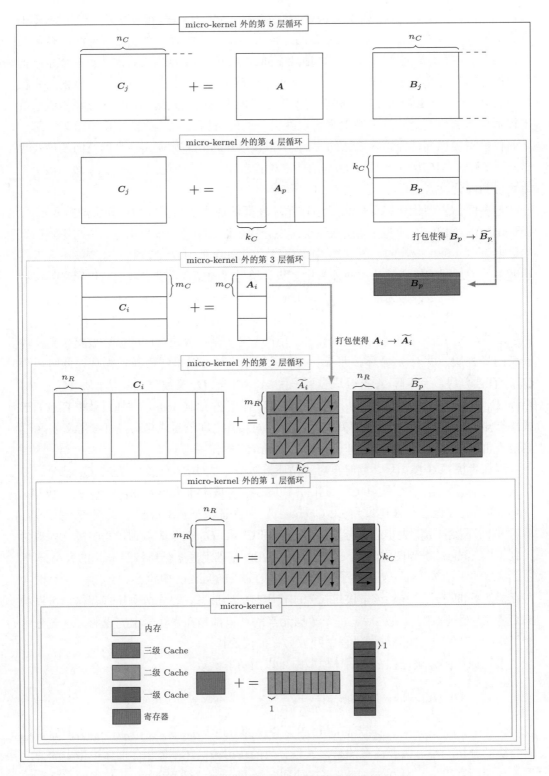

图 6.13 OpenBLAS/BLIS 库的分块示意图

程是以各矩阵的数据空间为基础进行分析的，但是最终的变换仍然可以通过对迭代空间 (i, j, k) 的变换来完成。

在上述复杂的多级分块基础上，MLIR 中还提供了特殊的接口用以实现如图 6.13 中从第 2 层循环到第 1 层循环绿色箭头所示、以及从第 3 层循环到第 2 层循环紫色箭头所示的矩阵分块内存提升时数据打包的操作。数据打包的操作是高性能计算中常用的一种优化手段，可以有效降低 Cache 未命中率并提高硬件预取效率，从而提升程序性能。此外，micro-kernel 中 $m_R \times n_R$ 次循环将被完全展开，用以充分利用向量部件的加速功能。这些都是在数据空间的变换中完成的优化，对矩阵乘法运算性能的提升有至关重要的作用。更重要的是，MLIR 提供了对矩阵/张量数据空间变换进行显式操作的支持。

考虑图 6.13 中第 2 层循环中的矩阵分块 $\widetilde{A_i}$，该数据分块是根据迭代空间上的仿射变换式 (6-21) 推导出来的。如果用 memref 表示 $\widetilde{A_i}$ 的数据布局，应该是

$$\text{memref} < m_c \times k_c \times f64, (d0, d1) \to (d0, d1), 0 > \tag{6-22}$$

图 6.13 给出了 $\widetilde{A_i}$ 是如何被访问的，即 $\widetilde{A_i}$ 先被分成 m_c/m_R 行，在每个由 m_R 行构成的小通道中，$\widetilde{A_i}$ 的数据按照列优先的方式从左到右依次被访问，直至所有 m_c/m_R 行被访问完成，整个 $\widetilde{A_i}$ 的计算全部完成。这种访问顺序说明 $\widetilde{A_i}$ 的数据访问不是连续的，但由于 $\widetilde{A_i}$ 放在 L2 级 Cache 中，所以仍然能够保证 $\widetilde{A_i}$ 的数据空间局部性。如果优化编译器能够让 $\widetilde{A_i}$ 的数据访存在 L2 Cache 上是连续的，那么这种优化总是对性能有益的。在 MLIR 中，可以用

$$\text{memref} < m_c \times k_c \times f64, (d0, d1) \to (d0/m_R, d1, d0\%m_R), 0 > \tag{6-23}$$

保证 $\widetilde{A_i}$ 数据访问的连续性。其中，仿射变换 $(d0, d1) \to (d0/m_R, d1, d0\%m_R)$ 使得 $\widetilde{A_i}$ 行优先存储方式变成按数据访问顺序存储的方式。图 6.14 更形象地说明了 $\widetilde{A_i}$ 在式 (6-22) 和式 (6-23) 表示下的数据布局变换，这里假设 $m_C = k_C = 4$，$m_R = 2$，图中的红色箭头代表数据访问的顺序。

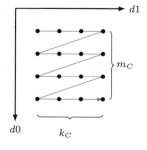

(a) 根据式 (6-22) 得到的数据布局

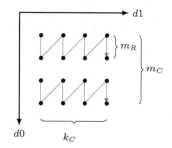

(b) 根据式 (6-23) 得到的数据布局

图 6.14　$\widetilde{A_i}$ 在式 (6-22) 和式 (6-23) 表示下的数据布局变换

图 6.14 (a) 中，矩阵按照先 $d0$ 循环再 $d1$ 循环的顺序进行，也就是按行优先的方式访问矩阵的所有元素。图 6.14 (b) 则是根据式 (6-23) 得到的数据布局，相当于在数据

空间上实现了一个类似 4.5.3 节介绍的循环展开压紧的变换。先对 m_C/m_R 行中的每一行按行优先的顺序访问，然后对 $m_R \times k_C$ 这样的小通道中，按照列有限的顺序访问。这种访问顺序与图 6.13 中第 2 层循环内矩阵子块 $\widetilde{A}_i$ 计算顺序一致，保证了数据访存的连续性。

6.5 提升局部性的调度优化

回顾 4.3.3 节介绍的 Pluto 算法，该算法是绝大多数基于多面体模型的优化编译器采用的调度算法。该算法以提升程序的并行性和数据局部性为目的，为程序中的每个语句自动计算出新的调度，并在此过程中实现仿射循环变换的组合。Pluto 算法以程序的依赖为约束，按照从外层到内层的顺序依次构造新的调度，并让依赖尽量在循环嵌套内层的位置得到满足，以此获得粗粒度并行的机会。此外，代价模型式 (4-12) 限定了 Pluto 算法优化问题的上界，既决定了循环分块的切分方向，也通过最小化该优化目标问题的解提升了数据的局部性。

在第 5 章中我们还提到，优化编译器在 Pluto 算法的基础上进一步开发了并行性，这些优化使多面体模型提升程序并行性的能力得到进一步提升。然而，如 6.2 节所述，并行性和局部性的优化目标往往会相互冲突。一些复杂的循环分块在提升粗粒度并行的同时，也失去了循环分块内数据的局部性。另一方面，Pluto 算法的代价模型在最小化循环迭代之间"生产–消费"的字典序距离时，并没有考虑数据在空间布局上的一些特征，如数据连续性。换句话说，Pluto 算法只考虑了数据的时间局部性，而忽略了空间局部性。

6.5.1 循环分块后的重新调度

在利用钻石分块[17] 优化分块之间的粗粒度并行性时，为了能够找到使水平方向上的分块并行执行的超平面，钻石分块算法修改了 Pluto 算法的代价模型。这种方法在实现分块之间的粗粒度并行性开发的同时，也破坏了循环分块内的数据局部性。如图 6.15 (a) 所示是对图 4.4(a) 中所示代码实现钻石分块后，一个分块内循环迭代空间的示意图，图中用红色箭头表示迭代之间的计算顺序，绿色区域为钻石分块的形状；图 6.15 (b) 是该分块迭代空间对应的读引用数据的内存访问量，图中用蓝色箭头表示数据在内存布局上的顺序，并且用和迭代空间相同的颜色表示分块形状。

对比迭代空间的计算顺序和数据空间的布局顺序，不难发现，一个钻石分块内迭代的计算顺序与被访问数据在内存布局上的顺序不一致，这与 6.4.2 节介绍 memref 针对数据布局优化面临的问题一样，但传统的多面体模型优化编译器并不支持 memref 显式的数据空间布局变换。与 6.4.2 节类似，如果被当前分块访问的数据都在高级缓存上，那么这样的计算顺序仍然能够保证被访问数据在高速缓存上的局部性，但这样的访问顺序对高速缓存数据预取以及数据的连续性都不友好。

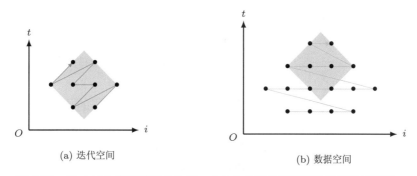

图 6.15　图 4.4(a) 实现钻石分块后一个分块的迭代空间和数据空间示意图

不过，优化编译器可以以当前分块内循环迭代为新的迭代域，按照 Pluto 算法对分块内所有的迭代进行重新调度，在分块内实现数据局部性的最优化。所以，改进后的钻石分块算法在实现循环分块内的重新调度之后，带有钻石分块的调度可以表示为

$$\left[S_0(t,i) \rightarrow \left(\frac{t-i}{T}, \frac{t+i}{T}, t, t+i \right) \right] \tag{6-24}$$

其中 T 为钻石分块沿不同方向上的分块大小。注意钻石分块要求各个方向上的分块大小相同，否则分块之间的并行性将会丢失。

除了钻石分块外，六角形分块[39] 也实现了分块后的重新调度。不同于钻石分块，六角形分块实现了面向 GPU 的 CUDA 代码生成，循环分块后的重新调度是为了优化 GPU 线程与循环迭代之间的映射，以充分利用 GPU 的硬件特征。这种循环分块后的重新调度被 Facebook 的深度学习编译器 TensorComprehensions[68] 以及华为的深度学习编译工具 akg（automatic kernel generation）[84] 采用。

6.5.2　面向数据访存连续性的调度优化

以 Pluto 算法为代表的调度算法以实现依赖距离的最小化为目的，通过不同的循环变换组合为循环分块创造条件。循环分块是为了适配目标体系结构的存储层次结构，依赖距离的最小化也达到了优化程序时间局部性的目的，但这些调度算法却忽略了数据在缓存中的空间局部性问题。在多核 CPU 的 Cache 中，数据是以 Cache 行为基本单元存储的。如果调度算法不考虑数据在缓存中的空间局部性，那么将不利于 Cache 数据预取等优化。

不同于时间局部性，数据的空间局部性往往要考虑的因素较多，而且像循环合并那样必须在并行性和局部性之间做权衡取舍一样，数据的空间局部性优化有时也会和现有的优化目标冲突。isl 库中实现了一种面向数据访存连续性的调度优化[85]，为了解释其中的原理，我们首先来介绍 isl 中调度算法的实现。

1. isl 调度算法的约束

isl 是多面体模型对程序进行表示、分析和优化的关键核心工具库之一，应用在大多数多面体模型的优化编译器中。isl 以 Pluto 算法为主实现程序的调度计算，并对该算法进行了改进。同时，在 Pluto 算法无解时，isl 以 Feautrier 算法作为替补算法。在兼顾 Pluto 算法和 Feautrier 算法开发不同层次（指循环嵌套中的外层和内层）并行性的同时，isl 中调度算法的实现为优化数据局部性创造了更好的条件。

isl 调度算法的实现以三种关系集合为输入，为实现不同的优化目标提供了更多的灵活性。这三种关系集合分别为有效性关系 (validity relation) 集合、近邻性关系 (proximity relation) 集合以及并行性关系 (coincidence relation) 集合。其中，有效性关系集合由程序的依赖关系构成，用于约束程序变换后语句实例之间执行顺序的字典序先后关系；近邻性关系集合中的每个关系元素代表语句实例之间的依赖距离，调度算法实现局部性优化以最小化近邻性关系集合中的每个元素为目标构造优化问题的代价模型；对于并行性关系集合中每个关系元素关联的两个语句实例，如果这两个语句实例没有被调度算法指定相同的字典序，那么这两个语句实例之间的并行性将会丢失。这三种关系集合构成 isl 调度算法的约束，指导 isl 调度算法实现特定的优化目标，但这并不意味着这三种关系集合不能相同。在许多优化编译器中，可以将这三种关系集合都设置成程序的依赖关系集合。

更具体地，约束 isl 调度算法的三种关系集合中的任意一个元素 $S_i(s) \rightarrow S_j(t)$ 表示语句实例 S_i 和 S_j 之间存在依赖关系，s 和 t 分别为 S_i 和 S_j 的字典序。根据依赖关系可以确定 $t \succeq s$，那么有如下结论。

(1) 有效性关系集合限定了一个新的调度 ϕ 必须满足

$$\phi_{S_j}(t) \geqslant \phi_{S_i}(s) \tag{6-25}$$

即语句实例 S_i 在调度 ϕ 下的字典序 $\phi_{S_j}(s)$ 必须大于语句实例 S_j 在调度 ϕ 下的字典序 $\phi_{S_j}(t)$，从而保证调度 ϕ 不会违反依赖的基本定理。不难发现，有效性关系集合给 isl 调度算法的约束式 (6-25) 与 Pluto 算法的合法性约束式 (4-7) 等价。

(2) 近邻性关系集合限定了一个新的调度 ϕ 应该使

$$\phi_{S_j}(t) - \phi_{S_i}(s) \tag{6-26}$$

的值尽量小，即语句实例 S_i 在调度 ϕ 下的字典序 $\phi_{S_j}(s)$ 与语句实例 S_j 在调度 ϕ 下的字典序 $\phi_{S_j}(t)$ 尽量接近，从而使调度 ϕ 能够充分挖掘数据局部性。

(3) 并行性关系集合限定了一个新的调度 ϕ 应该尽量保证

$$\phi_{S_j}(t) = \phi_{S_i}(s) \tag{6-27}$$

在可能的情况下都成立。注意调度 ϕ 是一维仿射变换。当语句实例 S_i 和 S_j 之间存在依赖关系 $S_i(s) \rightarrow S_j(t)$ 时，一个新的调度算法一定会为这两个语句实例计算两个完全不同的字典序，并且式 (6-25) 一定成立。并行性关系集合是在满足式 (6-25) 的前提下，让调度算法为语句实例 S_i 和 S_j 计算出尽量多的相同字典序前缀，这样能够挖掘更多的循环嵌套外层并行性。如果一个调度算法为语句实例 S_i 和 S_j 计算出的是 d 维字典序，

并且 $\phi_{S_j}^k(t) = \phi_{S_i}^k(s)$ $(1 \leqslant k \leqslant d)$ 都成立,那么语句实例 S_i 和 S_j 之间的标量维必然满足 $c_0^{S_j} > c_0^{S_i}$。

上述三种关系集合是 isl 调度算法的主要约束。此外,还有一种被称为条件有效性关系 (conditional validity relation) 的集合,该关系集合是一种带有条件的有效性关系集合,主要用于对标量的活跃性生命周期进行重排序优化[72]。isl 如何使用条件有效性关系集合进行优化可参考文献 [74],我们在本节中就不具体展开了。

2. 对 Pluto 算法的改进

isl 首先实现了 Pluto 算法的一个变种,即以代价模型式 (4-12) 为优化目标,为程序中的每个语句依次构造多个一维仿射变换式 (4-3),最终计算出多维仿射变换式 (4-5)。在4.3.3节中我们介绍过,Pluto 算法为了计算目标问题式 (4-16) 的字典序最小解,要求多维仿射变换中循环变量的系数为非负数的形式。同时,为了避免全 0 平凡解,又对优化问题添加了约束式 (4-17)。这使得一些仿射循环变换如循环反转、带有负数的循环倾斜被 Pluto 算法排除在外。isl 对这个缺点进行了改进,在对某个语句 S 构造一维仿射变换时,将向量 i 中的每个元素 i_x $(1 \leqslant x \leqslant m_S)$ 替换成

$$i_x = i_x^+ - i_x^- \tag{6-28}$$

的形式,其中 $i_x^+ \geqslant 0$,$i_x^- \geqslant 0$,即将某一个变量循环索引变量 i_x 转换为正部和负部的差,这与3.3.5节中的定义 3.15 相同。同时,isl 认为语句仿射变换的表达式中常量与程序的参数有关,即 isl 将一维仿射变换式 (4-3) 表示成式 (5-19) 的形式。

通过将一个循环索引变量转换成其正部和负部的差,isl 将原来 m_S 维的整数线性规划问题转换为 $2m_S$ 维的整数线性规划问题,并且原来每个循环索引变量 i_x 的正部 i_x^+ 和负部 i_x^- 的系数都是非负整数,即在约束式 (4-17) 下求解目标问题

$$\text{lexmin } (u_1^-, u_1^+, u_2^-, u_2^+, \cdots, u_k^-, u_k^+, w, c_{m_S}^{S-}, c_{m_S}^{S+}, c_{m_S-1}^{S-}, c_{m_S-1}^{S+}, \cdots,$$
$$c_1^{S-}, c_1^{S+}, p_1^S, p_2^S, \cdots, p_k^S, c_0^S) \tag{6-29}$$

的字典序最小解,其中 $c_x^{S-} \geqslant 0$ $(1 \leqslant x \leqslant m_S)$ 为 i_x^- $(1 \leqslant x \leqslant m_S)$ 的系数,$c_x^{S+} \geqslant 0$ $(1 \leqslant x \leqslant m_S)$ 为 i_x^+ $(1 \leqslant x \leqslant m_S)$ 的系数,u_x^- $(1 \leqslant x \leqslant k)$ 和 u_x^+ $(1 \leqslant x \leqslant k)$ 分别为目标问题式 (4-16) 中 u_x $(1 \leqslant x \leqslant k)$ 的正部和负部,其余变量的含义与式 (4-16) 中的变量含义相同。

值得注意的是,目标问题式 (6-29) 中将 u_x $(1 \leqslant x \leqslant k)$ 分解为正部和负部,但并没有对 w 和 p_x $(1 \leqslant x \leqslant k)$ 进行这样的分解。根据 Pluto 算法的代价模型式 (4-12),可以得到不等式 (4-14),即

$$\phi_{S_j}(t) - \phi_{S_i}(s) \leqslant u \cdot n + w \tag{6-30}$$

isl 假设 $w \geqslant 0$ 总是成立的,所以不需要将 w 进行正、负部的分解。从不等式 (6-30) 可以看出,当 $w < 0$ 时,不等式

$$\phi_{S_j}(t) - \phi_{S_i}(s) \leqslant u \cdot n + w \leqslant u \cdot n \tag{6-31}$$

总是成立的。也就是说，如果一个调度算法能够在 $w < 0$ 时找到满足不等式 (6-30) 的解，那么该解也一定是 $w = 0$ 的一个解。所以，isl 假设 $w \geqslant 0$ 总是成立的这个前提是合理的。同时，isl 必须考虑 $u_x \, (1 \leqslant x \leqslant k)$ 的正部和负部，因为 $\boldsymbol{n}$ 的任意一个元素 $n_x < 0$ 的情况在实际应用中是可能发生的。

isl 也假设 $p_x \, (1 \leqslant x \leqslant k)$ 总是成立的。如果一个调度算法计算得到的新的调度中，有一个或多个 $p_x < 0 \, (1 \leqslant x \leqslant k)$ 的情况，那么将这个或这几个符号常量的系数上加 $-p_x$，得到的调度也总是正确的。这相当于将该调度算法计算出的调度对应循环维度向右偏移 $-p_x \cdot n_x$ 位，n_x 表示第 $x \, (1 \leqslant x \leqslant k)$ 个符号常量。在4.4.4节中我们介绍过，循环偏移可以看作是循环倾斜的一种特殊情况，而循环倾斜总是合法的，所以这样的循环偏移也总是合法的。因此，isl 假设 $p_x \, (1 \leqslant x \leqslant k)$ 总是成立的这个前提也是合理的。

当 $c_x^{S-} > 0$、$c_x^{S+} = 0$ 时，$c_x^S < 0$；当 $c_x^{S-} = 0$、$c_x^{S+} > 0$ 时，$c_x^S > 0$；当 $c_x^{S-} = c_x^{S+} = 0$ 时，$c_x^S = 0$。也就是说，这种正部和负部的区分能够保证循环反转和带有负数的循环倾斜不会被排除在外。根据字典序大小的定义，isl 将所有的 c_x^{S-} 放在 c_x^{S+} 排列在目标问题 (6-29) 的前面，这意味对于某个循环索引变量 i_x，isl 更倾向于返回 $c_x^S \geqslant 0$ 的结果。

Pluto 算法的另外一个弊端是无法避免一些极端的情况。例如对于两个字典序 (a_1, a_2) 和 (b_1, b_2)，当 $a_1 < b_1$、$a_2 \gg b_2$ 时，$(a_1, a_2) \prec (b_1, b_2)$ 仍然成立，Pluto 算法仍然会返回 (a_1, a_2) 作为目标优化问题的最小解。但是作为循环索引变量的系数，$a_2 \gg b_2$ 会使得该维度上对应的循环被过度延展，导致程序的迭代空间会被过度放大。为了克服这个缺点，isl 又对目标问题式 (6-29) 进行了进一步的优化，即以

$$
\begin{aligned}
&\operatorname{lexmin}\Big(\sum_{x=1}^{k}(u_x^- + u_x^+), w, \sum_{x=1}^{k} p_x, \sum_{x=1}^{m_S}(c_x^{S-} + c_x^{S+}), \\
&u_1^-, u_1^+, u_2^-, u_2^+, \cdots, u_k^-, u_k^+, c_{m_S}^{S-}, c_{m_S}^{S+}, c_{m_S-1}^{S-}, c_{m_S-1}^{S+}, \cdots, c_1^{S-}, c_1^{S+}, p_1^S, p_2^S, \cdots, p_k^S, c_0^S \Big)
\end{aligned}
\tag{6-32}
$$

为一维仿射变换的优化目标问题。目标问题式 (6-32) 的含义可以从两方面进行解释。首先，式 (6-32) 中的第一行代表了各种变量的各项之和，将这些变量的和作为最优化的目标问题可以避免 Pluto 算法可能因字典序的定义导致的极端情况。其次，式 (6-32) 的第二行与式 (6-29) 相同，将 Pluto 算法考虑的因素也纳入考虑范围内，并避免了 Pluto 算法无法计算负系数的缺点。

目标问题式 (6-32) 的排列顺序说明了 isl 实现调度的原理。优化目标问题首先将 $\sum_{x=1}^{k}(u_x^- + u_x^+)$ 和 w 放在首位，表明 isl 实现的 Pluto 算法首先以最小化依赖距离为目的，并且通过 $u_x \, (1 \leqslant x \leqslant k)$ 正部和负部的分解，消除了参数顺序可能对优化问题导致的影响。接下来是 $\sum_{x=1}^{k} p_x$，该表达式代表了 isl 更注重程序参数的系数对一维仿射变换式 (5-19) 的影响的事实，然后才是所有循环索引变量正部和负部的总和 $\sum_{x=1}^{m_S}(c_x^{S-} + c_x^{S+})$。

接下来，分别是 $\boldsymbol{u}$ 每个元素的正、负部 $u_x^{\mp}$ $(1 \leqslant x \leqslant k)$ 和循环索引变量正、负部 $c_{m_S}^{S-}, c_{m_S}^{S+}, c_{m_S-1}^{S-}, c_{m_S-1}^{S+}, \cdots, c_1^{S-}, c_1^{S+}$。注意循环索引变量是按照其在循环嵌套中出现顺序的逆序进行排列的。最后是所有符号常量的系数 p_x^S $(1 \leqslant x \leqslant k)$ 和常数项 c_0^S。对于任意一个循环索引变量 i_x $(1 \leqslant x \leqslant m_S)$，其负部 i_x^- 的系数 c_x^{S-} 都排列在其正部 i_x^+ 的系数 c_x^{S+} 的前面。每个 $c_x^{S\mp}$ 是按照循环索引变量 i_x 的逆序排列的，这样在计算优化目标问题的字典序最小解时，得到的结果将更倾向于将外层循环的系数设置为 0。

3. 对 Feautrier 算法的改进

在 Pluto 算法失败时，isl 会调用 Feautrier 算法作为备选来计算新的调度。Feautrier 算法的基本思想就是在从外到内依次构造多层循环嵌套的每层循环调度时，让尽量多的依赖关系在该层调度上得到满足。当某些依赖关系在某一层的调度上得到满足后，这些依赖关系就会被从 isl 调度算法的约束中删除，再继续计算下一层循环的调度，直到所有的依赖关系都得到满足为止。

isl 首先使用 Farkas 引理将调度约束中的几种关系集合转换为调度中循环索引变量系数的约束，并形成一个线性规划问题来求解。前面我们已经介绍过，Feautrier 算法将调度计算抽象成线性规划问题，这与 Pluto 算法采用整数线性规划问题求解不同。在依次计算每层循环的调度，即一个一维仿射变换时，调度约束中有一部分的依赖关系将会得到满足，再进行下一个一维仿射变换的计算时，Feautrier 算法考虑的约束与前面已经计算出来的那些一维仿射变换考虑的约束并不一致。所以，Feautrier 算法首先要考虑如何在 isl 的调度约束中选择哪些依赖关系的集合作为计算当前一维仿射变换的约束。

首先，有效性关系集合是每次计算一维仿射变换必须考虑的因素，否则计算出的调度无法保证程序的正确性。在考虑活跃性生命周期重排序优化时，条件有效性关系集合也应该被纳入考虑的范围。其次，isl 也提供了一种开发循环嵌套外层并行的选项，当该选项被启用时，并行性关系集合也应该作为每层循环调度计算的约束候选。这些被选择的关系集合构成 isl 调度算法约束关系集合的一个子集 g。

因为 Feautrier 算法无法保证依赖关系在一层循环的调度上都得到满足，所以该算法为当前选取的调度约束的子集 g 构造了一个惩罚因子 $1 - e_g$，用于表示在当前循环层对应的调度上无法得到满足的依赖所导致的代价，其中 e_g 满足

$$0 \leqslant e_g \leqslant 1 \tag{6-33}$$

和

$$e_g \leqslant \phi_{S_j}(\boldsymbol{t}) - \phi_{S_i}(\boldsymbol{s}) \tag{6-34}$$

换句话说，当语句 S_i 和 S_j 之间的依赖关系 $S_i(\boldsymbol{s}) \to S_j(\boldsymbol{t})$ 被调度 ϕ 满足时，$e_g = 1$，惩罚因子 $1 - e_g = 0$；当依赖不能被调度 ϕ 满足时，$e_g = 0$，惩罚因子 $1 - e_g = 1$。所以，如果要使当前的调度 ϕ 满足尽量多的依赖关系，那么 Feautrier 算法就要想办法将惩罚因子最小化，也就是说，Feautrier 算法线性规划要实现的最优化问题的第一个目标

是最小化

$$\sum_{g=1}^{n}(1-e_g) \tag{6-35}$$

其中，n 代表被 isl 调度算法约束关系集合的子集 g 的个数。

虽然 Feautirer 算法在根本上是求解线性规划问题而不是整数线性规划问题，但已经被证实[30]，在线性规划问题的求解过程中，e_g 只会取 0 或 1 两者中间的一种，而不会是 0 和 1 之间的任意实数。此外，目标问题式 (6-35) 也保证了 Feautrier 算法不会导致全 0 平凡解，并限定了如何选取 isl 调度算法约束关系集合子集的规则。一种比较直观的选择调度约束关系集合子集的方式是对程序每一对有依赖关系的语句 S_i 和 S_j 都选择一个关系集合子集，但目标问题式 (6-35) 设置使得只有被选择的关系集合子集都被满足时，Feautrier 算法才能计算下一层循环的调度。由于这种方式在实际应用中对调度算法的实现过于严格，isl 在实现 Feautrier 调度算法关系集合子集的选择时，将这两个语句之间的调度约束的析取范式作为计算当前调度的约束。

与 Pluto 算法不同，Feautrier 算法并没有设置如式 (4-13) 所示的代价模型上界，所以优化目标问题中并不会有 u 和 w。isl 中实现 Feautrier 算法的过程实际上是求解优化目标问题

$$\text{lexmin}\Big(\sum_{g=1}^{n}(1-e_g), \sum_{x=1}^{k}p_x, \sum_{x=1}^{m_S}(c_x^{S-}+c_x^{S+}), e_1,\cdots,e_n, c_{m_S}^{S-}, c_{m_S}^{S+}, \cdots,$$
$$c_1^{S-}, c_1^{S+}, p_1^{S}, \cdots, p_k^{S}, c_0^{S}\Big) \tag{6-36}$$

该优化目标问题各个变量或表达式的顺序排列基于以下的原则。首先，$\sum_{g=1}^{n}(1-e_g)$ 是从式 (6-35) 中获取的，最小化该表达式可以使当前计算的调度满足尽量多的依赖。$\sum_{x=1}^{k}p_x$ 和 $\sum_{x=1}^{m_S}(c_x^{S-}+c_x^{S+})$ 的含义与式 (6-32) 的含义相同。接下来是所有的 e_g $(1 \leqslant g \leqslant n)$，即每个调度约束子集的惩罚因子，这些惩罚因子相互之间的顺序并没有关系。所有 e_g $(1 \leqslant g \leqslant n)$ 后面的变量与式 (6-32) 的含义相同。Feautrier 算法中 $c_x^{S\mp}$ $(1 \leqslant x \leqslant m_S)$ 的顺序并不会影响其线性规划问题的求解，这里按照循环索引变量 i_x 的逆序排列是为了与 Pluto 算法的优化目标问题 (6-32) 保持一致。在 isl 的早期版本中，并没有按照这样的逆序排列。

虽然在 Feautrier 算法惩罚因子的变量 e_g 只会取 0 或 1 两个值中的一个，但线性规划问题可能会对循环变量计算出非整数解。在这种情况下，isl 会将所有循环索引变量系数进行同分母表示，并将同分母表示下的分子作为各个循环索引变量的系数，这可能导致计算出的系数过大。所以，在将 Feautrier 算法作为 Pluto 算法的备选方案并且返回循环索引变量系数非整数时，isl 会将 Feautrier 算法的线性规划问题转换为整数线性规划问题。

例 6.2　图 6.16 是从 PolyBench 测试集中的 Cholesky 分解用例中提取的一段代码示例。PolyBench 测试集是多面体模型的一个测试用例集合，涵盖了线性代数、数据挖掘、stencil 计算等多种不同领域计算核心的代码。该测试集提供了许多不同的编译选项来帮助编译器实现优化。当使用该测试集的-DPOLYBENCH_USE_SCALAR_LB 选项时，早期的 isl 中 Feautrier 算法整数规划问题求解过程会产生

$$[S_0(i,j,k) \to 1998 + 3993j + 1997k; S_1(i,j) \to 1997 + 5991j;$$
$$S_2(i,k) \to 3994i + 1997k; S_3(i) \to 5991i] \tag{6-37}$$

这样的调度。如果利用整数线性规划问题求解，该段代码对应的字典序最小整数解给出的调度是

$$[S_0(i,j,k) \to i+j+k; S_1(i,j) \to i+2j; S_2(i,k) \to 2i+k; S_3(i) \to 3i] \tag{6-38}$$

该解与使用该测试集的-DPOLYBENCH_USE_C99_PROTO 选项时的结果一致。

```
1  for(i=0;i<_PB_N;i++){
2    for(j=0;j<i;j++){
3      for(k=0;k<j;k++)
4        A[i][j]-=A[i][k]*A[j][k]; /* S0 */
5      A[i][j]/=A[j][j]; /* S1 */
6    }
7    for(k=0;k<i;k++)
8      A[i][i]-=A[i][k]*A[i][k]; /* S2 */
9    A[i][i]=SQRT_FUN(A[i][i]);  /* S3 */
10 }
```

图 6.16　PolyBench/C 4.1 中 Cholesky 用例的代码段示例

4. 求解方法

由于 isl 先实现 Pluto 算法再调用 Feautrier 算法，因此 Pluto 算法和 Feautrier 算法实现过程中面临的问题在 isl 中都存在。求解线性规划问题或整数线性规划问题是这两种算法的本质，在求解线性规划问题时可能导致的循环索引变量系数过大的问题已经在前面的内容中介绍过了。由于 Feautrier 算法每次计算循环调度的约束关系集合并不相同，因此不存在多个一维仿射变换线性相关的问题。同时，Feautrier 算法中惩罚因子的引入使其求解过程也避免了全 0 平凡解的问题。

在实现 Pluto 算法时，isl 同样面临可能会得到全 0 平凡解以及某个语句不同层的一维仿射变换之间线性相关的问题。与 Pluto 算法引入条件式 (4-17) 避免全 0 平凡解不同，isl 通过将一个循环索引变量表示成其正部和负部的表达式 (6-28)，考虑了每个循环索引变量的系数可能是负数的情况，这使得 isl 中求解优化目标问题的解空间变成了

一个非凸集合。isl 求解优化目标问题的字典序最小解时，当整数线性规划问题的解是一个全 0 平凡解时，从循环索引变量中选取一个作为起始点，将非凸解空间划分成凸子区间来求解。更具体地，按照

$$r_0(i) \geqslant 1$$
$$r_0(i) \leqslant -1$$
$$r_0(i) = 0 \wedge r_1(i) \geqslant 1$$
$$r_0(i) = 0 \wedge r_1(i) \leqslant -1 \tag{6-39}$$
$$r_0(i) = 0 \wedge r_1(i) = 0 \wedge r_2(i) \geqslant 1$$
$$r_0(i)) = 0 \wedge r_1(i) = 0 \wedge r_2(i) \leqslant 1$$
$$\cdots$$

的顺序，依次在每个凸的子空间循环当前子空间上的字典序最小解。其中，r_x 表示第 x 个循环索引变量在平凡解 0 附近将非凸集合划分成凸子集合的区域，i 为循环索引变量的向量。同时，从优化目标问题式 (6-32) 中选取 $\sum_{x=1}^{k}(u_x^- + u_x^+)$ 和 w 作为判定各凸子区间上字典序最小的**主导目标函数**（significant objective function）。当某个凸的子区间上的字典序最小解对应的主导目标函数为字典序最小时，则该解为全局非凸解空间上的字典序最小解，式 (6-39) 的搜索过程就可以提前终止。

此外，与 4.3.3 节中介绍 Pluto 算法时保证解之间线性无关的方法类似，isl 也采用当前已求解出的一维仿射变换的希尔伯特范式，将当前已知解作为约束传播到后续一维仿射变换的求解过程。与 Pluto 算法取当前已知解的正交子空间不同，isl 利用高斯消去法将希尔伯特范式的各项因子转换成正整数空间上的字典序最小值。这部分求解过程虽然与 Pluto 算法有所不同，但大体上比较相似。由于 isl 中避免非 0 平凡解和求解线性无关解的过程比较复杂，并且这两部分内容相互影响，我们就不在本节中赘述了，更具体的描述和例子可参考文献 [74]。

5. 面向空间局部性的代价模型优化

isl 的调度算法考虑了程序的并行性以及语句之间"生产–消费"关系导致的时间局部性，但忽视了数据在现代体系结构存储层次结构上的布局对性能带来的影响。现代 CPU 架构通常采用多级 Cache 的方式实现对局部数据的访存效率优化，数据在 Cache 上的加载往往是以一个 Cache 行为粒度执行的，这使得多核 CPU 架构上的并行程序对连续内存地址的访存可能会导致伪共享（false sharing）的问题。当不同的线程访问相邻内存地址单元的数据时，由于相邻内存地址单元上的数据可能以 Cache 行的粒度被缓存在线程私有的 Cache 中，在其他线程访问当前线程私有数据时，即使这两个线程之间并不存在数据访问的冲突，线程私有的 Cache 仍会被置无效。类似地，GPU 架构上通过合并内存访问（memory coalescing）的手段来充分利用总线带宽。当多个 GPU 线

程访问相邻内存地址单元的数据时，GPU 上的访存优化方法是将这些线程读取数据的请求进行合并，通过一次访存操作完成多个线程的数据访问请求，提高了总线带宽的利用率。这些存储层次结构上内存数据访问的处理方式要求优化编译器在处理好并行性和数据的时间局部性的同时，要兼顾数据在缓存空间上的连续性或空间局部性特征。

考虑到数据在存储层次结构高速缓存上的访问模式，isl 中将程序的访问关系进行了模糊化处理[85]，即破坏原来语句实例和访问数据之间精确的访问关系，构造一个新的语句实例与访问数据关系之间的模糊访问关系，让优化编译器认为某个语句实例访问的是一段连续的内存地址单元，而不是某个精确的内存地址单元。这种模糊化的过程通过整数除法的方式实现。更具体地，假设程序中存在一个精确的访问关系，可以用

$$S(i_1, i_2, \cdots, i_n) \rightarrow a(f_1(i_1, i_2, \cdots, i_n), f_2(i_1, i_2, \cdots, i_n), \cdots, f_m(i_1, i_2, \cdots, i_n)) \quad (6\text{-}40)$$

表示，其中 $i_1, i_2, \cdots, i_n$ 表示 n 层循环嵌套的循环索引变量，仿射函数 f_k $(1 \leqslant k \leqslant m)$ 表示数据 a 的下标引用表达式。那么模糊的访问关系可以在数组的最后一个下标维度上通过整数除法的方式得到，即

$$S(i_1, i_2, \cdots, i_n) \rightarrow a(f_1(i_1, i_2, \cdots, i_n), f_2(i_1, i_2, \cdots, i_n), \cdots, \lfloor f_m(i_1, i_2, \cdots, i_n)/C \rfloor)$$
$$(6\text{-}41)$$

表示该语句 S 与一段连续内存地址单元之间有访问关系。其中，常数 C 表示连续内存地址单元的个数，在 CPU 架构上根据 Cache 行的大小和数据类型确定，在 GPU 架构上可以根据总线带宽和数据类型等因素确定。这里假设数据存储是按照行优先的方式进行存储的，只在数组的最后一个维度上实现整数除法的转换就可以达到模糊化处理的目的。

根据上述规则，对于图 6.11(a) 所示的代码，对于矩阵 $\boldsymbol{B}$ 的读引用，可以构造一个形如

$$\{S_1(i, j, k) \rightarrow S_1(i', j', k') : ((i' = i \wedge j' = j + 1 \wedge \lfloor j'/C \rfloor = \lfloor j/C \rfloor \wedge k' = k))$$
$$\vee(\exists z \in \mathbb{Z} : i' = i + 1 \wedge j' = Cz \wedge j = Cz + C - 1 \wedge k' = k)\} \quad (6\text{-}42)$$

的关系集合，作为矩阵 $\boldsymbol{B}$ 的空间近邻性关系（spatial proximity relation）集合。空间近邻性关系集合的计算与依赖关系集合的计算类似，只是在计算依赖关系时将精确的访存关系替换成模糊的访问关系。另一方面，矩阵 $\boldsymbol{A}$ 的空间近邻性关系集合也可以根据类似的方式构造出来，但同时考虑矩阵 $\boldsymbol{A}$ 和 $\boldsymbol{B}$ 的空间近邻性关系集合显然会导致相互冲突的约束，因为矩阵 $\boldsymbol{A}$ 的空间局部性是沿 k 循环产生的，而矩阵 $\boldsymbol{B}$ 的空间局部性是沿 j 循环产生的。如果能够将 k 循环和 j 循环的顺序调换，那么调度算法可以同时开发矩阵 $\boldsymbol{B}$ 和 $\boldsymbol{C}$ 的空间局部性，同时又可以保证矩阵 $\boldsymbol{A}$ 的时间局部性。所以，优化编译器可以为每个数组引用创建一个引用组（group），在不同的数组引用的空间近邻性关系集合可能对调度算法的代价模型带来冲突约束时，让调度尽量满足那些空间局部性收益较小的引用组语句实例之间的依赖。

在具备空间近邻性关系集合的前提下，isl 可以修改调度算法的优化目标问题，用以优化数据的空间局部性问题。按照前文介绍，isl 的调度算法是先实现 Pluto 算法，在 Pluto 算法无解时调用 Feautrier 算法作为备用。考虑到调度算法更倾向于实现循环嵌套的外层并行，在调用 Pluto 算法时，isl 会用尽可能多的并行性关系集合的约束式 (6-27) 满足有效性关系集合的约束式 (6-25)，这样既满足调度算法正确性的要求，又可能开发尽量多的并行性。空间近邻性关系集合是指不同的语句之间可能会访问相邻的内存地址单元。当两个语句实例满足并行性关系集合时，这两个语句实例就会被并行执行。所以，这两个语句实例之间的空间近邻性关系就不应该被满足，否则就有可能导致伪共享问题。所以，优化问题式 (6-32) 可以改写成

$$
\text{lexmin}\ \Big(\sum_{x=1}^{k}(u_{1,x}^{T-}+u_{1,x}^{T+}),w_1^T,\sum_{x=1}^{k}(u_{1,x}^{S-}+u_{1,x}^{S+}),w_1^S,\cdots,\sum_{x=1}^{k}(u_{n_g,x}^{T-}+u_{n_g,x}^{T+}),w_{n_g}^T,
$$
$$
\sum_{x=1}^{k}(u_{n_g,x}^{S-}+u_{n_g,x}^{S+}),w_{n_g}^S,\sum_{x=1}^{k}p_x,\sum_{x=1}^{m_S}(c_x^{S-}+c_x^{S+}),u_1^-,u_1^+,\cdots,
$$
$$
u_k^-,u_k^+,c_{m_S}^{S-},c_{m_S}^{S+},\cdots,c_1^{S-},c_1^{S+},p_1^S,\cdots,p_k^S,c_0^S\Big) \tag{6-43}
$$

其中，n_g 为引用组的个数，$u^{T\mp}$ 表示计算时间局部性时最小化依赖距离的参数系数，与式 (6-32) 中 $u^{\mp}$ 的意义相同，$u^{S\mp}$ 表示计算空间局部性时最小化空间近邻性关系集合中依赖距离的参数系数。将时间局部性的目标问题排列在前，是因为 isl 默认时间局部性给程序性能带来的影响会高于空间局部性。在满足并行性关系集合的约束式 (6-27) 时，按照优化问题式 (6-43) 排列的顺序，调度算法会试图让由 $u^{T\mp}$ 表示的空间近邻性关系集合尽量为 0，这样就能够避免并行执行的线程之间可能导致的伪共享问题。

当 isl 使用 Feautrier 算法时，说明 Pluto 算法无法找到最外层并行的解。Feautrier 算法在从外到内依次计算循环的调度时，在当前循环层上满足尽量多的依赖，这样内层循环就有可能没有任何依赖，从而被并行执行。为了避免内层可能被并行执行的循环迭代之间产生伪共享问题，isl 应该在实现 Feautrier 算法时也尽量满足空间近邻性关系集合的每个元素。对优化问题式 (6-36) 的改进可以表示成

$$
\text{lexmin}\ \Big(\sum_{x=1}^{m_S}(c_x^{S-}+c_x^{S+}),\sum_{g=1}^{n}(1-e_g),\sum_{x=1}^{k}p_x,e_1,\cdots,e_n,c_{m_S}^{S-},c_{m_S}^{S+},\cdots,
$$
$$
c_1^{S-},c_1^{S+},p_1^S,\cdots,p_k^S,c_0^S\Big) \tag{6-44}
$$

对比式 (6-36) 与式 (6-44) 不难发现，式 (6-44) 只是将 isl 中实现 Feautrier 算法的优化问题的顺序进行了改变。新的优化问题式 (6-44) 首先考虑的是所有循环索引变量总和的最小化，这样能够尽量避免 Feautrier 算法计算出来的调度借助循环倾斜，因为循环倾斜可能会使依赖距离增大。惩罚因子的总和被排列在其后，这样仍可以保证尽量多的依赖在外层循环得到满足。

综合上述改进方式，考虑数据空间局部性和避免伪共享的调度算法可以总结如下。当面向多核 CPU 架构时，对于 n 层循环嵌套的最内层按照优化目标问题式 (6-44) 计

算调度，剩余所有外面的 $n-1$ 层循环的调度都按照优化目标问题式 (6-43) 计算。这样，外面 $n-1$ 层循环能够在被并行执行时避免伪共享问题，而最内层循环可以携带包括空间近邻性关系集合的所有依赖，从而可以在最内层循环上提高数据的空间局部性。当面向 GPU 架构时，可以首先按照优化目标问题式 (6-44) 在并行性关系集合的约束式 (6-27) 下计算调度。如果未能找到有效解，则利用优化目标问题式 (6-36) 开发多级的内层并行，并试图让最外层的可并行循环维度携带空间近邻性关系集合中的依赖。由于在 GPU 上需要构造多级并行循环以映射到 GPU 的线程块和线程上，空间近邻性关系集合中的依赖总是被多级并行循环的最外层循环携带，因为在面向 GPU 架构生成调度时，这些并行循环总是满足相同的依赖关系，而最外层的并行循环携带空间近邻性关系集合中的依赖是优化 GPU 内存合并访问的最佳选择。当上述情况都无解时，则通过优化目标问题式 (6-32) 来求解，并放弃对空间局部性的优化。

6.6　数组压缩

本章的最后，我们来介绍一种用于数据内存空间优化的技术——数组压缩（array contraction）。在现代体系结构的多级存储层次结构中，高速缓存的空间往往十分有限，如果程序所需的数据存储空间大于缓存空间，计算功能部件就要不断与外围存储设备交换数据，这样访存开销就会成为阻碍程序性能提升的关键。数组压缩研究的是数据的存储空间是否有必要和程序访问的数据总量一致的问题。如果被程序访问的数据总量能够用更少的内存空间进行存储，那么计算功能部件与外围存储设备之间的数据交换就会被减少，当内存空间被压缩到一定程度时就有可能将数据全部备份在高速缓存中，从而提升数据的局部性。

6.6.1　内存竞争关系

假设语句实例 $S_1(i)$ 的字典序为 i，在调度 $\mathcal{T}$ 下该语句实例向某个内存地址单元 M 写入数据的逻辑时间节点可以表示成 $\mathcal{T}_{S_1}(i)$；另外一个语句实例 $S_2(l(i))$ 的字典序为 $l(i)$，在调度 $\mathcal{T}$ 下该语句实例从内存地址单元 M 读取数据的逻辑时间节点为 $\mathcal{T}_{S_2}(l(i))$，并且在逻辑时间节点 $\mathcal{T}_{S_2}(l(i))$ 之后没有其他对 $S_1(i)$ 向内存地址单元 M 写入数据的读引用。那么，从逻辑时间节点 $\mathcal{T}_{S_1}(i)$ 为起始、到 $\mathcal{T}_{S_2}(l(i))$ 为终点的区间 $[\mathcal{T}_{S_1}(i), \mathcal{T}_{S_2}(l(i))]$ 就形成了 $S_1(i)$ 向内存地址单元 M 写入数据的生命周期（utility span）。由此可知，任何不在 $[\mathcal{T}_{S_1}(i), \mathcal{T}_{S_2}(l(i))]$ 这个区间定义的时间段内向内存地址单元 M 写入新数据的操作都是合法的，因为这样的写引用将不会覆盖 $S_1(i)$ 的定义；内存地址单元 M 就可以被重复使用以存储新的数据，从而减少用于存储数据的内存空间。也就是说，在 $[\mathcal{T}_{S_1}(i), \mathcal{T}_{S_2}(l(i))]$ 这个区间定义的时间段外向内存地址单元 M 写入数据的语句实例与 $S_1(i)$ 的内存地址单元不存在竞争关系，我们将这种关系称为内存竞争或内存竞争关系（conflict）[10]。这里我们将其翻译为内存竞争，是因为不同的语句实例对相同的内存地址单元的数据写入有竞争关系。

对任意程序实现数组压缩是一个复杂的过程。为了简化数组压缩的实现，假设程序已经被转换成单赋值的形式[49]，即如果一个语句实例 $S(i)$ 的字典序为 i，那么该语句实例向内存空间 A_S 写入的数据可以表示成 $A_S[i]$ 的形式。换句话说，假设语句实例 $S(i)$ 向内存地址空间 A_S 写入数据的下标表达式为 $f(i)$，那么有 $f(i) = i$。所以，我们有如下定义。

定义 6.2　内存竞争关系

假设有两个数组下标表达式 i 和 j 使得 $i \neq j$，称 i 与 j 之间存在内存竞争关系，记为 $i \bowtie j$，当且仅当 $\mathcal{T}(i) \preccurlyeq \mathcal{T}(l(j))$ 和 $\mathcal{T}(j) \preccurlyeq \mathcal{T}(l(i))$ 在调度 $\mathcal{T}$ 下同时成立。 ♣

不存在内存竞争关系的两个数组下标可以重复使用相同的内存地址单元。具有单赋值形式的程序中，数组下标表达式可以通过转换成取模运算表达式的形式实现内存地址单元的重复使用。所以，优化编译器要实现数组压缩的目的可以看成原始程序数组下标表达式计算取模运算的模数，即压缩因子。

根据定义 6.2，优化编译器可以构造出所有下标表达式对之间的内存竞争关系集合 CS 为

$$\text{CS} = \{(i, j) : i \bowtie j\} \tag{6-45}$$

对于每一对存在内存竞争关系的下标表达式 (i, j)，优化编译器可以构造其差集关系集合 DS 为

$$\text{DS} = \{i - j : i \bowtie j\} \tag{6-46}$$

令

$$\text{DS}_p = \{i - j : i \bowtie j \land i \succ j \land (i_x = j_x : \forall x < p)\} \tag{6-47}$$

为第 p $(1 \leqslant p \leqslant m_S)$ 个坐标轴 i_p 上的差集关系集合，m_S 为循环嵌套的层数。根据内存竞争关系的集合，存在内存竞争关系的两个数组下标表达式不具备自反性，所以必然有 $i \succ j$ 或 $j \succ i$ 成立。如果 b 为 DS_p 关系集合中字典序最大的元素，那么数组压缩沿第 p 个坐标轴 i_p 上的压缩因子为

$$e_p = b_p + 1 \tag{6-48}$$

其中，$b_p \hat{u}_p$ 是沿第 p 个坐标轴 i_p 的分量，$\hat{u}_p$ 代表该坐标轴上的单位距离。所以，语句实例向内存空间 A_S 写入数据的表示可以转换成 $A_S[i \% e]$ 的形式，其中 $e = (e_1, e_2, \cdots, e_{m_S})$ 的每个分量 e_x $(1 \leqslant x \leqslant m_S)$ 由式 (6-48) 定义。

与 6.5.2 节介绍的由依赖关系构成的有效性关系集合、近邻性关系集合以及并行性关系集合类似，内存竞争关系集合 CS 中的每个元素可以在一定的条件下得到满足。在内存竞争关系集合 CS 中的所有元素都得到满足时，程序中所有下标表达式之间不存在内

存竞争关系。回顾满足上述几种关系集合的过程在 isl 的调度算法中被抽象成最优化目标问题求解过程，满足内存竞争关系集合的过程也可以转换成类似的问题求解。求解最优化问题的过程是在为各种不同的约束集合限定的变量寻找不同的超平面，每个超平面代表一个一维仿射变换的法向量。所以内存竞争关系集合的满足，或称为携带，也可以用一维仿射变换或超平面来定义。

> **定义 6.3　内存竞争关系的满足**
>
> 　　一对数组下标表达式 (i, j) 之间的内存竞争关系 $i \bowtie j$ 在一维仿射变换 θ 下得到满足，当且仅当
>
> $$\theta(i) - \theta(j) \neq 0 \tag{6-49}$$
>
> 成立。　　　　　　　　　　　　　　　　　　　　　　　　　　　　　　　　　♣

　　这里我们用 θ 表示数据空间上的一维仿射变换，以区分迭代空间上的一维仿射变换 ϕ。定义 6.3 的另外一个层面的意思是指：一维仿射变换 θ 对应的超平面将数据空间划分成多个子空间，当内存竞争关系的数组下标表达式对 (i, j) 被 θ 对应的超平面划分到不同的子空间时，它们之间的内存竞争关系 $i \bowtie j$ 才会得到满足。也就是说，当 $i \bowtie j$ 在一维仿射变换 θ 下得到满足时，i 和 j 被 θ 映射到不同的内存地址单元。在具有单赋值形式的程序中，一个具有 m_S 维迭代空间的语句 S 写入的数据空间的维度也是 m_S。寻找数组压缩各个维度上压缩因子的过程可以看作构造 n 维仿射变换

$$\boldsymbol{M} = (\theta_S^1, \theta_S^2, \cdots, \theta_S^n) \tag{6-50}$$

的过程，其中 $\boldsymbol{M}$ 是一个 $n \times m_S$ 矩阵，θ 的上角标表示不同的一维仿射变换编号，下角标为语句编号。接下来，我们来看如何利用类似调度算法的方式实现数组压缩的目的。

6.6.2　划分数据空间

　　与 Pluto 算法类似，不等式 (6-49) 左端的表达式既可以作为保证内存竞争关系正确性的约束，也可以作为用调度算法满足内存竞争关系的代价模型，被语句 S 访问的数据空间 A_S 上也一定存在一个类似 Pluto 算法代价模型上界式 (4-13) 的一个表达式 $\boldsymbol{u} \cdot \boldsymbol{n} + w$，使得

$$|\theta(i) - \theta(j)| \leqslant \boldsymbol{u} \cdot \boldsymbol{n} + w \tag{6-51}$$

其中，不等式右端各向量、变量的含义与式 (4-13) 相同。注意与 Pluto 算法代价模型不同的是，这里取 i 和 j 之差的绝对值，因为内存竞争关系是对称的。

　　虽然 $\boldsymbol{u}$ 和 w 现在还是未知的，但一定存在一个常量 c 使得

$$|\theta(i) - \theta(j)| \leqslant \boldsymbol{u} \cdot \boldsymbol{n} + w \leqslant c \cdot \boldsymbol{n} + c \tag{6-52}$$

因为 $\boldsymbol{u}$ 的每个分量和 w 都是符号常量，一定能够找到一个常数 c 使得 $u_x \leqslant c \ (1 \leqslant x \leqslant k)$ 和 $w \leqslant c$ 同时成立，其中 k 为程序符号常量的个数。由于不等式 (6-51) 的左端是绝对

值的形式，调度计算的过程显然比 Pluto 算法复杂。这里可以引入两个决策变量 b_{1x} 和 b_{2x} 使得

$$
b_{1x} = \begin{cases} 1, & \text{当}\theta(\boldsymbol{i}) - \theta(\boldsymbol{j}) \geqslant 1\text{对}\forall \boldsymbol{i} \bowtie \boldsymbol{j} \in K_x \text{成立时,} \\ 0, & \text{否则} \end{cases}
$$

$$
b_{2x} = \begin{cases} 1, & \text{当}\theta(\boldsymbol{i}) - \theta(\boldsymbol{j}) \leqslant -1\text{对}\forall \boldsymbol{i} \bowtie \boldsymbol{j} \in K_x \text{成立时} \\ 0, & \text{否则} \end{cases}
$$

$$(6\text{-}53)$$

其中，K_x $(1 \leqslant x \leqslant l)$ 表示由式 (6-45) 定义的内存竞争关系集合 CS 中所有凸多面体[27]，并假设 CS 由 l 个凸多面体 K_x $(1 \leqslant x \leqslant l)$ 组成。所以，不等式 (6-52) 可以转换成

$$(\theta(\boldsymbol{i}) - \theta(\boldsymbol{j})) \geqslant 1 - (1 - b_{1x}(c\boldsymbol{n} + c + 1)) \wedge (\theta(\boldsymbol{i}) - \theta(\boldsymbol{j})) \leqslant -1 + (1 - b_{2x}(c\boldsymbol{n} + c + 1)) \quad (6\text{-}54)$$

考虑图 6.17 (a) 所示的代码。利用多面体模型，该代码内语句的调度可以用

$$[S_0(t, i) \to (t, 0, i); S_1(t, i) \to (t, 1, i); S_2(t, i) \to (t, 2, i)]$$

表示，并且 S_0 向数据空间 A_0 写入数据，S_1 向数据空间 A_1 写入数据。由于该程序内的代码是单赋值形式，所以数据空间与迭代空间的形状和大小一致。图 6.17 (b) 所示为该例对应的迭代空间，其中，黑色圆点表示语句 S_0 的实例，红色圆点表示语句 S_1 的实例。为了便于说明，语句 S_2 的实例并没有在图中标出。图中蓝色箭头表示语句实例之间的依赖关系。

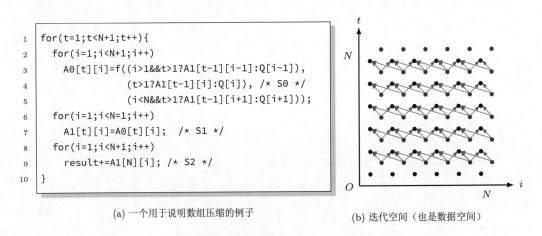

(a) 一个用于说明数组压缩的例子　　　　　　　(b) 迭代空间（也是数据空间）

图 6.17　一个用于说明数组压缩的例子及其迭代空间/数据空间示意图

根据内存竞争关系的定义，我们可以计算单个语句和不同语句之间的内存竞争关系集合。那么，语句 S_0 各实例之间的内存竞争关系集合为

$$CS_0 = \{((t, i), (t', i')) : (t, i) \in A_0 \wedge (t', i') \in A_0 \wedge (t = t') \wedge (i < i')\} \quad (6\text{-}55)$$

语句 S_1 各实例之间的内存竞争关系集合为

$$CS_1 = \{((t, i), (t', i')) : (t, i) \in A_1 \wedge (t', i') \in A_1 \wedge (t = t') \wedge (i < i')\} \quad (6\text{-}56)$$

不同语句之间的内存竞争关系集合可以表示为

$$CS_{0,1} = \{((t,i),(t',i')) : (t,i) \in A_0 \land (t',i') \in A_1 \land (t=t') \land (i>i')\}$$
$$CS_{1,0} = \{((t,i),(t',i')) : (t,i) \in A_1 \land (t',i') \in A_0 \land (t'=t+1) \land (i\geqslant i')\}$$
(6-57)

如图 6.18(a) 中蓝色箭头表示式 (6-55) 所示 S_0 语句不同实例之间的内存竞争关系，红色箭头表示式 (6-56) 所示 S_1 语句不同实例之间的内存竞争关系。图 6.18(b) 的蓝色箭头和红色箭头分别表示式 (6-57) 中的两个内存竞争关系。图中所示黑色圆点表示所有 S_0 语句实例构成的数据空间，红色圆点表示所有 S_1 语句实例构成的数据空间。由于程序是单赋值形式，所以优化编译器可以将两个语句实例工程的数据空间融合在一起形成一个全局的数据空间，如图中 (i,j) 坐标系形成的数据空间 A。语句与该数据空间上的关系可以用 $S_x(i,j) \to A(x,i,j)\ (0\leqslant x\leqslant 1)$ 表示。该形式可以扩展到任意多维的情况，并在数据空间维度不一致时通过取维度最大的数据空间为基础作为全局数据空间的维度，剩余维度小于全局数据空间维度的数据空间可以在后面的维度上补 0 来保证维度的对齐。

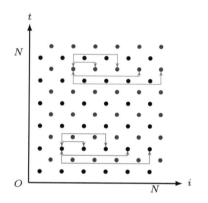

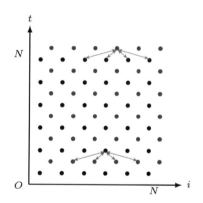

(a) 相同语句不同实例之间的内存竞争关系示意图　　　　(b) 不同语句不同实例之间的内存竞争关系示意图

图 6.18　在全局数据空间 A 上的内存竞争关系示意图

根据全局数据空间上语句和数据空间之间的关系，我们有如下定义。

定义 6.4　内存竞争在全局数据空间上的满足

假设全局数据空间 A 上有两个数组下标 i 和 j 使得 $i \in A_x$，$j \in A_y$，A_x 和 A_y 分别代表两个不同语句 S_x 和 S_y 的数据空间。称内存竞争关系 $i \bowtie j$ 在全数据空间 A 上得到满足，当且仅当

$$\theta_x(i) + \delta_x - \theta_y(j) - \delta_y \neq 0$$
(6-58)

成立，其中 θ 表示对应数据空间上的超平面，δ 表示对应超平面上的偏移。　♣

相比于定义 6.3，定义 6.4 将相同语句和不同语句的不同实例之间的内存竞争关系统一起来。当 $x=y$ 时，$i \bowtie j$ 表示相同语句不同实例之间的内存竞争关系，否则表示

不同语句不同实例之间的内存竞争关系。根据定义 6.4，用于计算数组压缩的数据空间划分可以按照以下两点原则来实现：

(1) 语句 S_x 不同实例之间的内存竞争关系上的内存竞争关系至少被 m 个超平面中的一个满足；

(2) 语句 S_x 和 S_y 不同实例之间的内存竞争关系至少被一对超平面 θ_x^l 和 θ_y^l 满足，其中 $l(1 \leqslant l \leqslant m)$ 表示第 l 个超平面。

这里我们假设共需要计算 m 个超平面用于划分全局数据空间 A，其中语句 S_x 的超平面和偏移分别用 θ_x 和 δ_x 表示。根据上述两点原则，在某一维 l 上计算得到超平面和对应偏移后，该维度上的压缩因子 e^l 可以表示成内存竞争关系得到满足的依赖距离最大值，即 $\max(|\theta_x^l(\boldsymbol{i}) + \delta_x^l - \theta_y^l(\boldsymbol{j}) - \delta_y^l|)$。所有 e^l $(1 \leqslant l \leqslant m)$ 构成整个全局数据空间 A 上的压缩因子向量 $\boldsymbol{e}$。

6.6.3　代价模型

根据 6.6.2 节中的描述，数组压缩的求解可以转换成整数线性规划问题。首先考虑相同语句不同实例之间的内存竞争关系，根据代价模型 (6-51) 和决策变量的 b_{1x} 和 b_{2x} 的定义式 (6-53)，可以确定相同语句不同实例之间的内存竞争关系集合对计算数组压缩的最优化问题添加了约束 (6-54)。假设 $\mathrm{CS_{intra}}$ 代表所有相同语句不同实例之间的内存竞争关系集合，那么求解数组压缩的过程可以看作一个使

$$\eta_{\mathrm{intra}} = \sum_{\forall x, K_x \in \mathrm{CS_{intra}}} (b_{1x} + b_{2x}) \tag{6-59}$$

取最大值的优化过程。这种启发式过程的思想是通过 η_{intra} 的最大化来满足尽量多的 $\mathrm{CS_{intra}}$。

类似地，我们也可以构造不同语句 S_y 和 S_z 的不同实例之间内存竞争关系的代价模型。根据定义 6.6，也一定存在一个类似式 (6-51) 中的上界 $(\boldsymbol{u}' \boldsymbol{\cdot} \boldsymbol{n} + w')$ 和常数 c 使得

$$|\theta_y(\boldsymbol{i}) + \delta_y - \theta_z(\boldsymbol{j}) - \delta_z| \leqslant \boldsymbol{u}' \boldsymbol{\cdot} \boldsymbol{n} + w' \leqslant \boldsymbol{c} \boldsymbol{\cdot} \boldsymbol{n} + c \tag{6-60}$$

结合式 (6-53)，有

$$(\theta_y(\boldsymbol{i}) + \delta_y - \theta_z(\boldsymbol{j}) - \delta_z) \geqslant 1 - (1 - b_{1x})(\boldsymbol{cn} + c + 1) \wedge$$
$$(\theta_y(\boldsymbol{i}) + \delta_y - \theta_z(\boldsymbol{j}) - \delta_z) \leqslant (1 - b_{2x})(\boldsymbol{cn} + c + 1) - 1 \tag{6-61}$$

假设 $\mathrm{CS_{inter}}$ 代表所有不同语句不同实例之间的内存竞争关系集合，那么求解数组压缩的过程可以看作一个使

$$\eta_{\mathrm{inter}} = \sum_{\forall x, K_x \in \mathrm{CS_{inter}}} (b_{1x} + b_{2x}) \tag{6-62}$$

取最大值的优化过程。

综上所述，用于数组压缩的整数线性规划问题的约束由不等式 (6-51) 和式 (6-60)、带有决策变量的不等式 (6-54) 和式 (6-61) 以及定义 η_{intra} 和 η_{inter} 的表达式 (6-59) 和式 (6-62) 构成，这些约束用于从内到外依次计算全局数据空间 A 上每个维度上的压缩因子。

整数线性规划问题的优化目标是实现 η_{intra} 和 η_{inter} 的最大化，前者的上界由式 (6-51) 中的 $\boldsymbol{u} \cdot \boldsymbol{n} + w$ 的最小值决定，后者由式 (6-60) 中的 $\boldsymbol{u}' \cdot \boldsymbol{n} + w'$ 的最小值决定。因此，整数线性规划问题应该同时最小化 $\boldsymbol{u} \cdot \boldsymbol{n} + w$ 和 $\boldsymbol{u}' \cdot \boldsymbol{n} + w'$。为了实现这样的目标，可以令向量 $\boldsymbol{n}'$ 的每个分量都大于或等于 $\boldsymbol{n}$ 对应的分量，并且 $w' \geqslant w$ 成立，这样的假设并不会丢失数组压缩的可能性[10]。所以，$\boldsymbol{u}' \cdot \boldsymbol{n} + w' \geqslant \boldsymbol{u} \cdot \boldsymbol{n} + w$ 总是成立的，先实现 $\boldsymbol{u} \cdot \boldsymbol{n} + w$ 的最小化，即相同语句不同实例之间的内存竞争关系的最小化，将不会影响各个维度上压缩因子的计算。

将相同语句的不同实例和不同语句之间的不同实例的内存竞争关系抽象为同一个优化目标问题可以简化整数线性规划问题的求解过程，但也导致了新的问题。在满足不同语句不同实例之间的内存竞争关系时，作为整数线性规划问题的优化目标，过早地满足不同语句不同实例之间的内存竞争关系可能会破坏语句之间的内存重用性，使不同语句之间的数组压缩因子过大。所以，当 $\boldsymbol{u}' \cdot \boldsymbol{n} + w'$ 的值比 $\boldsymbol{u} \cdot \boldsymbol{n} + w$ 多出一个常数项因子时，整数线性规划问题就选择不满足不同语句之间不同实例的内存竞争关系。更形式化地，假设对于某个语句 S_y，该语句不同实例之间存在内存竞争关系，同时与其他语句的实例之间也存在内存竞争关系。为了避免上述过早满足不同语句不同实例之间的内存竞争关系可能导致的问题，对于每个 $K_x \in \text{CS}_{\text{inter}}$，整数线性规划问题可以添加一个形如

$$0 \leqslant \sum_{p=1}^{k} (\boldsymbol{u}'^{(p)} - \boldsymbol{u}^{(p)}) \leqslant (1 - b_{1x} - b_{2x})(ck) \tag{6-63}$$

的约束，其中 k 为向量 $\boldsymbol{u}'$ 和 $\boldsymbol{u}$ 的维度，$\boldsymbol{u}'^{(p)}$ 和 $\boldsymbol{u}^{(p)}$ 分别表示向量 $\boldsymbol{u}'$ 和 $\boldsymbol{u}$ 的第 p 个分量。不等式 (6-63) 使得语句 S_y 与其他语句的实例之间内存竞争只有在 $\boldsymbol{u}'^{(p)} = \boldsymbol{u}^{(p)}$ $(1 \leqslant p \leqslant k)$ 都成立时才被满足。

考虑到 η_{intra} 和 η_{inter} 最多等于 CS_{intra} 和 CS_{inter} 中 K_x 的个数 $|\text{CS}_{\text{intra}}|$ 和 $|\text{CS}_{\text{inter}}|$，令 $\eta'_{\text{intra}} = |\text{CS}_{\text{intra}}| - \eta_{\text{intra}}$，$\eta'_{\text{inter}} = |\text{CS}_{\text{inter}}| - \eta_{\text{inter}}$，那么用于数组压缩的目标问题为

$$\text{lexmin}\Big(\eta'_{\text{intra}}, \boldsymbol{u}_1^{(1)}, \cdots, \boldsymbol{u}_1^{(k)}, w_1, \cdots, \boldsymbol{u}_r^{(1)}, \cdots, \boldsymbol{u}_r^{(k)}, w_r, \eta'_{\text{inter}}, \boldsymbol{u}_1'^{(1)}, \cdots,$$
$$\boldsymbol{u}_1'^{(k)}, w_1', \cdots, \boldsymbol{u}_r'^{(1)}, \cdots, \boldsymbol{u}_r'^{(k)}, w_r'\Big) \tag{6-64}$$

通过求解优化目标问题 (6-64)，多面体模型将数组压缩问题转换成整数规划求解问题，如何求解该问题的过程可参考文献 [10]。除了本节描述的方法外，还有基于 UOV 的数组压缩[64] 和基于格的数组压缩[27] 等。考虑到这些方法涉及的内容比较复杂，这里也不做具体的介绍了，感兴趣的读者可以参考相关文献。

第7章

代 码 生 成

7.1　一个比输出指令序列更复杂的任务

代码生成是一个优化编译器的最后一个步骤，其作用是根据中间表示生成目标代码。目标代码既可以是满足特定体系结构编程模型规范的程序，即"源到源翻译"（source to source translation），也可以是能够在指定平台上可执行的机器代码。在研发不同架构处理器的同时，各大处理器厂商也为自己的芯片配套定制了编程模型和编译器，为用户在其硬件上的编程提供了良好的系统环境。这些编译器在生成目标平台上可执行的机器代码的同时，也增加了用户学习的成本。与此同时，上层用户更习惯于与平台架构无关的高级编程语言，这使得以源到源翻译为目的的代码生成成为当前优化编译器的一个主要研究内容。

从优化编译器的中间表示生成代码是一个通用的技术手段，但随着面向特定应用的体系结构的增多，以源到源翻译为目的的优化编译器还面临着支持不同体系结构代码生成的挑战。为此，多面体模型在表示程序调度的中间表示的基础上，首先生成与目标平台无关的抽象语法树，然后再根据目标平台的编程规范输出程序指令。在将最终的程序输出到指定的文件之后，程序可以交给处理器厂商自带的编译器生成目标平台上的机器代码。

在源到源翻译的阶段，将一种语言的程序指令翻译成另外一种语言的程序指令是一个重复性强的机械化工作，但多面体模型会在程序中实施一系列的循环变换，这不仅会改变循环的边界和步长，还有可能导致额外的控制流语句。此外，由于循环索引变量的表达式会随着循环变换而发生变换，程序指令的数组下标也会随着改变。在一些特定的目标体系结构上，优化编译器还要负责不同芯片之间的数据移动、内存管理、硬件映射等任务，这些都是在原始程序中不存在的信息，增加了代码生成的难度。

本章将介绍多面体模型中的代码生成过程。首先，我们将介绍当前多面体模型中采用的两种代码生成方法，并基于其中一种方法介绍如何生成变换后各种复杂的控制流表达式。在此基础上，我们也会介绍在代码生成的过程中实现的一些循环变换，作为第 4 章介绍的各种循环变换的补充。我们还会介绍如何利用多面体模型自动生成管理不同芯片之间数据移动的代码生成，以及利用目标体系结构存储层次结构的自动内存管理。此外，本章还就提升生成代码质量的方法进行了讨论。虽然多面体模型的调度变换过程充分考虑了程序并行性和局部性等优化程序的重要因素，但生成代码的规模、控制条件的复杂性等问题却是代码生成阶段的任务，这部分内容也会在本章进行介绍。

7.2 代码生成方法

多面体模型的代码生成以迭代空间和调度变换之后的新调度为输入，通过将调度作用到迭代空间的每个元素上，得到每个语句实例的字典序，并通过遍历每个字典序生成代码。这种遍历的过程可以看成对迭代空间的一种"扫描"过程，所以代码生成也称为多面体扫描。代码生成阶段，优化编译器不再实施改变循环迭代顺序的变换，因此可以不用考虑依赖关系。不过，代码生成阶段可以实现改变循环结构的变换，以此提高生成代码的质量。以循环展开为例，展开后的循环可以有效地提升向量化和指令间的流水并行等特征。

在多面体模型的发展历史中，曾出现过许多不同的代码生成算法。归纳起来，多面体模型的代码生成方法可以分为两种，第一种方法是通过计算迭代空间的凸包（convex hull）来生成代码，我们将这种方法称为凸包算法；另一种是根据整数点在迭代空间上的分布，将迭代空间分割（split）成不同的区域，依次扫描这些区域来生成代码，我们将这种方法称为分割算法。

7.2.1 凸包算法

为了说明凸包算法，我们需要先给出凸包的定义。在给定凸包的定义之前，我们需要先定义凸组合（convex combination）。

定义 7.1　凸组合

设有 n 个向量 $i_x\,(1\leqslant x\leqslant n)$，那么

$$\sum_{x=1}^{n}\lambda_x i_x \tag{7-1}$$

称为这 n 个向量的凸组合。其中，$\lambda_x\geqslant 0\,(1\leqslant x\leqslant n)$ 并且 $\sum_{x=1}^{n}\lambda_x=1$。　♣

定义 7.2　凸包

一个集合 S 的凸包是指由该集合中所有元素的凸组合构成的集合。　♣

从直观上来讲，对于一个二维平面上整数点的集合，可以认为其凸包就是这些整数点最外围的点连接起来构成的凸多边形，三维空间上整数点集合的凸包就是所有最外围的点连接起来构成的凸多面体。给定变换后程序的迭代空间和调度，凸包算法就是计算

迭代空间上整数集合的凸包，并通过扫描凸包来生成代码。为了便于读者对代码生成方法的理解，我们假设有如图 7.1(a) 所示的迭代空间，其中红色方块点表示一个语句 S_1 的执行实例，蓝色圆点表示另外一个语句 S_2 的执行实例。根据凸包的定义，如图 7.1(b) 所示是该迭代空间的凸包。

在计算如图 7.1(b) 所示的凸包之前，所有红色方块点的集合本身构成了一个凸包，蓝色圆点的集合也构成了一个凸包。前面我们介绍过，多面体模型中的代码生成也被称为多面体扫描，或者更形象地，可以看成在扫描迭代空间上的凸包。这两个语句实例构成的集合也是两个凸包，但是这两个凸包会相交，这会增加代码生成的复杂性。凸包算法的优势就是使需要扫描的凸包个数变少，并且总是生成一个与该凸包对应的完美循环嵌套。另外，对多个语句的迭代空间计算一个统一的凸包，也避免了多个凸包之间有重叠或相交导致的复杂性问题。

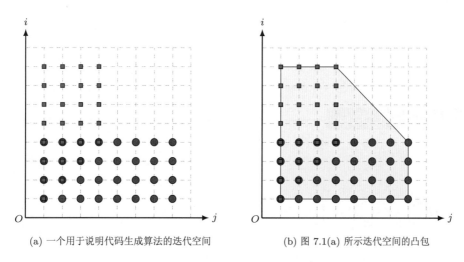

(a) 一个用于说明代码生成算法的迭代空间   (b) 图 7.1(a) 所示迭代空间的凸包

图 7.1   一个用于说明代码生成算法的迭代空间及其凸包

如图 7.2(a) 所示是凸包算法根据图 7.1(b) 生成的代码，语句 S_1 和 S_2 被封装在由 (i, j) 形成的完美循环嵌套内，语句实例的个数由最内层循环的 if 语句控制。不难看出，凸包算法的"副作用"是导致生成的代码可以自然地实现循环合并，而这种"副作用"看起来对程序性能的提升是有所帮助的。然而，这种循环合并的代价是循环最内层控制流语句个数的增加，这些控制流语句往往会抵消循环合并带来的收益，在一些特定的体系结构上，控制流语句还会严重影响程序的性能。

一种对凸包算法的改进是通过代码复制（code duplication）的方式，对生成的完美循环嵌套生成多个副本，并根据控制流的条件修改每个副本的循环边界条件。如图 7.2(b) 所示是使用这种方式进行控制流优化的一种代码版本，在保证第一个副本中循环合并的前提下，第二个副本中的循环嵌套内的控制流语句被完全消除。

凸包算法的另外一个缺点是增加了工程实现的难度。根据凸包的定义，计算一个整数集合的凸包是非常困难的，因为这要遍历该集合内的所有元素。当一个整数集合内的

```
1  for(i=0;i<8;i++)
2    for(j=0;j<min(8,11-i);j++){
3      if(j<min(i,4))
4        S1(i,j);
5      if(i<4)
6        S2(i,j);
7    }
8
```

```
1  for(i=0;i<4;i++)
2    for(j=0;j<8;j++){
3      if(j<min(i,4))
4        S1(i,j);
5      S2(i,j);
6    }
7  for(i=5;i<8;i++)
8    for(j=0;j<4;j++)
9      S1(i,j);
```

(a) 图 7.1(b) 所示迭代空间对应的代码　　　　　(b) 对控制流进行优化后的代码

图 7.2　根据图 7.1(b) 生成的代码

元素个数较多时，遍历所有的元素是一个非常复杂的过程。另外，当整数集合的约束是由符号常量限定时，这种遍历元素的过程将更加复杂。在实际应用中，整数集合的凸包计算可以通过非精确的方式来近似，即通过减少整数集合的约束来计算一个近似的凸包，这种凸包被称为朴素的凸包（simple hull），被 isl 用于计算凸包以及涉及凸包的运算。

定义 7.3　朴素的凸包

设有一个整数集合 S 可以表示成 v 个基本整数集合并集的形式，即 $S = \bigcup_{1 \leqslant i \leqslant v} S_i$，即

$$\mathbb{Z} \to 2^{\mathbb{Z}^d} : \boldsymbol{s} \mapsto S(\boldsymbol{s}) = \left\{ \boldsymbol{x} \in \mathbb{Z}^d | \exists \boldsymbol{z} \in \mathbb{Z}^e : \bigvee_{1 \leqslant i \leqslant v} A_i \boldsymbol{x} + B_i \boldsymbol{s} + D_i \boldsymbol{z} + \boldsymbol{c}_i \geqslant \boldsymbol{0} \right\}$$
$$(7\text{-}2)$$

那么 S 的朴素的凸包 H 可以表示成

$$\mathbb{Z} \to 2^{\mathbb{Z}^d} : \boldsymbol{s} \mapsto S(\boldsymbol{s}) = \left\{ \boldsymbol{x} \in \mathbb{Z}^d | \exists \boldsymbol{z} \in \mathbb{Z}^e : \bigwedge_{1 \leqslant i \leqslant v} A_i \boldsymbol{x} + B_i \boldsymbol{s} + D_i \boldsymbol{z} + \boldsymbol{c}_i + \boldsymbol{K}_i \geqslant \boldsymbol{0} \right\}$$
$$(7\text{-}3)$$

的形式，其中 $\boldsymbol{K}_i$ 为满足 $S \subseteq H$ 的最小非负整数向量，可以通过求解一组线性规划问题求解。当对应某个 $\boldsymbol{K}_i$ 的整数规划问题的可行域无限大时，该 $\boldsymbol{K}_i$ 对应的约束被忽略。♣

7.2.2　分割算法

分割算法采用了第 4 章介绍的迭代空间分裂的思想进行代码生成。如图 7.3 所示是对图 7.1(a) 中的迭代空间进行分裂后的结果，这种分割是根据整数点在迭代空间上的分布实现的。例如，图 7.3 中将迭代空间分为三部分，分别是只由语句 S_1 的实例构成的橙色区域 R_1、只由语句 S_2 的实例构成的蓝色区域 R_2 和同时由两个不同语句实例组成

的绿色区域 R_3。与凸包算法不同，分割算法需要分别扫描每个区域，每个区域也可以看成一个凸包，并根据每个区域的边界生成代码。

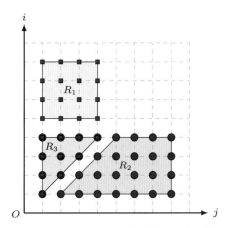

图 7.3　图 7.1(a) 所示迭代空间分裂后的结果

分割算法实际上是一种将迭代空间从循环嵌套的最外层到最内层依次划分成多个区域，并对每个区域依次生成代码的过程，每次分割的过程只能沿着一个循环维度实施。换句话说，给定一个形如 $\mathbb{Z}^n \to 2^{\mathbb{Z}^d}$ 的迭代空间，分割算法在第 $x\,(1 \leqslant x \leqslant d)$ 维循环上对迭代空间进行分割，首先可以将迭代空间在该维度上进行投影的操作，然后将投影结果划分成多个 x 维区间，或称多面体或凸包。对 d 层循环依次实施上述操作后，可以得到多个 d 维多面体或凸包，并对每个多面体进行扫描后可得到由多个非完美循环嵌套构成的代码。

如图 7.4(a) 所示是图 7.1(a) 迭代空间沿 i 循环进行投影得到的结果，通过该维度上的投影可以得到 P_{i1} 和 P_{i2} 两个子区间；如图 7.4(b) 所示是再沿 j 循环投影后得到

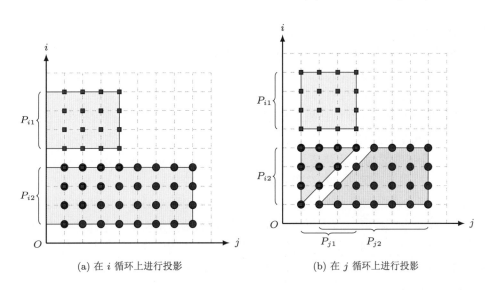

(a) 在 i 循环上进行投影　　　　　　(b) 在 j 循环上进行投影

图 7.4　分割算法投影的过程

的结果，该投影在 j 循环的维度上生成了两个区间 P_{j1} 和 P_{j2}。这些区间共同构成了如图 7.3 所示分割后的区域。其中，在沿 j 循环投影时，得到的区间 P_{j1} 和 P_{j2} 有相交的情况，这和直观意义上的投影不完全一致，在多面体模型中，这种对整数集合实现类似投影的操作被称为简化（simplification）。

定义 7.4　整数集合的简化

给定两个整数集合 D 和 C，如果存在另外一个整数集合 D' 使得

$$D' \cap C = D \cap C, \ D' \supseteq C \tag{7-4}$$

并且 D' 是满足式(7-4)的最大整数集合，即不存在整数集合 D'' 使得

$$D'' \cap C = D \cap C, \ D'' \supseteq D' \tag{7-5}$$

成立，那么称整数集合 C 为整数集合 D 的一个上下文（context domain），整数集合 D' 为整数集合 D 在上下文 C 中的简化。　　　　　♣

根据定义 7.4，在图 7.4(a) 中沿 i 循环进行简化时，上下文 C 为一个空集，所以此时的简化就是直观意义上的投影；在图 7.4(b) 中沿 j 循环进行简化时，上下文 C 不再是一个空集，而是外层循环索引 i 构成的一个一维整数集合，所以此时的简化与直观意义上的投影不同。换句话说，当有外层循环索引变量的约束出现在当前循环维度的上下文中时，整数集合的简化与直观意义上的投影不同。这与第 2 章中介绍抽象语法树时需要记录上下文信息的要求一致。

整数集合的简化运算实际上是根据上下文消除与已知循环维度无关的所有约束。在每一层循环上对迭代空间进行简化时，优化编译器需要构造该层的上下文，并根据该上下文消除迭代空间的冗余约束。多面体模型的代码生成器可基于当前简化运算后的结果生成该循环维度的边界、步长和控制流语句条件等信息。将迭代空间按照上述过程进行分割并生成了循环所需的信息后，代码生成器还需要对这些分割后的区域进行排序。此时，代码生成器就可以依据另外一个输入——优化后的调度来对每个区域进行排序。这样，分割算法就完成了最终的代码生成。

在接下来的内容中，我们将根据分割算法的思想介绍多面体模型的代码生成。一方面，isl 库中采用了分割算法，而 isl 库广泛应用在包括 Pluto、PPCG 以及 TensorComprehensions 等在内的绝大多数基于多面体模型的编译器中。另一方面，虽然分割算法生成代码的规模较大，但凸包算法也存在许多弊端，包括：

(1) 凸包算法通过扫描一个凸包生成代码，但现实程序的迭代空间也可能会有存在量词，如图 2.1 中的代码，这就可能导致一个语句的迭代空间是一个穿孔的多面体。对穿孔的多面体计算凸包时，生成的代码中会有一些循环语句为空的循环迭代。当对由多个语句构成的迭代空间计算凸包时，这种语句为空的循环迭代次数可能会更多，导致生成的代码执行效率不高。

(2) 即使多个语句的凸包恰好是这些语句的并集，凸包算法生成的代码中还是会存在大量的 if 控制语句，如图 7.2(a) 所示就是这样的一个例子，所以凸包算法的改进大多以优化生成代码中的控制流语句为目的。

(3) 在一些特殊的情况下，有限个语句迭代空间的并集并不是一个凸包，这使得凸包算法中循环边界的生成成为一个棘手的问题。相反，分割算法则允许被扫描的多面体可以是非凸的形状。

基于上面的比较，我们决定基于分割算法介绍代码生成。不过，下面介绍的部分内容也同样适用于凸包算法，例如生成循环边界和步长等信息时，分割算法和凸包算法的方法几乎是一致的。

7.3　分割代码生成

在7.1节中我们介绍过，代码生成的输出可以是目标平台上可执行的代码，也可以是满足目标平台编程模型的程序片段，抑或是一种中间语言。如果直接面向这些不同的编程规范生成代码，那么多面体模型需要配置多个代码生成算法，在工程实现上也将是一个非常复杂的任务。类似于编译器前端将不同的语言转换成一种中间表示，代码生成也可以先生成抽象语法树，然后再将抽象语法树打印成不同的编程模型的语言规范。

在从输入程序提取满足静态仿射约束的程序片段时，多面体模型是通过提取输入程序循环的边界构建迭代空间和程序的初始调度，这些信息经过多面体模型的变换之后，代码生成可通过扫描迭代空间和优化后的调度生成抽象语法树。回顾2.5节中关于抽象语法树结点的描述。抽象语法树的结点可以分为两类，一类是管理程序控制流信息的结点，如 for 结点和 if 结点；另一类对应原始程序语句的结点，如循环内的 block 结点和 user 结点。代码生成的目标就是按照深度优先的方式，从循环嵌套的最外层向最内层依次生成循环的边界信息。在生成完所有的控制流信息之后，编译器按原始程序中语句的顺序生成代码，但由于多面体模型实施的循环变换，循环索引可能已经发生改变，所以每个最内层语句的循环索引下标需要进行更新。

一个典型的例子是假设原始程序的一个语句是对数组元素 $A[i+1]$ 进行赋值操作。我们假设多面体模型对该语句外围循环 i 所在维度上实施了循环偏移，并且偏移量为 1。那么在代码生成时，循环索引变量 i 需要被替换成 $c-1$，c 为代码生成后循环索引变量。此时，该语句是对数组元素 $A[(c-1)+1]$ 即 $A[c]$ 进行赋值操作。代码生成可以将这样简单的计算通过仿射表达式的计算进行简化，一方面是为了代码的可读性更好，而另一方面，在许多复杂的情况下，这样的简化能够有益于生成代码的执行性能。下面我们主要介绍如何根据我们所拥有的信息，即迭代空间和新的调度来生成控制流相关结点的生成。

7.3.1　for 循环生成

代码生成的输入是迭代空间和优化后的调度，前者是一个整数集合的并集，后者是一个仿射函数集合的并集。根据2.5节抽象语法树中 for 结点的构成部分，从这些程序表示中生成 for 循环嵌套的流程实际上就是根据这些程序表示的约束构造出每个 for 循环的起始表达式、上界表达式、步长和循环体。由于循环体本身有可能是另外一个 for 循环，在生成循环体时可以嵌套执行上述过程，直至 user 结点为止。其他几种循环边界的信息都可以通过提取整数集合的并集和仿射函数集合的并集中的约束来获取。

1. 循环步长的生成

在抽象语法树中生成 for 结点，除了迭代空间和优化后的调度，代码生成器还会维护上下文信息和被执行关系。由于循环分块等变换导致的程序优化可能会使优化后的调度中含有近似仿射表达式，这些近似仿射表达式是一个变量和自身之间的关系，而 for 循环的边界不能够是与循环索引变量自身相关的表达式，所以在生成循环边界时，代码生成器需要将约束中的近似仿射表达式删除。为了删除这些近似仿射表达式，代码生成器首先执行的操作是将整数集合并集中的约束与当前被执行关系的定义域进行集合求交运算，并从得到的交集结果中提取出凸包，这些凸包中由等号限定的约束就是当前循环层循环步长的约束。

假设由等号限定的约束可以表示成

$$h(\boldsymbol{p}) + u(vi + sf(\boldsymbol{\alpha})) = 0 \tag{7-6}$$

的形式，其中 i 是当前循环的索引变量，$\boldsymbol{p}$ 为符号常量和外层循环所有变量构成的向量，$\boldsymbol{\alpha}$ 是存在量词约束的变元构成的向量集合；v 和 s 互质，f 和 h 也是互质的仿射表达式。如果 v 为非零整数，s 是大于 1 的整数，那么该等号限定的约束表明 i 循环的步长是一个跨步循环。根据裴蜀定理，可以确定

$$av + bs = 1 \tag{7-7}$$

将其代入式(7-6)可得

$$ui = -ah(\boldsymbol{p}) + us(bi - af(\boldsymbol{\alpha})) \tag{7-8}$$

即 $-af(\boldsymbol{\alpha})$ 是 u 的一个倍数，且 i 的起始迭代值，即偏移可以表示成

$$o(\boldsymbol{p}) = -\frac{af(\boldsymbol{\alpha})}{u}\%s \tag{7-9}$$

的形式，s 代表其每次迭代过程的跨步增量（stride）。特别地，如果在消除近似仿射表达式的过程中，代码生成器得到两个形如式(7-8)的表达式，即 i 满足

$$i = o_1(\boldsymbol{p}) + s_1 f_1(\boldsymbol{\alpha})$$
$$i = o_2(\boldsymbol{p}) + s_2 f_2(\boldsymbol{\alpha}) \tag{7-10}$$

令 g 是 s_1 和 s_2 的最大公倍数，根据裴蜀定理，我们有

$$cs_1 + ds_2 = g \tag{7-11}$$

将式(7-10)中的两式分别乘以系数 $t_1 = ds_2/g$ 和 $t_2 = cs_1/g$ 可得

$$i = \frac{ds_2 + cs_1}{gi} = t_1 o_1(\boldsymbol{p}) + t_2 o_2(\boldsymbol{p}) + \frac{s_1 s_2}{g(bf_1(\boldsymbol{\alpha}) + af_2(\boldsymbol{\alpha}))} \tag{7-12}$$

也就是说，当有两个由等号限定的约束时，当前循环索引变量 i 的起始偏移是 $t_1 o_1(\boldsymbol{p}) + t_2 o_2(\boldsymbol{p})$，每次迭代过程的跨步增量是 s_1 和 s_2 的最小公倍数 $s_1 s_2/g$。当有多个等号限定的约束时，该性质同样适用。

例 7.1　为了说明循环步长计算的代码生成过程，我们假设有形如

$$\{(i) : \exists \alpha, \beta : 0 \leqslant i \leqslant 100 \wedge n - i + 6\alpha = 0 \wedge m - i + 10\beta = 0\} \tag{7-13}$$

的约束，其中 m 和 n 为符号常量。对于约束 $n - i + 6\alpha = 0$，根据式(7-6)，$h(\boldsymbol{p}) = n, u = 1, v = -1, s = 6, f(\boldsymbol{\alpha}) = \alpha$。同时，我们可取 $a = -1, b = 0$ 使得 $o_1(\boldsymbol{p}) = n, s_1 = 6$。类似地，也可得 $o_2(\boldsymbol{p}) = m, s_1 = 10$。当 $c = 2, d = -1$ 时，有 $g = 2$，使得由式(7-12)得到的偏移和跨步增量分别是 $-5n + 6m$ 和 30。

为了验证该结果是否正确，读者可从式(7-13)中的两个约束推断出其隐含了 $n - m$ 是 2 的倍数的信息，即式(7-13)在删除存在量词后可得

$$\left\{(i) : 0 \leqslant i \leqslant 100 \wedge 2\left\lfloor \frac{m - n}{2} \right\rfloor = m - n\right\} \tag{7-14}$$

因此，$m - (-5n + 6m) = 5(n - m)$ 是 10 的倍数。

2. 存在量词的消除

从循环步长的生成可以看出，循环步长偏移和跨步增量是根据等号限定的约束计算得出的。这些约束有的会由存在量词限定。在生成某一层循环的边界时，由于整数集合和映射关系集合的约束中也可能有存在量词，而存在量词无法在循环的边界中进行描述，只能通过 if 条件来生成，所以代码生成器在实现循环边界生成之间的一个重要步骤是消除约束中的存在量词。与此同时，一个循环嵌套内多个循环索引变量之间可能相互制约，即它们之间的仿射组合构成一个整数集合或映射关系的约束。因此，代码生成器在生成一层循环的边界时，需要将涉及内层循环索引变量的约束消除，消除这些约束的过程与图7.3所示的投影过程类似。这些被消除的约束，有的会在生成内层循环的时候满足，而内层循环边界和步长等约束也可能会导致外层循环代码生成的简化，可以有效提升生成代码的执行效率。

消除存在量词的方法可以采用现有的技术。一方面，代码生成器可以利用2.3节介绍的 Fourier-Motzkin 消去法；另一方面，代码生成器也可以通过 isl 计算这些约束的析取范式来消除存在量词。

例 7.2   为了说明这两种方法之间的不同，假设有形如

$$\{(t) : (\exists \alpha : \alpha \geqslant -1 + t \wedge 2\alpha \geqslant 1 + t \wedge \alpha \leqslant t \wedge 4\alpha \leqslant N + 2t)\} \tag{7-15}$$

的约束，N 为符号常量。如果利用 isl 计算该约束的析取范式，我们可以得到形如

$$\{(t) : (t \geqslant 3 \wedge 2t \leqslant 4 + N) \vee (t \leqslant 2 \wedge \geqslant 1 \wedge 2t \leqslant N)\} \tag{7-16}$$

的形式。

如果利用 Fourier-Motzkin 消去法，我们可以得到

$$\{(t) : 2t \leqslant 4 + N \wedge N \geqslant 2 \wedge t \geqslant 1\} \tag{7-17}$$

的形式。式(7-16)和式(7-17)都是对式(7-15)的存在量词进行消除的过程，但是这两种方法的结果却不尽相同，特别地，通过一些整数线性规划的工具计算这两个集合的差集，可以得到

$$\{(t = 2) : 2 \leqslant N \leqslant 3\} \tag{7-18}$$

的结果，即式(7-17)比式(7-16)在 $N = 2$ 或 $N = 3$ 时多出了 $t = 2$ 这样的元素。回顾2.3节介绍的内容，这和 Fourier-Motzkin 消去法在消元的过程中可能会扩大原来约束范围的副作用相符合。如图 7.5 是这两个集合以及差集元素的示意图，图中原始约束和用析取范式消除存在量词的元素用黑色圆点表示，Fourier-Motzkin 消去法引入的额外元素用红色圆点表示。

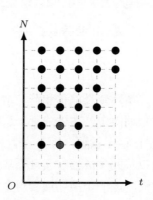

图 7.5   用不同方法对存在量词进行消元后得到的元素集合示意图

虽然 Fourier-Motzkin 消去法会引入额外的集合元素，但是基于该消去法生成的代码由于没有析取范式，其生成的代码可能比较简单，可能只是一个循环，只是循环内可能需要通过 if 语句来控制正确的循环迭代，而带有析取范式的表示可能生成两个循环。如图 7.6 所示是根据式(7-17)和式(7-16)生成的循环边界。根据代码生成的不同需求，多面体模型可以根据用户的选择实现不同的方法对存在量词进行消元，从而得到不同的循环边界。另外，在一些特殊的情况下，析取范式可能会消除存在量词，但约束中可能还

会存在循环索引变量的边界依赖自身的仿射表达式的情况。

```
1  for (c0 = 1; c0 <= min(2, floord(N,2)); c0 += 1)
2    ...
3  for (c0 = 3; c0 <= floord(N,2) + 2; c0 += 1)
4    ...
```

(a) 根据式(7-17)生成的循环边界

```
1  for (c0 = 1; c0 <= floord(N,2) + 2; c0 += 1)
2    ...
```

(b) 根据式(7-16)生成的循环边界

图 7.6　用不同消元方法消除存在量词后生成的循环边界

一个特别的例子就是当优化编译器实施了循环分块或循环分段，循环索引变量的边界依赖自身的仿射表达式的情况就可能出现。假设现在有形如

$$\left\{ S(i) : 3 \left\lfloor \frac{i+1}{3} \right\rfloor \leqslant i \wedge i \geqslant 0 \wedge i \leqslant 3 \right\} \tag{7-19}$$

的一个集合，其调度可用 $[S(i) \to (i)]$ 表示。将集合投影到其唯一循环维度上时，可得到

$$\left\{ (i) : 3 \left\lfloor \frac{i+1}{3} \right\rfloor \leqslant i \wedge i \geqslant 0 \wedge i \leqslant 3 \right\} \tag{7-20}$$

的约束范围，循环索引变量 i 的一个下界就是其自身的近似仿射表达式 $\left\lfloor \dfrac{i+1}{3} \right\rfloor$。在消除这样的约束时，我们只能使用 Fourier-Motzkin 消去法，使其变成

$$\{ (i) : i \geqslant 0 \wedge i \leqslant 3 \} \tag{7-21}$$

与此同时，约束 $\left\lfloor \dfrac{i+1}{3} \right\rfloor$ 将被转换为一个 if 语句插入生成的循环内，使得生成的代码能够满足由式(7-19)限定的范围。特别地，由式(7-19)生成的循环边界如图 7.7 所示。

```
1  for (c0 = 1; c0 <= 3; c0 += 1)
2    if ((c0 + 1) % 3 >= 1)
3      ...
```

图 7.7　根据式(7-19)生成的循环边界的 if 控制流语句

3. 循环边界的生成

在循环步长的相关信息被用于代码生成之后，我们可以利用当前已经生成的循环索引的相关约束信息来简化按深度优先顺序执行代码生成时，那些位于内层的循环的约

束。在从外层到内层依次构造循环嵌套的过程中，一个直观的过程是先生成外层循环的边界和步长，然后再生成内层循环的相关信息。然而，由于代码生成器的输入是整数集合的并集和映射关系集合的并集，其中一些约束可能会在投影的过程中被消元法删除，所以一些约束在生成当前循环层的边界时可能无法满足，而是在内层循环的边界生成过程中才会满足。在这样的情况下，内层循环的边界生成可能会反过来对外层循环的 if 语句产生影响。这要求代码生成器在生成循环嵌套的过程中，外层循环还需要接受来自内层循环边界和步长等因素导致的影响。

换句话说，如果抽象语法树的一个 for 结点的循环体都已经生成完毕，那么这些循环体内的语句满足的约束可以用于简化当前循环可能不得不用 if 语句生成的条件，例如图 7.7 所示情况。这些简化后的约束和循环体内反馈的约束一起被用于生成简化的 if 语句甚至删除冗余的 if 语句。此外，由循环步长约束隐含的一些约束也在简化 if 语句时被考虑在内，因为这些语句不会在生成当前循环的边界时被考虑。

例 7.3　假设当前代码生成器的输入是形如

$$\{S(i,j) : 0 \leqslant i < m \wedge 0 \leqslant j < n\} \tag{7-22}$$

的迭代空间，m 和 n 为符号常量，并且其调度可以用 $[S(i,j) \to (i,j)]$ 表示。当将该迭代空间投影到外层 i 循环时，可得到形如

$$\{(i) : 0 \leqslant i < m \wedge n \geqslant 1\} \tag{7-23}$$

的约束。此时，第二个约束 $n \geqslant 1$ 与当前循环的索引变量 i 无关，在生成的代码中不会体现在循环边界当中。为了能够生成正确的代码，该约束将被包含在一个 if 语句中，如图 7.8(b) 所示。

然而，将式(7-22)在内层循环的维度上投影之后，可以得到约束

$$\{(i,j) : 0 \leqslant j < n\} \tag{7-24}$$

该约束满足式(7-23)的第二个约束，也就是说式(7-23)的第二个约束是冗余的。将式(7-24)用于简化式(7-23)的第二个约束之后，该冗余约束可以被删除，可以得到如图 7.8(b) 所示的循环边界。

作为生成循环步长时隐含的约束，考虑由等号限定的约束

$$\{S(t) \to (t) : \exists \alpha : 2t - n = 4\alpha \wedge 0 \leqslant t \leqslant 100\} \tag{7-25}$$

其中，n 为符号常量。根据前文对循环边界生成的方法，循环步长的偏移和跨步增量分别为 $n/2$ 和 2，循环步长的约束 $(n/2 - t)\%2 = 0$。由于满足

$$n - 2t - 4\left\lfloor \frac{n + 2t}{4} \right\rfloor = 0 \tag{7-26}$$

并且式(7-23)隐含了 n 是 2 的倍数的信息，故该隐含信息将在生成当前循环的边界时，生成在一个 if 语句当中，即通过将式(7-26)中和 t 相关的约束去掉之后，被用于生成循环边界，得到如图 7.9 所示的循环边界和 if 语句。

```
1  if (n >= 1)
2    for (c0 = 1; c0 <= m; c0 += 1)
3      for (c1 = 0; c1 <= n; c1 += 1)
4        ...
```

```
1  for (c0 = 1; c0 <= m; c0 += 1)
2    for (c1 = 0; c1 <= n; c1 += 1)
3      ...
```

　　　(a) 根据式(7-23)生成的循环边界　　　　　　　　(b) 考虑内层循环的约束之后消除了 if 语句

图 7.8　利用内层循环的边界消除外层循环 if 语句的示例

```
1  if (n % 2 == 0)
2    for (c0 = (n / 2) + 2*floord(-n-1,4) + 2; c0 <= 100; c0 += 2)
3      ...
```

图 7.9　由循环边界隐含的信息生成的 if 控制流语句和循环边界

　　循环步长的约束除了可能会增加上述额外的 if 语句外，还可能会导致循环的边界根据循环步长约束计算的偏移进行更新。例如，假设循环下界的约束是形如 $l(\boldsymbol{p}) + vi \geqslant 0$ 的约束，其中 $v > 0$，那么所有类似的约束都可以转换成 $l(\boldsymbol{p}) = \lceil -h(\boldsymbol{p})/v \rceil$ 的形式，此时循环的下界在之前生成的边界基础上，还需要和该循环步长所限定的偏移之间进行最大值的比较，其最大值作为新的循环下界生成，这样能够保证循环索引变量能够从正确的循环下界开始迭代。与此同时，如果循环步长的跨幅增量是非 1 的整数值，循环索引变量还需要对该循环步长跨幅增量进行取模操作，用 $o(\boldsymbol{p}) + s\lceil (l(\boldsymbol{p}) - o(\boldsymbol{p}))/s \rceil$ 替代原来的循环下界 $l(\boldsymbol{p})$。

　　例如，仍然考虑集合式(7-13)中的约束，其中当前循环索引变量只有一个下界约束，即 $i \geqslant 0$，所以生成的 for 循环的下界应该是 0。但是，由于该下界在特定的 m 和 n 的取值下无法满足该集合限定的循环步长跨幅增量，所以该下界应该被替换成

$$-5n + 6m + 30 \left\lceil \frac{5n - 6m}{30} \right\rceil = -5n + 6m + 30 \left\lfloor \frac{5n - 6m + 29}{30} \right\rfloor \tag{7-27}$$

　　此外，由于循环边界的约束是通过对存在量词和内层循环的约束进行消元后得到的约束，这些约束可能本身会不包含下界或上界的情况。如果是当前循环索引变量没有下界约束的情况，那么代码生成器就会中止代码生成，返回报错信息；如果是当前循环索引变量没有上界约束的情况，那么代码生成器则生成一个没有上界的 for 循环，这和 while 循环的情况类似。在循环上界是由析取范式限定的约束的情况下，用户还可以通过选项控制代码生成器生成特定的循环边界，这些可根据特定的目标平台的约束进行定制化管理。

例 7.4 对于形如

$$M \geqslant c_3 + 1 \wedge c_1 \geqslant 3c_3 + 8 \tag{7-28}$$

的上界约束，用户可以选择生成 $c3 < \min\left(\dfrac{c_1 + 1}{3} - 2, M\right)$ 的上界，也可以选择将其分开，生成形如 $M \geqslant c_3 + 1$ 和 $c1 \geqslant 3c_3 + 8$ 两个上界。前者适合 OpenMP 代码的生成，而后者满足如 FPGA 这样的特定硬件平台的需求。

7.3.2 if 语句的生成位置

在7.3.1节中，我们已经介绍了如何生成 for 循环的边界和步长，这些信息都是通过提取整数集合和仿射关系的约束生成的代码。在生成 for 循环时，由于目标平台不同的要求，代码生成器应该能够生成不同版本的代码，如针对式(7-28)生成的不同循环上界。从前面的代码生成过程中可以看出，这些约束不仅会生成循环，还可能会生成一些 if 控制流语句。一些特定的目标平台不仅对循环上界的生成有要求，有时候也期望将一些 if 语句尽量提升至 for 循环的外面。

例 7.5 考虑迭代空间

$$\{S_1(i) : 0 \leqslant i \leqslant M; S_2()\} \tag{7-29}$$

其中，M 为符号常量，并且该迭代空间对应的调度可以用 $[S_1(i) \to (i,0); S_2() \to (0,1)]$ 表示。在诸如 isl 这样的库中，这些语句是默认会生成在同一个循环嵌套内的。根据7.3.1节中介绍的生成循环边界的方法，在删除了存在量词和循环步长等约束之后，用于生成循环边界的约束是 $\{(0); (i) : 0 \leqslant i \leqslant M\}$。由于该约束的上界 M 是未知符号常量，也就是说该循环索引变量 i 的上界是未知的，我们可以通过分析确定其上界为

$$\begin{cases} 0, & M \leqslant 0 \\ M - 1, & \text{其他} \end{cases} \tag{7-30}$$

在默认情况下，代码生成器可以根据上面的信息生成如图 7.10(a) 所示的代码。显然，每次循环迭代不仅要判定复杂的循环边界，还要在循环体内执行多个 if 语句的判定。

在7.2.2节中我们介绍过，分割算法可以通过投影的方式将不同语句所属的区间划分成几个不同小的凸包，代码生成可以在每个小的凸包内生成代码。如果我们对式(7-30)的信息进行投影，可以得到三个子区间，分别是 $\{(0) : M \leqslant -1\}$，$\{(0) : M \geqslant 0\}$ 和 $\{(i) : 1 \leqslant i \leqslant M\}$，在此基础上生成代码，可得到如图 7.10(b) 所示的代码，从而实现 if 控制流语句的外提。

7.3.3 循环展开

在4.6.2节中我们介绍过，循环展开是代码生成阶段实现的循环变换。对于简单的循环而言，例如循环步长为 1 并且只有一个循环下界的循环，循环展开的实现和代码生成

```
1  for (c0 = 0; c0 <= ( M <= 0 ? 0 : M); c0 += 1)
2    if (M >= 0)
3      S1(c0);
4    if (c0 == 0)
5      S2(0);
6  }
```

(a) 将 if 控制流语句生成在循环内

```
1  if (M <= -1) {
2    S2(0);
3  }else {
4    S1(0);
5    S2(0);
6    for (c0 = 1; c0 <= M; c0 += 1)
7      S1(c0);
8  }
```

(b) 将 if 控制流语句提升到循环外

图 7.10 通过符号常量控制 if 控制流语句生成的位置

是直观的，即从指定的循环下界开始，按照循环展开因子依次生成多个语句即可。不过，由于多面体模型中允许有多个循环下界和跨幅步长的情况，循环展开的实现并不那么简单。

为了能够在这些特殊的情况下也支持循环展开的实现，代码生成器需要考虑循环步长和合适循环索引变量下界的判定。我们在7.3.1节中已经介绍了如何确定循环步长的相关信息，当有非 1 跨幅增量的循环需要循环展开时，代码生成器利用循环步长的偏移 $o(\boldsymbol{p})$ 和跨幅增量 s 将原来的循环索引变量 i 进行替换，构造出一个跨幅增量为 1 的循环索引 i'。即

$$i = o(\boldsymbol{p}) + si' \tag{7-31}$$

例 7.6 假设有形如

$$\{i : 0 \leqslant i < 1024 \wedge i\%256 = 0\} \tag{7-32}$$

的约束，那么满足式(7-31)的替换将得到新的跨幅增量为 1 的循环索引变量 i'，满足

$$\{i' : 0 \leqslant i' < 4\} \tag{7-33}$$

对于有多个循环下界的情况，代码生成器必须考虑每个产生循环下界的约束

$$h(\boldsymbol{p} + vi) \geqslant 0 \; (v > 0) \tag{7-34}$$

对于每个这样的约束，代码生成器需要在迭代空间上计算

$$i + 1 - \left\lfloor h\left(\frac{\boldsymbol{p}}{v}\right) \right\rfloor \tag{7-35}$$

的最大值，即循环索引变量可能导致的最大值。如果存在这样的一个最大值并且该值为 n，那么说明循环 i 一共需要执行 n 次。也就是说，对于 i 循环，如果实施了循环展开，那么我们需要生成所有

$$i = \left\lfloor \frac{-h(\boldsymbol{p})}{v} \right\rfloor + t \; (0 \leqslant t < n) \tag{7-36}$$

的语句，而不是生成 i 这个循环。在存在多个循环下界时，代码生成的方式是选取展开次数最少的那个下界。

7.3.4　分块分离

在4.6.1节中，我们介绍过分块分离是循环分块之后实施的一种循环变换，能够简化循环边界的表达式，也有利于代码生成器在分离后的不同部分实施向量化等加速程序性能的优化。对于输入迭代空间的某一层循环，分块分离首先是通过投影、存在量词的删除以及依赖循环索引变量自身的仿射表达式的消除等操作，将循环索引变量相关的约束进行简化，并以此来构造一个连续的"核心"部分。在此基础上，在给定的迭代空间内构造一个由在该"核心"部分之前执行的循环迭代构成的整数集合，并计算迭代空间和"核心"部分的差集作为该核心部分的"前序"（prologue）部分。类似地，该"核心"部分之后执行的循环迭代构成的整数集合则是通过从迭代空间内减去"核心"和"前序"部分，得到"后续"（epilogue）部分。最后，由于整数集合部分有可能存在无法与"核心"部分通过整数集合的运算进行比较操作的部分，将这部分定义为"其他"部分。代码生成器在实施分块分离时，则是按照不同部分之间的偏序关系依次生成代码，从而保证生成代码循环边界中尽可能少地出现 min、max 等表达式。

例 7.7　假设代码生成器的输入迭代空间形如

$$\{S(i) : m \leqslant i < n\} \tag{7-37}$$

其中，m 和 n 分别为符号常量，并且该迭代空间的初始调度为 $[S(i) \to (i)]$。如果我们对循环 i 以因子 4 实施循环分段，以便后续的代码生成器可以在内层循环实施向量化，那么得到的调度可以用

$$\left[S(i) \to \left(4\left\lfloor \frac{i}{4} \right\rfloor, i \right) \right] \tag{7-38}$$

表示。为了使循环分段后内层循环的迭代次数为 4，代码生成器必须保证第一层循环的调度 $t = 4\left\lfloor \frac{i}{4} \right\rfloor$ 和 $t+3$ 都在内层循环的边界范围内，也就是

$$\{(t) : m \leqslant t \wedge t + 3 < n\} \tag{7-39}$$

与此同时，前序和后序部分分别可以用

$$\{(t) : n \geqslant 4 + m \wedge t \leqslant m - 1\} \tag{7-40}$$

和

$$\{(t) : n \geqslant 4 + m \wedge t \geqslant n - 3\} \tag{7-41}$$

表示，而其他部分可以用

$$\{(t) : m - 3 \leqslant t \leqslant n - 1 \wedge n \leqslant m + 3 \wedge n \geqslant m + 1\} \tag{7-42}$$

表示。通过扫描这些约束，代码生成器可以得到如图 7.11 所示的代码。

```
1   if (n >= m + 4)
2     for (c1 = m; c1 <= 4 * floord(m - 1, 4) + 3; c1 += 1)
3       S(c1);
4     for (c0 = 4 * floord(m - 1, 4) + 4; c0 < n - 3; c0 += 4)
5       for (c1 = c0; c1 <= c0 + 3; c1 += 1)
6         S(c1);
7     if (n >= m + 4 && 4 * floord(n - 1, 4) + 3 >= n) {
8       for (int c1 = 4 * floord(n - 1, 4); c1 < n; c1 += 1)
9         S(c1);
10    } else if (m + 3 >= n)
11      for (c0 = 4 * floord(m, 4); c0 < n; c0 += 4)
12        for (c1 = max(m, c0); c1 <= min(n - 1, c0 + 3); c1 += 1)
13          S(c1);
```

图 7.11　分块分离后的循环边界示意

7.3.5　循环退化

在一些特殊的情况下，经过一系列循环变换之后，一些约束限制的迭代空间只包含一个元素，那么此时代码生成器可以实现循环退化（loop degeneration），即不生成循环边界，而只生成循环内的语句，并将对应循环索引变量替换为该迭代空间内唯一元素的近似仿射表达式，从而避免判定循环边界的控制开销。在循环退化的情况下，代码生成器只需要记住迭代空间内的唯一元素的仿射表达式，并将循环边界、步长等相关约束从上下文中删除。如果代码生成器能够判定出迭代空间的约束只包含一个元素，但无法用一个近似仿射表达式来表示该元素，那么当前循环还是按照正常的循环来生成。

例 7.8　假设有形如

$$\left\{ (i) : i \geqslant 1 \wedge n - 1 \leqslant i \leqslant n \wedge 4 \left\lfloor \frac{i-2}{4} \right\rfloor = i - 2 \right\} \tag{7-43}$$

的迭代空间，其中 n 为符号常量。据7.3.1节所述，式(7-43)中由等号限定的约束，即循

环步长的约束 $\left\lfloor \dfrac{i-2}{4} \right\rfloor = i-2$ 需要在生成循环边界时先从该迭代空间中删除，但该约束在确定了循环边界之后又被追加回代码生成的上下文中，以便确定该循环的所有约束是否只包含一个元素。经过进一步分析发现，式(7-43)只包含一个元素，并且该元素可以用

$$i = 4\left\lfloor \frac{n+2}{4} \right\rfloor - 2 \tag{7-44}$$

表示，将式(7-44)代入式(7-43)，可得

$$\left\{ () : n \geqslant 2 \wedge \left\lfloor \frac{n}{4} \right\rfloor \right\} \tag{7-45}$$

作为约束，式(7-45)将被添加到当前循环体内语句的抽象语法树生成时的上下文，所有当前循环索引变量 i 的出现都将替换成式(7-45)中所示的近似仿射表达式。

7.3.6 带偏移的跨步循环

上面描述的是循环嵌套内只有单个语句或循环嵌套内多个语句的循环步长跨步信息都一致的情况。在一些特殊的应用中，不同语句对循环步长有不同的偏移。

例 7.9 对于迭代空间

$$\{ S_1(i) : 0 \leqslant i < 10; S_2(i) : 0 \leqslant i < 10 \} \tag{7-46}$$

并假设初始调度为 $[S_1(i) \to (2i); S_2(i) \to (2i+1)]$。这两个语句在循环内的步长跨步增量为 2，并且其迭代空间可以统一地表示成 $\{ (t) : 0 \leqslant t < 20 \}$。对于这种带偏移的跨步循环代码生成，如果将调度替换成

$$\{ S_1(i) \to (2i, 0); S_2(i) \to (2i, 1) \} \tag{7-47}$$

的形式，即将原始调度想象成一个循环分段，分段后的两个语句实例被具体化成了两个不同语句，那么此时外层循环的迭代空间可以用 $\{ (t) : 0 \leqslant t < 20 \wedge t\%2 = 0 \}$ 表示。

为了实现这种将一维调度转换为二维调度的情况，代码生成器首先寻找一个对于当前循环索引变量的调度为非固定值的语句，并用该语句作为参考系寻找所有其他语句，构造不同的语句对。对于每一组语句对，当前循环索引变量调度上的差值集合都可以用 $m_d i + r_d$ 的形式表示，并且满足 $m_d > 1$，那么代码生成器就用所有 m_d 的最大公约数 m 替换所有调度中的 m_d，用 $r_d\%m$ 替换所有 r_d。在替换后，如果不同语句的 r_d 不完全相同，那么就将原来的一维调度 $(\cdots, t, \cdots)$ 替换成 $(\cdots, t-r_d, r_d, \cdots)$，从而生成新的二维调度。

对于式(7-46)所示中例子，语句 S_1 和 S_2 之间的差集可以用 $\{ (t) : -19 \leqslant t \leqslant 17 \wedge t\%2 = 0 \}$ 表示，那么对于语句 S_2 有 $m_2 = 2$ 和 $r_2 = 1$。对于 S_1 语句本身，其不

同语句实例之间可取循环索引范围的差集是 $\{(t) : -18 \leqslant t \leqslant 18 \wedge t\%2 = 0\}$，所以对于语句 S_1 有 $m_1 = 1$ 和 $r_1 = 0$。按照如上所述，可以得到形如式(7-47)的调度。

7.4　if 控制流优化

在生成 for 循环时，一些约束无法被循环边界和步长描述，所以这些约束的条件就被当作一个 if 语句的谓词，由 if 语句限制需要生成的语句。这些 if 语句的生成位置会影响生成程序的执行性能，代码生成器也可以通过提供选项的方式允许用户在生成代码的控制开销和代码规模之间进行权衡，如7.3.2节中给出的示例。除了 if 语句生成的位置，在同一个循环内或不同循环嵌套之间的 if 语句，有时也可以进行合并或 if 语句的删除，这些 if 语句的删除往往是根据循环边界、步长和其他上下文信息对 if 语句的谓词条件进行合并，从而达到减少判定 if 语句的次数。特别地，如果两个连续语句的 if 语句的谓词条件是互补的，那么这两个 if 语句可以用一个 if 语句和其 else 分支进行替换，从而减少一次 if 条件的判定。

为了实现 *if* 控制流语句的合并或简化，我们首先介绍一个 gist 操作。

定义 7.5　gist 操作

给定两个整数集合或映射关系集合 R 和 T，R 关于 T 的 gist(R, T) 操作是指将 T 作为上下文信息简化 R 的表达式。♣

为了说明 gist 操作的结果，我们假设 $R = \{(i,j) : i > 10 \wedge j > 10\}$，$T = \{(i,j) : j > 10\}$，那么 gist$(R, T) = \{(i, j) : i > 10\}$；当 $R = \{(i) : 1 \leqslant i \leqslant 100\}$、$T = \{(i) : i > 10\}$ 时，gist$(R, T) = \{(i) : i \leqslant 10\}$。换句话说，gist 操作的目的是在 T 的条件已知的情况下，R 中还包含哪些更精确的信息。特别地，gist 操作可以用于简化带有存在量词的集合，这使得那些无法被循环边界和步长表示的约束可以通过 gist 操作进行合并和简化。

例 7.10　假设有形如

$$\{S_0(i, j) : 1 \leqslant i \leqslant n \wedge i \leqslant j \leqslant n \wedge \exists \alpha, \beta : i = 1 + 4\alpha \wedge j = i + 3\beta\} \tag{7-48}$$

的迭代空间，n 为符号常量。在不进行 if 语句简化的情况下，该迭代空间可以得到如图 7.12(a) 所示的代码。对于第一个 if 语句而言，其谓词条件可以用 $R = \{(i,j) : n \geqslant 1\}$ 表示，而循环边界满足的条件是 $T = \{(i, j) : i \leqslant 1 \wedge i \leqslant n \wedge i \leqslant j \leqslant n\}$，那么有 gist$(R, T) = \{(i, j)\}$，即 (i, j) 的全集。可以确定该 if 语句的谓词条件已经被循环边界满足，那么该 if 语句的谓词在所有情况下都为真，即该 if 语句就可以删除。

类似地，第二个 if 语句的谓词条件也可以删除，通过式(7-48)可以看出，$i = 1 + 4\alpha, j = i + 3\beta$ 的约束总是成立的，将其代入该 if 语句的约束不难得到该约束条件总是能够整除 12 的, 通过 gist 操作, 该 if 语句也可以被删除。因此, 经过 if 语句简化之后可以得到如图 7.12(b) 所示的代码。

另外, gist 操作也可以实现多个 if 语句的合并。假设有形如

$$\{S_0(i) : \exists\alpha : 1 \leqslant i \leqslant n \wedge i = 4\alpha; S_1(i) : \exists\alpha 1 \leqslant i \leqslant n \wedge i = 4\alpha + 2\} \tag{7-49}$$

的迭代空间, n 为符号常量。在未进行 if 语句合并之前, 代码生成器输出的结果如图 7.13(a) 所示。

```
1  if (n >= 1)
2    for ( c0 = 1; c0 <= n; c0 += 4)
3      for (c1 = c0; c1 <= n; c1 += 3)
4        if ((11*c0+4*c1+9)%12 == 0)
5          S0(c0, c1);
```

```
1  for ( c0 = 1; c0 <= n; c0 += 4)
2    for (c1 = c0; c1 <= n; c1 += 3)
3      S0(c0, c1);
4
```

(a) 未简化 if 控制流语句之前生成的代码   (b) 简化 if 控制流语句之后生成的代码

图 7.12 if 控制流语句的简化

其中, 存在量词 α 限定了不同语句的取值范围, 这些约束被生成在循环内的 if 语句当中。根据循环边界和步长可以判定出循环索引变量是偶数, 即 $\{(i) : \exists\alpha : i = 2\alpha\}$。在这样的情况下, 由存在量词限定的约束 $\{(i) : \exists\alpha : i = 4\alpha + 2\}$ 是 $\{(i) : \exists\alpha : i = 4\alpha\}$ 的补集, 这种补集也可以通过 gist 操作计算得出。在合并了这两个 if 语句之后, 可以得到如图 7.13(b) 所示的代码。

```
1  if (n >= 2)
2    for ( c0 = 2; c1 <= n; c1 += 2)
3      if ( c0 % 4 == 0)
4        S0(c0);
5      if ( (c0+2) % 4 == 0)
6        S1(c0);
```

```
1  for ( c0 = 2; c1 <= n; c1 += 2)
2    if ( c0 % 4 == 0)
3      S0(c0);
4    else
5      S1(c0);
6
```

(a) 未合并 if 控制流语句之前生成的代码   (b) 合并 if 控制流语句之后生成的代码

图 7.13 if 控制流语句的合并

7.5 内 存 管 理

在生成好抽象语法树后, 代码生成器的后端可以根据目标平台支持的编程规范打印相应的可执行代码或中间语言。根据循环是否携带依赖, 编译器可以判定出哪些循环可以并行。例如, 当某层循环不携带任何依赖时, 该循环可以被映射到多核 CPU 上, 并

由编译器自动插入 OpenMP 编译指示。或者，当面向 GPU 生成 CUDA 代码时，编译器可以将这些循环自动分配到不同的线程块或线程上，通过线程之间的并行执行来实现程序的并行化。在 OpenMP 或者类似编程规范中，代码生成器不需要生成额外的语句；但是在类似 CUDA 编程模型的语言规范中，由于 GPU 的内存空间相对 CPU 的内存空间是独立的，用户或编译器需要显式插入用于内存分配和数据移动的代码，因此，代码生成器还需要自动生成用于内存分配和不同存储层次结构之间的数据搬移语句。

我们这里以 CUDA 代码为例来说明内存管理，其他类似的编程模型可采用类似的方法。特别地，我们用图 6.11(a) 所示的矩阵乘法为例来说明如何实现内存管理代码的自动生成。

7.5.1 CPU 与 GPU 间的传输

在以 GPU 为例的加速器并行执行模式下，优化编译器所需要完成的任务是将程序中可并行执行的部分识别出来并将优化后的代码部署在加速器上执行。在 GPU 上执行的 CUDA 内核函数与在 CPU 上执行的主核程序内存空间相互独立。在程序变换和代码生成之前，CUDA 内核函数所访问的数据也是在 CPU 对应的内存空间上声明的，所以代码生成器需要将 CPU 内存上的数据移动到 GPU 的内存空间上。与此同时，CUDA 内核代码在执行完成后，会对一些数据进行更新，这些更新后的数据需要传输回CPU 的内存空间，所以代码生成器也需要将 GPU 内存空间上的部分数据传回。

因此，一个简单且安全的方法是为所有被 CUDA 内核函数访问的数组在 GPU 的内存空间上进行内存空间的声明，其占用的内存地址空间大小为该数组所有元素所占用内存空间大小的总和。一些数据可能会被 CUDA 内核函数使用但这些数据的定义是在CPU 程序上，这些数据的集合构成了 CUDA 内核函数的向上暴露集，这些数据以及以这些数据为元素的数组也都需要被从 CPU 传输到 GPU 内存空间，以 CUDA 内核函数的参数形式从 CPU 传输给 GPU 内存空间。向上暴露集中的数据也分为两类，一类是只在 CUDA 内核函数中使用的数据，即只读数据，这些数据不需要被传回 CPU；对于那些在 CUDA 内核函数中既读又写的数据，代码生成器则需要将其传回 CPU。

以图 6.11(a) 所示的矩阵乘法为例，这部分代码对应的循环嵌套可以用一个 CUDA 内核函数执行，数组 A、B 和 C 构成了 CUDA 内核代码的向上暴露集。其中，数组 A 和 B 为只读数组。代码生成器首选需要在 GPU 的内存空间上声明与这两个数组内存占用大小相同的数组 dev_A 和 dev_B，并将 CPU 上的数据复制到这些地址空间上。如图 7.14(a) 所示是 dev_A 和 dev_B 的初始化和数据传输语句，其中初始化语句通过cudaMalloc 指定，大小为 $M \times K$ 和 $K \times N$，数据传输语句通过 cudaMemcpy 语句实现，数据传输量同样为 $M \times K$ 和 $K \times N$，数据传输的方向由 cudaMemcpyHostToDevice指定。类似地，数组 dev_C 也需要进行相同的初始化和数据传输。

与此同时，这些数组以参数形式传入如图 7.14(b) 所示的 CUDA 内核函数，类似的数据还包括循环边界 M、N 和 K 三个符号常量。由于数组 A 和 B 是只读数组，所以这

```
1  cudaCheckReturn(cudaMalloc((void **) &dev_a, (M) * (K) * sizeof(int)));
2  cudaCheckReturn(cudaMalloc((void **) &dev_b, (K) * (N) * sizeof(int)));
3  cudaCheckReturn(cudaMalloc((void **) &dev_c, (K) * (N) * sizeof(int)));
4
5  cudaCheckReturn(cudaMemcpy(dev_a, a, (M) * (K) * sizeof(int),
        cudaMemcpyHostToDevice));
6  cudaCheckReturn(cudaMemcpy(dev_b, b, (K) * (N) * sizeof(int),
        cudaMemcpyHostToDevice));
7  cudaCheckReturn(cudaMemcpy(dev_c, c, (K) * (N) * sizeof(int),
        cudaMemcpyHostToDevice));
```

(a) 数组 A 和 B 的传输语句

```
1  kernel0 <<<k0_dimGrid, k0_dimBlock>>> (dev_a, dev_b, dev_c, N, K, M);
```

(b) CUDA 内核函数的参数传递

```
1  cudaCheckReturn(cudaMemcpy(dev_c, c, (K) * (N) * sizeof(int),
        cudaMemcpyHostToDevice));
```

(c) 数组 C 的传输语句

图 7.14　CPU 和 GPU 之间的数据传输语句

些数组不需要被传回 CPU，而数组 C 则需要传回 CPU，如图 7.14(c) 所示是 C 数组从 GPU 的内存空间传回 CPU 的代码示意，数据传输方向由 cudaMemcpyHostToDevice 指定。

其中，CUDA 内核函数的声明可以在如7.3节中所述那样，通过扫描调度树生成抽象语法树之后再输出符合 CUDA 编程规范的程序语言来完成，只是在 CPU 程序中生成 CUDA 内核函数的地方额外生成如图 7.14(b) 所示的内核函数调用语句。数组在 GPU 内存空间上的初始化和传输语句是原始程序中并不存在的语句，所以多面体模型需要借助 extension 结点在调度树中额外插入对应这些传输语句的结点。插入 GPU 内存空间上的数组初始化和数据传输语句的 extension 结点需要解决两个问题，一个是 extension 结点的插入位置，另外一个是 extension 结点的构造。

在2.4.2节中我们已经介绍了 extension 结点的含义，其语义由仿射函数集合的并集表示。由于 GPU 内存空间上的数组声明和数据传输在 CUDA 内核函数的循环嵌套外，所以代码生成器对这些语句可以构造一个从空间到某个特定语句的仿射函数，例如：

$$\{() \rightarrow \text{func}()\} \tag{7-50}$$

其中 func 可以用不同的字符串进行实例化。对于初始化语句，在调度树中可以将 func 替换成 init_device 和 clear_device，分别用于 GPU 内存空间上的数据声明和内存释放；对于传输语句，func 可被替换成 to_device_x，其中 x 表示不同的数组名称，如

图 7.14 中的数组 A、B 和 C。

确定了用于构造 extension 结点的仿射函数后，多面体模型需要在调度树中找到合适的位置插入这些 extension 语句。根据 CUDA 编程模型的规范，代码生成器需要在 CUDA 内核函数执行前完成所有数据的初始化和数据传输，所以这些语句需要在调用 CUDA 内核函数前插入。同时，由于 CUDA 内核函数的调用是在 CPU 程序中执行的，所以初始化语句和数据传输语句都需要在 CPU 程序内插入，这点也和式(7-50)的定义域是空集的事实相对应。在插入这些 extension 结点之后，代码生成器需要依次或乱序地生成这些语句。其中，最先执行的是初始化语句，然后是所有数组的传输语句，之后才能执行 CUDA 内核函数。由于多个数组的传输语句之间是没有严格的前后执行顺序的，所以这些语句可以用一个 set 结点来表示。在执行完 CUDA 内核函数后，代码生成器才会根据插入的数据传回语句和内存释放语句完成整个过程。如果有多个数组需要传回 CPU 内存空间，那么这些语句之间的顺序也可以是任意的，并通过一个 set 结点来维持这种乱序关系。

7.5.2　内存提升

当所需数据从 CPU 搬移到 GPU 内存空间后，CUDA 内核函数可以在 GPU 上正确执行。然而，要想 GPU 的存储层次结构得到有效利用，优化编译器必须有效地实现 GPU 存储层次之间的内存提升，即数据从访存速度较慢但空间足够大的内存层次自动搬移到访存速度较快但空间较小的内存层次。在将程序映射到 GPU 上并通过 CUDA 内核函数执行时，以多面体模型为代表的优化编译器会对程序所在的循环嵌套实施循环分块，将循环嵌套转换成如图 6.11(b) 所示的代码，其中，循环 (c_0, c_1) 被映射到 GPU 的二维线程块，循环 (c_3, c_4) 被映射到 GPU 一个线程块内的二维线程。

GPU 的存储层次结构为线程块和线程提供了共享内存和寄存器的两级存储层次结构，为了有效利用这些高速缓存，代码生成器可以将同一个线程块内所有线程访存的数据从 GPU 的全局内存搬移到共享内存，也可以将同一个线程访存的数据从共享内存搬移到寄存器。然而，在 CUDA 内核函数内，由于某一个数组可能会有不同的引用，这些引用可能会访问相同数组的不同元素，并且一些数组元素可能被不同的引用都访问到，因此，这些不同的引用在实现内存提升时需要被同时考虑，尤其是多个引用中有至少一个是写引用的情况下，否则，即如果只将读引用的数据通过内存提升搬移到共享内存，相同数据的不同引用可能会存在不同的存储层次，写引用的更新可能会导致这些存储层次上的数据备份不同，导致程序出错。因此，为了实现数据备份在不同存储层次上的一致性，在实现内存提升之前，多面体模型首先尝试寻找 CUDA 内核函数中的数组引用组（array reference group），这些数组引用组会在实现内存提升时用到。

要计算被一个线程块访问的数据，优化编译器需要能够计算出代表线程块维度的循环索引变量。特别地，这些循环索引变量和被访问数据之间的关系可以通过读引用关系和写引用关系的投影计算得出。对于图 6.11(b) 所示的代码，被每个分块读取的数据可以由式(6-19)表示。基于该仿射关系，多面体模型可以沿每个循环分块维度计算出一个整数分块大小以及一个与循环分块索引变量相关的偏移。由该仿射关系确定的值域就是那些需要从 GPU 的全局内存提升到共享内存的数据。在计算需要提升到共享内存的数据规模时，由类似式(6-19)定义的数据集合可能会有多个不同的边界约束。多面体模型的计算方式是选取分块范围最小的边界作为内存提升的边界，即，多面体模型选取

$$[N, K, M] \to \{[i_0, i_1, i_2] \to A[o_0, o_1] : i_0 \leqslant o_0 \leqslant 31 + i_0 \land 0 \leqslant o_1 \leqslant 31 + i_1\} \qquad (7\text{-}51)$$

作为式(6-19)中数组 A 分块边界的约束，因为该约束限制了需要提升到共享内存的数组 A 的边界是 32×32，如果选取

$$[N, K, M] \to \{[i_0, i_1, i_2] \to A[o_0, o_1] : 0 \leqslant o_0 < M \land 0 \leqslant o_1 \leqslant K\} \qquad (7\text{-}52)$$

作为内存提升的边界，那么数组 A 的全部元素 $M \times K$ 都需要提升到共享内存。这里，我们假设 $M > 32, K > 32$。类似地，多面体模型也可以计算数组 B 和数组 C 需要提升到共享内存的数据规模大小。如果对于同一个数组有多个不同的数组引用，那么多面体模型将对每个数组引用按照上述过程计算内存提升需要的数据规模。然后，对于每一对数组引用，多面体模型将尝试合并这两个数组引用计算出的内存提升数据规模，如果两者之和小于各自分别计算的规模，即这两个数组引用会访问相同数据元素，那么就将这两个数组引用进行合并。

对于到寄存器的内存提升，其计算过程与上述从全局内存到共享内存的提升过程类似。多面体模型首先判定每个线程是否只访问一个数据元素，并且每个元素只被一个线程访问，即代表线程的循环索引变量和数组元素之间是否满足一一映射。如果某个数组引用满足上述条件，那么多面体模型可以在绑定线程并引入代表线程的索引变量后，计算到寄存器的内存提升数据规模。例如，对于式(6-15)所示的写引用，多面体模型通过将该写引用投影到代表分块内的循环索引变量和访问数组元素之间的仿射关系，可以得到

$$[N, K, M, i_0, i_1, i_2] \to \{[i_3, i_4, i_5] \to C[32i_0 + i_3, 32i_1 + i_4]\} \qquad (7\text{-}53)$$

其中，代表分块之间的循环索引变量 i_0、i_1 和 i_2 此时被当成符号常量处理。

由于在执行 CUDA 内核函数时，代码生成器需要将循环索引变量映射到线程块上，循环索引变量 i_3、i_4、i_5 和线程索引变量 t_x、t_y 之间的映射关系可以用

$$[t_x, t_y] \to \{[i_3, i_4, i_5] : (i_3 - t_x)\%16 = 0 \land (i_4 - t_y)\%32 = 0\} \qquad (7\text{-}54)$$

表示，其中 t_x 和 t_y 通过符号常量的方式引入，整除约束代表由相同线程执行的不同循环迭代。i_5 没有映射到线程上，因为该循环维度上带有归约依赖，无法被并行执行。这里，我们假设二维线程的配置为 16×32，即 $0 \leqslant t_x \leqslant 15, 0 \leqslant t_y \leqslant 31$。

将式(7-54)与式(7-53)的定义域求交，并将结果在代表串行执行的循环维度上进行投影，可以得到

$$[t_x, t_y, N, K, M, i_0, i_1, i_2] \to \{C[o_1, 32i_1 + t_y] : 32i_0 \leqslant o_1 \leqslant 32i_0 + 31 \land (o_1 - t_x)\%16 = 0\}$$
$$(7\text{-}55)$$

根据7.3.1节中描述循环步长的方法，由等号限定的约束 $(o_1 - t_x)\%16 = 0$ 使得式(7-55)计算得到的寄存器分块大小为 2×1。

与7.5.1节中描述的情况一样，内存提升也是通过 extension 结点实现的，其 extension 结点映射的构造也类似。与7.5.1节中不同的是，由 extension 结点添加的语句需要构造相应的 band 结点，该 band 结点就是按照 extension 结点中每个维度依次构造 band 结点的成员，并自动生成相应的循环。

7.6　同　步　指　令

在一些特定的架构上，同步指令的插入也是代码生成阶段研究的内容。这里的同步指令是指由于硬件线程无法同时完成但线程之间必须在执行完并行任务之后进行数据共享时所需的栅障同步。这种同步指令的插入和上述内存管理时数据传输和初始化等任务的实现方式相同，也是构造一个类似式(7-50)的映射，然后将对应的映射以 extension 结点的形式插入适当的位置。例如，在 GPU 的 CUDA 内核函数内，数据声明后以及相同线程块内的并行程序执行完成后可以插入一个同步指令。

第8章

多面体编译理论的最新进展

　　无论是图像处理、高性能计算还是人工智能，都对实现特定功能的算子有极强的性能要求。这些算子通常需要面向特定硬件实现定制的优化，典型代表为 NVidia GPU 的 CUDNN 和面向 CPU 的 NNPACK，以及面向线性代数运算的 BLAS 库。然而，手工编写高性能算子往往受限于人力和开发时间。因此，各种基于自动或半自动优化的编译技术受到越来越多的重视，特别是基于多面体理论的代码生成与优化技术。在人工智能浪潮的推动下，多面体模型受到越来越多的重视，并在面向领域专用架构的编译优化中取得了突破性的进展。

　　对多面体理论的研究起源于 20 世纪 90 年代。在经过了 30 多年的不断探索之后，多面体理论逐渐成熟，配套的关键算法和工具也日趋完善。在强大的理论指导和完善的工具配合下，多面体模型已经在图像处理、高性能计算和人工智能等领域获得了巨大的成功。鉴于多面体模型灵活的表示能力和极致的优化能力，学术界和工业界都在尝试应用多面体模型。在人工智能领域，出现了 Tensor Comprehensions[67] 和 AKG[84] 等面向张量程序的优化编译器，在图像处理等领域出现了 Tiramisu[6] 等优化编译器，还出现了 MLIR[48] 和 Halide[60] 这类与多面体理论紧密相关的编译优化框架。除此之外，多面体模型还成功应用于面向特定硬件（例如，Tensor Core[11]，Cerebras[70]）的代码生成。

8.1　MLIR

　　MLIR 是 Google 公司于 2019 年开源的编译器基础框架[48]，至今仍然处于快速迭代阶段。MLIR 的设计目标是解决编程语言设计和编译器实现中遇到的诸多现实挑战。从零开始独立开发一个完整的高性能编译器是非常困难的，通常采用的办法是在成熟的编译框架基础上扩展新的语言前端和架构后端。然而，不同的程序设计语言之间的差异非常大。语言之间的巨大差异导致很难直接将语言前端接入 GCC、LLVM 等成熟的编译框架上。为了能够将不同语言前端对接到 GCC 和 LLVM 等编译框架上，通常需要引入若干固定的抽象层次，通过逐级下降的方式将语言的中间表示转换到目标编译框架支持的中间表示。

在对接编译框架之前通过引入一些自定义的 IR 和抽象层次，可以解决特定语言相关的一些问题。例如，语言或库函数相关的优化和语义检查等。而 GCC 和 LLVM 框架则负责处理与语言无关的优化并生成特定后端的可执行程序。但是，这些自定义的 IR 和抽象层次只能由语言和编译器设计者自行实现，而且不同抽象层次之间的转换只能通过硬编码来实现。不同的抽象层次之间通常只能进行单向的转换。在这类系统中添加新的抽象层次或者扩展新的功能是非常困难的。而且，与具体语言相关的抽象层之间的转换、调试信息的传递、中间表示的处理、诊断信息的处理等也涉及非常大的工作量。

MLIR 为编译器前端开发提供了一套非常完善的基础架构。编译器开发人员可以复用 MLIR 的基础架构，不必从零开始处理基础的语法分析、语义检查、操作变换、调试信息传递、故障诊断、并行编译、Pass 管理等功能，从而专注于处理前端语言在不同的抽象层次之间的转换。不仅如此，在 MLIR 中可以很容易地定义和引入新的抽象层次，也可以方便地定义新的操作，不同的抽象层次之间可以自由转换，自定义的操作也可以通过重写转换为通用的操作，从而解决了软件碎片化的问题，减轻编译器前端的开发工作量。

MLIR 解决这些问题的方式是提供一种能够很方便地实现任意操作和抽象层次的框架，而不是直接提供一种通用的中间表示（Intermediate Representation，IR）。因此，可以说 MLIR 实际上是一个工具包加上一系列 IR 规范，工具包提供了编译器开发必需的框架支持，而 IR 规范则为可扩展性提供了可能。基于 MLIR 定义的 IR 规范，编译器开发人员可以根据不同应用场景的实际需要定义所需的各种操作。借助 MLIR 提供的工具包和 IR 规范，编译器开发人员可以轻易地在不同的抽象层次之间进行转换，并能够在同一个编译单元中表示、分析和转换成多级别抽象的操作。

MLIR 是在 LLVM 框架的基础上发展起来的，因此，MLIR 与 LLVM IR 有着天然的亲和性。MLIR 大量复用了 LLVM 的基础设施并借鉴了 LLVM 中优秀的设计理念，并且对其进行了针对性的改进，尽可能让一切都是可定制的。为此，MLIR 仅保留了 LLVM 中非常基础的概念，即类型、操作和属性，在这些概念的基础上实现了灵活的可扩展性。上至机器学习的计算图、编程语言的语言特性、特定语言的抽象语法树、多面体优化模型、控制流图，下至贴近硬件指令的底层 IR，都可以自由地集成在 MLIR 构成的系统中，完全不需要硬编码。

MLIR 的开放性源自 MLIR 只定义了 IR 规范而没有规定具体 IR，这是 MLIR 与传统编译框架（例如 LLVM 和 GCC）的一个显著的不同点。为了高效组织和管理这个可以任意扩展的 IR 系统，MLIR 引入了方言（dialect）的概念。方言是开发人员与 MLIR 框架进行互动的机制和规范，也是扩展 MLIR 的方法。方言可以看成一系列可以满足特定需求的操作、类型和属性的集合。每个方言中可以自定义新的类型操作和属性，任意的操作都必须属于某一个方言。

方言是一种对不同操作进行划分和隔离的机制，它为 MLIR 实现模块化和可扩展提供了可能。在一个方言中允许定义新的操作、属性和类型，每个方言都有一个唯一的名字空间。每个方言定义的类型、操作和属性都会以该方言的名字空间作为前缀。现在比较成熟的方言包括：Affine 方言、Linalg 方言、NVVM 方言及 LLVM 方言等。尽管任意一个类型和操作都只属于一个方言，MLIR 允许在同一个模块中混合使用不同的方言，不同方言的类型、操作和属性之间也可以互相转换。来自不同方言的操作可以在任意的抽象层次共存，从而使得渐近式下降成为可能，也为不同语言的混合编程提供了一种新的可能。

　　MLIR 的设计理念是统一高层的所有架构，是一个大一统的解决方案，向上对接框架，向下对应 LLVM IR 或者直接生成架构相关的代码。一个典型的 MLIR 应用场景如图 8.1 所示。

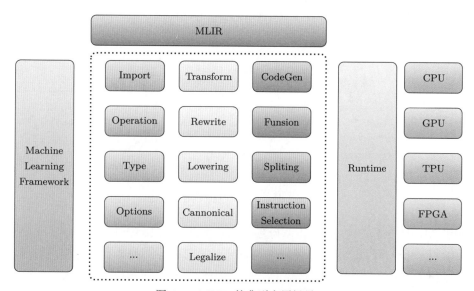

图 8.1　MLIR 的典型应用场景

8.1.1　MLIR 基本概念

　　与 LLVM IR 类似，MLIR 是基于 SSA 形式的强类型 IR。在 IR 的层次结构上，MLIR 也与 LLVM 非常相似。在 LLVM IR 的一个编译单元中，位于最顶层的是模块（module），每个模块由若干个全局变量（global variable）和函数（function）组成，每个函数又由若干个基本块（basic block）组成，每个基本块包含若干顺序执行的指令（instruction）。MLIR 在保留这种层次结构的基础上做了进一步的抽象，将模块、全局变量、函数、基本块和指令都抽象为操作（operation）。

　　MLIR 中的操作从表现形式上与函数类似，可以返回零个或多个返回值，可以有零个或者多个操作数，可以有零个或多个区域（region），也可以携带零个或多个属性。其中，属性必须是有类型的编译常量（例如立即数、字符串或者常量列表等），每个操作的属性都以键-值对的形式存储。MLIR 中借助区域实现对作用域的支持，一个操作只能引用作用域内可见的值，而且该操作的操作数和返回值在一个区域内都是静态单变量（Static Single Assignment, SSA) 形式的。

　　MLIR 不仅允许定义任意的方言，还允许自定义每个方言或者操作的语法表现形式。与 LLVM IR 一样，MLIR 也有 3 种表示形式：一种是肉眼可见的文本表示，另一种是内存中便于做分析和变换的数据结构表示，还有一种是适合存储的序列化表示，这 3 种表示方式携带的信息量是等价的。一个操作的返回值、操作数、属性和区域的文本表示形式可以由开发人员通过重写 parser() 和 printer() 函数的方式进行定制。基于这些方法，可以为实现操作的序列化或反序列化，即将内存表示转换为方便阅读的字符串形式，或者将字符串形式的 MLIR 描述通过反序列化方法转换为内存表示形式。

　　在 MLIR 中可以定制每个操作的 printer()、parser()、静态分析、语义检查、操作重写等功能。由于 MLIR 支持在不同的操作之间进行转换，为了确保转换的正确性，可以为每个操作定义一个 verify() 函数用于检查 IR 的合法性。图 8.2 给出了一个自定义操作的示例。

图 8.2　操作示例

　　由于 MLIR 是建立在 LLVM 基础之上的，因此 MLIR 可以直接转换到 LLVM IR。在 MLIR 中，LLVM IR 是以 LLVM 方言的形式存储的。其他方言的操作可以通过下降转换为 LLVM 方言，从而直接对接 LLVM。因此，不同的语言前端可以在 MLIR 层次统一并生成 LLVM IR，然后利用 LLVM 的基础设施实现整合。图 8.3 是一段 LLVM 方言的代码示例。

```
1  %13 = llvm.alloca %arg0 x !llvm.double : (!llvm.i32) -> !llvm.ptr<double>
2  %14 = llvm.getelementptr %13[%arg0, %arg0] : (!llvm.ptr<double>, !llvm.i32, !
        llvm.i32) -> !llvm.ptr<double>
3  %15 = llvm.load %14 : !llvm.ptr<double>
4  llvm.store %15, %13 : !llvm.ptr<double>
5  %16 = llvm.bitcast %13 : !llvm.ptr<double> to !llvm.ptr<i64>
```

图 8.3　LLVM 方言的代码示例

　　传统编译器一般采用的是展开（或称平坦的）的控制流图（Control Flow Graph，CFG），在这种表示形式下，所有的 IR 都位于同一个层次的 CFG 中。而在 MLIR 中则采用分层的控制流图，控制流图的分层是借助操作所属的区域实现的。分层控制流图不仅可以简化程序的控制流，还可以加速编译。从自顶向下的视角来看，嵌套的控制流图形成一个树状结构。以图 8.4 为例，example() 函数的函数体是一个区域，这个区域中有四个基本块 bb0、bb1、bb2 和 bb3；在基本块 bb2 中的 accelerator.launch 操作还

有一个子区域，在这个子区域中有一个名为 bb0 的基本块。在这个例子中，嵌套的区域
统一了异构编程环境中的主机侧和设备侧代码。

```
1   func @example(i64, i1) -> i64 {
2   ^bb0(%a: i64, %cond: i1):
3     cond_br %cond, ^bb1, ^bb2
4
5   ^bb1:
6     %value = "mydialect.myop"(%a) : (i64) -> i64
7     br ^bb3(%a : i64)
8
9   ^bb2:
10    accelerator.launch() {
11    ^bb0:
12      %newvalue = "accelerator.myop"(%a) : (i64) -> ()
13    }
14
15  ^bb3(%b : i64):
16    ..
17  }
```

图 8.4　基本块之间的值传递示例

　　MLIR 当前支持两种类型的区域，即 SSACFG 区域（SSACFG region）和图区域
（graph region）。SSACFG 区域用于描述控制流关系。在 SSACFG 区域中，不同的操作
按顺序执行。图区域并不强调基本块之间的控制流关系，主要用于描述并发关系或有向
图结构。当前的图区域仅能包含一个入口基本块，而且基本块中各个操作的文本顺序并
不代表实际的执行顺序，因为所有的操作都是独立而且并发执行的，因此可以将每个操
作变成一个具体的线程。

　　每个 SSACFG 区域的第一个基本块称为入口基本块，入口基本块仅能作为一个区
域的开始，不能作为其他基本块的后继结点。基本块之间的控制流关系由每个基本块的
终结操作（terminator operation）决定，对于没有指定后继基本块的终结操作，控制流
会回到上一级区域。不可达的基本块最终可以被优化掉。每个区域都可以认为是一个单
入口多出口的控制流结点，控制流只能从入口基本块中进入一个区域，但是却可以从多
个基本块退出。一个仅包含一个基本块的区域可以没有终结操作，例如程序的顶层模块
对应的区域。

　　每个 SSACFG 区域可以包含一系列的基本块，而每个基本块中又可以包含一系列
的操作，而这些操作则又可能进一步包括一系列的区域，MLIR 就是通过这种方式来实
现控制流图（Control Flow Graph，CFG）嵌套的。每个区域内同一个抽象级别的基本
块又会构成一个控制流子图。区域之间的控制流由操作的具体语义决定，例如 IfElse 操
作的两个区域只会有一个被执行，而 affine.for 操作的区域则会在满足条件的情况下循
环执行。

在 MLIR 中，每个基本块都可以有一系列可选的参数，表示进入该基本块的值，而这些参数则是在其前驱基本块中定义的。因此，可以将一个基本块看成一个函数。每个区域的入口基本块的参数就是该区域的所有参数，而每个区域的第一个基本块的参数是由上一级区域的语义决定的。值可以在基本块之间传递，哪些值会被传递到后继基本块是由终结操作的语义决定的。MLIR 采用这种显式传递值的方式可以避免引入 ϕ 结点。这里需要注意的是，通过基本块参数传递的值都是那些与控制流相关的值，而与控制流无关的值则可以跨基本块直接引用。

我们以图 8.4 所示的 MLIR 代码为例介绍 MLIR 中实现的这种函数式 SSA 的表现形式。例如 bb3 中的%b 实际上对应 bb1 中的%a，而 bb1 的%a 实际上是 example 函数的第一个参数。入口基本块的所有参数可以被 bb0 支配的所有的基本块中的操作引用。在 bb1 跳转到 bb3 时，会将%a 传递给 bb3。而 bb2 中又包含一个子区域，在这个子区域中可以引用%a 和%cond，但是不能引用%value，因为%value 没有支配 bb2。

MLIR 中的每一个值都有一个确定的类型，这个类型既可以是基础数据类型，例如 i32, f32, i1 等，也可以是聚合数据类型。MLIR 的内建数据类型中并不包含结构体、数组和字典等典型的聚合数据类型。但是，MLIR 的类型系统是非常开放的，既可以自定义与应用相关的类型，也可以对一个类型定义别名，如图 8.5 中所示的!avx_m128 就是 vector<4xf32> 的别名。

```
1    !avx_m128 = type vector<4xf32>
2    // using the original type
3    "foo"(%x) : vector<4xf32> ->()
4    // using the type alias
5    "foo"(%x) : !avx_m128->()
```

图 8.5　MLIR 中实现类型别名的方法

在 MLIR 中众多的聚合数据类型中，最常用的是 tensor 和 memref。tensor 和 memref 可以看成一个多维数组，其中，tensor 并不对应特定的存储空间，而 memref 则表示一块具体的存储区域。tensor 通过 bufferization 操作转换为 memref。一个被写入内存的标量可以认为是一个零维的 memref。memref 的文法描述如图 8.6 所示。memref 和 tensor 都可以携带地址空间属性、维度信息以及数据布局信息。如果一个 tensor 或者 memref 没有显式指定地址空间，则使用默认的 0 地址空间。LayoutSpec 用于描述数据的布局信息，如果没有显式指定，则表示数据是按顺序致密摆放的，而且摆放顺序和坐标访问顺序相同。例如，$a \times b \times c \times f32$ 中 $a \times b \times c$ 给出了逻辑索引空间中每个维度的大小。StridedLayoutSpec 可以看成 SemiAffineMapLayoutSpec 的一种语法糖，我们将在8.1.2节详细介绍其具体含义。需要注意的是，tensor 和 memref 的维度都可以是不确定的，例如 memref< $* \times f32$ >，维度不确定的 memref 是不能携带 LayoutSpec 的。

```
1    MemRefType -> RankedMemRefType | UnRankedMemRefType
2    UnRankedMemRefType -> 'memref' '<' '*' '×' Type MemorySpace '>'
3    RankedMemRefType -> 'memref' '<' DimensionList '×' Type LayoutSpec
         MemorySpace '>'
4    MemorySpace -> ',' IntegerLiteral | ε
5    Type -> BuiltinType | CustomizedType
6    DimensionList -> DimisionList 'x' Dimension | Dimension
7    Dimension -> IntegerLiteral '| '?'
8    LayoutSpec -> ',' LayoutSpecExpr | ε
9    LayoutSpecExpr -> StridedLayoutSpec | SemiAffineMapLayoutSpec
10   StridedLayoutSpec -> 'offset' ':' Dimension ',' 'strides' ':' StrideList
11   StrideList -> '[' (Dimension (',' Dimension)*)) ? ']'
12   SemiAffineMapLayoutSpec -> (SemiAffineMap ',')* SemaAffineMap
```

图 8.6　memref 的文法描述

8.1.2　与多面体模型的集成

MLIR 在设计之初就考虑了与多面体模型的集成，因此可以很容易地借助多面体优化的概念来实现依赖分析和循环变换。图 8.6 中定义的 LayoutSpec 和 SemiAffineMapLayoutSpec 实际上就是一种近似仿射函数，在 MLIR 中称为 affine_map。利用 affine_map 可以实现索引空间之间的变换，或者索引空间到物理存储空间之间的映射。MLIR 中几种常见的仿射映射如图 8.7 所示。

```
1    //对等映射，即逻辑索引空间和物理索引空间坐标相同
2    #identity = affine_map<(d0, d1) -> (d0, d1)>
3
4    //列优化存储模型，memref 默认采用行优先存储方式，通过交换维度次序即可以实现列优化顺序
5    #col_major = affine_map<(d0, d1, d2) -> (d2, d1, d0)>
6
7    //将二维逻辑索引空间的索引映射在 5x4 分块的物理索引空间中
8    #tiled_static = affine_map<(d0, d1) -> (d0 floordiv 5, d1 floordiv 4, d0 mod
         5, d1 mod 4)>
9
10   //将一个二维空间进行动态分块
11   #tiled_dynamic = affine_map<(d0, d1)[s0, s1] -> (d0 floordiv s0, d1 floordiv
         s1, d0 mod s0, d1 mod s1)>
12
13   // 对二维数据分块，并在最低维度做模 2 运算
14   #padded = affine_map<(d0, d1) -> (d0, (d1 + 2) floordiv 2, (d1 + 2) mod 2)>
15
16   // 为每个维度添加一个偏移量
17   #offset_map = affine_map<(d0, d1)[s0, s1] -> (d0 + s0, d1 + s1)>
18
19   #dimreduce = affine_map<(d0, d1) -> (d0*16-d1+15)>
```

图 8.7　MLIR 中几种常见的仿射映射

从书写顺序上，MLIR 中的近似仿射函数的最左侧维度表示变化最慢的维度，最右侧索引空间则表示变化最快的维度。MLIR 中的 memref 在默认情况下对应的存储顺序是行优先存储，可以利用图 8.7 中的 #col_major 调换索引空间顺序，从而实现列优先访问。图 8.7 中的 #tiled_static 可以用来表示分块数据在物理存储空间的布局，虽然程序员将整块数据看成一个整体并可以使用一个二维坐标 (d0, d1) 来进行访问，但是这种访问方式必须经过 #tiled_static 的变换。

affine_map 不仅能够实现索引空间到数据空间的映射，还可以实现不同索引空间之间的映射，例如，#affine_map<(d0, d1) -> (d0 + 128, d1 + 128)> 可以将索引空间 $128 \times 128 \times f32$ 映射到索引空间 $256 \times 256 \times f32$。图 8.8 给出了将 12×10 的索引空间按 5×4 进行分块的示意图。

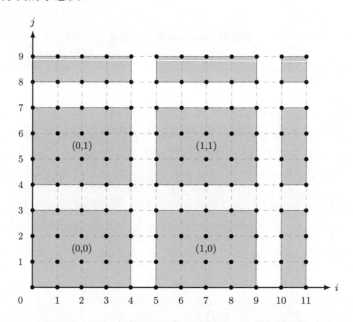

图 8.8　memref 中分块的表示方式及其最终的效果

我们以 memref $< 16 \times 32 \times f32, (i,j)-> (33 + i + 64 \times j) >$ 为例，这个 memref 的元素类型为 float，元素个数为 $16 \times 32 = 512$，它的第一个元素在存储空间中的位置为 $33 \times \text{sizeof(float)}$。从程序员的视角来看，这些数据是二维连续存储的。但是从物理视角来看，所有数据是非连续存储的。整个二维张量的第 i 行第 j 列的元素在物理存储空间的中位置为 $(33 + 1 \times i + 64 \times j) \times \text{sizeof(float)}$，也就是说，最内层维度的两个相邻元素之间是连续存储的，而最外层维度的两个相邻元素之间间隔 64 个元素。

前面介绍 memref 的语法形式时指出，StridedLayoutSpec 是 SemiAffineMap-LayoutSpec 的一种语法糖，也是 MLIR 内部的表示形式。对于前面提到的 memref $< 16 \times 32 \times f32, (i,j)-> (33 + i + 64 \times j) >$，对应的 StridedLayoutSpec 为 memref $< 16 \times 32 \times f32, \text{offset} : 33, \text{strides} : [1, 64] >$。需要注意的是：StridedLayoutSpec 表示中的 offset 是不可以省略的。

从多面体模型的角度，memref $< 16 \times 32 \times f32, (i,j) - > (33 + i + 64 \times j) >$ 相当于定义了一个二维的索引空间 $\{(i,j) : 0 \leqslant i < 16 \wedge 0 \leqslant j < 32\}$。索引空间描述的是程序员视角的逻辑数据布局，而逻辑数据布局到实际的物理数据布局的映射是由仿射映射 $(i,j) \rightarrow (33 + i + 64 \times j)$ 来实现的。

MLIR 对仿射表达式进行了一些扩展，使之支持包括 floordiv、ceildiv、max、min 和 mod 等非线性操作。经过扩展的仿射表达式在多面体模型中称为近似仿射表达式，例如 $(i + j + 1, j)$、$(i\%2, i + j)$、$(j, \lfloor i/4 \rfloor, i\%4)$、$(2i + 1, j)$ 就是近似仿射表达式，但是 $(i \times j, i^2)$ 和 $(i\%j, i/j)$ 不是近似仿射函数。affine_map 本质上是一系列的仿射函数，用于将一系列维度索引和符号映射成一系列的结果，整个映射过程中只会出现近似仿射表达式。

索引（index）和符号（symbol）是 MLIR 中两个重要的概念，二者都是整数。索引出现在圆括号中，而符号则出现在方括号中。索引用于表示迭代空间或者数据空间的维度信息，而符号则用于表示一个在特定区域内的符号常量。索引和符号都可以通过一些操作绑定一个 SSA 的值，也可以通过特定的操作获取某个索引或者符号的值。在 MLIR 中区分索引和符号的原因是：索引通常作为 affine_map 的自变量（或者称为参数），但是符号是在映射关系建立以后绑定的一个常量。

由于 affine_map 本身是一个属性，因此可以出现在属性可以出现的任意位置，也可以为 affine_map 定义别名，如图 8.9 所示。

```
1   #affine_map2to3 = affine_map<(d0, d1)[s0] -> (d0, d1 + s0, d1 - s0)>
2   %x = memref.alloc()[%N] : memref<40x50xf32, #affine_map2to3>
3   %y = memref.alloc()[%N] : memref<40x50xf32, affine_map<(d0, d1)[s0]->(d0, d1 +
        s0, d1 - s0)>>
```

图 8.9　MLIR 中的属性别名的定义

在图 8.9 所示的例子中定义了一个属性 affine_map2to3, 用于实现二维空间到三维空间的仿射变换，即二维空间的坐标 $(d0, d1)$ 变换到三维空间的坐标 $(d0, d1 + s0, d1 - s0)$。在这个变换中出现了符号常量 $s0$，后面的 memref.alloc 将 N 绑定到了 $s0$。

MLIR 还提供了 affine 方言来简化对多面体模型的支持。图 8.10 所示为使用 affine 方言实现通用矩阵乘法（GEneral Matrix Multiply, GEMM）的代码示例，示例中用到的各种操作将在后面进行介绍。

在 affine 方言中，仿射约束集合 affine_set 是在整数空间上施加由维度标识符和符号共同描述的仿射约束后得到的，如图 8.11 所示。每个仿射约束是一个由符号或维度标识符构成的等式或不等式。为了方便描述，维度标识符或符号统一置于等式或不等式的左侧，而右侧统一为零。在 MLIR 中，仿射约束集合可以用来描述多面体模型中的循环迭代空间。与 affine_map 一样, affine_set 也是以属性的形式附着在具体的操作上的。

在 affine 方言中有以下几个重要的操作。

```
1    #map6=(d0)->(480, d0*(-480)+2048)
2    #map7=(d0)->(d0*60)
3    #map8=(d0)->(696, d0*60+60)
4
5    affine.for %arg3=0 to 5 {
6      affine.for %arg4=0 to 12 {
7        affine.for %arg5=0 to 128 {
8          affine.for %arg6=#map7(%arg4) to min #map8(%arg4) {
9            affine.for %arg7=0 to min #map6(%arg3){
10             affine.for %arg8=0 to 16 {
11               affine.for %arg9=0 to 3 {
12                 %0=affine.load %arg0[%arg6*3+%arg9, %arg3*480+%arg7]:memref
        <2088x2048xf64>
13                   %1=affine.load %arg1[%arg3*480+%arg7, %arg5*16+%arg8]:memref
        <2048x2048xf64>
14                   %2=affine.load %arg2[%arg6*3+%arg9, %arg5*16+%arg8]:memref
        <2088x2048xf64>
15                   %3=mulf %0,%1:f64
16                   %4=addf %3,%2:f64
17                   affine.store %4, %arg[%arg6*3+%arg9, %arg5*16+%arg8]:memref
        <2088x2048xf64>
18               }
19             }
20           }
21         }
22       }
23     }
24   }
```

图 8.10 采用 affine 方言实现的 GEMM

```
1    #int_set = affine_set<(d0, d1)[s0, s1] : (d0 >= 0, -d0 + s0 - 1 >= 0, d1 >= 0,
         -d1 + s1 - 1 >= 0)>
2    affine.if #int_set(%i, %j)[%M, %N] {
3    ...
4    }
```

图 8.11 整数集的定义方法

(1) affine.apply: 用于将多个 SSA 值作为索引代入 affine_map, 计算得到一个 SSA 值, 如图 8.12 所示。

```
1    %b = affine.apply affine_map<(d0)->(d0+10)>(%a)
```

图 8.12 affine.apply 的使用示例

(2) affine.for：用于表示循环嵌套操作，affine.for 操作的语义与 C 语言的多重嵌套循环类似，都是由循环变量、循环上界、循环下界（或整数集约束）和循环体构成。其中，循环体是 affine.for 操作对应的区域，而循环变量则是这个区域的一个参数；循环上界、循环下界都是 SSA 值。循环的下界可以是一系列维度或符号表达式的 max 操作，也可以是一个 SSA 值或其相反数。类似地，循环上界可以是一系列维度或符号表达式的 min 操作，或者是一个 SSA 值或其相反数。

affine.for 重复执行循环体，并以 stride 为步长更新循环变量。stride 必须是一个正整数，而且必须是常量。如果没有显式指定 stride，则表示 stride 取默认值 1。循环下界和循环上界构成一个半开半闭区间 [lowerbound, upperbound)。循环上界和循环下界都可以通过仿射映射得到，当没有指定仿射映射时，可以认为是做了一个零元仿射映射 () → (−42)()。

(3) affine.if：表示条件执行满足仿射约束的循环迭代，affine.if 可以带一个可选的 else 区域。如图 8.13 所示。

```
1  #map = affine_map<(d0)[s0] - (s0 - d0 - 1)>
2  #set = affine_set<(d0, d1)[s0, s1] : (d0 >= 0, -d0 + s0 - 1 >= 0, -d1 + s1 - 1
       >= 0)>
3  affine.for %i = 0 to %N step 2 {
4    affine.for %j = 0 to %N {
5      affine.if #set(%i, %j)[%N] {
6        %0 = affine.apply #map(%j)[%N]
7        %1 = affine.load %0[%i0 + 3, %i1 + 7] : memref<100 x 100 x f32>
8        ...
9      }
10   }
11 }
```

图 8.13　affine.if 的一个使用示例

(4) affine.load：从 memref 中读取一个元素，其中 memref 每个维度的坐标是由循环变量和符号常量构成的近似仿射表达式。

(5) affine.store：将一个元素写入到 memref 中，其中 memref 每个维度的坐标是循环变量和符号常量构成的近似仿射表达式。

(6) affine.max：从仿射映射返回的一组 SSA 值中选择一个最大值。

(7) affine.min：从仿射映射返回的一组 SSA 值中选择一个最小值。

(8) affine.prefetch：从一个 memref 中预取数据。

(9) affine.parallel：定义了一个可以并行执行的多维平行四边形区域，affine.parallel 定义了零个或多个循环变量，这些循环变量是区域的参数。affine.parallel 定义的并行执行区域的每个维度的上界和下界也是由仿射映射得到的。图 8.14 给出了一个基于 affine.parallel 实现的并行卷积算法。

```
1   affine.parallel (%x, %y) = (0, 0) to (98, 98) {
2     %0 = affine.parallel (%kx, %ky) = (0, 0) to (2, 2) reduce ("addf") {
3       %1 = affine.load %D[%x + %kx, %y + %ky] : memref<100x100xf32>
4       %2 = affine.load %K[%kx, %ky] : memref<3x3xf32>
5       %3 = arith.mulf %1, %2 : f32
6       affine.yield %3 : f32
7     }
8     affine.store %0, O[%x, %y] : memref<98x98xf32>
9   }
```

图 8.14   基于 affine.parallel 实现的并行卷积算法

8.2   Halide

Halide 是面向图像处理的领域专用语言。图像处理领域的计算模式以 stencil 计算
（例如卷积、滤波等）和递推型计算（例如直方图）为主。一个完整的图像处理算法往往
由多个阶段 (stage) 构成，每个阶段完成特定的操作，相邻阶段之间构成"生产–消费"
关系，不同的阶段组合起来形成完整的图像处理流水线（pipeline）。原始图像以流式处
理的方式顺序经过流水线的每个阶段，最终输出经过处理的图像。

一个完整的图像处理流水线往往同时蕴含着阶段内和阶段间的并行性和局部性。在
阶段内，无论是 stencil 类型还是归约类型的计算，输出像素之间都可以并行处理，相
邻输出像素所依赖的输入像素往往也是相邻的。在阶段之间，无依赖的阶段可以映射到
不同的处理单元上并行执行，有依赖的阶段也可以通过分块和融合等方式来提高计算效
率。一个高性能的图像处理算法，需要根据具体硬件的计算能力和 IO 能力，在众多发
掘并行性和局部性的策略中选择一种最优的实现。

然而，对于软件开发人员来说，从大量的优化策略中找到一个最优的策略是非常困
难的，对于一个复杂的算法甚至是不可能做到的。对于复杂的图像处理算法来说，并行
性和局部性是无法兼得的，所有的优化策略都会涉及各个级别的并行性和局部性之间的
折中，程序员往往需要在并行性、局部性及冗余计算之间做权衡。我们以图 8.15 所示
的一个非常简单的二级 1×3 模糊算法为例，该算法是一个典型的 stencil 计算模式：所
有的 $y1[i]$ 之间都不存在数据依赖，可以并行计算；同样，所有的 $y2[i]$ 之间也不存在数
据依赖，可以并行计算。

但是，简单地对 $y1[i]$ 和 $y2[i]$ 做并行计算并不能达到最优的性能，因为没有利用
$y1[i]$ 的数据局部性。当数据规模很大时，需要对输出 $y2[i]$ 进行分块以保证数据局部
性。但是，在分块边界处会引入冗余计算和重复加载。如图 8.16 所示，在计算 $y2[i]$ 和
$y2[i+1]$ 时都需要计算 $y1[i+1]$，而计算 $y1[i+1]$ 又需要加载 $x[i]$, $x[i+1]$ 和 $x[i+2]$。
因此，如果面向输出 $y2[i]$ 进行任务切分和并行计算，那么 $y1[i+1]$ 就会被重复计算，
而 $x[i]$, $x[i+1]$ 和 $x[i+2]$ 则会被重复加载。

```
1    for (i = 1; i < M - 1; i++) {
2      y1[i] = x[i-1] + x[i] + x[i+1];
3    }
4    for (i = 2; i < M - 2 i++) {
5      y2[i] = y1[i-1] + y1[i] + y1[i+1];
6    }
```

图 8.15　二级 1×3 模糊算法（输入向量长度为 M）

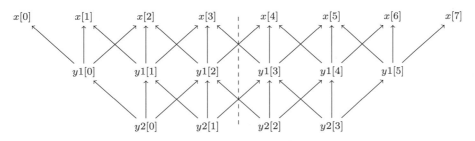

图 8.16　数据依赖图（$M = 7$）

8.2.1　Halide 设计理念

传统的编程语言并不区别算法描述和调度策略，调度策略隐含在算法实现中。因此，不同的调度策略对应不同的算法实现。使用传统编程语言在特定的硬件平台上实现一个高效的图像处理算法是非常困难的，对于这类程序的优化策略，往往涉及多个局部的优化动作，而每一个局部的优化动作都会对全局的优化策略产生影响，牺牲一些优化机会或暴露出更多的优化机会。即使是资深的软件人员也需要消耗大量的时间来做性能优化和代码重构。

Halide 的最大创新之处在于将算法描述和调度策略分离。通过将算法描述和调度策略分离，程序员可以在描述算法时专注于算法本身，而不必关心算法的性能优化。同样，在描述调度策略时也不必担心因为修改代码而改变原有算法的语义。在将调度策略从算法描述中分离出来以后，算法程序员只需要专注于描述应用算法。同一份算法要想适配到不同的架构，只需要修改调度策略即可，甚至可以将整个性能优化的工作交给熟悉底层架构的其他人完成。

Halide 语言经过编译后可以生成 Halide IR，与调度相关的优化都是在 Halide IR 上施加的等价变换。Halide IR 非常精简，仅包含算术运算（Add、Sub、Mul、Div 和 Mod）、比较运算（Min、Max、Eq、Ne、Lt、Le、Gt 和 Ge）、逻辑运算（And、Or 和 Not）、类型转换（Cast）、存储管理（例如 Allocate、Realize 和 Free 等）、访存操作（例如 Load、Store 和 Prefetch 等）、控制流（Call、Block、AssertStmt、Fork、Select、IfThenElse、For）和向量操作（Ramp、Broadcast、Shuffle、VectorReduce）等基础操

作。Halide 语言相关的语义检查、代码优化、代码生成等工作，都是在 Halide IR 上进行的。

Halide 通过有向无环图（Directed Acyclic Graph, DAG）来描述一个图像处理算法，结点之间的边构成基本运算之间的数据依赖，一个结点对应 Halide 中的一个阶段，用于表示图像处理的一些基本操作，这些基本操作包括卷积、滤波等 Stencil 类型的邻域运算，以及直方图等全局归约运算等。在 Halide 中，每个基本的操作都对应一个 Func。对于一个 N-输入的 Func:$f(x_1, x_2, \cdots, x_N)$，其定义域为整个 N 维整数空间。

8.2.2　Halide 调度树

使用 Halide 语言描述的算法由一系列阶段构成，每个阶段都可以抽象为一个循环。对于一个复杂的图像处理算法，从输入到输出需要经过大量的阶段，每个阶段都需要对所有的像素点执行一些计算密度较低的基础操作。在每个阶段，所有输出像素点之间的计算都可以并行执行，因此蕴含着极高的并行性。但是，仅仅发掘阶段内的并行度无法在特定的硬件上达到较高的计算效率，因为每个阶段的计算密度和局部性都比较差。

我们以图 8.17 所示的 3×3 blur 算法为例，如果仅仅在阶段内实施优化，确实可以最大程度地发挥像素点之间的并行性，但是却破坏了阶段之间的局部性。不仅如此，将 $bh(x, y)$ 的计算结果全部缓存起来，还需要大量的临时空间。因此，一个最优的实现一定需要综合考虑阶段之间的并行性和局部性。然而，整个有向无环图的直径（或者说深度）是非常大的，而且还会包含大量的分支和汇合结点。

```
1   Func bh, bv;
2   Var x, y, xo, yo, xi, yi;
3
4   // The algorithm
5   bh(x,y)=(in(x-1,y) + in(x,y) + in(x+1,y))/3;
6   bv(x,y)=(bh(x,y-1) + bh(x,y) + bh(x,y+1))/3;
7
8   // The schedule
9   bv.tile(x, y, xo, yo, xi, yi, 256, 32).vectorize(xi, 8).parallel(yo);
10  bh.compute_at(bv, xo).vectorize(x, 8);
```

图 8.17　3×3 blur 算法的 Halide 语言描述

Halide 的最大创新之处在于将算法描述和调度策略分离，算法仅用于描述各级输入和输出之间的依赖关系，而对程序的并行性、局部性、数据布局、存储需求等方面的描述则由调度策略进行描述。基于 Halide 语言优化程序，本质上就是在描述调度策略。Halide 的调度策略决定了阶段内各像素点之间的遍历顺序、存储空间的数据布局、阶段之间的计算序列和临时存储空间分配和释放的时机。

Halide 的调度是基于调度树进行的，调度树是对 Halide IR 的抽象表示，它通过图形结构来描述一个算法。整个调度树包含循环结点、存储结点、计算结点和根结点。每个调度树有且仅有一个根结点，这个根结点对应于图像处理算法最外层 (即最后一个阶段)，根结点的子结点是一系列递归定义的子调度树，每个结点都表示一个 Func 的存储分配、循环以及计算操作。一个结点的所有子结点在调度树中是按顺序排列的，这个顺序用于描述一个结点的操作语义。所有的非根结点都与某一个 Func 相对应。循环结点通过该循环的循环变量来描述，同时循环结点还会携带一个标签，用于表示该层循环是否是串行的（sequencial）、并行的（parallel）、向量化的（vectorized）或者是展开的（unrolled）。存储结点用于表示一个特定的 Func 的重用点，只有存储结点的子结点可以读写该结点描述的存储空间。一个 Func 的存储结点必须是其循环结点及其子函数的祖先结点。计算结点在调度树中通常是叶子结点，用于描述某个 Func 的具体的计算。计算结点的子结点只能是其他计算结点，计算结点本身必须是对应 Func 的循环结点的子孙结点。算法中的每一个 Func 都唯一对应一个计算结点。Func 可以被内联，被内联的Func 没有子结点。

基于调度树进行的调度优化本质上是作用于调度树上的一系列的等价变换，每一个等价变化的结果都是一个合法的调度。所有的等价变换都必须满足以下要求：

(1) 只有最内层的循环才能被向量化。

(2) 只有循环次数为常数的循环才能被循环展开。

(3) 函数值必须先计算后使用。在深度优先遍历整个调度树时，某个函数的计算结点必须在所有父函数的计算结点之前。

(4) 存储空间必须先分配后使用。在深度优先遍历整个调度树时，存储结点必须在所有引用该存储空间的所有结点之前。

整个调度优化是从一个初始的合法调度开始的，这个初始调度就是来自原始的算法描述。在 Halide 的原始算法描述中，每个阶段用一个 Func 来描述，这个 Func 的各层循环可以以任意的顺序执行。每个 Func 的输出都可能会作为多个 Func 的输入，而且一个 Func 还可能同时接受多个 Func 的输出。

最终的调度结果也是用调度树表示的。从根结点开始，按深度优化顺序遍历整个调度树，即可以实现最终的代码生成：

(1) 遇到循环结点时，创建一层循环，并设置循环的属性（sequential, parallel, vectorized, unrolled）。并按从左到右顺序遍历循环结点的所有子结点。对于每个子结点，都按深度优先顺序遍历其所有子结点。完成对所有的子结点遍历后，关闭该循环。

(2) 遇到存储结点时，分配对应的存储空间，按从左到右顺序访问所有子结点。对于每个子结点，都按照深度优化顺序遍历其所有的子结点。完成对所有的子结点的遍历后，翻译对应的存储空间。

(3) 遇到计算结点时，根据循环结点描述的定义域计算所有点的值，并将结果存储在存储结点分配的空间中。对于 inline 函数，直接返回对应点的值。

对于任意的 $X \in \mathbb{Z}^N$，$f(X)$ 表示 X 点的函数值。调度树与算法的对应关系如图 8.18 所示。所有 N 维点的值定义表达式都相同，因此整个函数可以认为是具有平移不变性的。对于具体的图像处理算法，并不需要计算所有的 $X \in \mathbb{Z}^N$。而是通过边界推理过程计算定义域的一部分。

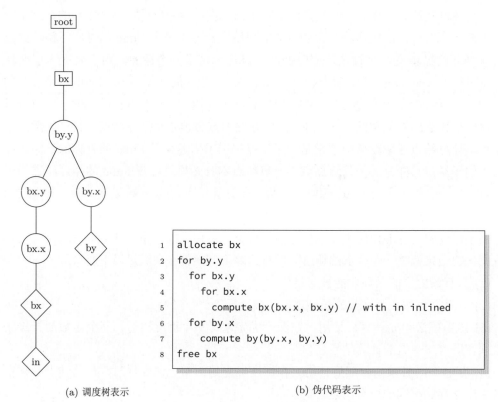

(a) 调度树表示   (b) 伪代码表示

图 8.18   调度树与算法的对应关系

在 Halide 中，并行性和局部性的挖掘都是基于循环变换进行的。在 Halide 中，原始算法的每个阶段都可以用一个完美循环来描述，也就是说，只有最内层循环才有实际需要执行的语句，而且循环的上界和下界是恒定的。经过调度之后的最终循环是半完美循环，即只有最里面的循环才具有实际需要执行的语句，而且只有最外面的循环边界可以是可变的。基于 Halide 的调度优化，本质上在改变原始循环的执行顺序，打破原始算法阶段之间的独立关系，将阶段之间有数据关联的部分集中在一起执行，在保证局部性的情况下尽可能地提高并行性。

目前，在 Halide 中提供了以下几种常见的基于调度树的等价变换：

(1) 循环拆分：将原始循环 for(i = 0; i < M; i + +) 按照拆分因子 factor 拆分为一个二层嵌套循环 for(outer = 0; outer < M/factor; outer + +) 和 for(inner = 0; inner < N; inner + +)，内层循环结点继承原始循环的所有子结点，并成为外层循环唯一的子结点，原始循环中所有对 i 的引用替换为 outer * factor + inner。当原始循环上界不能被拆分因子整除时，还会生成对应的尾数处理代码。循环拆分是 Halide 中使用非常

普遍的操作，循环经过拆分以后，可以继续进行循环并行、循环展开、循环融合、循环交换等操作。

(2) 循环融合：将二层嵌套循环 for(outer = 0; outer < M; i + +) 和 for(inner = 0; inner < N; inner + +) 合并为一个新的循环 for(fuse = 0; fuse < M × N; fuse + +)，原内层循环的所有子结点会成为新循环的子结点, 原始循环中对 outer 和 inner 的引用分别用 fuse/inner 和 fuse/outer 替换。循环融合并没有改变原始循环嵌套语句的执行顺序，只是将两个循环合并为一个整体，后续可以在循环融合的基础上做其他的变换。

(3) 循环分块：将原始的 N 层循环根据 N 个拆分因子拆分成 2N 层循环。当原始循环上界不能被拆分因子整除时，还会生成对应的尾数处理代码。

(4) 交换循环次序：交换两个嵌套循环的次序，循环的标签（sequential, vectorized, parallel 和 unrolled）作为原始结点的属性也会一同交换。由于 Halide 是以数据并行的方式在描述算法，因此可以以任意的顺序遍历迭代空间。经过循环交换后，调度树的拓扑结构不发生变化。原内层循环的子结点会变成外层循环的子结点。

(5) 改变循环标签：目前，Halide 支持 sequential, vectorized, parallel 和 unrolled 四种通用的循环标签，还支持诸如 GPUBlock、GPUThread、GPULanes 等面向特定硬件架构的循环标签。

(6) 改变数据布局：对于 $f(x, y)$, f.reorder_storage(y, x) 将函数 f 的数据布局从行主序改为列主序。

(7) 计算结点全内联：在默认的调度中，所有的计算都发生在最内层循环，整个计算过程中没有临时空间用于缓存中间计算结果。这种在每个调用点处重复的计算所依赖的值的模式，称之为全内联模式。全内联模式不需要额外的临时空间，但是存在大量的重复计算，只有当空间有限或 producer 计算代价较低时才有必要使用。计算结点全内联模式对应的 C 语言描述如图 8.19 所示。

```
1  producer(x, y) = sin(x * y);
2  consumer(x, y) =
3    (producer(x, y) +
4    producer(x, y+1) +
5    producer(x + 1, y) +
6    producer(x + 1, y + 1)) / 4;
7  consumer.realize({4, 4});
```

(a) 全内联模式

```
1  float result[4][4];
2  for (int y = 0; y < 4; y++)
3    for (int x = 0; x < 4; x++)
4      result[y][x] =
5        (sin((x+1)*(y+1))+sin((x+1)*y)+
6         sin(x*y) + sin(x)*(y+1))) / 4;
```

(b) C 语言描述

图 8.19 全内联模式与对应的 C 语言描述

(8) 计算结点提升：强制 producer 在 consumer 开始引用之前将所有需要的值事先计算出来，相当于将 producer 向调度树的根结点方向移动，因此称之为计算结点提升，对应的调度命令为 compute_root。compute_root 是与计算结点全内联模式完全相反的策略，它可以看成一种用存储换计算的方式，通过缓存全部中间结果来完全避免重复计

算，只有当 producer 的计算代价较大时才有必要使用。计算结点全内联模式对应的 C
语言描述如图8.20所示。

```
1  producer(x, y) = sin(x * y);
2  consumer(x, y) =
3    (producer(x, y) +
4     producer(x, y+1) +
5     producer(x + 1, y) +
6     producer(x + 1, y + 1)) / 4;
7  consumer.compute_root();
8  consumer.realize({4, 4});
```

(a) compute_root 调度命令

```
1  float result[4][4], buf[5][5];
2  for (int y = 0; y < 5; y++)
3    for (int x = 0; x < 5; x++)
4      buf[y][x] = sin(x * y);
5  for (int y = 0; y < 4; y++)
6    for (int x = 0; x < 4; x++)
7      result[y][x] = (buf[y][x] +
8        buf[y+1][x] +
9        buf[y+1][x+1] +
10       buf[y][x+1]) / 4;
```

(b) C 语言描述

图 8.20   compute_root 调度命令对应的 C 语言描述

(9) 计算结点部分内联：在指定的循环层级分配临时空间，并完成必要的计算。
compute_at 原语则是介于全内联模式和 compute_root 之间的一种模式，它平衡了
计算和存储之间的关系，是一种使用非常频繁的调度命令。对应的 C 语言描述如
图8.21所示。

```
1  producer(x, y) = sin(x * y);
2  consumer(x, y) =
3    (producer(x, y) +
4     producer(x, y+1) +
5     producer(x + 1, y) +
6     producer(x + 1, y + 1)) / 4;
7  producer.compute_at(consumer,y);
8  consumer.realize({4, 4});
```

(a) compute_at 调度命令

```
1  float result[4][4];
2  for (int y = 0; y < 4; y++) {
3    float buf[2][5];
4    for (int py = y; py < y + 2; py++)
5      for (int px = 0; px < 5; px++)
6        buf[py - y][px] = sin(px * py);
7    for (int x = 0; x < 4; x++)
8      result[y][x] = (buf[0][x] +
9        buf[1][x] + buf[0][x+1] +
10       buf[1][x + 1]) / 4;
11 }
```

(b) C 语言描述

图 8.21   compute_at 调度命令与 C 语言描述

(10) 计算和存储分离：对于 compute_root 模式来说，它将临时空间分配和计算绑
定在了一起，即在循环最外层分配全部空间，并在循环中完成所有的计算。然而实际上
可能需要空间分配和计算分成两个阶段，为此 Halide 引入了 store_root 命令，这个命
令仅在循环外分配空间，而计算则被尽可能推迟。store_root 便于利用 cache 的局部性，
由于临时空间中的数据在写入后不久便会被重新读取，因此 cache 局部性更好。对应的
C 语言描述如图 8.22 所示。

```
1  producer(x, y) = sin(x * y);
2  consumer(x, y) =
3    (producer(x, y) +
4     producer(x, y+1) +
5     producer(x + 1, y) +
6     producer(x + 1, y + 1)) / 4;
7  producer.store_root();
8  consumer.realize({4, 4});
```

(a) store_root 调度命令

```
1  float result[4][4], buf[5][5];
2  for (int y = 0; y < 4; y++) {
3    for (int py=y; py<y+2;py++) {
4      if (y > 0 && py == y) continue;
5      for (int px = 0; px < 5; px++)
6        buf[py][px] = sin(px * py);
7    }
8    for (int x = 0; x < 4; x++)
9      result[y][x] = (buf[y][x] +
10        buf[y+1][x] + buf[y][x+1] +
11        buf[y+1][x+1]) / 4;
12  }
```

(b) C 语言描述

图 8.22　store_root 调度命令与 C 语言描述的对应关系

本节介绍的 Halide 语言虽然没有直接应用多面体模型，但是其核心设计思想却对后续基于多面体模型的编译框架产生了深远的影响。Halide 最重要的贡献是提出了算法描述和调度分离的设计思想，该思想被后续的 TVM[25] 和 Tiramisu[6] 借鉴。Halide 提供了一种非常简单清晰的调度抽象。基于 Halide 的调度抽象，可以实现手动调度和自动调度，Halide 会对所有调度进行合法性检查。在 Halide 设计之初基本上只有手动调度，在手动调度策略下，所有的等价变换都由程序员显式给出。而后期提出的自动调度策略则可以通过算法自动给出[1,55]。但是，Halide 的调度树仅能实现调度空间中一部分变换，而之后提出的 Tiramisu 则完全解决了该问题。

8.3　Tiramisu

Tiramisu[6] 是一种基于多面体优化的编译框架，它与 Halide 同根同源，都是来自 MIT 媒体实验室的 Saman Amarasinghe 教授小组。二者的应用场景也非常相似，都擅长循环处理致密数据的情况，而这恰好是图像处理、深度学习和线性代数的经典场景。Tiramisu 也以数据并行的方式描述算法，这种模式的一个典型特征是嵌套循环处理多维数据。因此迭代空间中的语句可以以任意的顺序执行。数据并行也是深度学习、图像处理和线性代数中典型的计算模式。

与 Halide 类似，Tiramisu 也是将算法描述与调度描述分离，并通过引用专门的调度原语来实现半自动/人工调度，但是 Tiramisu 极大地扩充了 Halide 的调度能力。Tiramisu 的调度语言不仅能够操纵循环变换和数据布局，还能够实现显式通信和同步，并且提供了存储层次映射能力。与 Halide 的调度语言相比，Tiramisu 的调度语言允许程序员更加精细和灵活地控制优化和代码生成，从而达到比自动优化更高的性能。Tiramisu 是基于多面体模型的，可做的变换更多。

与 Halide 类似，Tiramisu 也是基于 C++ 扩展出的领域专用语言。在 DSL 中可以描述架构无关的算法，也可以描述指导优化和代码生成的调度命令。在算法描述部分，程序员不需要描述和循环优化、数据布局以及通信和同步相关的操作，只需要描述操作之间的依赖关系。整个算法描述是一个纯函数，也就是一个无状态的函数，输入数据经过一系列操作之后转换为输出数据。控制流只支持 for 循环和 if 语句，在描述循环时，同时也提供了迭代域。算法和调度都是在 C++ 中通过类型元编程的方式进行描述的，而目标代码的生成则是在 C++ 元编程程序运行过程中才生成的。图 8.23 给出了一个简单的 Tiramisu 代码示例。

```
1   // C++ code with a Tiramisu expression.
2   #include "Tiramisu/Tiramisu.h"
3   using namespace Tiramisu;
4
5   void generate_code()
6   {
7       // Specify the name of the function that you want to create.
8       Tiramisu::init("foo");
9
10      // Declare two iterator variables (i and j) such that 0<=i<100 and 0<=j<100.
11      var i("i", 0, 100), j("j", 0, 100);
12
13      // Declare a Tiramisu algorithm that is equivalent to the following C code
14      // for (i=0; i<100; i++)
15      // for (j=0; j<100; j++)
16      // C(i,j) = 0;
17      computation C({i,j}, 0);
18
19      // Specify optimizations
20      C.parallelize(i);
21      C.vectorize(j, 4);
22
23      // Generate code
24      C.codegen({&C.get_buffer()}, "generated_code.o");
25  }
```

图 8.23　Tiramisu 代码示例

PolyMage[54]、PENCIL[5]、Tensor Comprehensions[67]、Polly[36] 和 Pluto[16] 都是基于多面体优化技术的全自动优化编译框架，但是这类全自动的优化框架通常难以达到最优的性能，原因主要有两方面。一方面，自动优化只能实现一部分优化功能，无法像程序员一样实现非常特殊的精细、灵活的优化；另一方面，自动调度也很难找到一个能够精确描述底层硬件特性的机器模型。因此，像 AlphaZ[79] 和 CHiLL[24] 这类多面体优化框架则引入了调度语言，这类语言用于程序员辅助实现优化，从而达到更高的性能。Tiramisu 与这类半自动优化框架的一个重要的区别就是，Tiramisu 支持分布式系统，允许将计算任务进行划分并映射到不同的计算结点上（计算结点也可以是异构的），并在不同的计算结点之间发送和接收数据，并能够在不同的计算结点之间实现同步。

Tiramisu 将 IR 分为四个级别，将算法描述、循环变换、数据布局和通信完全分离，极大地简化了调度语言的实现，也显著降低了算法优化的复杂度，从而简化了架构无关的算法描述向不同硬件的映射过程，还可以避免后续阶段的优化影响前面已经做好的优化。最终经过 Tiramisu 四级中间表示的优化之后，Tiramisu 借助 Halide 后端将经过优化的 IR 转换为 Halide IR，然后再借助 Halide 的后端代码生成能力直接转换为 LLVM IR，LLVM IR 经过优化后才会变成具体硬件的可执行程序。

调度命令按照循环变换、数据布局、同步与通信的顺序依次作用在不同级别的 IR 上。通过对 IR 和调度进行分层，并限定优化次序，可以极大地简化优化问题，同时可以保证后续层级的优化不会影响前面优化的效果。例如，在做数据布局优化时，任务划分和循环变换已经完成，因此数据布局优化并不会改变任务划分或循环优化的效果。

由于 Tiramisu 有四级 IR，而且在不同的 IR 对应不同的优化命令，因此 Tiramisu 的调度命令也可以分为四类：

(1) 第一类用于操纵循环变换，具体命令有：

$C.\mathrm{tile}(i, j, t1, t2, i0, j0, i1, j1)$：将计算任务 C 的二重循环 (i, j) 按照 $t1 \times t2$ 进行分块，得到一个四重循环 $(i0, j0, i1, j1)$，对应 Halide 的 tile 命令。

$C.\mathrm{interchange}(i, j)$：交换计算任务中两层循环 i 和 j 的次序，对应 Halide 的 reorder 命令。

$C.\mathrm{shift}(i, s)$：将循环 i 按照常量 s 进行偏移。

$C.\mathrm{split}(i, s, i0, i1)$：将计算任务 C 的循环 i 拆分成二层循环 $(i0, i1)$，对应 Halide 的 split 命令。

$C.\mathrm{unroll}(i, v)$：将计算任务 C 的循环 i 按照展开因子 v 进行循环展开，对应 Halide 的 unroll 命令。

$P.\mathrm{compute\_at}(C, j)$：在计算任务 C 的循环 j 内完成计算任务 P，对应 Halide 的 compute_at 命令。

$C.\mathrm{after}(B, i)$：计算 C 应该在计算 B 的循环 i 后执行。

$C.\mathrm{inline}()$：在每一个调用 C 的地方将 C 的计算内联展开。

$C.\mathrm{set\_schedule}()$：将迭代空间 C 通过仿射函数进行调度。

(2) 用于将循环映射到不同的硬件，具体命令有：

$C.\mathrm{parallelize}(i)$：在共享存储硬件上将第 i 层循环并行化，对应 Halide 的 parallel 命令。

$C.\mathrm{vectorize}(i, v)$：按照向量长度 v 对循环 i 进行自动向量化，对应 Halide 的 vectorize 命令。

$C.\mathrm{gpu}(i0, i1, i2, i3)$：将循环 $(i0, i1, i2, i3)$ 映射到 GPU 上执行，其中 $(i0, i1)$ 映射到线程块，$(i2, i3)$ 映射到线程上。

C.tile_gpu($i0, i1, i2, i3$): 将循环 ($i0, i1$) 按 $t1 \times t2$ 进行切块，并将切块后的循环映射到 GPU 上。

C.distribute(i): 在分布式存储系统上并行化循环 i。

(3) 用于操纵数据，这些命令都是 Tiramisu 新增的，数据布局命令可以指定特定数据块的存储层次、数据布局等。具体命令有：

C.store_in(b, i, j): 将计算任务 $C(i, j)$ 的结果存储在 $b[i][j]$。

C.cache_shared_at(P, i): 在计算任务 P 的第 i 层循环，将数据从 GPU 的设备内存复制到共享内存。

C.cache_local_at(P, i): 在计算任务 P 的第 i 层循环，将数据从 GPU 的设备内存复制到本地内存。

send(d, src, s, q, p): 发送消息。其中，d 表示发送消息所在的循环迭代空间，src 表示发送方 buffer 空间，s 表示大小，q 表示发送接收方消息，p 表示发送消息的属性（可以是 synchronous、asynchronous、blocking 等）。

receive(d, dst, s, q, p): 接收消息。其中，d 表示发送消息所在的循环迭代空间，src 表示发送方 buffer 空间，s 表示大小，q 表示发送接收方消息，p 表示发送消息的属性（可以是 synchronous、asynchronous、blocking 等）。

buffer b(sizes, type): 声明缓冲区 b。

b.allocate_at(P, i): 在计算任务 P 的第 i 层循环创建一块缓存区。

C.buffer(): 返回 C 相关联的缓冲区。

b.set_size(sizes): 设置缓冲区的大小。

b.tag_gpu_global(): 指定缓冲区 b 位于 GPU 的全局设备内存。

b.tag_gpu_shared(): 指定缓冲区 b 位于 GPU 的共享内存。

b.tag_gpu_local(): 指定缓冲区 b 位于 GPU 的局部内存。

C.host_to_device(): 将 C.buffer() 从主机侧复制到设备侧。

C.device_to_host(): 将 C.buffer() 从设备侧复制到主机侧。

copy_at(P, i, bs, bd): 在计算任务 P 的第 i 层循环中，将缓冲区 bs 中的数据复制到缓冲区 bd 中。

(4) 用于控制同步和通信的 barrier_at(P, i) 命令，该命令是 Tiramisu 新增的，用于在计算任务 P 的循环 i 中增加一个同步操作。

图 8.24 给出了使用 Tiramisu 描述的图像处理领域的经典操作 3×3 blur 算法。对比图 8.24 和图 8.17 可以看出，Halide 和 Tiramisu 在算法描述上非常相似。但是，Tiramisu 在 Halide 的基础上扩展了很多诸如 C.distribute(i)，C.after(B, i)，C.store_in(b, i, j)，C.cache_shared_at(P, i)，C.cache_local_at(P, i)，send(d, src, s, q, p)，receive(d, dst, s, q, p)，b.allocate_at(P, i)，copy_at(P, i, bs, bd)，barrier_at(P, i) 等调度命令。此外，Tiramisu 在声明循环变量的同时就定义了迭代空间，而 Halide 在算法描述阶段并不会确定迭代空间，只是在最后调用 realize 的时候才会指定迭代空间信息。在得到最终输出的维度信息后，Halide 通过边界推理反推出每个循环的维度信息。而 Tiramisu 则在声明循环归约变量时就明确了迭代空间。

```
1   // Declare the iteration space
2   Var i(0, N-2), j(0, M-2), c(0, 3);
3
4   // Declare the computation
5   Computation bx(i, j, c), by(i, j, c);
6
7   // Declare the algorithm
8   bx(i, j, c) = (in(i, j, c) + in(i, j+1, c) + in(i, j+2, c)) / 3;
9   by(i, j, c) = (bx(i, j, c) + bx(i+1, j, c) + bx(i+2, j, c)) / 3;
```

图 8.24　Tiramisu 实现 3x3 blur 算法

Tiramisu 基于多面体模型表示实现调度优化。其中，整数集用于描述迭代空间，而仿射映射用于描述循环变换和存储访问。Tiramisu 中的整数集和映射都是基于 isl 库实现的。

Tiramisu 采用整数集来表示四级 IR，并用映射来表示迭代域和访存之间的变换关系。

在 Tiramisu 的四级 IR 中，第一级 IR 只描述算法，即指出每个操作的输入输出之间的"生产–消费"关系，在这个阶段不需要关心循环变换、存储层次、数据布局、通信和同步等细节。这个阶段的变量和数据也不对应具体的存储空间。整个算法可以看成一个纯函数，所谓纯函数是指没有隐藏状态、自包含（不引用全局变量）、没有全局副作用、对于固定输入始终产生固定输出的函数。Tiramisu 支持的控制流只能是条件语句和 for 循环，不支持 while 循环、goto 语句等。仍然以 3×3 blur 算法为例，对应的初始表示如下：

$$\{\mathrm{by}(i,j,c): 0 \leqslant i < N-2 \land 0 \leqslant M < M-2 \land 0 \leqslant c < 3\} : (\mathrm{bx}(i,j,c)+$$
$$\mathrm{bx}(i+1,j,c) + \mathrm{bx}(i+2,j,c))/3$$

其中，前半部分用于描述迭代空间，后半部分用于描述具体的计算。式中的 by 和 bx 额外的参数 c 用于维持计算顺序，实现字典序定义。

第二层用于表示计算顺序，并且实现任务划分和映射，但是这一层并不会处理具体的存储空间和存储层次相关的优化。与 by 对应的调度表示如下：

$$\{\mathrm{by}(i, i0(\mathrm{gpuB}), j0(\mathrm{gpuB}), i1(\mathrm{gpuT}), j1(\mathrm{gpuT}), c) :$$
$$i0 = \lfloor i/32 \rfloor \land j0 = \lfloor j/32 \rfloor \land i1 = i\%32$$
$$\land j1 = j\%32 \land 0 \leqslant i < N-2 \land 0 \leqslant j < M-2 \land 0 \leqslant c < 3\} : \tag{8-1}$$
$$(\mathrm{bx}(i0 \times 32 + i1, j0 \times 32 + j1, c)+$$
$$\mathrm{bx}(i0 \times 32 + i1 + 1, j0 \times 32 + j1, c)+$$
$$\mathrm{bx}(i0 \times 32 + i1 + 2, j0 \times 32 + j1, c))/3$$

这一层已经将计算任务映射到了不同的处理器单元上了。其实 gpuB、gpuT 分别表示 GPU 的线程块和线程维度，与之类似的标签还有 cpu（共享内存的多处理器系统）和 node（分布式系统的结点）。此外，Tiramisu 还包含 vectorized 和 unrolled 标签，用于实现向量化和循环展开。

第三层用于指定数据的布局和所处的存储层次，在这个级别还会申请和释放缓冲区。数据映射在 Tiramisu 中是一个仿射关系，它将迭代空间映射到缓冲区坐标。与 by 对应的多面体表示如下：

$$\{by(1, i0(gpuB), j0(gpuB), i1(gpuT), j1(gpuT), c)-> by[c, i0 \times 32 + i1, j0 \times 32 + j1] :$$
$$i0 = \lfloor(i/32)\rfloor \wedge j0 = \lfloor j/32 \rfloor \wedge i1 = i\%32 \wedge j1 = j\%32$$
$$\wedge 0 \leqslant i < N - 2 \wedge 0 \leqslant j < M - 2 \wedge 0 \leqslant c < 3\}$$
$$(8\text{-}2)$$

第四层则用于增加必要的通信和同步操作，具体的方法是根据用户指定的调度命令在对应的位置插入同步原语。

8.4　Tensor Comprehensions

深度学习模型在特定硬件上的性能除了依赖于框架级别的调度和融合优化以外，还严重依赖于每个高性能算子的实际性能。经过高层的调度和融合之后的计算图，为了达到最优的计算性能，要求计算图上的每个操作都对应一个高效的实现。为此，不同硬件厂商都基于自家硬件实现了一系列的高性能的算子库，例如 Nvidia 的 cuDNN/cuBLAS、Intel 的 NNPACK 等。但是，总有一些算子无法用现有的定制算子或基本算子组合而高效实现。产生这种状况的原因主要有两方面，一方面是新的网络和模型层出不穷，另一方面是计算图级别的融合策略多种多样。当遇到现有算子库或框架不支持的特殊算子，用户只能自行实现，这会牵涉大量的工作量，性能也无法保证可迁移。

本节要介绍的 Tensor Comprehensions[67] 语言就是为了解决这类问题而提出的。Tensor Comprehensions 是由 Facebook 设计的一个非常贴近深度学习模型特性的编程语言，基于 Tensor Comprehensions 可以非常容易地写入通用的机器学习算子，它的语法形式非常简洁但是可以表示丰富的语义。Tensor Comprehensions 语言主要用于表示点对点的张量计算，而张量表现为多维数组。在 Tensor Comprehensions 语言中，数组下标是隐式定义的，即无须定义，只要在表达式中出现就是数组下标，而且下标的范围是通过边界推导得出的。

图 8.25 给出了基于 Tensor Comprehensions 语言实现的矩阵向量乘法的具体实现。其中，函数 mv 的输入为二维张量 A 和一维张量 x，输出为一维张量 C。Tensor Comprehensions 语言基于 Einstein Notation 来表示基于多维数组的计算模型。代码中的 i 和 k 都是索引变量，但是 k 仅仅出现在了等号右侧，因此表示 $A(i, k) \times x(k)$ 会在最低维度进行归约运算。通过 Tensor Comprehensions 语言的边界推导功能，可以得到 i 和 k 的范围分别是 $[0, M - 1]$ 和 $[0, K - 1]$。

```
1  def mv(float(M,K) A, float (K) x) -> (C) {
2    C(i) = 0
3    C(i) += A(i,k) * x(k)
4  }
```

图 8.25　Tensor Comprehensions 代码示例

计算图引擎的编程语言需要保证语言抽象不仅能够提高生产力，还要能够根据具体的硬件进行针对性的优化。因此，Tensor Comprehensions 实现了基于多面体理论的即时编译（Just-In-Time，JIT）优化和编译流程来实现并行性和存储层次相关的优化，这个编译流程目前可以将一个用 Tensor Comprehensions 语言描述的计算图结点转换为高效的 CUDA 实现。

Tensor Comprehensions 不需要开发人员写调度原语，它实现了一种基于启发式策略的 autotunner 来自动搜索优化策略，并利用 code caching 技术来保存当前最优的策略。autotuning 框架利用 JIT 编译和缓存代码，用于消除复杂的控制流和地址生成逻辑，从而实现更多的优化。

Tensor Comprehensions 语言的数组下标是隐式定义的，而且只描述了一个元素的计算。因此需要通过边界推导确定整个计算的维度信息。对于简单的情况，例如图 8.25 所示的矩阵向量乘法，是非常容易通过形状推导出维度信息的。由于一维输入张量 x 的维度大小为 K，因此可以得出 k 的范围是 $[0, K-1]$，由于二维输入张量 A 的维度为 $M \times K$，因此可以得出 i 的范围是 $[0, M-1]$。从而得出输出张量 C 的范围是 $[0, M-1]$。

对于一些复杂情况，则没有这么直观了。例如，图 8.26 所示的代码，根据输入 K 的维度信息可以得出 x 必须在 $[0, N-1]$ 范围内，根据 I 的形状可以得出 $i+x$ 必须在 $[0, M-1]$ 区间内。这里与 i 相关的约束中存在另一个索引变量 x，因此无法直接推导出其范围。Tensor Comprehensions 解决这类多变量约束问题的办法如下：首先处理张量 K 的索引变量 x，不处理张量 I 的索引变量表达式的原因是，它的表达式中同时含有 i 和 x 两个未求解的索引变量。这一轮可以得出变量 x 的范围是 $[0, N-1]$。下一轮，开始处理 i，此时已经知道 x 的范围是 $[0, N-1]$，而且 $x+i$ 需要满足 $\forall x \in [0, N-1], i+x \in [0, M-1]$，因此 i 的范围是 $[0, M-N]$。

```
1  def conv1d(float (M) I, float(N) K) -> (O) {
2    O(i) = K(x) * I(i+x)
3  }
```

图 8.26　Tensor Comprehensions 形状推导

然而，有些情况可能无法通过形状推导得出，比如（max pooling 中出现的）有些非仿射表达式，这个时候可以使用 Tensor Comprehensions 语言提供的 where 子句。形状推导总是基于输入参数的形状来推导输出参数的形状。因为 Tensor Comprehensions 语言中的函数的输入参数都指定了维度信息，而输出 Tensor 的维度信息则没有显式给出。形状推导首先要建立索引变量相关的一系列约束表达式，求解每个索引变量的最大值和最小值。当形状推导失败的时候，编译会报错，此时就需要通过 where 子句显式描述维度信息。

因此，Tensor Comprehensions 语言实现形状推导的基本思想是：维护一个未求解的变量集合，这个集合初始情况下会包含所有没有指定 where 子句的索引变量。然后通过不断迭代推导出每个变量的范围。每一轮先处理那些只包含一个未求解的索引变量的张量参数表达式，基于前一轮迭代的结果，计算出这些变量的最大范围。当有多个表达式约束某个变量时，变量的实际范围即所有约束的交集。这个思路与 Fourier-Motkzin 消去法非常类似。

图 8.27 给出了 Tensor Comprehensions 的 JIT 编译流程。Tensor Comprehensions 实现了从 DSL 到 CUDA Kernel 的整个编译流程。首先，Tensor Comprehensions 会用特定的 Tensor Size 和 Stride 进行实例化，Tensor Comprehensions 通过推理边界获得每个循环的仿射上界和仿射下界。然后下降成特定的 Halide IR，接下来再将 Halide IR 用 PENCIL 语言下降到多面体表示。多面体调度本身是在调度单个的动态语句实例。静态语句与动态语句之间通过循环索引变量建立联系。调度实际上赋予每个动态语句实例一个执行时间，或者说为所有的动态语句实例指定了一个执行顺序。

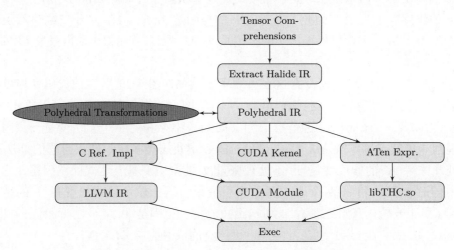

图 8.27　Tensor Comprehensions 的 JIT 编译流程

多面体模型通过访问关系来描述依赖，而访问关系则是由一系列分段线性仿射函数的并集来表示的，并且分为读访问关系和写访问关系。调度过程中需要维护原始程序的依赖关系。在多面体模型中，依赖关系通过映射

$$\{(D_1 \to D_2) : (D_1 \to D_2) \subset A_{R,D_2} \circ A_{W,D_1}^{-1} \wedge S(D_1) \prec S(D_2)\} \tag{8-3}$$

来表示。其中，D_1 和 D_2 表示迭代空间，S 表示调度。

在图 8.28 所示的 SGEMM 例子中，依赖关系如下：

$$\{S(i,j) \to T(i',j',k) : i' = i \wedge j' = j \wedge 0 \leqslant i, i' < N \wedge 0 \leqslant j, j' < K \wedge 0 \leqslant k < M\} \quad (8\text{-}4)$$

```
1  def sgemm(float a, float b, float(N, M) A, float (M, K) B) -> (C) {
2    C(i,j) = b * C(i,j)   /*S*/
3    C(i,j) += a * A(i,k) * B(k,j) /*T*/
4  }
```

图 8.28　SGEMM 的 Tensor Comprehension 实现

在给定了迭代域和调度之后，代码生成器通过调度指定的顺序遍历迭代域中的点，并生成一系列的嵌套循环。基于 isl 的调度目前生成的是一个抽象语法树，遍历抽象语法树即可生成对应的目标代码。在生成目标代码时，每个 Tensor Comprehensions 函数最终会对应一个 Kernel，因为在代码生成和调度时考虑到了单 Kernel 约束。

由于调度生成是一个非常耗时的过程，因此不适合每次都在 JIT 时生成，于是 Tensor Comprehensions 实现了一种缓存机制，将目前为止动态生成的最好的代码（CUDA/PTX）缓存下来。同时，Tensor Comprehensions 提供了一种 autotuning 机制用于搜索最优解。当某个 Kernel 没有被缓存过，会自动触发 JIT 编译过程。为了防止较长时间的启动时间，可以自动缓存一些初始的参考实现。如果通过 JIT 生成的 Kernel 性能不如参考实现，则直接使用参考实现。

Tensor Comprehensions 使用调度树表示程序，并执行并行性和局部性优化。图 8.28 所示的 SGEMM 对应的调度树表示如图 8.29 所示。

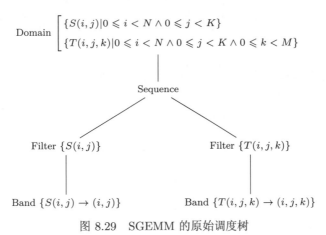

图 8.29　SGEMM 的原始调度树

为了表示方便，在调度树的 Domain 结点上简化了迭代空间整数集的表示，完整的表示为

$$(N,M,K) \to \{S(i,j) : 0 \leqslant i < N \wedge 0 \leqslant j < K\} \cup$$
$$\{T(i,j,k) | 0 \leqslant i < N \wedge 0 \leqslant j < K \wedge 0 \leqslant k < M\} \quad (8\text{-}5)$$

原始调度树表示的语义是：先执行完语句 S（用于初始化 C）的二重嵌套循环，再执行语句 T（用于实现乘累加运算）的三重循环。调度树中的 Band 结点在由多个分段仿射函数定义的迭代空间中定义了一个偏序执行顺序。而 filter 结点则将整个迭代空间进行了划分，每个子空间对应一个子调度树，这些子树结点之间的顺序可以是无序的，也可以是串行的，具体与程序语义相关。

为了充分利用输出张量 C 的局部性，可以考虑对原始调度树进行循环融合变换。融合后形成一个三重循环，语句 S 位于第二重循环以内、第三重循环之外，对应的调度树表示如图 8.30 所示。

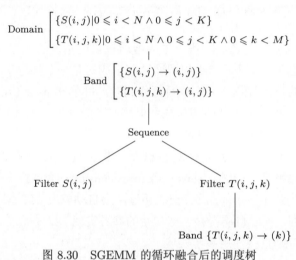

图 8.30　SGEMM 的循环融合后的调度树

在循环融合的前提下，还可以针对外层循环做循环分块，得到如图 8.31 所示的调度树。同时，还可以将分块后的内层循环下沉，得到图 8.32 所示的调度树。

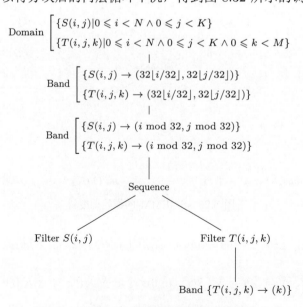

图 8.31　SGEMM 的循环分块后的调度树 (1)

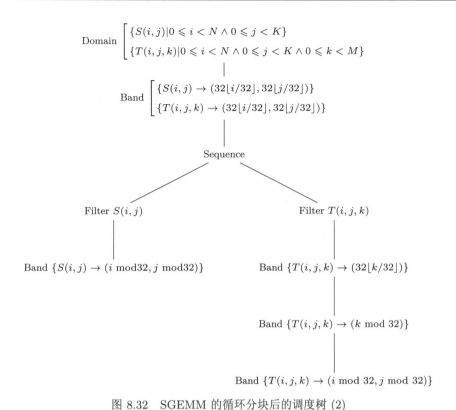

图 8.32　SGEMM 的循环分块后的调度树 (2)

调度树同时还可以表示向具体硬件的映射。以 GPU 为例，映射就是将特定的 Band 成员绑定到线程或线程块上。这样，就可以利用 PPCG[75] 自动生成 CUDA 代码。在调度树中，通过一个 Context 结点来与代码生成器交互，Context 结点提供了变量和参数的一些额外信息，例如 tensor 的大小和 GPU 的线程块和线程参数等，还可以利用 Context 结点在一个子调度树中引入局部作用域或参数常量。Context 结点是即时插入的，也就是说已知 tensor 的维度信息，调度树的子结点则将 Context 的 xx 当成常量符号来引用。此外，还可以利用 extension 结点引入一些原始迭代空间之外的计算，例如引入一些额外的共享数据空间的复制操作等。图 8.33 给出的是映射到 GPU 时的调度树。

8.5　AKG

基于多面体理论的张量编译器在深度学习领域主要应用于算子内部的并行性和局部性发掘。在生成计算或 IO 密集的算子方面，已经在性能和开发效率方面展现出极强的竞争力。这种自动或半自动的优化方法能够在深度学习领域获得巨大成功的一个重要的原因是，深度学习模型在推理阶段的控制流及维度信息大多数情况都是静态可知的。静态可知的控制流和维度信息不仅可以让张量编译器在编译阶段完成更多激进的优化，还

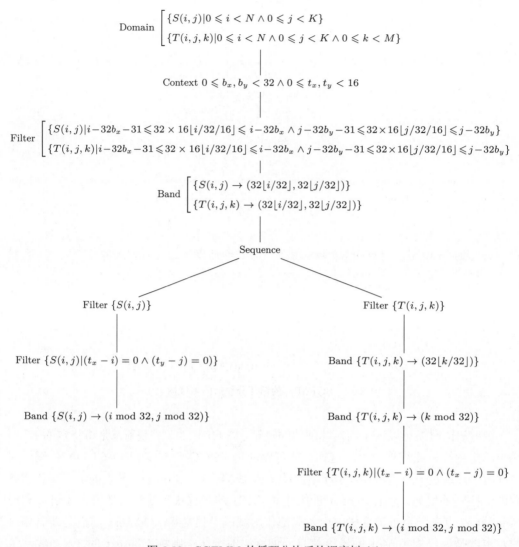

图 8.33　SGEMM 的循环分块后的调度树 (3)

可以让张量编译器根据程序静态可知的参数或维度信息来实现特定的优化，例如为不同
规模的算子定制不同的调度策略。

AKG[84] 是面向华为昇腾 AI 处理器的深度学习张量编译器，也是基于多面体编译
技术实现的。将多面体模型应用于诸如 AI 处理器这类的领域专用处理器是一项比较有
挑战的任务，因为这类加速器通常具有异构的计算单元和复杂的存储层次。以华为昇腾
处理器为例，其运算部件包含标量、向量和张量运算单元，每种运算单元面向不同的计
算模式，每种运算单元只能从特定的存储器中读取输入数据，并将计算结果写入特定的
存储器。对于深度学习领域最普遍的卷积运算，输入神经元和权值需要先在存储转换引
擎（MTE）中完成 Img2Col 变换，将卷积运算转换为矩阵运算以后，才能进入张量运
算单元完成矩阵运算。有关达芬奇架构的存储器组织结构可以参考本书6.1节的介绍。

深度学习编译器通常由深度学习框架编译器和张量编译器构成。其中，深度学习框架编译器一般是将深度学习模型转换为计算图，并在计算图级别做一些高层的数据流优化，例如算子融合和调度等。而张量编译器则是将融合的算子经过一系列的变换过程，逐步下降到特定目标硬件的指令实现或计算原语。

深度学习框架编译器的核心在于算子融合和算子调度，二者最终决定了网络的执行效率。高层的调度的核心目标是在时间和空间两个维度上充分利用底层硬件的处理能力，在时间维度上，尽可能将可以并行执行的操作同时执行，充分利用底层硬件大规模并行计算的能力；在空间维度上，尽可能将相互有数据依赖的操作融合在一起，充分利用操作之间的数据局部性。算子融合则打破了算子之间的边界，通过融合的方式利用算子之间的数据局部性和时间局部性，并在融合算子内部暴露更多的并行性和优化机会。

AKG 的定位是深度学习中单个网络层或者单个融合算子内部的张量优化，由 AKG生成的单个算子和网络性能都是优于手动调度方法及厂商定制的算法库的。它的输入是一系列经过深度学习框架编译器融合优化的算子。AKG 将用 TVM 的 DSL 表示的张量计算转换为多面体表示，并基于多面体理论完成并行性和局部性优化之后，再生成具体硬件的可执行程序。AKG 的工作流程如图 8.34 所示，具体分为以下四个阶段。

(1) 规范化：在将 Halide IR 转换为多面体表示之前，完成包括函数内联、循环拆分和公共子表达式删除等预处理步骤，目的是为了解决多面体模型只能处理静态的线程程序的局限性，以及编译时间的限制问题。

(2) 自动调度：基于多面体理论实现诸如自动向量化、自动切分、依赖分析和数据搬移等优化。这一阶段的所有优化都是通过操纵调度树完成的，也是 AKG 的核心工作，我们将在后面详细介绍。

(3) 代码生成：基于多面体调度表示生成高效的目标代码。这一阶段的主要优化包括循环规范化、标签自动生成和代码生成等。对于一些无法利用多面体编译处理的底层优化，也会在这个阶段实现。

(4) 后端优化：主要包括双缓冲区优化、存储空间复用和同步指令插入等。

AKG 基于多面体理论实现算子内的并行性和局部性优化。为此，需要先将 HalideIR下降到基于调度树的多面体表示。引入多面体表示的目的是实现比 TVM 更多的仿射变换机会，例如循环倾斜、偏移和延展等操作。为了降低编程难度和工作量，AKG 复用了 TVM 现有的形状推导、数据布局变换等基础设施，并将与架构相关的优化和高层与架构无关的图优化分离。

与 Halide 这类的手动调度生成及 Tensor Comprehensions 这类基于启发式的自动调度生成策略不同，AKG 采用的是基于多面体调度算法的自动调度。AKG 求解整数线性规划问题来计算新的调度，不仅节省了人力，还可以做很多 TVM 和 Halide 无法支持的变换。开发人员可以通过调整调度选项来打开或关闭某些类型的循环变换，从而可以轻易地实现对调度过程的控制。AKG 以 Pluto 算法为主要的调度策略，当 Pluto 调度失败时会基于 Feautrier 算法来计算一个新的调度，调度的目标是同时最大化并行性和局部性。

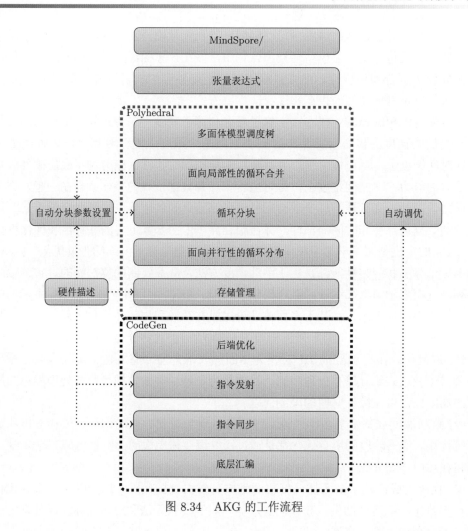

图 8.34　AKG 的工作流程

　　AKG 利用多面体调度器实现了更大范围的调度，并且扩展了调度树的语义，使之支持复杂的循环分块和融合策略，同时还面向领域特性实现了面向卷积的定制优化。对调度树的语义扩展不仅可以更好地对循环分块和循环融合进行建模，还能够很好地实现数据排布和内存层级之间的解耦，从而实现了诸如交叉分块等传统多面体编译器中无法实现的优化。此外，AKG 还实现了自动向量化和同步指令自动插入等功能，并且支持通过 Auto-Tuning 来优化代码性能。

　　当数据到达片上以后，张量编译器需要通过循环分块等策略来管理和高效地利用加速器的存储层次。循环分块和循环融合是多面体优化中非常重要的一个环节，分块和融合对程序的并行性和局部性及存储管理都有直接的影响。虽然循环融合已经集成到了多面体编译中，但是现有的启发式算法并没有考虑到 NPU 的复杂存储层次结构，而且这两种策略还会互相干扰。由于数据依赖的存在，应用程序并不总是能够实现循环融合和分块。因为，保守的循环融合策略是在不牺牲并行性的前提下做尽可能多的融合，通常会产生不同的分块形状，从而无法充分利用存储层次。这个问题已经在6.3节讨论过了。

传统的多面体编译技术通常独立处理循环分块和融合，而 AKG 则将二者同时考虑。为此，AKG 将融合策略启发式从多面体调度器中分离出来，并在调度完成之后再做融合和切块，这样可以实现更加灵活的循环分块和融合策略，并且支持更加复杂的分块形状，从而实现极致的数据局部性优化，例如在数据加载到片上时的数据融合，数据在片上数据流分流时的数据融合，以及分块后块内的重新调度等。分块后重新调度的目的是将运算分布到合适的执行单元上执行，例如向量运算可以分发到 Vector 功能部件，而矩阵运算则可以分发到 Cube 功能部件。

高效实现循环分块和循环融合的顺序对程序性能具有较大的影响，因为循环融合会导致循环分块灵活性变差。所以 AKG 是先做分块，再做融合。在 AKG 中将循环分块转换为分块形状构建和分块大小选择两个基本问题。这两个基本问题都与具体的硬件模型相关，第一个问题基于文献 [82] 中实现的新的融合和分块策略来解决，该方法已经在本书6.3节介绍过了，具体做法是：先将原始程序输入多面体调度器，用于将原始程序变换成易于融合和分块的表示。AKG 首先基于 isl 保守的聚类策略对原始调度树做预处理，最终会得到两类 Filter 结点，一类称为输出迭代空间，这类 Filter 表示那些写回存储空间的语句实例，写回的数据最终会被后续程序引用；另一类是写入中间变量的迭代空间，这类结点表示计算的中间结果会被其他计算消耗。AKG 先对输出迭代空间进行分块，这样就适应了硬件的存储层次，然后再计算出每个分块的访存范围，根据每个分块的访存范围进一步确定出写入中间变量的迭代空间的分块大小。最后，再对分块的数据进行后融合操作，从而在不损失并行性和分块机会的情况下，最大化数据局部性。在分块和融合策略确定之后，就可以实现最优的数据传输。

对于第二个基本问题，AKG 是通过分块规格语言来描述分块大小的，其分块规格语言如图 8.35 所示。分块规格语言用于描述一系列分块策略，每个分块策略都是由语句编号和分块规范构成的，分块规范描述了每个维度的分块大小。在分块规格语言中，每个维度的分块大小都必须是整数常量。

```
1  stmt_id -> extendedchars "extendedcharsS_extendedchars" integer
2  tile_size -> integer
3  tile_spec -> tile_size @buffer
4  tile_specs -> tile_spec | tile_specs, tile_spec
5  stmt_spec -> stmt_id : tile_specs
6  tiling_policy -> stmt_spec | tiling_policy stmt_spec
```

图 8.35　分块规格语言

在神经网络中除了计算密集的卷积运算以外，还有一些向量运算。在后端优化过程中，向量化 Pass 会对经过多面体优化后的程序进行分析，从中提取对齐、跨幅、向量操作源地址和目的地址等信息，从而实现向量化，并对没有对齐的情况进行自动补齐，向量化后的代码可以在向量功能部件上高效执行。

8.6 面向 Tensor Core 的自动代码生成

Nvidia GPU 自 Volta 架构引入 Tensor Core 用于实现矩阵运算加速。Tesla V100 GPU 包含 640 个 Tensor Core，分布在 80 个 SM 中，每个 SM 有 8 个 Tensor Core，峰值算力可以达到 125TFLOPS，使得 Tesla V100 的峰值吞吐率可以达到 Tesla P100 32 位浮点吞吐率的 12 倍。在 Volta GV100 GPU 上，每个 Tensor Core 每个时钟周期可以做 64 次浮点 FMA 操作。GV100 的 Tensor Core 用于加速矩阵乘累加运算 $D = A \times B + C$，其中 A、B、C 和 D 都是 4×4 的矩阵块。而且输入矩阵 A 和 B 的类型都是 16 位半精度浮点数，而 C 和 D 则可以是 16 位半精度浮点数或 32 位浮点数。而后续架构的 Tensor Core 则不断地扩展数据类型支持和矩阵规模。

在 Tensor Core 中，矩阵操作数的形状通常使用 $M \times N \times K$ 的形式表示，其中矩阵 A 的形状为 $M \times K$，而矩阵 B 的形状为 $K \times N$，而 C 和 D 的形状则是 $M \times N$。从 PTX 6.0 开始陆续支持不同分块形状的矩阵块乘累加指令。在 CUDA 9 开始，可以在 CUDA C++ 中实现 Warp 级别的矩阵乘累加运算。CUDA C++ 的接口是基于 PTX 指令的封装。基于 CUDA C++ 或 PTX 提供的分块矩阵乘累加功能，可以实现任意规模的矩阵运算。而 PTX 级别的分块矩阵规模也比一个 Tensor Core 实际支持的分块要大，因此，从 PTX 指令到 Tensor Core 硬件指令之间仍然需要借助分块矩阵乘累加的方法。对于 $16 \times 16 \times 16$ 的矩阵分块，如果要映射到 4×4 的硬件 Tensor Core 上，需要 64 次矩阵乘累加运算。然而，从 PTX 指令到 Tensor Core 硬件指令之间的映射关系对普通用户来说是透明的，而且不同的硬件平台和编译器版本可能是不同的。不同的 CUDA 和 PTX 版本对分块大小的支持也是不同的。

程序员可以利用 PTX 指令和 CUDA 的 API 对 Tensor Core 进行编程。文献 [11] 基于多面体模型为 Tensor Core 实现了矩阵乘法后面跟随逐点运算模式的自动代码生成。这种模式在深度学习领域中非常常见，因为在卷积神经网络中经常会在卷积操作后面跟随一些逐点运算，例如 RELU 或者对位加法。如果将卷积和这些对位加法做成两个独立的 Kernel，那么这两个 Kernel 就需要在 GPU 设备内存中进行数据共享，开销极大。一个很自然的想法就是将卷积和逐点的操作融合成一个 Kernel，但是这样导致出现大量的组合，很难手工完成。因此，文献 [11] 尝试通过自动代码生成来解决这类问题。

先以图 8.36 所示的矩阵乘累加与偏置运算为例，说明将其映射到 Tensor Core 上的方法。

图 8.36 中的语句 S1 和 S2 的迭代空间分别为

$$
\begin{aligned}
I_1 &= \{S1(i,j) : 0 \leqslant i < M \wedge 0 \leqslant j < N \wedge 0 \leqslant k < K\} \\
I_2 &= \{S2(i,j) : 0 \leqslant i < M \wedge 0 \leqslant j < N\}.
\end{aligned}
\tag{8-6}
$$

数据空间 M_A、M_B、M_C 和 M_E 分别表示图 8.36 中会被语句 S1 和 S2 访问的空

```
1  for (i=0;i<M;i++)
2   for (j=0;j<N;j++)
3    for (k=0;k<K;k++)
4     C[i][j] += A[i][k]*B[k][j]; /*S1*/
5
6  for (i=0;i<M;i++)
7   for (j=0;j<N;j++)
8     E[i][j]=C[i][j]+Bias[i][j];  /*S2*/
```

图 8.36 矩阵乘累加运算与偏置运算

间，对应的访问函数如下：

$$R_{S1,M_C}(i,j,k) = \{S1(i,j,k) \rightarrow M_C(i,j)\}$$

$$R_{S1,M_A}(i,j,k) = \{S1(i,j,k) \rightarrow M_A(i,k)\}$$

$$R_{S1,M_B}(i,j,k) = \{S1(i,j,k) \rightarrow M_B(k,j)\}$$

$$R_{S2,M_E}(i,j) = \{S2(i,j) \rightarrow M_E(i,j)\} \tag{8-7}$$

$$R_{S2,M_{\text{Bias}}}(i,j) = \{S2(i,j) \rightarrow M_{\text{Bias}}(i,j)\}$$

$$W_{S1,M_C}(i,j,k) = \{S1(i,j,k) \rightarrow M_C(i,j)\}$$

$$W_{S2,M_E}(i,j) = \{S2(i,j) \rightarrow M_E(i,j)\}.$$

isl 调度器默认给出的是外层循环的并行性调度，刚好适合 GPU。图 8.36 所示的矩阵乘累加对应的调度树如图 8.37 所示。受篇幅限制，我们以文本形式表示调度树。

```
1  DOMAIN: S[i,j,k] : 0 <= i < M ∧ 0 <= j < N ∧ 0 <= k < K
2   Band: S[i,j,k] → [i,j,k]
```

图 8.37 矩阵乘累加对应的调度树

接下来，考虑如何将上述的三重循环映射到 GPU 的线程块和 Warp 上。虽然 Volta 架构的一个 Tensor Core 只能处理 4×4 的半精度矩阵乘累加运算，但是一个 Warp 内的 32 个线程可以协作完成 $16 \times 16 \times 8$ 或者 $32 \times 32 \times 8$ 的矩阵乘累加运算。本节以 $16 \times 16 \times 8$ 为例，介绍面向 Tensor Core 的代码生成过程。此时矩阵 $\boldsymbol{A}$ 和 $\boldsymbol{B}$ 的规模分别为 16×8 和 8×16。在将上述的三重循环映射到 GPU 上时，假设将上述的循环嵌套划分为一个二维线程块 $b_1 \times b_2$，每个线程块有 $w_1 \times w_2$ 个 Warp。同时，假设最内层串行循环可以按照分段大小 b_s 进行循环分段。相当于先对整个迭代空间先做 $b_1 \times b_2 \times b_s$ 的分块，再做 $w_1 \times w_2 \times b_s$ 的分块，前者称为线程块分块，后者称为 Wrap 分块。线程块分块大小的每个维度都必须大于或等于 warp 分块大小，而且必须是 $16 \times 16 \times 8$ 的整数倍。对于不满足这些约束的情况，可以通过对输入补齐的方式强制对齐。

图 8.38 给出了线程块分块为 $128 \times 128 \times 32$、Warp 分块为 $64 \times 64 \times 32$ 时的调度树。从图 8.38 可以看出，只有最内层的 Band 结点是串行的。可以将最外层的 Band 结点映射到 GPU 的 blockIdx.y 和 blockIdx.x，而将中间的 Band 结点映射到 warpIdx_y 和 warpIdy_y。

```
1  DOMAIN: S[i,j,k] : 0 <= i < M ∧ 0 <= j < N ∧ 0 <= k < K
2    Band: S[i,j,k] → [⌊i/128⌋, ⌊j/128⌋, ⌊k/32⌋]
3      Band: S[i,j,k] → [⌊i/64⌋-2⌊i/128⌋, ⌊j/64⌋-2⌊j/128⌋,0]
4        Band: S[i,j,k] → [i-64⌊i/64⌋, j-64⌊j/64⌋, k-32⌊k/32⌋]
```

图 8.38　分块后的矩阵乘累加运算调度树

在图 8.38 中，最内层的 Band 结点用来处理 $64 \times 64 \times 32$ 的 Wrap 分块。为了将其并行化，需要按照分段大小 8 进行一次循环分段处理，对应于在 k 维度进行分块。得到如图 8.39 所示的调度树。

```
1  DOMAIN: S[i,j,k] : 0 <= i < M ∧ 0 <= j < N ∧ 0 <= k < K
2    Band: S[i,j,k] → [blockIdx.y, blockIdx.x, ⌊k/32⌋]
3      Band: S[i,j,k] → [warpIdx_y, warpIdx_x, 0]
4        Band: S[i,j,k] → [0, 0, ⌊k/8⌋-4⌊k/32⌋]
5          Band: S[i,j,k] → [i-64⌊i/64⌋, j-64⌊j/64⌋, k-8⌊k/8⌋]
```

图 8.39　循环分段处理之后的矩阵乘累加运算调度树

上面的调度树假设最内层循环的每个语句 S 执行一次标量乘累加操作，为了将其映射到 Tensor Core 上，需要让最内层循环每次处理 $16 \times 16 \times 8$ 次乘累加操作。为此，需要对原始迭代空间施加约束，使得原来的 $16 \times 16 \times 8$ 个点对应映射到 Tensor Core 之后的一个点。经过迭代空间变换之后的调度树如图 8.40 所示。

```
1  DOMAIN: S[i,j,k] : 0 <= i < M ∧ 0 <= j < N ∧ 0 <= k < K ∧ 16 ⌊i/16⌋ = i ∧
                      16⌊j/16⌋ = j ∧ 8⌊k/8⌋ = k
2    Band: S[i,j,k] → [blockIdx.y, blockIdx.x, ⌊k/32⌋]
3      Band: S[i,j,k] → [warpIdx_y, warpIdx_x, 0]
4        Band: S[i,j,k] → [0, 0, ⌊k/8⌋-4⌊k/32⌋]
5          Band: S[i,j,k] → [i-64⌊i/64⌋, j-64⌊j/64⌋, k-8⌊k/8⌋]
```

图 8.40　迭代空间合并之后的矩阵乘累加运算调度树

前面的循环变换没有考虑输入、输出矩阵的加载和写回操作，在 GPU 架构上，全局数据默认存储在 GPU 的设备内存中，为了提高访问速度，经常被访问的数据应当尽量存储在片上的共享存储空间（shared memory）或者寄存器中。在多面体模型中，内存提升可以通过以下方式进行：在上述循环变换完毕之后，原始的迭代空间 I_1 被变换为新的迭代空间 I_1'，那么，可以根据 I_1' 的线程块分块确定每个分块要访问的数据量，同样，可以根据每个 Warp 块的数据访问量确定每个 Warp 块的数据访问量，然后，对于那些可以被重用的数据，可以提升将其加载到共享存储空间上或寄存器中。而在调度树中完成内存提升到共享存储空间或寄存器的操作，只需要在调度树中插入一个新的数据读取结点即可。

对于 Tensor Core 的计算结果，是存储在寄存器中的，需要在调度树中插入一个新的结点，用于将寄存器中的值写回到 GPU 的设备内存中。另外，还可以借助预取来隐藏数据加载延迟。

对于图 8.36 所示的矩阵乘累加 + 偏置 + RELU 的代码示例，可以先做循环融合，在循环融合之后，为了让 S2 在 S1 对应的 k 层循环执行完毕后再执行 S2，需要引入 Sequence 结点。生成的调度树如图 8.41 所示。

```
1  DOMAIN: S1[i,j,k] : 0 <= i < M ∧ 0 <= j < N ∧ 0 <= k < K
2          S2[i,j] : 0 <= i < M ∧ 0 <= j < N
3    Band: S1[i,j,k] → [i,j,k]
4          S2[i,j] → [i,j,K]
5      Sequence
6        Filter: S1[i,j,k]
7        Filter: S2[i,j]
```

图 8.41　循环融合之后的矩阵乘累加运算调度树

接下来，仍然以 $128 \times 128 \times 32$ 作为线程块分块大小。分块后对应的调度树如图 8.42 所示。

```
1  DOMAIN: S1[i,j,k] : 0 <= i < M ∧ 0 <= j < N ∧ 0 <= k < K
2          S2[i,j] : 0 <= i < M ∧ 0 <= j < N
3    Band: S1[i,j,k] → [⌊i/128⌋, ⌊j/128⌋, ⌊k/32⌋]
4          S2[i,j] → [⌊i/128⌋, ⌊j/128⌋, ⌊K/32⌋]
5      Band: S1[i,j,k] → [i-128⌊i/128⌋, j-128⌊j/128⌋, k-32⌊k/32⌋]
6            S2[i,j] → [i-128⌊i/128⌋, j-128⌊j/128⌋, K-32⌊K/32⌋]
7        Sequence
8          Filter: S1[i,j,k]
9          Filter: S2[i,j]
```

图 8.42　循环融合分块之后的矩阵乘累加运算调度树

然后，可以将 Sequence 结点外提，得到如图 8.43 所示的调度树。

```
1    DOMAIN: S1[i,j,k] : 0 <= i < M ∧ 0 <= j < N ∧ 0 <= k < K
2           S2[i,j] : 0 <= i < M ∧ 0 <= j < N
3      Band: S1[i,j,k] → [⌊i/128⌋, ⌊j/128⌋]
4            S2[i,j] → [⌊i/128⌋, ⌊j/128⌋]
5        Sequence
6          Filter: S1[i,j,k]
7            Band: S1[i,j,k] → [⌊k/32⌋]
8              Band: S1[i,j,k] → [i-128⌊i/128⌋, j-128⌊j/128⌋, k-32⌊k/32⌋]
9          Filter: S2[i,j]
10           Band: S2[i,j] → [⌊K/32⌋]
11             Band: S2[i,j] → [i-128⌊i/128⌋, j-128⌊j/128⌋, K-32⌊K/32⌋]
```

图 8.43 Sequence 结点外提后的调度树

最后，将 Band 结点映射到 GPU 的线程块和 Warp 上，可以得到如图 8.44 所示的调度树。

```
1    DOMAIN: S1[i,j,k] : 0 <= i < M ∧ 0 <= j < N ∧ 0 <= k < K ∧ 16⌊i/16⌋ = i ∧
                         16⌊j/16⌋ = j ∧ 8⌊k/8⌋ = k
2           S2[i,j] : 0 <= i < M ∧ 0 <= j < N ∧ 16⌊i/16⌋ = i ∧ 16⌊j/16⌋ = j
3      Band: S1[i,j,k] → [blockIdx.y, blockIdx.x]
4            S2[i,j] → [blockIdx.y, blockIdx.x]
5        Sequence
6          Filter: S1[i,j,k]
7            Band: S1[i,j,k] → [⌊k/32⌋]
8              Band: S1[i,j,k] → [warpIdx_y, warpIdx_x, 0]
9                Band: S1[i,j,k] → [0, 0, ⌊k/8⌋-4⌊k/32⌋]
10                 Band: S1[i,j,k] → [i-64⌊i/64⌋, j-64⌊j/64⌋, k-8⌊k/8⌋]
11         Filter: S2[i,j]
12           Band: S2[i,j] → [⌊K/32⌋]
13             Band: S2[i,j] → [0, 0, ⌊K/8⌋-4⌊K/32⌋]
14               Band: S2[i,j] → [i-64⌊i/64⌋, j-64⌊j/64⌋, K-8⌊K/8⌋]
```

图 8.44 strip size=8 且 Warp size 为 64 × 64 × 32 时的调度树

参 考 文 献

[1] Andrew Adams. Learning to Optimize Halide with Tree Searchand Random Programs. *ACM Trans. Graph.* 38.4 (July 2019). ISSN: 0730-0301. DOI: `10.1145/3306346.3322967`. URL: `https://doi.org/10.1145/3306346.3322967`.

[2] John Randal Allen. Dependence analysis for subscripted variables and its application to program transformations[D]. Departmentof Mathematical Sciences, Rice University, 1983.

[3] Randy Allen, KenKennedy. *Optimizing compilers for modern architectures: a dependence-based approach.* Taylor & Francis US, 2002.

[4] Jason Ansel. OpenTuner: An Extensible Framework for Program Autotuning. *Proc. of the 23rd Intl. Conf. on Parallel Architectures and Compilation.* PACT'14. Edmonton, AB, Canada: ACM, 2014, pp. 303–316. ISBN: 978-1-4503-2809-8. DOI: `10.1145/2628071.2628092`. URL: `http://doi.acm.org/10.1145/2628071.2628092`.

[5] Riyadh Baghdadi. PENCIL: A Platform-Neutral Compute Intermediate Language for Accelerator Programming. *2015 International Conference on Parallel Architecture and Compilation (PACT).* 2015, pp. 138–149. DOI: `10.1109/PACT.2015.17`.

[6] Riyadh Baghdadi. Tiramisu: A Polyhedral Compiler for Expressing Fast and Portable Code. *Proceedings of the 2019 IEEE/ACM International Symposium on Code Generation and Optimization.* CGO 2019. Washington, DC, USA: IEEE Press, 2019, pp. 193–205. ISBN: 978-1-7281-1436-1. URL: `http://dl_acm.gg363.site/citation.cfm?id=3314872.3314896`.

[7] Utpal Banerjee. Unimodular Transformations. *Loop Parallelization.* Boston, MA: Springer US, 1994, pp. 67–112.

[8] Utpal Banerjee, Rudolf Eigenmann, Alexandru Nicolau, et al. Automatic program parallelization. *Proceedings of the IEEE* 81.2 (1993), pp. 211–243.

[9] Mohamed-Walid Benabderrahmane, Louis-Noël Pouchet, Albert Cohen, et al. The Polyhedral Model Is More Widely Applicable Than You Think. *Compiler Construction.* Berlin, Heidelberg: Springer Berlin Heidelberg, 2010, pp. 283–303. ISBN: 978-3-642-11970-5.

[10] Somashekaracharya G. Bhaskaracharya, Uday Bondhugula, Albert Cohen. SMO: An Integrated Approach to Intra-array and Inter-array Storage Optimization. *Proceedings of the 43rd Annual ACM SIGPLAN-SIGACT Symposium on Principles of Programming Languages.* POPL'16.St. Petersburg, FL, USA: ACM, 2016, pp. 526–538. ISBN: 978-1-4503-3549-2. DOI: `10.1145/2837614.2837636`. URL: `http://doi.acm.org/10.1145/2837614.2837636`.

[11] Somashekaracharya Bhaskaracharya, Julien Demouth, Vinod Grover. Automatic Kernel Generation for Volta Tensor Cores. 2020 June, p. 12.

[12] William Blume, Rudolf Eigenmann. The Range Test: A Dependence Test for Symbolic, Non-linear Expressions. *Proceedings of Supercomputing '94, Washington D.C.* 1994, pp. 528–537.

[13] Uday Bondhugula. Compiling Affine Loop Nests for Distributed-memory Parallel Architectures. *Proceedings of the International Conference on High Performance Computing, Networking, Storage and Analysis.* SC'13. Denver, Colorado: ACM, 2013, 33:1–33:12. ISBN: 978-1-4503-2378-9. DOI: 10.1145/2503210.2503289. URL: http://doi.acm.org/10.1145/2503210.2503289.

[14] Uday Bondhugula. High Performance Code Generation in MLIR: An Early Case Study with GEMM. *ArXiv* abs/2003.00532 (2020).

[15] Uday Kumar Bondhugula. Effective automatic parallelization and locality optimization using the polyhedral model[D]. The Ohio State University, 2008.

[16] Uday Bondhugula, Aravind Acharya, Albert Cohen. The Pluto+ Algorithm: A Practical Approach for Parallelization and Locality Optimization of Affine Loop Nests. *ACM Trans. Program. Lang. Syst.* 38.3 (Apr. 2016), 12:1–12:32. ISSN: 0164-0925. DOI: 10.1145/2896389. URL: http://doi.acm.org/10.1145/2896389.

[17] Uday Bondhugula, Vinayaka Bandishti, Irshad Pananilath. Diamond tiling: Tiling Techniques to Maximize Parallelism for Stencil Computations. *IEEE Transactions on Parallel and Distributed Systems* 28.5 (Oct. 2017), pp. 1285–1298. ISSN: 1045-9219. DOI: 10.1109/TPDS.2016.2615094.

[18] Uday Bondhugula, Oktay Gunluk, Sanjeeb Dash, et all. A Model for Fusion and Code Motion in an Automatic Parallelizing Compiler. *Proceedings of the 19th International Conference on Parallel Architectures and Compilation Techniques.* PACT'10. Vienna, Austria: ACM, 2010, pp. 343–352. ISBN: 978-1-4503-0178-7. DOI: 10.1145/1854273.1854317. URL: http://doi.acm.org/10.1145/1854273.1854317.

[19] Uday Bondhugula, Albert Hartono, J. Ramanujam, et al. A Practical Automatic Polyhedral Parallelizer and Locality Optimizer. *Proceedings of the 29th ACM SIGPLAN Conference on Programming Language Design and Implementation.* PLDI'08. Tucson, AZ, USA: ACM, 2008, pp. 101–113. ISBN: 978-1-59593-860-2. DOI: 10.1145/1375581.1375595. URL: http://doi.acm.org/10.1145/1375581.1375595.

[20] Uday Bondhugula, Jagannathan Ramanujam, Ponnuswamy Sadayappan. Automatic mapping of nested loops to FPGAs. *Proceedings of the 12th ACM SIGPLAN symposiumon Principles and practice of parallel programming.* 2007, pp. 101–111.

[21] P. Bulic, V. Gustin. D-test: an extension to Banerjee test for a fast dependence analysis in a multimedia vectorizing compiler. *18th International Parallel and Distributed Processing Symposium, 2004. Proceedings.* 2004, p. 230.

[22] D Callahan. Dependence testing in PFC: Weak separability. *Supercomputer Software Newsletter* 2 (1986).

[23] Chun Chen. Polyhedra Scanning Revisited. *Proceedings of the 33rd ACM SIGPLAN Conference on Programming Language Design and Implementation.* PLDI'12.

[24] Chun Chen, Jacqueline Chame, Mary Hall. *CHiLL: A framework for composing high-level loop transformations*. Tech. rep. University of Southern California, 2008.

[25] Tianqi Chen. TVM: An Automated End-to-end Optimizing Compiler for Deep Learning. *Proceedings of the 12th USENIX Conference on Operating Systems Design and Implementation*. OSDI'18. Carlsbad, CA, USA: USENIX Association, 2018, pp. 579–594. ISBN: 978-1-931971-47-8. URL: http://dl.acm.org/citation.cfm?id=3291168.3291211.

[26] Albert Cohen. Facilitating the Search for Compositions of Program Transformations. *Proceedings of the 19th Annual International Conference on Supercomputing*. ICS'05. Cambridge, Massachusetts: ACM, 2005, pp. 151–160. ISBN: 1-59593-167-8. DOI: 10.1145/1088149.1088169. URL: http://doi.acm.org/10.1145/1088149.1088169.

[27] A. Darte, R. Schreiber, G. Villard. Lattice-based memoryallocation. *IEEE Transactions on Computers* 54.10 (2005), pp. 1242–1257.

[28] Venmugil Elango. Diesel: DSL for Linear Algebra and Neural Net Computations on GPUs. *Proceedings of the 2nd ACM SIGPLAN International Workshop on Machine Learning and Programming Languages*. MAPL 2018. Philadelphia, PA, USA: ACM, 2018, pp. 42–51. ISBN: 978-1-4503-5834-7. DOI: 10.1145/3211346.3211354. URL: http://doi.acm.org/10.1145/3211346.3211354.

[29] Paul Feautrier. Some efficient solutions to the affine scheduling problem. Part I. One-dimensional time. *International journal of parallel programming* 21.5 (1992), pp. 313–347.

[30] Paul Feautrier. Some efficient solutions to the affine scheduling problem. Part II. Multidimensional time. *International journal of parallel programming* 21.6 (1992), pp. 389–420.

[31] Michael J. Flynn. Some Computer Organizations and Their Effectiveness. vol. 21. 9. IEEE Computer Society, 1972, pp. 948–960. DOI: 10.1109/TC.1972.5009071. URL: https://doi.org/10.1109/TC.1972.5009071.

[32] Ido B. Gattegno, Ziv Goldfeld, Haim H. Permuter. Fourier-Motzkin Elimination Software for Information Theoretic Inequalities. *CoRR* abs/1610.03990 (2016). arXiv: 1610.03990. URL: http://arxiv.org/abs/1610.03990.

[33] Sylvain Girbal. Semi-automatic composition of loop transformations for deep parallelism and memory hierarchies. *Intl. J. of Parallel Programming* 34.7 (2006), pp. 261–317.

[34] Kazushige Goto, Robert A. van de Geijn. Anatomy of High-Performance Matrix Multiplication. *ACM Trans. Math. Softw.* 34.3 (May 2008). ISSN: 0098-3500. DOI: 10.1145/1356052.1356053. URL: https://doi.org/10.1145/1356052.1356053.

[35] Martin Griebl, Paul Feautrier, Christian Lengauer. Index Set Splitting. *International Journal of Parallel Programming* 28 (1999), pp. 607–631.

[36] Tobias Grosser, Armin Groesslinger, Christian Lengauer. Polly—performing polyhedral optimizations on a low-level intermediate representation. *Parallel Processing Letters* 22.04 (2012), p. 1250010.

[37] Tobias Grosser, Sven Verdoolaege, Albert Cohen. Polyhedral AST Generation Is More Than Scanning Polyhedra. *ACM Trans. Program. Lang. Syst.* 37.4 (July 2015), 12:1–12:50. ISSN: 0164-0925. DOI: 10.1145/2743016. URL: http://doi.acm.org/10.1145/2743016.

[38] Tobias Grosser, Sven Verdoolaege, Albert Cohen, et al. The relation between diamond tiling and hexagonal tiling. *Parallel Processing Letters* 24.03 (2014), p. 1441002.

[39] Tobias Grosser. Hybrid Hexagonal/Classical Tiling for GPUs. *Proceedings of Annual IEEE/ACM International Symposium on Code Generation and Optimization*. CGO'14. Orlando, FL, USA: ACM, 2014, 66:66–66:75. ISBN: 978-1-4503-2670-4. DOI: 10.1145/2544137.2544160. URL: http://doi.acm.org/10.1145/2544137.2544160.

[40] Wayne Kelly, William Pugh. A Unifying Framework for Iteration Reordering Transformations. *In Proceedings of IEEE First International Conference on Algorithms and Architectures for Parallel Processing*. 1995.

[41] Andrew Kent. *Fourier-Motzkin Elimination for Integer Systems*. URL: https://docs.racketlang.org/fme/index.html.

[42] DaeGon Kim. Multi-level Tiling: M for the Price of One. *Proceedings of the 2007 ACM/IEEE Conference on Supercomputing*. SC'07. Reno, Nevada: ACM, 2007, 51:1–51:12. ISBN: 978-1-59593-764-3. DOI: 10.1145/1362622.1362691. URL: http://doi.acm.org/10.1145/1362622.1362691.

[43] G Knuth. The art of computer programming, seminumerical algorithms, vol. 2, addition wesley. *Reading, Massachusetts* (1998).

[44] Martin Kong. When Polyhedral Transformations Meet SIMD Code Generation. *Proceedings of the 34th ACM SIGPLAN Conference on Programming Language Designand Implementation*. PLDI'13. Seattle, Washington, USA: Association for Computing Machinery, 2013, pp. 127–138. ISBN: 9781450320146. DOI: 10.1145/2491956.2462187. URL: https://doi.org/10.1145/2491956.2462187.

[45] Xiangyun Kong, David Klappholz, Kleanthis Psarris. The I test: an improved dependence test for automatic parallelization and vectorization. *IEEE Transactions on Parallel & Distributed Systems* 3(1991), pp. 342–349.

[46] Sriram Krishnamoorthy. Effective Automatic Parallelization of Stencil Computations. *Proceedings of the 28th ACM SIGPLAN Conference on Programming Language Design and Implementation*. PLDI'07. San Diego, California, USA: ACM, 2007, pp. 235–244. ISBN: 978-1-59593-633-2. DOI: 10.1145/1250734.1250761.

[47] Samuel Larsen, Saman Amarasinghe. Exploiting Superword Level Parallelism with Multimedia Instruction Sets. *Proceedings of the ACM SIGPLAN 2000 Conference on Programming Language Design and Implementation*. PLDI'00. Vancouver, British Columbia, Canada: Association for Computing Machinery, 2000, pp. 145–156. ISBN: 1581131992. doi:10.1145/349299.349320. URL: https://doi.org/10.1145/349299.349320.

[48] Chris Lattner. MLIR: A Compiler Infrastructure for the End of Moore's Law. *arXiv preprint arXiv:2002.11054* (2020).

[49] Vincent Lefebvre, Paul Feautrier. Automatic storage management for parallel programs. *Parallel Computing* 24.3 (1998), pp. 649–671. ISSN: 0167-8191. DOI: https://doi.org/10.1016/S0167-8191(98)00029-5. URL: http://www.sciencedirect.com/science/article/pii/S0167819198000295.

[50] Wei Li, Keshav Pingali. A singular loop transformation framework basedon non-singular matrices. *International Journal of Parallel Programming* 22.2 (1994), pp. 183–205.

[51] Zhiyuan Li, Pen-Chung Yew, Chuan-Qi Zhu. An efficient data dependence analysis for parallelizing compilers. *IEEE Transactions on Parallel & Distributed Systems* 1(1990), pp. 26–34.

[52] Vincent Loechner, Doran K. Wilde. Parameterized Polyhedra and Their Vertices. *Int. J. Parallel Program.* 25.6 (Dec. 1997), pp. 525–549. ISSN: 0885-7458. DOI: 10.1023/A: 1025117523902. URL: https://doi.org/10.1023/A:1025117523902.

[53] Sanyam Mehta, Pei-Hung Lin, Pen-Chung Yew. Revisiting Loop Fusion in the Polyhedral Framework. *Proceedings of the 19th ACM SIGPLAN Symposium on Principles and Practice of Parallel Programming.* PPoPP'14. Orlando, Florida, USA: Association for Computing Machinery, 2014, pp. 233–246. ISBN: 9781450326568. DOI: 10.1145/2555243.2555250. URL: https://doi.org/10.1145/2555243.2555250.

[54] Ravi Teja Mullapudi, Vinay Vasista, Uday Bondhugula. PolyMage: Automatic Optimization for Image Processing Pipelines. *Proceedings of the Twentieth International Conference on Architectural Support for Programming Languages and Operating Systems.* ASPLOS'15. Istanbul, Turkey: ACM, 2015, pp. 429–443. ISBN: 978-1-4503-2835-7. DOI: 10.1145/2694344. 2694364. URL: http://doi.acm.org/10.1145/2694344.2694364.

[55] Ravi Mullapudi. Automatically scheduling halide image processing pipelines. *ACM Transactions on Graphics* 35 (July 2016), pp. 1–11. DOI: 10.1145/2897824.2925952.

[56] Roger Penrose. A generalized inverse for matrices. *Mathematical proceedings of the Cambridge philosophical society.* Vol. 51. 3. Cambridge University Press. 1955, pp. 406–413.

[57] Paul M Petersen, David A Padua. Static and dynamic evaluation of data dependence analysis techniques. *IEEE transactions on parallel and distributed systems* 7.11 (1996), pp. 1121–1132.

[58] William Pugh. A practical algorithm for exact array dependence analysis. *Communications of the ACM* 35.8 (1992), pp. 102-114.

[59] William Pugh, David Wonnacott. Static Analysis of Upper and Lower Bounds on Dependences and Parallelism. *ACM Trans. Program. Lang. Syst.* 16.4 (July 1994), pp. 1248Z–1278. ISSN: 0164-0925. DOI: 10.1145/183432.183525. URL: https://doi.org/10.1145/183432. 183525.

[60] Jonathan Ragan-Kelley. Halide: A Language and Compiler for Optimizing Parallelism, Locality, and Recomputation in Image Processing Pipelines. *Proceedings of the 34th ACM SIGPLAN Conference on Programming Language Design and Implementation.* PLDI'13. Seattle, Washington, USA: ACM, 2013, pp. 519–530. ISBN: 978-1-4503-2014-6. DOI: 10.1145/2491956. 2462176. URL: http://doi.acm.org/10.1145/2491956.2462176.

[61] Chandan Reddy, Uday Bondhugula. Effective Automatic Computation Placement and Data Allocation for Parallelization of Regular Programs. *Proceedings of the 28th ACM International Conference on Supercomputing.* ICS'14. Munich, Germany: Association for Computing Machinery, 2014, pp. 13–22. ISBN: 9781450326421. DOI: 10.1145/2597652.2597673. URL: https://doi.org/10.1145/2597652.2597673.

[62] Lakshminarayanan Renganarayanan, Daegon Kim, Michelle Mills Strout, et al. Parameterized Loop Tiling. *ACM Trans. Program. Lang. Syst.* 34.1 (May 2012). ISSN: 0164-0925. DOI: `10.1145/2160910.2160912`. URL: `https://doi.org/10.1145/2160910.2160912`.

[63] Evan Rosser. *The Omega Project: Frameworks and Algorithms for the Analysis and Transformation of Scientific Programs*. URL: `http://www.cs.umd.edu/projects/omega/`.

[64] Michelle Mills Strout, Larry Carter, Jeanne Ferrante, et al. Schedule-Independent Storage Mapping for Loops. *Proceedings of the Eighth International Conference on Architectural Support for Programming Languages and Operating Systems*. ASPLOS VIII. San Jose, California, USA: Association for Computing Machinery, 1998, pp. 24–33. ISBN: `1581131070`. DOI: `10.1145/291069.291015`. URL: `https://doi.org/10.1145/291069.291015`.

[65] Konrad Trifunovic. Graphite two years after: First lessons learned from real-world polyhedral compilation. *In GCC Research Opportunities Workshop (GROW'10)*. 2010.

[66] Field G. Van Zee, Robert A. van de Geijn. BLIS: A Framework for Rapidly Instantiating BLAS Functionality. *ACM Trans. Math. Softw.* 41.3 (June 2015). ISSN: 0098-3500. DOI: `10.1145/2764454`. URL: `https://doi.org/10.1145/2764454`.

[67] Nicolas Vasilache. Tensor Comprehensions: Framework-Agnostic High-Performance Machine Learning Abstractions. *CoRR* abs/1802.04730 (2018). arXiv: `1802.04730`. URL: `http://arxiv.org/abs/1802.04730`.

[68] Nicolas Vasilache. The Next 700 Accelerated Layers: From Mathematical Expressions of Network Computation Graphs to Accelerated GPU Kernels, Automatically. *ACM Trans. Archit. Code Optim.* 16.4 (Oct. 2019). ISSN: 1544-3566. DOI: `10.1145/3355606`. URL: `https://doi.org/10.1145/3355606`.

[69] Sven Verdoolaege. Counting Affine Calculator and Applications. *First International Workshop on Polyhedral Compilation Techniques (IMPACT'11)*. Apr. 2011, p. 6.

[70] Sven Verdoolaege. Generating SIMD Instructions for Cerebras CS-1 using Polyhedral Compilation Techniques. *IMPACT 2020-10th International Workshop on Polyhedral Compilation Techniques*. 2019.

[71] Sven Verdoolaege. Isl: An Integer Set Library for the Polyhedral Model. *Proceedings of the Third International Congress Conference on Mathematical Software*. ICMS'10. Kobe, Japan: Springer-Verlag, 2010, pp. 299–302. ISBN: 3-642-15581-2, 978-3-642-15581-9. URL: `https://doi.org/10.1007/978-3-642-15582-6_49`.

[72] Sven Verdoolaege, Albert Cohen. Live-range reordering. *International Workshop on Polyhedral Compilation Techniques, Date: 2016/01/19-2016/01/19, Location: Prague, Czech Republic*. 2016.

[73] Sven Verdoolaege, Albert Cohen, Anna Beletska. Transitive Closures of Affine Integer Tuple Relations and Their Overapproximations. *Proceedings of the 18th International Conference on Static Analysis*. SAS'11. Venice, Italy: Springer-Verlag, 2011, pp. 216–232. ISBN: 9783642237010.

[74] Sven Verdoolaege, Gerda Janssens. Scheduling for PPCG. *Report CW* 706 (2017).

[75] Sven Verdoolaege. Polyhedral Parallel Code Generation for CUDA. *ACM Trans. Archit. Code Optim.* 9.4 (Jan. 2013), 54:1–54:23. ISSN: 1544-3566. DOI: `10.1145/2400682.2400713`. URL: `http://doi.acm.org/10.1145/2400682.2400713`.

[76] H. P Williams. Fourier-Motzkin elimination extension to integer programming problems. *Journal of Combinatorial Theory, Series A* 21.1 (1976), pp. 118–123. ISSN: 0097-3165. DOI: `https://doi.org/10.1016/0097-3165(76)90055-8`. URL: `http://www.sciencedirect.com/science/article/pii/0097316576900558`.

[77] M. E. Wolf, M. S. Lam. A Loop Transformation Theory and an Algorithm to Maximize Parallelism. *IEEE Trans. Parallel Distrib. Syst.* 2.4 (Oct. 1991), pp. 452–471. ISSN: 1045-9219. DOI: `10.1109/71.97902`. URL: `https://doi.org/10.1109/71.97902`.

[78] Michael Wolfe, Chau-Wen Tseng. The power test for data dependence. *IEEE Transactions on Parallel & Distributed Systems 5* (1992), pp. 591–601.

[79] Tomofumi Yuki. AlphaZ: A System for Design Space Exploration in the Polyhedral Model. *Languages and Compilers for Parallel Computing.* Berlin, Heidelberg: Springer Berlin Heidelberg, 2013, pp. 17–31. ISBN: 978-3-642-37658-0.

[80] Tim Zerrell, Jeremy Bruestle. Stripe: Tensor Compilation via the Nested Polyhedral Model. *arXiv preprint arXiv:1903.06498* (2019).

[81] Jie Zhao, Albert Cohen. Flextended Tiles: A Flexible Extension of Overlapped Tiles for Polyhedral Compilation. *ACM Trans. Archit. Code Optim.* 16.4 (Dec. 2019). ISSN: 1544-3566. DOI: `10.1145/3369382`. URL: `https://doi.org/10.1145/3369382`.

[82] Jie Zhao, Peng Di. Optimizing the Memory Hierarchy by Compositing Automatic Transformations on Computations and Data. *Proceedings of the 53rd IEEE/ACM International Symposium on Microarchitecture.* MICRO-53. Virtual Event, Athens, Greece: IEEE Press, 2020, pp. 427–441. DOI: `10.1109/MICRO50266.2020.00044`. URL: `https://www.microarch.org/micro53/papers/738300a427.pdf`.

[83] Jie Zhao, Michael Kruse, Albert Cohen. A Polyhedral Compilation Framework for Loops with Dynamic Data-Dependent Bounds. *Proceedings of the 27th International Conference on Compiler Construction.* CC 2018. Vienna, Austria: Association for Computing Machinery, 2018, pp. 14–24. ISBN: 9781450356442. DOI: `10.1145/3178372.3179509`. URL: `https://doi.org/10.1145/3178372.3179509`.

[84] Jie Zhao. AKG: Automatic Kernel Generation for Neural Processing Units Using Polyhedral Transformations. *Proceedings of the 42nd ACM SIGPLAN International Conference on Programming Language Design and Implementation.* PLDI'21. New York, NY, USA: Association for Computing Machinery, 2021, pp. 1233–1248. ISBN: 9781450383912. URL: `https://doi.org/10.1145/3453483.3454106`.

[85] Oleksandr Zinenko. Modeling the Conflicting Demands of Parallelism and Temporal/Spatial Locality in Affine Scheduling. *Proceedings of the 27th International Conference on Compiler Construction.* CC 2018. Vienna, Austria: ACM, 2018, pp. 3–13. ISBN: 978-1-4503-5644-2. DOI: `10.1145/3178372.3179507`.

[86] 闵嗣鹤, 严士健. 初等数论 [M].3 版. 北京：高等教育出版社, 2003.